流域都市論

自然と共生する流域圏・都市の再生

吉川勝秀 著

鹿島出版会

はじめに

　本書は、少し幅の広い観点から流域圏と都市について述べたものである。その着目点は川や流域圏という、環境はもとより社会の存立基盤である。また、本書は、より視野を広めて都市の計画、そして川づくりや流域管理について述べたものである。さらにまた、本書はより本質的に環境問題への対応を実践することについて述べたものでもある。

　従来の都市計画では、川はその計画の外にあったといえる。川やその流域圏での治水問題や水域・陸域生態系等を扱える都市計画の専門家や行政担当者はほとんどいない。河川管理においても、都市計画はその外にあったといえる。都市という土地利用等の面で複雑な分野を扱える河川の専門家や行政担当者もほとんどいない。また、都市を含む流域圏の土地利用の管理、マネジメントを扱える専門家や行政担当者もほぼ皆無であった。流域圏内の都市のみではなく、農業や広域的な環境を扱える専門家や行政担当者もほぼ皆無であった。

　これらのことが、都市や川の流域圏、国土において自然と共生する流域圏・都市づくりを進めることができなかった背景の一つである。もちろん、土地の私有制、土地の公共性に対する意識、概念、制度が乏しいことに問題の本質があるといえるが、川や流域圏、そして都市を同時に扱える専門家がいないこと、また参考となる本等の不足もその背景にあるといえる。

　自然と共生する都市づくり、国づくり、すなわち自然と共生する流域圏・都市の再生（形成）は、わが国においてこれからの時代の重要なテーマである。また、このテーマは、人口が急増し、社会・経済発展が著しいモンスーン・アジアの国々等でも重要である。川や流域圏は、水や物質の循環、生態系（生物多様性）等を通じて地球環境問題を足元から認識し、行動する上でも重要な着目点である。

　このことから、本書は『流域都市論－自然と共生する流域圏・都市の再生－』とした。

　本書では、少し幅の広い都市計画である川からの都市再生、自然と共生する流域圏・都市の再生（形成）について、日本のみならず世界の先進的な事例を紹介

するとともに、そのための再生（形成）シナリオを設計・提示したものである。

　本書が、21世紀の都市の計画や管理、河川や流域圏の計画や管理に携わる専門家、行政担当者、これからそれを学ぶ学生や市民等に利用され、国内はもとより世界の都市や流域圏での実践に生かされることを期待している。

　また、自然と共生する流域圏・都市の再生（形成）に関わる研究や実践の基礎とし、さらに、この面での研究や実践を進める上での一里塚としたいと考えている。

2007年7月15日

吉川　勝秀

目　　次

はじめに

第1章　長い時間スケールで見た文明の変化と都市化 ──── 1

  1.1　流域圏の形成（最後の氷河期以降の流域圏の変化）・・・・・・・・・・ 1
  1.2　この1万年の世界の文明の変化・・・・・・・・・・・・・・・・・・・・・・・・・・・ 5
  1.3　日本の2,000年の経過・・・・・・・・・・・・・・・・・・・・・・・・・・・・・・・・・・ 7
  1.4　稲作社会の流域圏から都市社会へ・・・・・・・・・・・・・・・・・・・・・・ 12

第2章　近年の都市化と今後の展望 ──── 13

  2.1　日本の近年の人口の増加・・・・・・・・・・・・・・・・・・・・・・・・・・・・・・ 13
  2.2　日本の都市化の進展－東京首都圏を例に－・・・・・・・・・・・・・・・ 14
  2.3　日本のこれからの時代（人口の減少等）・・・・・・・・・・・・・・・・・ 16
  2.4　世界のこれからの時代・・・・・・・・・・・・・・・・・・・・・・・・・・・・・・・・ 18
  2.5　世界の都市と川を眺める・・・・・・・・・・・・・・・・・・・・・・・・・・・・・・ 21
    （1）　欧米の例・・ 21
      （a）　イギリス・ロンドンのテームズ川・・・・・・・・・・・・・・・・・ 21
      （b）　イギリス・マンチェスターとリバプール・・・・・・・・・・・ 24
      （c）　フランス・パリ・・・・・・・・・・・・・・・・・・・・・・・・・・・・・・・・ 27
      （d）　イタリア・ローマ・・・・・・・・・・・・・・・・・・・・・・・・・・・・・・ 28
      （e）　イタリア・フィレンツェ・・・・・・・・・・・・・・・・・・・・・・・・ 29
      （f）　アメリカ・ボストン・・・・・・・・・・・・・・・・・・・・・・・・・・・・ 31
      （g）　アメリカ・サンアントニオ・・・・・・・・・・・・・・・・・・・・・・ 34
      （h）　その他（ウィーン、ブダペスト、ワシントン）・・・・・・ 36
    （2）　日本の例・・ 39
      （a）　東京・・・ 39
      （b）　北九州・・・・・・・・・・・・・・・・・・・・・・・・・・・・・・・・・・・・・・・ 41
      （c）　名古屋・・・・・・・・・・・・・・・・・・・・・・・・・・・・・・・・・・・・・・・ 43

            (d) 徳島・・ *44*
            (e) 京都・・ *45*
            (f) その他・・ *46*
       (3) アジア等の例・・・ *47*
            (a) シンガポール・・・ *47*
            (b) 韓国・ソウル・・・ *48*
            (c) 中国・北京・・・ *50*
            (d) 中国・上海・・・ *51*
            (e) その他（香港、バンコク）・・・・・・・・・・・・・・・・・・・・・・・・・・ *52*

第3章　都市環境の変遷と課題 ―――――――――――――55

   3.1　日本の都市化の進展と都市環境
       ―水と緑の環境インフラ。東京首都圏を例に―・・・・・・・・・・・・・・・・・・ *55*
   (1) 既往の研究等・・・ *55*
   (2) この100年の都市化が首都圏の環境インフラに与えた影響・・・・・・ *56*
            (a) 人口の変化と都市化・・・・・・・・・・・・・・・・・・・・・・・・・・・・・・・・・・ *56*
            (b) 水に関わる環境の変化・・・・・・・・・・・・・・・・・・・・・・・・・・・・・・ *58*
            (c) 緑の変化・・ *59*
            (d) 水と緑の環境インフラと流域・・・・・・・・・・・・・・・・・・・・・・ *59*
   (3) 首都圏の環境インフラに関わる考察・・・・・・・・・・・・・・・・・・・・・・・・ *60*
   3.2　日本の国土計画、都市計画の経過
       ―保健道路、グリーンベルト―・・・・・・・・・・・・・・・・・・・・・・・・・・・・・・ *62*
   (1) 広域の都市計画・・・ *62*
   (2) 国土計画（全国総合開発計画）・・・・・・・・・・・・・・・・・・・・・・・・・・・・ *66*

第4章　川からの都市再生の事例 ―――――――――――71

   4.1　欧米の事例・・ *71*
   (1) イギリス・ロンドン・・・・・・・・・・・・・・・・・・・・・・・・・・・・・・・・・・・・・・・ *71*
   (2) イギリス・マンチェスター、リバプール・・・・・・・・・・・・・・・・・・ *74*
   (3) フランス・パリ・・・ *76*
   (4) アメリカ・ボストン・・・・・・・・・・・・・・・・・・・・・・・・・・・・・・・・・・・・・ *79*
   (5) アメリカ・サンアントニオ・・・・・・・・・・・・・・・・・・・・・・・・・・・・・・ *82*

（6）　その他の都市 ································· 85
　4.2　日本の事例 ····································· 86
　　　（1）　東京・隅田川 ································ 86
　　　（2）　北九州・紫川 ································ 88
　　　（3）　大阪・道頓堀川 ······························ 89
　　　（4）　徳島・新町川 ································ 94
　　　（5）　名古屋・堀川 ································ 97
　　　（6）　その他 ···································· 99
　4.3　アジアの事例 ··································· 100
　　　（1）　シンガポール・シンガポール川 ················· 100
　　　（2）　韓国・ソウルの清渓川 ························ 106
　　　（3）　中国・北京の転河（高梁河） ··················· 112
　　　（4）　中国・上海の黄浦江 ·························· 116
　　　（5）　中国・上海の蘇州河 ·························· 117
　　　（6）　その他 ···································· 121

第5章　自然と共生する流域圏・都市再生の事例 ——— 123

　5.1　人口の変化からの考察 ···························· 123
　5.2　先進国における流域圏・都市の再生 ················· 124
　　　（1）　欧米の流域圏・都市再生の事例 ················· 124
　　　　　（a）　イギリスのマージ川流域での取り組み ········ 124
　　　　　（b）　アメリカのチェサピーク湾とその流域での再生活動 ········ 133
　　　　　（c）　その他の事例 ···························· 138
　　　（2）　日本の流域圏・都市再生の事例 ················· 149
　　　　　（a）　鶴見川流域：総合治水から水マスタープランへ ··· 149
　　　　　（b）　印旛沼とその流域 ························· 152
　　　　　（c）　東京湾とその流域 ························· 154
　　　　　（d）　その他の事例 ···························· 159
　5.3　人口が減少する日本の地方部の流域圏での取り組み ····· 160
　　　　　（a）　四万十川流域圏 ··························· 160
　　　　　（b）　鬼怒川・小貝川流域圏 ····················· 161
　　　　　（c）　石狩川・千歳川流域圏 ····················· 164
　　　　　（d）　その他の例 ······························ 165

5.4　流域圏・都市の再生（形成）に関わる基本要素・・・・・・・・・・・・・・・・・・・・ *166*

第6章　都合の悪い自然（水害）への対応 ─── *169*

6.1　治水の基礎理論と低平地緩流河川流域の治水に関する考察・・・・・・・・ *169*
 （1）　従来の研究と着眼点・・・・・・・・・・・・・・・・・・・・・・・・・・・・・・・・・・・・・・・ *170*
　　（a）　従来の研究・・ *170*
　　（b）　行政での治水対策の実施と最近の動向・・・・・・・・・・・・・・・・・・ *170*
　　（c）　基本的立場・・ *171*
 （2）　流域治水の理論とその要点・・・・・・・・・・・・・・・・・・・・・・・・・・・・・・・ *171*
　　（a）　流域治水の基礎的理論・・・・・・・・・・・・・・・・・・・・・・・・・・・・・・・ *171*
　　（b）　治水の基本的な対応策・・・・・・・・・・・・・・・・・・・・・・・・・・・・・・・ *172*
 （3）　実践事例における治水計画とその後・・・・・・・・・・・・・・・・・・・・・・ *174*
　　（a）　中川・綾瀬川流域での計画と実践・・・・・・・・・・・・・・・・・・・・・ *174*
　　（b）　タイ国バンコク首都圏の東郊外流域での計画と実践・・・・・・ *178*
　　（c）　タイ国チャオプラヤ川流域の治水計画の提案・・・・・・・・・・・・ *182*
 （4）　実践からの評価と今後の展望・・・・・・・・・・・・・・・・・・・・・・・・・・・・ *187*
 （5）　結論と展望・・ *188*
6.2　低平地緩流河川流域の治水に関する都市計画論的考察・・・・・・・・・・ *188*
 （1）　流域治水の理論と土地利用・・・・・・・・・・・・・・・・・・・・・・・・・・・・・・ *190*
 （2）　実践事例における土地利用の計画とその後・・・・・・・・・・・・・・・・ *192*
　　（a）　中川・綾瀬川流域での計画と実践・・・・・・・・・・・・・・・・・・・・・ *192*
　　（b）　タイ国バンコク首都圏での計画と実践・・・・・・・・・・・・・・・・・ *196*
 （3）　都市計画論的な考察・・・・・・・・・・・・・・・・・・・・・・・・・・・・・・・・・・・・ *197*
 （4）　実践からの評価と今後の展望・・・・・・・・・・・・・・・・・・・・・・・・・・・・ *200*
6.3　大きな河川流域での対応・・・・・・・・・・・・・・・・・・・・・・・・・・・・・・・・・・・・ *201*
6.4　洪水に対応するレベル・・・・・・・・・・・・・・・・・・・・・・・・・・・・・・・・・・・・・・ *205*
6.5　堤防を有する河川のシステムとしての安全管理・・・・・・・・・・・・・・・・ *207*
 （1）　河川堤防の特徴・・ *208*
 （2）　利根川における過去の決壊の事例・・・・・・・・・・・・・・・・・・・・・・・・ *209*
　　（a）　明治以前の災害・・・・・・・・・・・・・・・・・・・・・・・・・・・・・・・・・・・・ *209*
　　（b）　昭和以降の洪水による堤防決壊の事例・・・・・・・・・・・・・・・・・ *209*
 （3）　堤防決壊の原因・・ *214*
　　（a）　堤防決壊の原因の捉え方について・・・・・・・・・・・・・・・・・・・・・ *214*

　　　　（b）堤防決壊の原因・・・ *215*
　　（4）　堤防の安全管理・・ *218*
　　（5）　結論と展望・・・ *219*

第7章　交通施設と都市環境（道路撤去・川からの都市再生）—*221*

7.1　都市化、モータリゼーションの発展と河川・水辺の問題・・・・・・・・・・ *221*
7.2　欧米の再生事例・・・ *223*
　　（1）　ドイツ・ライン川河畔のケルン・・・・・・・・・・・・・・・・・・・・・・・・・・・・ *224*
　　（2）　ドイツ・ライン川河畔のデュッセルドルフ・・・・・・・・・・・・・・・・・・ *226*
　　（3）　アメリカ・ボストン（都心と水辺を分断していた高架高速道路の
　　　　　撤去）・・ *228*
7.3　アジアの再生事例・・ *232*
　　（1）　韓国・ソウルの清渓川・・・・・・・・・・・・・・・・・・・・・・・・・・・・・・・・・・・・ *232*
　　（2）　中国・北京の転河（高梁河）の再生・・・・・・・・・・・・・・・・・・・・・・・ *235*
7.4　その他の興味深い事例・・ *236*
　　（1）　スイス・チューリッヒのシール川・・・・・・・・・・・・・・・・・・・・・・・・・・ *236*
　　（2）　フランス・パリのセーヌ川・・・・・・・・・・・・・・・・・・・・・・・・・・・・・・・・ *238*
　　（3）　アメリカ・ポートランドのウィラメット川・・・・・・・・・・・・・・・・・・ *239*
　　（4）　岐阜・長良川・・ *239*
　　（5）　アメリカ・シアトルの湾岸の高速道路・・・・・・・・・・・・・・・・・・・・・・ *240*
7.5　海外の事例からの考察・・ *241*
7.6　日本での再生に関する考察・・・・・・・・・・・・・・・・・・・・・・・・・・・・・・・・・・・・ *241*
7.7　今後の再生に関する考察・・・・・・・・・・・・・・・・・・・・・・・・・・・・・・・・・・・・・・ *247*

第8章　都市の水・熱・大気の循環——*249*

8.1　地球の大気・熱・水の循環・・・・・・・・・・・・・・・・・・・・・・・・・・・・・・・・・・・・ *249*
8.2　都市化と水循環の変化・・ *251*
　　（1）　水循環の変化・・ *251*
　　（2）　水の循環、水循環系の再生への対応・・・・・・・・・・・・・・・・・・・・・・・ *256*
　　　　（a）洪水（多い水）への対応・・・・・・・・・・・・・・・・・・・・・・・・・・・・・・・ *256*
　　　　（b）普段の水の減少への対応・・・・・・・・・・・・・・・・・・・・・・・・・・・・・・・ *257*
　　　　（c）渇水（少ない水）への対応・・・・・・・・・・・・・・・・・・・・・・・・・・・・・ *258*

(d) 水質問題への対応·· 259
  8.3 熱の循環の問題（ヒートアイランド）への対応············· 259
     （1） 水面の存在、緑地の存在による効果の例················ 261
     （2） 道路舗装での対応の例································ 261
     （3） 道路撤去、河川再生による対応の例···················· 262
     （4） 打ち水の効果の例···································· 263
     （5） 風の道の効果の例···································· 264
  8.4 都市の大気循環の問題への対応····························· 264
  8.5 今後の展望··· 267

第9章　川、流域圏と福祉・医療・教育 ────────── 269

  9.1 これからの時代··· 269
     （1） 人口の変化·· 269
     （2） 高齢者、障害者······································ 277
  9.2 生活の基本··· 278
  9.3 バリアフリー、ユニバーサルデザイン、ノーマライゼーション····· 279
  9.4 住宅・社会基盤等のユニバーサルデザイン（バリアフリー）··· 281
     （1） 移動のユニバーサルデザイン（バリアフリー）：恵庭市の事例··· 281
     （2） 住宅・建築のユニバーサルデザイン···················· 284
  9.5 川、流域圏での福祉・医療と教育··························· 286
     （1） 取り組みの事例······································ 286
       （a） 茨城県取手市（旧藤代町）の小貝川河畔での取り組み（川の三
            次元プロジェクト）································ 286
       （b） 秋田県本荘市の子吉川での取り組み（癒しの川構想）··· 288
       （c） 栃木県真岡市の鬼怒川河畔での取り組み（自然教育センター）··· 289
       （d） 東京の荒川下流での取り組み（福祉の荒川づくり）········ 291
       （e） 北海道恵庭市の茂漁川、漁川での取り組み············· 293
       （f） 徳島市の新町川での取り組み························· 294
       （g） 島根県雲南市（旧吉田村ケアポートよしだ）での取り組み···· 296
       （h） その他の事例······································ 299
     （2） 川、流域圏の福祉構想································ 301
  9.6 今後の展望··· 304

第10章　生態系とエコロジカル・ネットワーク ―― 307

- 10.1　縄文時代の人と自然 ················· *307*
- 10.2　稲作伝来以降、都市化の時代まで ················· *308*
- 10.3　自然の喪失と現状 ················· *309*
  - （1）　自然の変化 ················· *309*
  - （2）　現状 ················· *311*
- 10.4　生態系、生物多様性、エコロジカル・ネットワーク ················· *313*
  - （1）　水域生態系 ················· *314*
  - （2）　陸域生態系－流域のランドスケープの骨格に対応したエコロジカル・ネットワーク ················· *315*
  - （3）　エコロジカル・ネットワークの分断、喪失 ················· *315*
- 10.5　生物多様性、エコロジカル・ネットワークの再生 ················· *319*
  - （1）　水域生態系 ················· *319*
  - （2）　陸域生態系 ················· *320*
  - （3）　水と緑のネットワークの再生 ················· *320*
- 10.6　今後の展開 ················· *323*

第11章　川からの都市再生シナリオの設計・提示 ―― 325

- 11.1　東京首都圏の都市化と自然環境の変化 ················· *325*
  - （1）　流域の都市化と自然環境の変化 ················· *325*
  - （2）　都市の川や水辺の変貌 ················· *327*
  - （3）　都市の中の川と道路 ················· *327*
- 11.2　川からの都市再生 ················· *328*
  - （1）　日本の代表的な事例 ················· *329*
  - （2）　世界の事例 ················· *330*
  - （3）　川と道路の関係の再構築 ················· *333*
  - （4）　川の再生と都市整備（都市計画）との連携 ················· *335*
- 11.3　川からの都市再生のモデルの提示 ················· *335*
- 11.4　都市空間における川の空間構造としての川の通路（リバー・ウォーク）に関する考察 ················· *336*
  - （1）　川の通路の類型 ················· *336*
  - （2）　東京首都圏の中小河川の通路に関する経過と現状 ················· *339*

（3）川の中のリバー・ウォーク･･ *340*
　　　（4）消失した川の上のリバー・ウォーク ･･････････････････････････････ *341*
　11.5　東京首都圏の川からの都市再生 ･･････････････････････････････････････ *342*
　　　（1）東京首都圏の普通の中小河川の再生 ････････････････････････････ *342*
　　　（2）川を覆う道路撤去・川の再生から都市再生へ ････････････････････ *344*

第12章　流域圏（国土）再生シナリオの設計・提示 ─── 349

　12.1　基本的な視点 ･･ *349*
　12.2　流域、流域圏の捉え方 ･･ *351*
　　　（1）流域、流域圏の捉え方 ･･ *351*
　　　　　（a）水や水を媒介とした物質の移動（水・物質循環）から見た場合 ･･ *352*
　　　　　（b）生態系から見た場合 ････････････････････････････････････ *357*
　　　　　（c）経済圏・文化圏・生活圏から見た場合 ････････････････････ *358*
　　　　　（d）総合的な視点から見た場合 ･･････････････････････････････ *359*
　　　（2）本章での取り扱い ･･ *359*
　12.3　人口増加と都市化が流域圏に与えた影響 ････････････････････････････ *361*
　12.4　先進的な実践事例と流域圏・都市再生シナリオの比較分析 ･･････････ *362*
　　　（1）再生の対象からの分類 ･･ *362*
　　　　　（a）水・物質循環の改善への取り組み ････････････････････････ *365*
　　　　　（b）生態系再生への取り組み ････････････････････････････････ *365*
　　　　　（c）緑の保全と再生 ･･ *365*
　　　　　（d）河川空間の再生 ･･ *365*
　　　（2）流域圏・都市のスケールからの分類 ････････････････････････････ *366*
　　　　　（a）大きな流域圏 ･･ *366*
　　　　　（b）中規模、小規模な流域圏 ････････････････････････････････ *366*
　　　　　（c）河川とその周辺の再生 ･･････････････････････････････････ *366*
　　　（3）再生シナリオの設定方法による分類 ････････････････････････････ *366*
　　　　　（a）概念シナリオ ･･ *366*
　　　　　（b）実践的シナリオ ･･ *367*
　12.5　流域圏・都市再生シナリオの設計・提示 ････････････････････････････ *368*
　　　（1）単一流域モデル　その1：複合目的シナリオ ･･････････････････ *368*
　　　（2）単一流域モデル　その2：単一目的シナリオ ･･････････････････ *369*
　　　（3）複数流域モデル：複合目的シナリオ、単一目的シナリオ ･･･････ *369*

（4）河川区間モデル：河川からの都市再生シナリオ･････････ 369
　12.6　結論と今後の展開････････････････････････････････････ 370

第 13 章　地球温暖化時代の流域圏・都市 ─────────── 373
　13.1　人口の増加、社会発展･･････････････････････････････････ 373
　13.2　人口急増地域での持続可能な流域水政策シナリオ･････････ 376
　　（1）中東からアジアにかけての人口が急増する流域圏での検討概要･･ 376
　　（2）チャオプラヤ川流域での検討･･････････････････････････ 380
　　　（a）流域全体の状況･････････････････････････････････ 380
　　　（b）チャオプラヤ川流域での検討事項とその理由･････････ 384
　　　（c）バンコク首都圏、およびチャオプラヤ川流域の水害と対策･･ 385
　　（3）展望･･･ 391
　13.3　地球温暖化とその影響････････････････････････････････ 392
　　（1）気候変動に関する政府間パネル（IPCC）が示すこと･････････ 392
　　　（a）気候システム・気候変化の自然科学的根拠の評価（第 1 作業部
　　　　　会。政策決定者向け）･･････････････････････････････ 392
　　　（b）温暖化の影響、適応、脆弱性の評価（第 2 作業部会。政策決定
　　　　　者向け）･･ 395
　　　（c）温室効果ガスの排出削減など気候変化の緩和オプションの評価
　　　　　（第 3 作業部会。政策決定者向け）･･････････････････ 396
　　（2）中東からアジアにおける温暖化の影響予測･･････････････ 398
　13.4　人口増加・社会発展と地球温暖化の影響、それらへの対応･･････ 401

第 14 章　自然と共生する流域圏・都市の再生（形成）への展望 ─ 403
　14.1　都市計画、国土計画、環境計画等を貫くテーマ･･････････ 403
　14.2　基本的な事項とテーマ････････････････････････････････ 404
　　（1）都市の計画面からの考察･･････････････････････････････ 404
　　（2）流域圏の水循環・物質循環の健全化、生態系の保全と復元･･ 405
　　（3）身近な空間としての水空間････････････････････････････ 406
　　（4）複合した流域圏・都市再生････････････････････････････ 407
　　（5）人口動向との関わり･･････････････････････････････････ 407
　　（6）再生（形成）シナリオの実践･･････････････････････････ 409

14.3　自然と共生する流域圏・都市の再生（形成）のシナリオ ······· *411*
　（1）　再生（形成）シナリオ ··· *412*
　　　（a）川からの自然と共生する都市の再生（形成）シナリオ ······· *412*
　　　（b）自然と共生する流域圏・都市の再生（形成）シナリオ ········ *413*
　（2）　先進国での展望 ··· *414*
　（3）　人口が急増する流域圏、国々での展望 ···························· *414*
　（4）　地球温暖化に関わる展望 ·· *415*
14.4　展望 ·· *415*

おわりに
索　　引
著者略歴

第1章 長い時間スケールで見た文明の変化と都市化

この章では、最後の氷河期が終わって以降、現在の氾濫原を含む流域圏の形成とその後展開された世界の文明の興亡、稲作が伝来して以降の2,000年の日本の文明の変化、そして産業革命以降の都市化について概観する。

1.1 流域圏の形成（最後の氷河期以降の流域圏の変化）

地球の長い時間スケールでの変化を見ると、ほぼ一貫して地球気温が低下し、この数十万年の間には氷河期もあった（**図1.1**の上の図）。20世紀後半（約30年前頃）でも、地球温暖化議論が台頭する前は、地球は氷河期に向かっているのではないかともいわれていた。

旧人類（ネアンデルタール人）に新人類（クロマニョン人）が取って代わる頃には、何回かの氷河期があった（**図1.2**）。**図1.2**は、日本の南極観測での観測に基づくものであるが、近年CO_2濃度は上昇しているものの、地球気温は低下の傾向にあることが示されている。

最後の氷河期が終わって以降の地球の気温は、**図1.1**の下の図に示すように、急激に上昇した。そして、今から約6,000年前頃に最も暖かい時期があった。その温暖な時期は、日本では"縄文の海進"の時代と呼ばれ、ヨーロッパでは"ヒプシ・サーマル（高温期）"と呼ばれている。この時代は、現在よりも2℃前後気温が高かったとされている。この時代には、後述するように、日本では縄文時代であり、海が内陸深く進入していた。また、世界では、現在は砂漠であるサハラは水と緑が豊かな土地であった。

最後の氷河期が終わって気温が上昇すると、海面は**図1.3**に示すように、約100m程度上昇した。つまり、氷河期の海面は、今よりは約100m程度も低かった。その氷河期には、大陸棚（現在の陸域に近く、水深の浅い海底の土地）の大半は陸域であった。その当時は、日本列島とアジア大陸とは、樺太、朝鮮半島、中国

東部で陸続きとなっていた（**図 1.4**）。首都圏で見ると、東京湾は陸域であり、そこに当時の多摩川、荒川、利根川等の川は一つの川（古東京川）となり、富津岬沖の大陸棚を流下して海に落ちていた（**図 1.5**）[1)]。

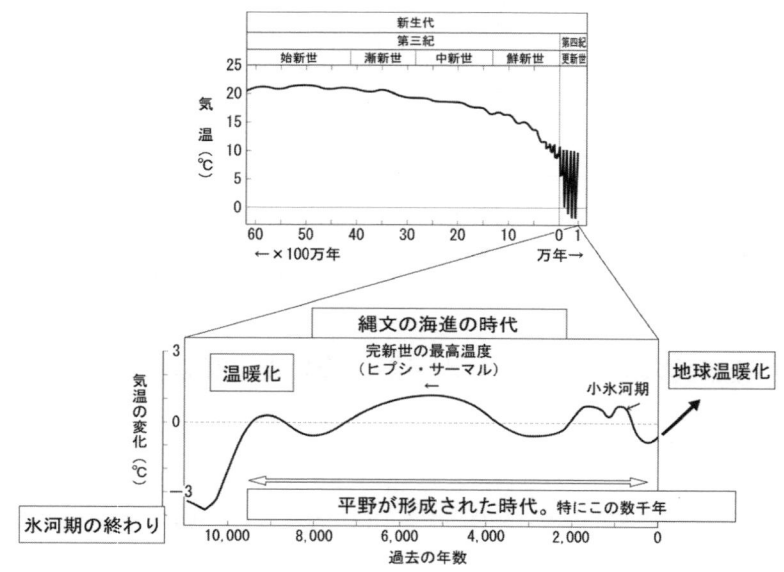

図1.1　地球の気温の変化（田中〈1989〉、Houghton他〈1990〉等より作成）[1)~3)]

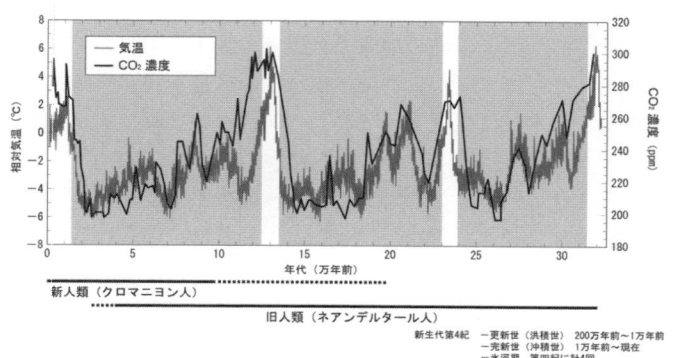

図1.2　この数十万年の地球の気温の変化（文部科学省資料等より作成）

第1章　長い時間スケールで見た文明の変化と都市化　　*3*

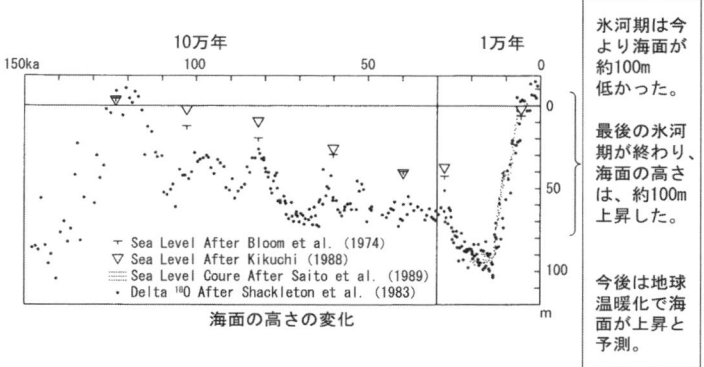

図1.3　氷河期以降の海面の上昇（『沖積平野の古環学』〈1994〉等より作成）[1)〜3)]

図1.4　氷河期の陸地[1), 3)]

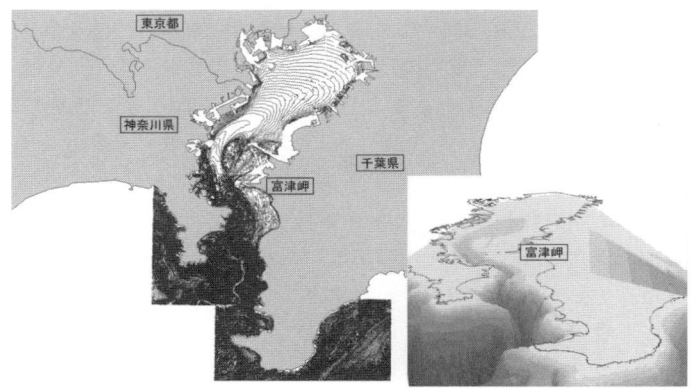

図1.5　東京湾の地形

この当時には、現在の川の氾濫原は川により深く掘り込まれていた。例えば鬼怒川を例に見ると**図1.6**のようであり、現在の川の流路とは違って東の筑波山麓近くを流れて土浦を流下していた。そして、現在の氾濫原の多くの部分を火山灰が堆積したローム台地が覆っていたと推定される。台地を深く掘り込んで流れていた当時の鬼怒川の流路は、常磐高速道路建設にあたっての地層のボーリング調査で明らかとなった。

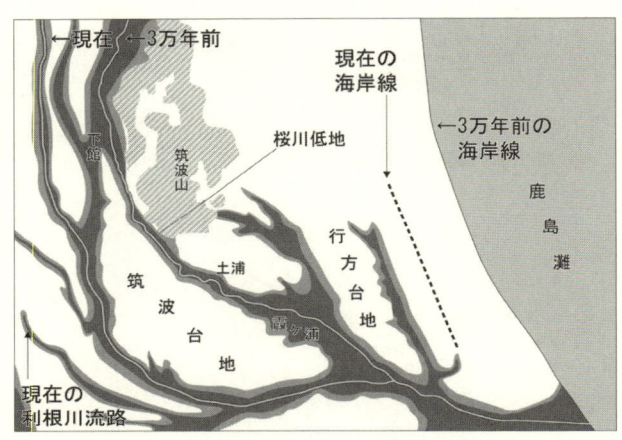

図1.6　氷河期（3万年前）の鬼怒川の流路と現在の流路

　現在の人口の約1/2、資産の3/4が立地する平野、とりわけ河川の氾濫平野が形成されるのは、最後の氷河期が終わって海面が約100m上昇して今日に至る間のことである（**図1.1**の下の図参照）。

　最も暖かかった縄文の海進の時代には、**図1.7**に関東地方の例を示すように、海が内陸深く進入していた。東京湾は現在の茨城県の古河や埼玉県の栗橋付近まで進入し、太平洋は霞ヶ浦はもとより鬼怒川の茨城県下妻付近まで進入していた。縄文人の多くは内陸で暮らしていたが、海辺でも貝を採取して暮らしていた。その食した貝を捨ててできた貝塚は、当時の海と陸地との境と見事に一致している。

　このような氷河期が終わって以降の時代に、乱流する河川により、関東地方ではローム台地が浸食され、また河川の氾濫により土砂が堆積して現在の氾濫平野が形成された。そして、その氾濫原が水田として開発され、さらにその後は、そこが都市化して現在に至っている。

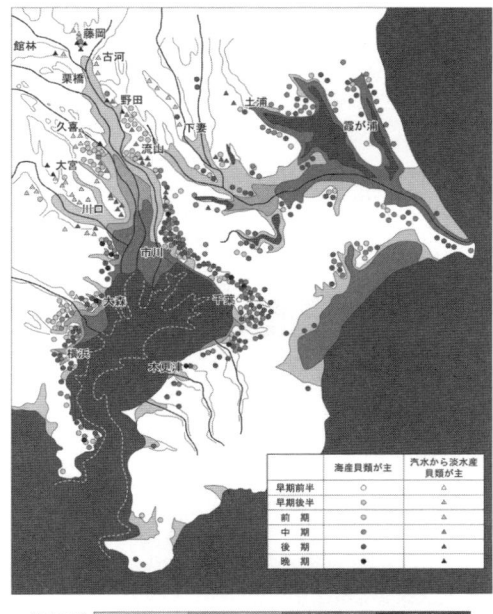

図1.7 縄文の海進の時代の関東平野と貝塚の分布（『群馬県藤岡町誌』より作成）[3]

1.2 この1万年の世界の文明の変化

最後の氷河期が終わって以降、この1万年の世界の文明の興亡、そして現在の文明について整理したものが**図1.8**である。

四大文明について見ると、メソポタミアではヒプシ・サーマルの前後の頃（約6,000年前頃）には、今よりは湿潤な時代があった。エデンの園があり、ノアの洪水物語のような湿潤な時代を示す出来事が、旧約聖書や粘土板に残されたギルガメッシュの伝説などに記されている。エジプトでも湿潤なナイル川の氾濫原で灌漑農業が始まり、エジプト文明が興った。インドでも、ハラッパやモヘンジョダロなどのインダス文明が、世界最古の下水道のシステムを持って都市文明を興した。中国でも、黄河文明が興っている。

この時代に大きく変化した大地として、サハラ砂漠がある。氷河期の時代には湿潤であったこの地の変化は、壁画に残された動物の変化からも知ることができる。この地域はトアレグ語でタッシリ・ナジェール、つまり"水流のある大地"

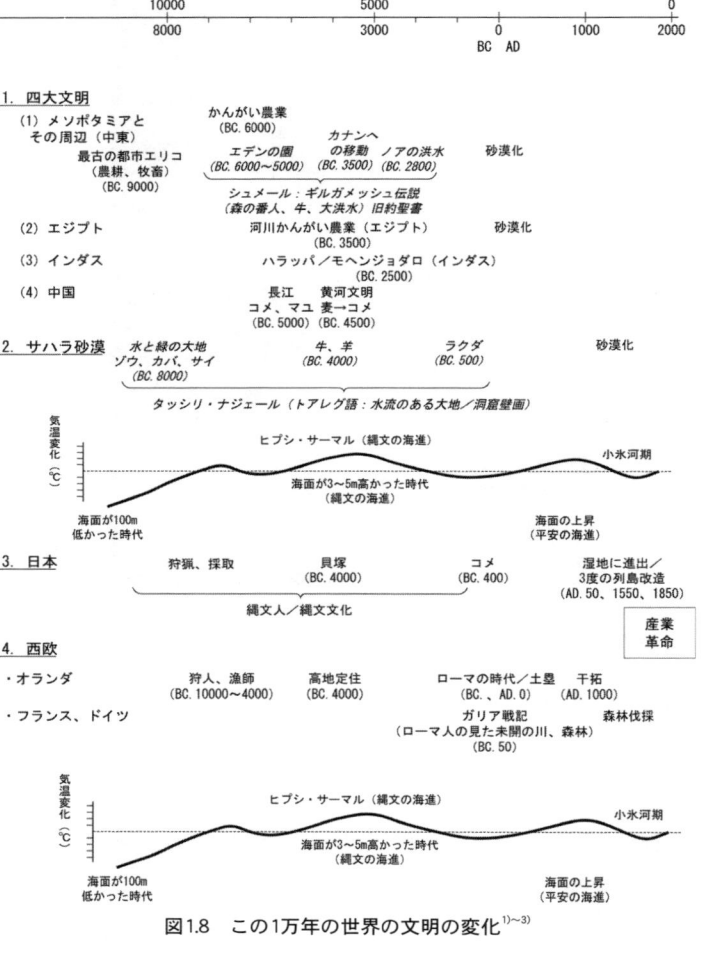

図1.8 この1万年の世界の文明の変化[1)~3)]

と呼ばれている。壁画には、約1万年前頃には水辺で暮らすカバやサイなどが、約6,000年前頃にはそれが牛や乾燥地域の羊に変わり、そして2,500年前頃には砂漠の家畜のラクダに変わっている。乾燥化が進み、水流のある大地が砂漠に変わっていったことが知られる。

　日本について見ると、この1万年の大半は縄文時代であり、狩猟採取の時代であった。縄文人は陸地でも、洪水の及ばない森林や砂浜の近くで暮らしていたといえる。前述のように、海辺で貝を採取して暮らしていた縄文人の生活を示すものとして、約6,000年前頃の縄文の海進の時代の海岸線に沿って貝塚が見られる

（図 1.7 参照）。その後、大陸から稲作の文明が日本に伝わると（約 2,400 年前）、徐々に小さな川の氾濫原の湿地で稲作を始めるようになった。そして徐々に大きな川の氾濫原の湿地に進出して稲作を行い、その稲作社会の延長上で今日の都市文明に発展していった。

　西欧について見ると、例えばオランダやドイツ、フランスでは狩人、漁師の時代があり、ローマがこの地を支配する時代があった。当時のガリア（現在のフランス）をカエサルが攻めた頃の様子は、カエサルの『ガリア戦記』に記されている。オランダでは水鳥の卵を採って暮らす人（野蛮人とされている）がおり、ガリア人は鬱蒼とした森や川に逃げ込んだ等のことが記されている。当時のヨーロッパでは、ライン川やマース川とその湿地があり、オランダでは海辺に湿地が広がっていたこと、そして国土の多くが森林で覆われていたことが示されている。その後ヨーロッパでは、森林は牧畜、農耕（麦などの半乾燥地の作物）の地となってほとんどなくなり、開発し尽くされている。川沿いの湿地も開発され、オランダでは干拓により湿地を陸地として開発し、牧畜、農耕に使っている。その延長上で、産業革命後の都市化の時代となった。

　日本では湿地を水田にすることで発展し、西欧では森林を農耕、牧畜の地にすることで発展してきたといえる。なお、オランダは森林を開発するとともに、低地部分では湿地を干拓して農耕、牧畜の地として国を形成してきたため、人が作った低地（Man Made Lowland）とも称されている。

1.3　日本の 2,000 年の経過

　稲作が伝来して以降、この 2,000 年の日本の発展の経過を見ておきたい。図 1.9 は、2,000 年の目で見た日本の開発・発展を示したものである。

　稲作は、水の管理（稲に水を与えること、洪水の氾濫から守ること）が比較的容易な小規模な河川の氾濫原の湿地で始められた。その延長上に、古代国家群ができ、大和朝廷につながる時代があった。関正和は、この時代を第 1 次列島改造と呼んでいる[4]。

　その後徐々に、より大きな川の氾濫原が新しい水田（新田）となっていくが、利根川や淀川、白川・緑川、富士川等の大河川の氾濫原が新田として利用されるようになったのは、戦国時代以降である。例えば、加藤清正は白川や緑川等の治水対策（洪水のたびに流路を変えて氾濫原を乱流する川の流路の固定、堤防等による氾濫の軽減、そして稲に水を提供する農業用水の確保、提供）を講じて、それら河川の氾濫原を新

田として開発していった。関東地方では、徳川家康が江戸に入府して以降、同様の開発が進められた。東京湾に流入していた利根川を、東を流れていた鬼怒川の下流に付け替え、鬼怒川の流路を通じて銚子から太平洋に流下するようにし、埼玉平野全域を新田として開発した（図 1.10）[1]~[7]。この利根川の東遷事業に先立っては、茨城県下

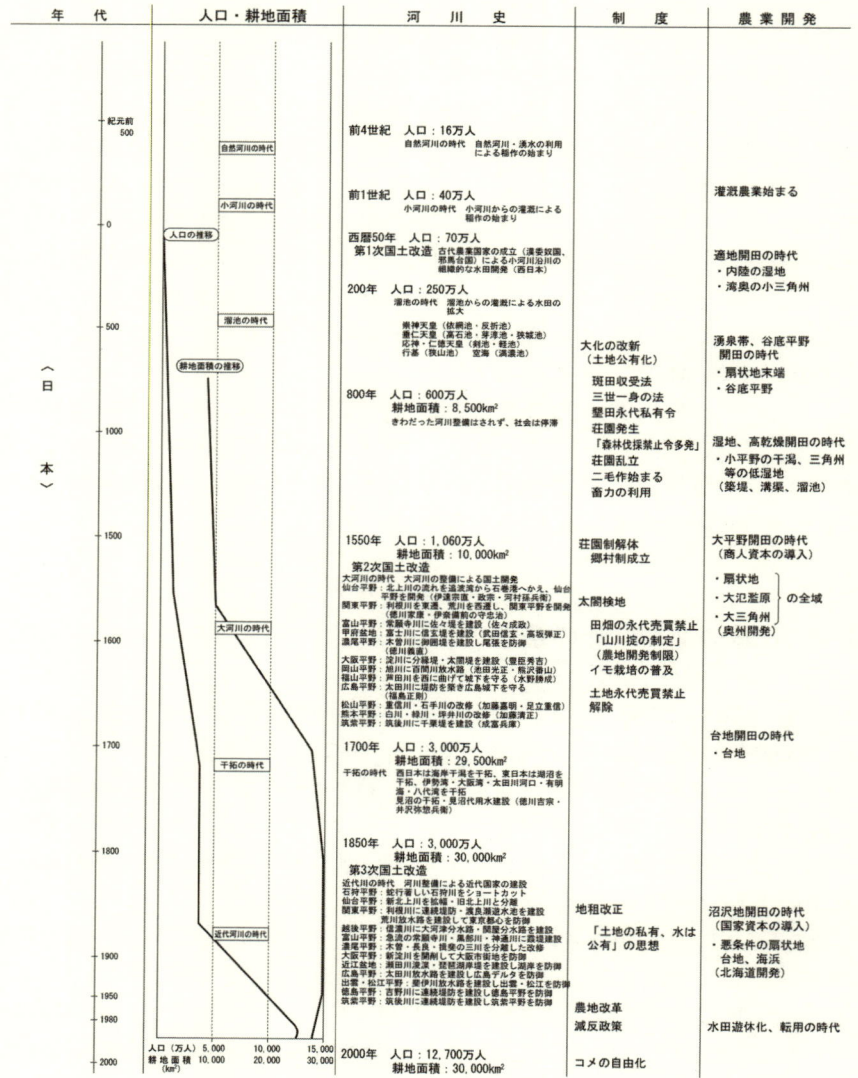

図1.9　2,000年の目で見た日本の開発・発展[1]~[3]

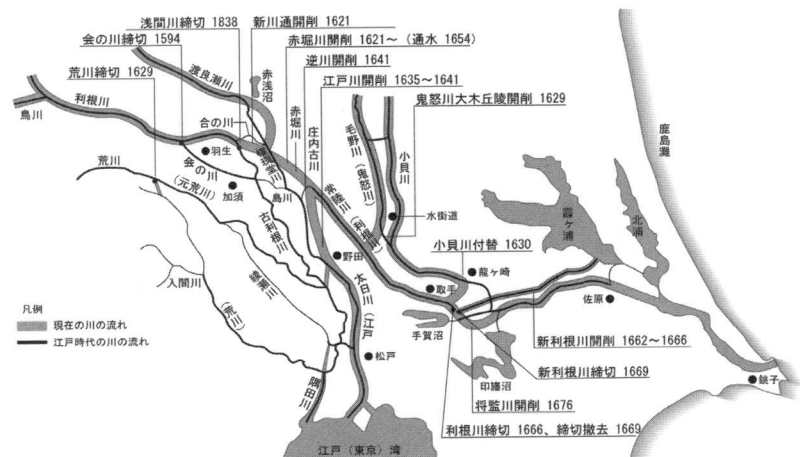

図1.10 利根川の東遷事業と埼玉平野等の開発[2), 3)]

妻付近でも鬼怒川と小貝川の分離とその下流氾濫原の新田への開発、水海道付近でも鬼怒川の流路の付け替えとその下流の氾濫原の新田開発、さらには取手付近でも残された小貝川の流路の付け替えとその下流の氾濫原の新田への開発が行われた（図1.11）。この新田開発に伴う農業用水提供のため、後に江連用水と呼ばれる農業用水の整備、福岡・岡・豊田の関東三大堰の整備などが行われた（図1.12）。

このような大河川の氾濫原の開発は全国で進められた。第2次の列島改造ともいえるものである。

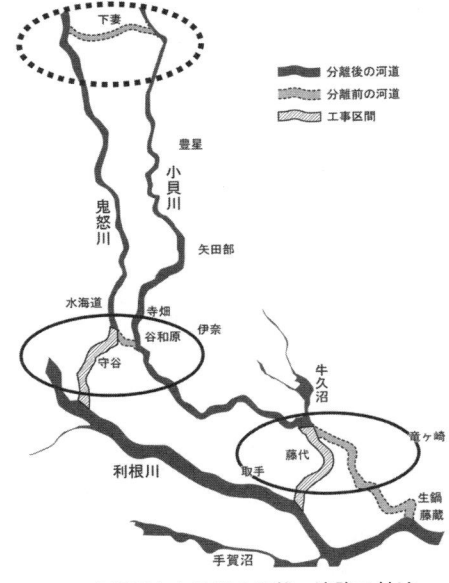

図1.11 鬼怒川と小貝川の分離、流路の付け替え（3カ所）[3)]

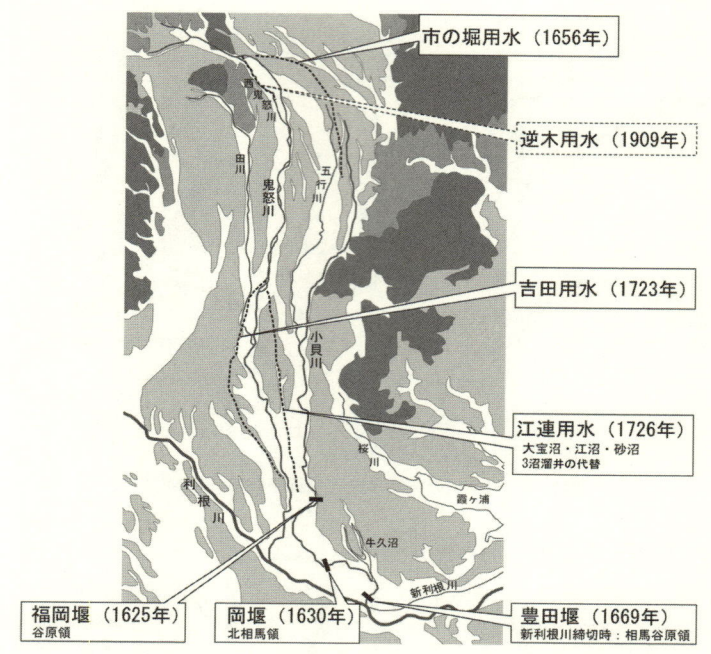

図1.12　鬼怒川・小貝川流域の開発に伴う農業用水の手当て[3]

　そして江戸時代を経て明治に入り、近代的と言われた河川整備、農地整備・農業用水の整備により稲作の生産性が向上し、日本の人口がさらに増加する時代となった。第3次の列島改造といえるものである。
　このような日本列島の改造の経過を示したものが図1.13である。
　日本の人口は、20世紀後半以前は、コメの生産高（水田の面積）にほぼ比例して増加した[1)～3),5)]。その人口の増加を見ると、稲作が伝来した頃（紀元前4世紀、約2,400年前）には16万人程度、西暦50年頃に70万人程度、戦国時代の1550年頃には1,060万人程度、江戸時代に入って約100年後の1700年頃には3,000万人程度、それ以降の江戸時代は3,000万人程度のままで推移を続け、江戸時代末期の1850年頃には3,000万人程度であった。それ以降は、近代国家となり人口は急増し、2006年には最大の人口の1億2,700万人程度となった（図1.14）。
　この稲作の伝来等で関係の深い中国、韓国（朝鮮）と日本の時代的な関係を見ると図1.15のようである。

第1章　長い時間スケールで見た文明の変化と都市化　　11

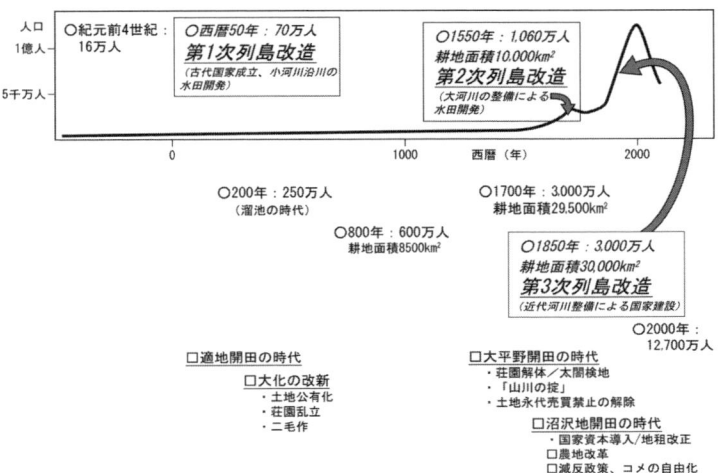

図1.13　この2,000年の国土の開発と発展[2), 3)]

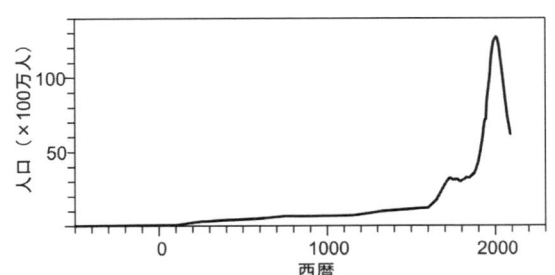

図1.14　この2,000年の日本の人口の推移（2000年以降は推定）
（吉田隆彦『人口波動で将来を読む』より作成）[1)～3)]

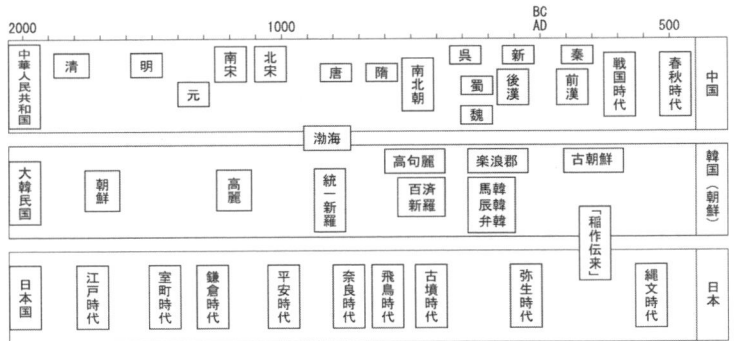

図1.15　中国・韓国（朝鮮）と日本の時代的な関係[2), 3)]

1.4 稲作社会の流域圏から都市社会へ

　以上で見たように、縄文人は自然の国土に暮らしていたが、稲作の伝来以降、弥生人は稲を生産する場として川の氾濫原に進出していった。この時代から、洪水の危険はあるものの、水の手当てが容易で稲作に適した氾濫原の湿地が開発されていった。

　小河川の氾濫原から徐々に大河川の氾濫原が開発され、江戸時代にはほぼ日本全土の川の氾濫原が開発された。そして、江戸時代には、川の流域圏の水の循環やその流域の地形・地質（広い意味でのランドスケープ。広域生態複合）等の自然の基盤に対応して、人工的ではあるが水田での稲作農業をベースとして、社会の経済等の諸活動が展開されていた。経済活動においては、自然との共生という面で見ても、水の循環や流域のランドスケープ（広域生態複合）から見ても、見事な水系社会ができていた。すなわち、流域というランドスケープに対応した奥山、里山、水田・畑地（生産緑地）、都市、海、そしてそれらを貫く川を基盤とした社会である。

　その水系社会、すなわち流域圏は、その後の都市化の時代となっても、日本の社会の環境基盤として存続している。水系社会は、戦後も続き、経済の高度成長期までは濃厚にあった。それが崩れていくのは高度成長期以降のことである。今日では、その社会の環境基盤を修復・再生していくこと、すなわち自然と共生した流域圏・都市の再生が求められているといえる。

〈参考文献〉
1) 吉川勝秀：『人・川・大地と環境』、技報堂出版、2004
2) 吉川勝秀：『河川流域環境学』、技報堂出版、2005
3) 吉川勝秀編著：『河川堤防学』、山海堂、2007
4) 関正和：『大地の川』、草思社、1994
5) 吉川勝秀編著：『多自然型川づくりを越えて』、学芸出版社、2007
6) 吉川勝秀：「鬼怒川・小貝川のプロフィール」、『鬼怒川・小貝川　谷和原領物語－治水・利水・暮らし・水環境－』、鬼怒川・小貝川を語る会編著、国土交通省関東地方整備局下館河川事務所監修、2005.5
7) 吉川勝秀：『鬼怒川・小貝川における「水害の歴史と対策」』（小貝川大水害から20年講演）、鬼怒川・小貝川流域を語る会、鬼怒川・小貝川サミット会議（国土交通省関東地方整備局下館河川事務所）、2006.12

第2章　近年の都市化と今後の展望

　本章では、近年の日本の人口変化と今日の都市化した時代の経過を概観し、そしてこれからの時代を展望する。

2.1　日本の近年の人口の増加

　近年の日本の人口の変化を見たものが図2.1である。日本の人口は、江戸時代が終わり、明治時代以降（1868年以降）、急激に増加した。約100年前には、日本の人口はイギリスおよびフランスとほぼ同じ4,000万人であったが、2000年で見ると、約1億2,700万人であり、この100年間に約3倍に急増した。フランスとイギリスもこの100年間に人口は約5割増えて1.5倍に増加したが、それと比較しても、日本の人口増加は"人口爆発"ともいえる急激な増加であった。

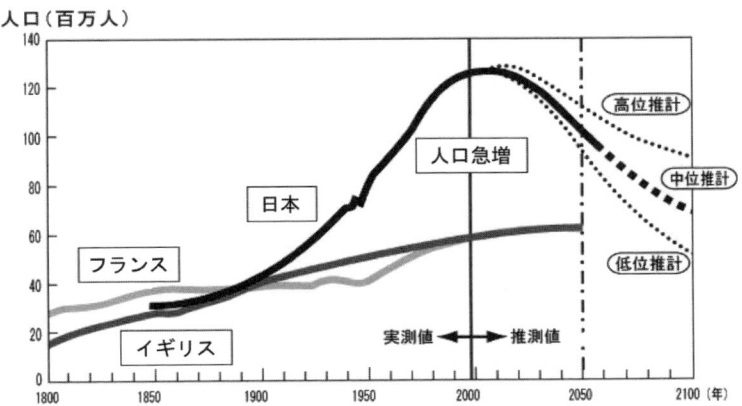

図2.1　近年の日本の人口の変化（フランス、イギリスとの比較を含む）
（国立社会保障・人口問題研究所「人口動向」、「マクミラン世界歴史統計」、国連「世界人口予測〈1950～2050〉」より作成）

この人口増加を首都圏について見ると、首都圏では人口の集中もあって、この約100年間に4倍に急増している。

2.2 日本の都市化の進展－東京首都圏を例に－

人口の増加とともに、都市化も急激に進展した。約100年間の東京の都市化を見ると**図2.2**のようであり、都市域が大きく拡大している。この都市化は20世紀の後半が特に急激であり、1972年と2000年を比較してみたものが**図2.3**である。この都市化の急激な進展とともに、各種の環境問題（河川水質の悪化、水害の発生、緑地の喪失等）が発生し、水と緑を取りまく環境が大きく悪化した。

河川について見ると、都市化とともに河川が汚染され、都市では見向きもされない空間となった。また、流域の都市化により増大した洪水への対応、あるいはもともと浸水する土地の洪水防御や治水安全度を向上させるため、限られた河川敷地の中で川は深く掘り下げられてきた。それを模式的に示したものが**図2.4**である。また、都市化、工業化とともに地下水や天然ガスを汲み上げた東京東部低地では地盤沈下が進み、その土地を高潮災害から防御するために川とまちとを分断するコンクリートの高潮堤防が設けられた。

この約100年間での川の風景の変化を渋谷川（渋谷川下流の古川）、神田川、隅田川について見たものが**写真2.1～2.3**である。川の空間と沿川の土地利用が大きく変貌したことが分かる。

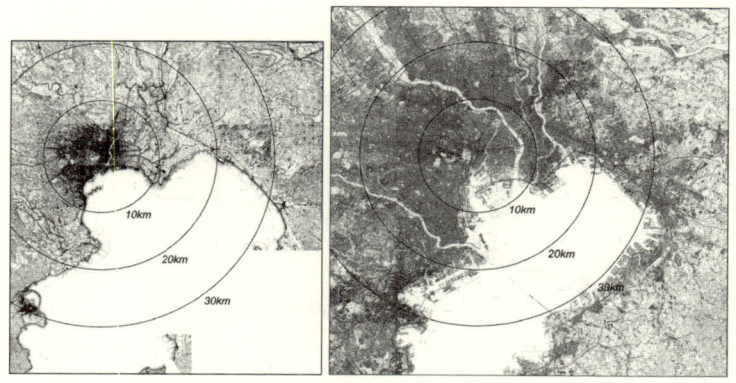

図2.2 この100年の間の東京の市街地の拡大
（左：明治40〈1907〉年、右：平成13〈2001〉年。黒い色の部分が市街地）

第 2 章　近年の都市化と今後の展望　15

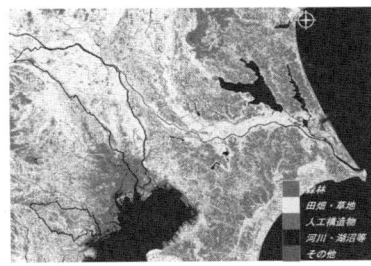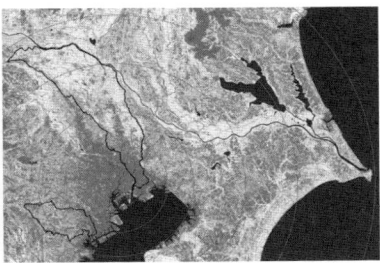

図2.3　20世紀後半の30年間の急激な都市域の拡大
(左：1972年、右：2000年。色の濃い部分が市街地)

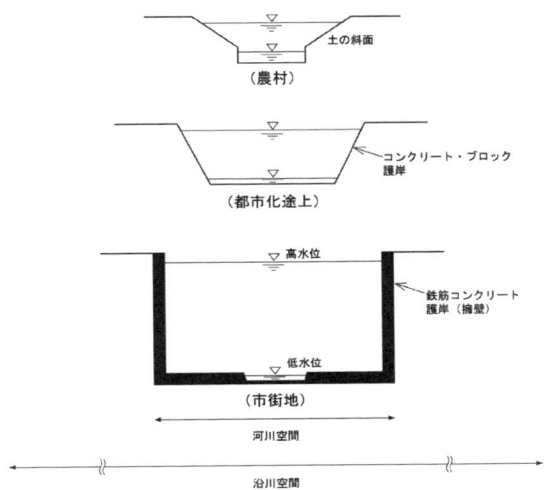

図2.4　都市化に伴う河川形状の変化[2]

写真2.1　この100年の渋谷川（下流部の古川）とその沿川の土地利用の変化
(左：1860年代の三ノ橋付近。右：高速道路に覆われた古川)

写真2.2　この100年の神田川とその沿川の土地利用の変化（椿山荘付近）

写真2.3　この100年の隅田川とその沿川の土地利用の変化
（左：明治初期の向島、右：現在）

　東京の東部や北東部に広がっている川の氾濫原では、東京に近い部分からそれまでの水田地域が都市化していった。また、東京北部あるいは西部のローム台地や丘陵地でも都市化が進み、雑木林や畑地が都市的、人工的な土地利用に転換した。
　現在の東京都心部の状況を見たものが**写真 2.4** である。写真には、写真の範囲を示すために東京 23 区の範囲と環状道路 7 号線を示している。**写真 2.4** より、都心部とその周辺は都市的な土地利用となっていることが分かる。そして、都心部に限って見ると、後に述べるように、多くの河川・水路網が消失し、遠浅の海は埋め立てられたが、現在でも川と海の水面が骨格としてあり、皇居、上野公園、新宿御苑等まとまった緑が存在していることが分かる。

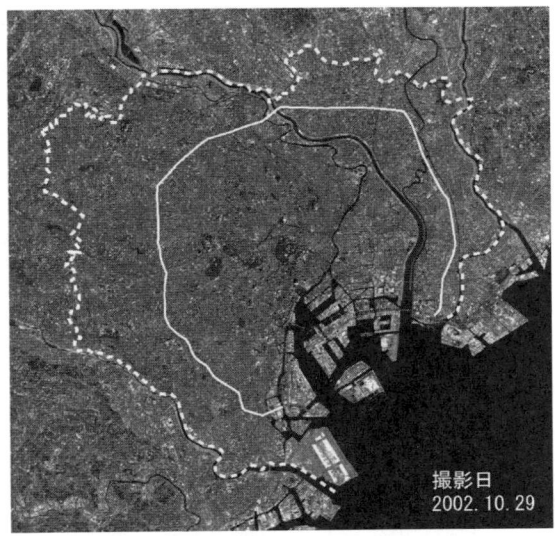

写真2.4　現在の東京都心部の状況（破線：東京23区、実線：環状7号線）

2.3　日本のこれからの時代（人口の減少等）

　これからの時代を見ると、図2.1の2000年以降に示したように、日本の人口は、中位推計で見ると今後100年間で半減すると予測される。これからの時代は人口が減少する時代である。これは、少子化によるものであるが、それを示す合計特殊出生率を見ると、1.3を下回る水準にまで低下している（図2.5、2.6）。人口が減少しない場合の合計特殊出生率は約2.1と言われており、その水準を大き

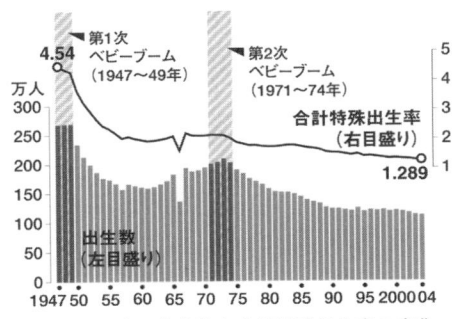

図2.5　日本の出生数と合計特殊出生率の変化
（国立社会保障・人口問題研究所「人口統計資料集」他より作成）

く下回っている。人口減少とともに、高齢化が進行する（図2.7）。日本の人口構成を見たものが図2.8である。総人口の減少とともに、子どもの数の減少、65歳以上の高齢者の増加が示されている。

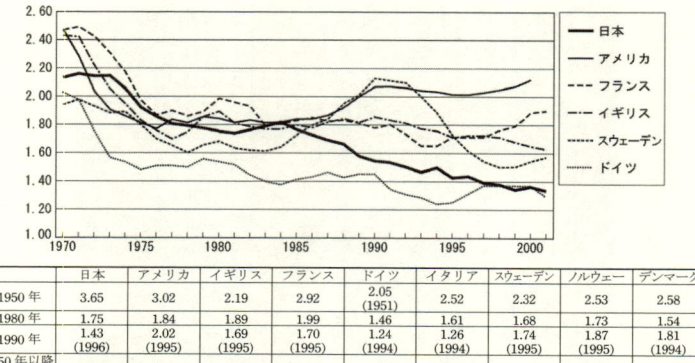

	日本	アメリカ	イギリス	フランス	ドイツ	イタリア	スウェーデン	ノルウェー	デンマーク
1950年	3.65	3.02	2.19	2.92	2.05 (1951)	2.52	2.32	2.53	2.58
1980年	1.75	1.84	1.89	1.99	1.46	1.61	1.68	1.73	1.54
1990年	1.43 (1996)	2.02 (1995)	1.69 (1995)	1.70 (1995)	1.24 (1994)	1.26 (1994)	1.74 (1995)	1.87 (1995)	1.81 (1994)
1950年以降の最低合計特殊出生率	1.42 (1995)	1.77 (1976)	1.69 (1995)	1.65 (1994)	1.24 (1994)	1.26 (1994)	1.60 (1978)	1.66 (1983)	1.38 (1983)

図2.6　合計特殊出生率の国際比較
（国立社会保障・人口問題研究所「人口統計資料集」、厚生省資料より作成）

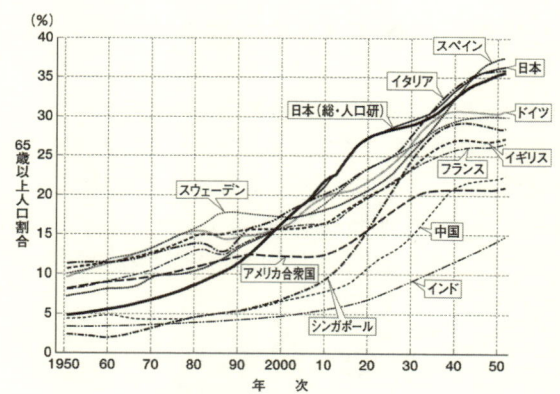

図2.7　高齢化率の変化
（国連「人口推移〈2000〉」、国立社会保障・人口問題研究所「日本の将来推計人口〈2002〉」より作成）

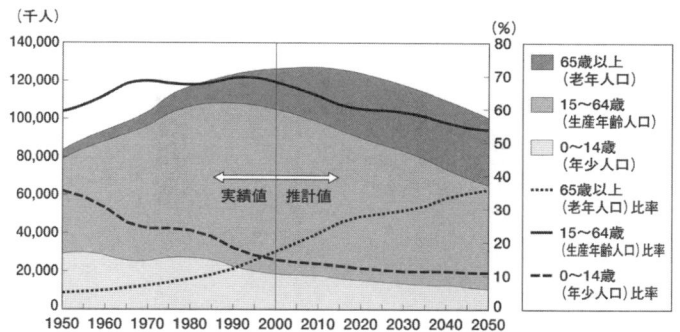

図2.8 日本の人口、人口構成の推計（2000年以降は推定）
（総務省「国勢調査」、国立社会保障・人口問題研究所「日本の将来推計人口〈2002〉」より作成）

このように、日本では人口が減少するが、図2.1に示したように、100年後で見るとフランスとイギリスとほぼ同じ人口である。100年前にはほぼ同じ人口であった国々と同程度であり、人口減少はそれ自体が問題とはいえないであろう。子どもの数が減り、高齢者の数が増える時代を乗り切ることが重要である。

2.4 世界のこれからの時代

これからの時代の世界を見ると、約100年前から最近までの日本のように、人口が爆発的に増える時代である（図2.9、2.10）。ただし、先進国ではほぼ人口増

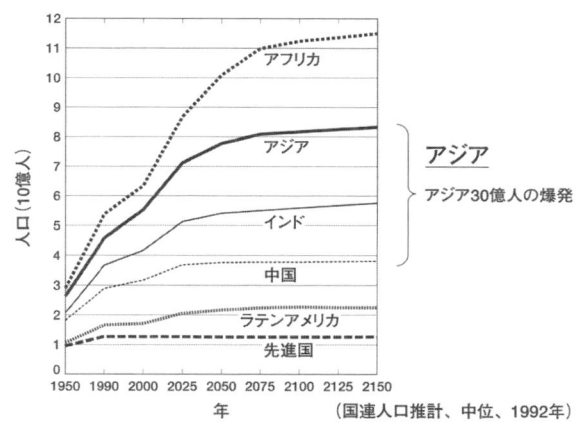

図2.9 この100年、今後100年間の世界の人口の増加（長期の予測）
（国連「人口推計〈1992〉」の中位推計値より作成）

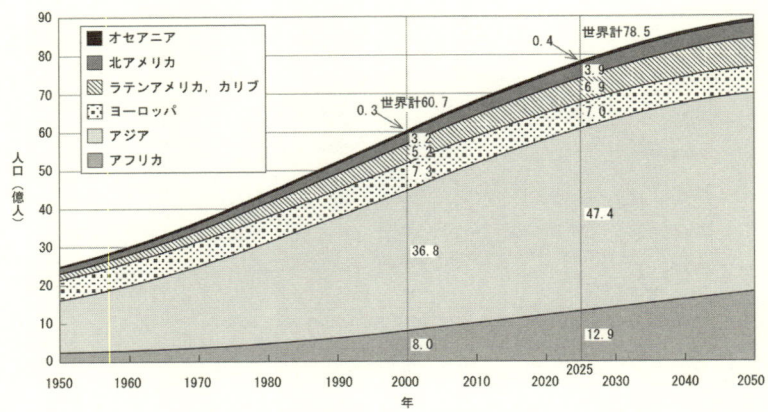

図2.10 今後50年間の人口増加（地域別）
(国連「人口推計〈1950～2050〉」より作成)

加は止まっており、人口増加は先進国以外で生じている。なかでも増加する人口総数で見るとアジアが最も大きく、中国、インドを含む「アジア30億人の爆発」ともいえる増加をする。また、南米やアフリカでも人口は急激に増加し、増加率で見ると高い率を示している。

これからの人口増加とともに、都市化はさらに進展すると予想されている（**表2.1**）。都市化に伴う水や緑の喪失・劣化、大気や地下水等の汚染などの環境問題とともに、増加する人口を養うための農業生産性の向上、その農業と都市活動、工業生産で必要となる水の確保も問題となる（**表2.2、2.3**）。これまでの時代に日本で経験してきたような環境等の問題の発生が予測される。

表 2.1 世界の都市人口の比率

(国連「世界人口年鑑」、国立社会保障・人口問題研究所編「人口の動向　日本と世界（1998）」より作成。2030年は予測値)

イギリス	77.0 (1901)	79.3 (1920)	80.0 (1931)	80.8 (1951)	89.2 (1995)	92.4 (2030)
フランス	41.0 (1901)	46.4 (1921)	51.2 (1931)	55.9 (1954)	74.7 (1995)	83.2 (2030)
アメリカ合衆国	39.7 (1900)	51.2 (1920)	56.2 (1930)	64.0 (1950)	76.2 (1995)	84.5 (2030)
スウェーデン	21.5 (1900)	29.5 (1920)	38.4 (1930)	56.3 (1950)	83.1 (1995)	87.9 (2030)
日本		18.1 (1920)	24.1 (1930)	37.5 (1950)	78.1 (1995)	85.3 (2030)
旧ソ連		17.9 (1926)	32.8 (1939)	47.9 (1959)	65.9 (1989)	
オーストラリア			64.0 (1933)	78.9 (1954)	84.7 (1995)	88.5 (2030)
メキシコ			33.5 (1930)	42.8 (1951)	73.4 (1995)	81.9 (2030)
中国（本土）				11.2 (1950)	30.2 (1995)	55.2 (2030)
インド		10.2 (1921)	11.1 (1931)	17.3 (1951)	26.8 (1995)	45.8 (2030)
エジプト			25.1 (1937)	35.8 (1957)	44.6 (1995)	61.9 (2030)
ナイジェリア			8.5 (1931)	10.1 (1951)	39.6 (1995)	63.5 (2030)

注　数字は％（年）

表 2.2 人口増加、都市化、工業化に伴って必要となる水資源量の推計
(I.A.Shiklomanov:Assessment of Water Resources and Water Availability in the World 〈1996〉より作成)

(10億 m³、100万人、ℓ／日・人)

	年	1995	2025	2025/1995
ヨーロッパ	生活用水	70	85	1.2
	工業用水	228	305	1.3
	農業用水	199	212	1.1
	合計	497	602	1.2
	人口	686	685	1.0
	一人当たり生活用水使用量	280	338	1.2
	一人当たり合計水使用量	1,985	2,406	1.2
北米	生活用水	71	89	1.3
	工業用水	266	306	1.2
	農業用水	315	399	1.3
	合計	652	794	1.2
	人口	455	595	1.3
	一人当たり生活用水使用量	425	408	1.0
	一人当たり合計水使用量	3,924	3,654	0.9
アフリカ	生活用水	17	60	3.5
	工業用水	10	19	2.0
	農業用水	134	175	1.3
	合計	161	254	1.6
	人口	743	1,558	2.1
	一人当たり生活用水使用量	63	105	1.7
	一人当たり合計水使用量	593	446	0.8
アジア	生活用水	160	343	2.1
	工業用水	184	409	2.2
	農業用水	1,741	2,245	1.3
	合計	2,085	2,997	1.4
	人口	3,332	4,913	1.5
	一人当たり生活用水使用量	132	191	1.5
	一人当たり合計水使用量	1,714	1,671	1.0
南米	生活用水	33	65	2.0
	工業用水	19	57	3.0
	農業用水	100	112	1.1
	合計	152	233	1.5
	人口	326	494	1.5
	一人当たり生活用水使用量	274	358	1.3
	一人当たり合計水使用量	1,273	1,292	1.0
オーストラリア オセアニア	生活用水	3	5	1.4
	工業用水	7	10	1.4
	農業用水	16	19	1.2
	合計	26	33	1.3
	人口	30	39	1.3
	一人当たり生活用水使用量	305	326	1.1
	一人当たり合計水使用量	2,407	2,365	1.0
合計	生活用水	354	645	1.8
	工業用水	715	1,106	1.5
	農業用水	2,503	3,162	1.3
	合計	3,572	4,913	1.4
	人口	5,572	8,284	1.5
	一人当たり生活用水使用量	174	213	1.2
	一人当たり合計水使用量	1,756	1,625	0.9

表 2.3　2050 年までのアジア等の人口増加、1 人当たりの GNP 増加の推計
(日本経済研究センター (2007) より作成)

国・地域	人口 (百万人)					
	実績 2000	実績 2005	予測 2020	予測 2030	予測 2040	予測 2050
日本	127	128	123	115	105	94
韓国	47	48	49	47	44	39
中国	1,274	1,328	1,417	1,411	1,358	1,262
インド	1,021	1,109	1,359	1,509	1,636	1,733
ASEAN	452	485	572	616	644	654
米国	284	298	338	361	380	395
EU	442	449	455	449	438	420

国・地域	GDP/人 (1000ドル)					
	実績 2000	実績 2005	予測 2020	予測 2030	予測 2040	予測 2050
日本	25.8	27.1	34.5	40.9	47.4	53.1
韓国	16.3	19.7	32.2	39.5	35.9	52.0
中国	3.9	5.8	12.2	17.8	22.4	26.4
インド	2.4	3.0	5.2	6.8	8.8	11.0
ASEAN	3.9	4.6	6.8	8.9	11.3	14.1
米国	33.7	37.2	49.5	59.3	71.7	86.0
EU	23.2	24.8	31.9	36.3	41.4	47.3

2.5　世界の都市と川を眺める

　近年の都市化による都市と川の変化を、代表的な都市を取り上げて見ておきたい。

(1)　欧米の例
(a)　イギリス・ロンドンのテームズ川
　ロンドンは、産業革命の時代以降、世界で最も先進的な経験をしてきた都市である。工場が立地し、ロンドンの都市化が進んだ時代には、テームズ川などの水質が汚染され、大気の汚染も激しかった（図 2.11）。都市の膨張に対して、この国で緑地（公園、河川、湖沼、都市林等を含む）と並木のある広幅員街路（パークウェイ、ブールヴァール）のネットワークを都市形成の基盤とした都市計画が始められた。この都市基盤整備の手法はパークシステムと呼ばれている[1]。

　この都市計画手法等で都市整備が進められてきたロンドンで万国博覧会が開催されたのが 1851 年である。そのロンドンは、当時の都市再生、都市整備のモデルとしてパリやウィーン、ブダペスト等の大陸の都市に、そしてアメリカ等の都市に影響を与えた。

　都市の基盤である川や運河について見ると、産業革命以降、長い間汚染され続

けてきた。その川から上水道としての水を得るために、河川から取水した水を、砂を通す緩速ろ過により物理的・生物的に処理する方法が開発された（1830年）。この処理方法は今日にまで引き継がれている方法である。また、都市で利用した水や人のし尿が水質汚染や水を介した疫病の原因となっていたことから、それに対応するために都市の汚水とし尿を下流まで河川とは分離して運び、放流して希釈する下水道が導入された（1848年）。今日のように汚水を集めて処理する下水道ではないが、汚水を都市の川や公共用水域には放流せず、そこをバイパスして放流するもので、その最初の下水道がこの都市で始められた。

　その後も長い間テームズ川の汚染が続いてきた。この汚染された川の汚臭が激しく、この川の河畔にある国会議事堂では審議を行わない日があった。テームズ川の浄化が本格的に進められたのは20世紀半ば以降である。また、高潮災害を防ぐためにテームズ・バリアー（防潮水門）が建設されたのは1980年代半ばのことである。

　現在のテームズ川は、河畔の公園や都市施設なども良好で、この都市を代表する軸であり、観光等の重要な場所となっている（**写真2.5〜2.8**）。

　イギリスでは、産業革命の時代に全国に物資を運ぶための運河網が国土全体に張り巡らされた。その後、この国で発明された鉄道網が国土全体に張り巡らされた。この舟運のための運河、そしてその後の鉄道網という社会インフラを今日見ても、産業革命がこの国で始まり、興っていった理由を知ることができる。そしてその国土に、モータリゼーションの時代になると道路網が張り巡らされている。運河は今日でも当時のまま残されており、ナローボートと呼ばれる幅が狭く長い船体の船で、国中を旅行できる。現在でも都市の中で運河が生きているのである。また、ロンドンのパディントン駅付近では新たに運河を設けながら再開発も進んでいる（**写真2.9**）。

　かつてのテームズ川舟運の中心地であったドックランドでは、水辺を生かした再開発が進み、テームズ川河畔の倉庫等の施設は、現在は住宅やレストラン等に再生・利用されるようになっている（**写真2.10、2.11**）。

図2.11　産業革命後のロンドンの風景（1820年頃）

写真2.5　ロンドンのテームズ川の風景

写真2.6　テームズ川河畔の通路と公園

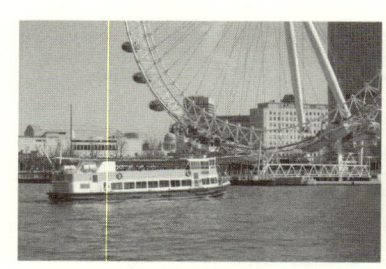

写真2.7　テームズ川を行き来する船

写真2.8　ロンドン市内の運河の風景

第 2 章　近年の都市化と今後の展望　25

写真2.9　新たに運河を作りながら再開発が進められているパディントン駅周辺

写真2.10　ドックランドの再開発（新都心付近）

写真2.11　ドックランドの再開発とともにできた河畔の住宅、レストラン等

(b) イギリス・マンチェスターとリバプール

　マージ川流域の都市マンチェスターは、産業革命発祥の地である。世界で最初の旅客列車の定期運行は、マンチェスターとマージ川の河口に位置するリバプールとの間で始められた（1830年）。
　このイギリス第2の大都市を含むマージ川流域は、産業革命以降、川や運河等の水質がヨーロッパで最も汚染され、それが20世紀後半まで続いてきた（図2.12）。

図2.12　産業革命の時代のマンチェスター

マンチェスターとリバプールの間では、1950年代頃までは大型船がリバプールとの間で就航し、物資を輸送してきた。その輸送路は、マージ川にほぼ並行して走る人工的な運河（マンチェスター・シップ・カナル）であった（**写真 2.12**）。その後コンテナの大型化により、舟運が廃れ、運河や川の河畔の土地が利用されなくなった。

写真2.12　舟運が物資輸送の主役であった時代のマンチェスター・シップ・カナル

　産業革命以降栄えてきたが、近年になって経済も衰退し、水系も汚染され続けていたこのマージ川流域で、廃れていた水辺の土地を再開発して経済を再興し、水系を再生する活動が始まったのは、1980年代のサッチャー政権の時代のことである（**写真 2.13**）。そのマージ川流域キャンペーンという活動は25年間続けられている。流域再生、河川と河畔の土地の再生の事例として知られてよい（**写真 2.14〜2.16**）。

写真2.13　水辺が衰退していた時代のマンチェスター・シップ・カナルのドック
（マンチェスターのターミナル）

　このマージ川流域では、イギリスの他の地域と同様に、現在も利用できる運河が残されている（**写真 2.17**）

写真2.14　水辺の再開発が進むドック地区（マンチェスター）

写真2.15　マージ川河口部、リバプールのドック地区の再開発

写真2.16　マージ川河畔で進むリバプールの再開発

写真2.17　マンチェスター市内の現在も利用される運河

(c) フランス・パリ

　現在のパリは、ヨーロッパでの位置的な利点もあり、世界の観光地としても知られる。この都市は、かつてはローマの出先の砦の都市であった。その中心は、ノートルダム寺院などがあるシテ島であった。

　この都市も、産業革命が進み、都市化の時代を迎えると、水や大気の汚染、生活環境の悪化等の都市の問題を抱えるようになった。そのパリの大改造が始められたのは、ロンドンでの万国博覧会（1851年）直後の1853年から1870年までの間であった。このパリの大改造は、ナポレオン3世の指示で、セーヌ県知事のオ

スマン知事（国の任命による知事）が推進した。今日でも、その改造されたパリのまち並みや川が、外見上はそのまま引き継がれてきている（**写真 2.18～2.21**）。

かつては街路の中央に排水路があり、そこに高層の窓から汚物を捨てることもなされていたパリでは、下水道が整備されることになった。ロンドンと同様の汚水を流し去る方式の下水道が 1880 年頃に整備された。そして、1890 年には排水を農地に還元して土壌の微生物で汚水を処理することが始められた。この汚水を処理して放流する下水道は、その後の下水道の方式につながるものである。

写真2.18　パリのシテ島とセーヌ川の風景

道路と川との関係について見ると、パリに高速道路が建設される時代になって、川の中に高速道路が建設された。冬の洪水期には川の中の高速道路が浸水するために閉鎖されると、パリの交通渋滞はさらに激しくなる。

写真2.19　セーヌ川の河畔の風景

写真2.20　セーヌ川の中のリバー・ウォーク

写真2.21　セーヌ川を行き来する船と河畔の風景

(d) イタリア・ローマ

ローマの中心市街地は、テヴェレ川の湿地（氾濫原）を埋め立てて発展している。この2,000年の歴史を持つ都市と川には、ヨーロッパの都市の原型を見ることができる。

かつてのローマは7つの丘の上に都市を造ったが、その後徐々にテヴェレ川の湿地（氾濫原）を埋め立てて広がってきた（**写真2.22**）。埋め立てて盛り土をした結果、現在のテヴェレ川には直立の護岸があり、深く掘り込まれた形になっている。

この川は水質的にも、また空間的にも華やかではないが、ヨーロッパの川の原型のようにも見える（**写真2.23、2.24**）。すなわち、川の中と河畔にはリバー・ウォークが整備され、川へのアクセスが可能となっている。また、河畔には並木が植えられている。

写真2.22　丘の上に展開するコロセウムと古い都市

写真2.23　テヴェレ川の風景

写真2.24　テヴェレ川のリバー・ウォークと並木

(e) イタリア・フィレンツェ

　ルネッサンスの時代に輝き、歴史的に発展してきたフィレンツェの中心部には、アルノ川が流れている。この都市では、レオナルド・ダ・ヴィンチが仕事をし、暮らした。彼は多くの河川や水の循環の絵を描き、河川施設等の設計も行った（図2.13、2.14）。

　ダ・ヴィンチが描いた当時のアルノ川は、自然そのものの川である。このアルノ川の湿地を埋め立てて現在の中心市街地が形成された（写真 2.25）。ウフィッツの美術館の近くには、かつての橋の風情を残したヴェッキオの橋がある（写真2.26）。このような橋の上に住居等があることは、かつてはよくあったようであるが、近年まで残っているものは少ない。その橋はとても美しいとは言い難いが、この橋を眺めることは観光風景の一つともなっている。

　この都市は、比較的近年でも水害があり、その際には河畔の歴史的建物も浸水し、多くの書物なども被害を受けた。しかし、そのような自然の洪水に対しては、歴史的なまち並みのことを考慮してか、治水面での河川整備などの議論はされて

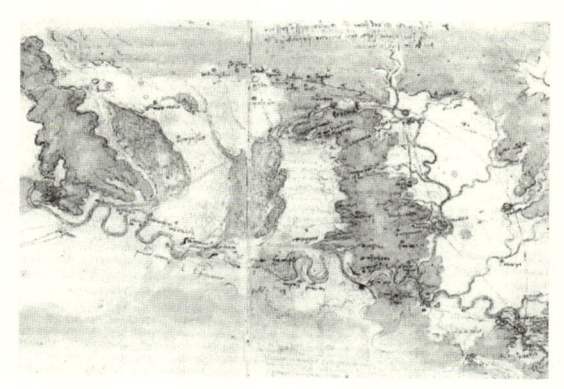

図2.13　レオナルド・ダ・ヴィンチの描いたアルノ川

いないようである。

　この川をさらに人々がアクセスできるようにする構想は検討されているようである。

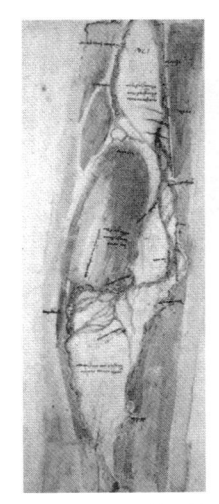

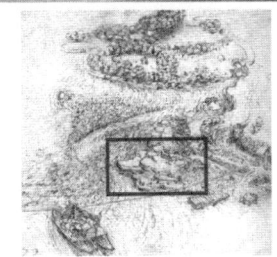

図2.14　ダ・ヴィンチの描いた川と河川施設の設計図

写真2.25　フィレンツェのアルノ川の風景

写真2.26　ウフィッツの美術館とヴェッキオの橋

(f) アメリカ・ボストン

　ボストンは、アメリカで最も早くから開けた歴史のある都市である。ヨーロッパで起こった産業革命もこの都市に伝わり、工業が発達し、都市人口の増加も生じた。

　ボストンには、ハーバード大学、マサチューセッツ工科大学等、多数の大学が立地している。

　この都市は、当初はビーコンの丘の土で埋め立てを行い、その後は遠方より鉄道で土砂を運んでチャールズ川の湿地（現在ボストン湾と呼ばれている所も、もともとはチャールズ川の河口付近の水面である）を埋め立てて人工的に造られたものである（写真2.27）。チャールズ川の右岸側（マサチューセッツ工科大学のある左岸側の対岸）は、バックベイと呼ばれる埋立地であり、当初は住宅地として開発された。現在も、周辺に大きな公園（ボストン・コモン、パブリック・ガーデン）やチャールズ川の河畔公園もあり、落ち着いた住宅と高級商店がある地域となっている。

写真2.27　チャールズ川左岸側からのボストン市街地の遠望

　チャールズ川の河畔公園も、このバックベイの造成時に整備された（写真2.28）。また、バックベイの西にはマディ川が流れているが、この川の湿地（Fens）はバックベイ・フェンズ（バックベイの湿地）を含む公園として整備された（写真2.29）。この公園はエメラルド・ネックレスと呼ばれ、パークシステムの都市整備の例とされている [1]。なお、このバックベイ・フェンズに隣接したフェンウェイ・パークにはボストン・レッドソックスの野球場がある。

　ボストン湾岸の水辺は、ウォーターフロント再開発の最も早い時期（1980年頃）の例としても知られる。かつての港湾荷役等の施設は、一部はホテルや水族館等に整備されたが、全体的に見ると住宅として再開発されている（写真2.30）。

写真2.28　チャールズ川の河畔公園（右岸側。バックベイ地区の河岸）

写真2.29　バックベイ・フェンズ（エメラルド・ネックレスの一部区間）の風景

写真2.30　ボストン湾岸の風景

　そして、ボストン湾岸にはハーバー・ウォークが設けられ、かつては個人の土地であったため人々のアクセスが制限されていた港湾施設の場所も開放されている（**写真 2.31**）。市民は、再びボストン湾（チャールズ川の下流部のエスチュアリー）に自由にアクセスできるようになった。湾岸の再開発には、このようなハーバー・ウォークを設けることが義務づけられている。そのハーバー・ウォークの整備はほぼ完成している（**図 2.15**）。

　ボストンでは、1954 年に高架の高速道路がこの水辺と都心を分断するように設けられた。その高速道路を撤去して地下化し、交通問題を軽減すると同時に、水辺と都心を分断するこの施設を撤去するビッグ・ディッグ（Big Dig）と呼ばれる事業が行われた（第 7 章で詳述）。その道路の地下化は 2005 年にはほぼ完成し、開放されたボストンの都心と水辺が出現した（**写真 2.32**）。

　さらにこの都市では、ボストン湾の浄化が進められ、合流式下水道の汚水と雨天時の水も含めて湾内の島に導いて下水処理をし、さらにボストン湾の外にあるマサチューセッツ湾に放流するようになっている。この都市には、汚染された水辺の再生、すなわち 19 世紀後半からのチャールズ川およびマディ川の再生、ボストン湾の浄化と再生へと続く河川再生の長い歴史がある。また、ボストンでは、水源地の自然と緑を保全することも行われてきている[1]。

写真2.31　ボストン湾岸のハーバー・ウォーク

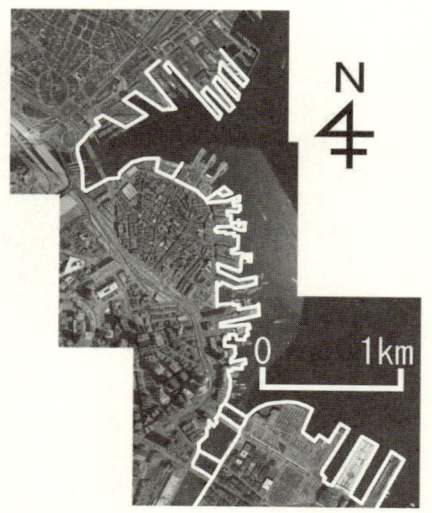

図2.15　ハーバー・ウォークが整備されている区間

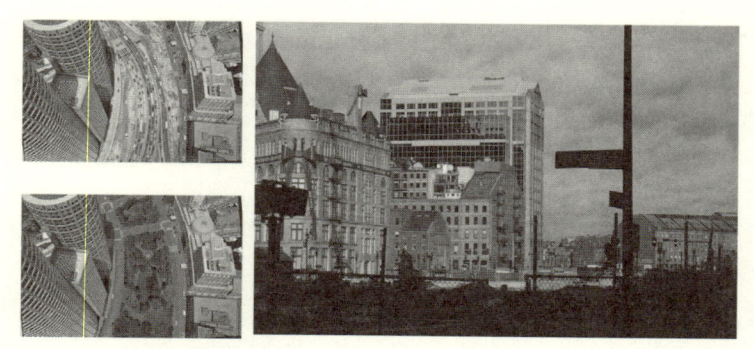

写真2.32　高架の高速道路が撤去され、水辺との間の障壁がなくなり、空が開けたボストンの風景（左上：撤去前、左下：撤去後のイメージ図、右：撤去後）

（g）アメリカ・サンアントニオ

テキサス州のサンアントニオは、一時期は経済も衰退し、都市の問題を抱えた時期があった。

この乾燥地域にある都市は、しばしば洪水災害に見舞われ、その問題に悩まされてきた。それを解消するために河川の直線化と上流でのダムの建設を行った。さらに近年では、サンアントニオ川の放水路を地下に設け、洪水をその放水路で流すことで都市の治水の安全性を高めている（図2.16）。

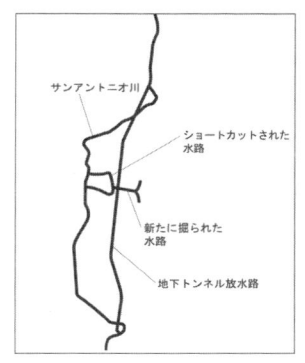

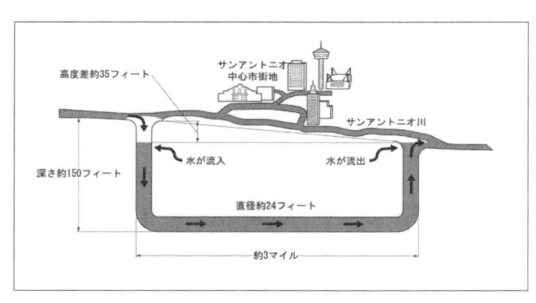

図2.16　サンアントニオ川の地下放水路の概念図
（サンアントニオ市資料より作成）

河川の直線化に伴ってできたかつての川の湾曲部を生かし、一部水路を新設してリバー・ウォーク（パセオ・デル・リオ。川の散策路）を設けた（図2.17、写真2.33～2.35）。この部分にレストラン、ホテル、さらにはより多くのレストランや商店が入ったリバー・センターが立地し、コンベンション施設も近接して設けられた。アラモ砦も近くにあり、このリバー・ウォーク等には、年間1,000万人が訪れるようになっている。このように小さな水辺でも、工夫次第で観光等の拠点となり、人を集めることができている点には注目してよいであろう。

図2.17　サンアントニオ川のパセオ・デル・リオのある区間（蛇行していた区間、テキサス州独立のシンボルでもあるアラモ砦も近接）

写真2.33　サンアントニオ川の風景

写真2.34　サンアントニオ川のリバー・ウォーク

写真2.35　サンアントニオ川の舟運

(h) その他（ウィーン、ブダペスト、ワシントン）

　以上の他にも、ドナウ（ダニューブ）川の河畔に位置し、ドナウの真珠と呼ばれる歴史のあるハンガリーの首都、ブダペストがある（**写真 2.36〜2.38**）。河畔と川を挟んだ丘の上に発達した堂々たる都市である。この都市では、ヨーロッパ大陸で最初に地下鉄が開通している。また、河畔の国会議事堂は、建設当時はヨーロッパ最大の国会議事堂であった。往時のこの都市の様子がしのばれる出来事である。共産主義の時代には歴史と景観を配慮しない建物が河畔に建設されているが、いずれヨーロッパを代表する観光地となるであろう。

写真2.36 ドナウ（ダニューブ）川河畔のブダペスト

写真2.37 河畔の国会議事堂とドナウ（ダニューブ）川の舟運の風景

写真2.38 ハンガリーの道路の起点と橋

　また、その上流にはヨーロッパの歴史を通じての中心地であるオーストリアの首都ウィーンがある（**写真 2.39**）。この都市は「青きドナウ」に近接し、ドナウ（ダニューブ）川とはウィーン運河で結ばれている（**写真 2.40**）。今日では、ブダペストとウィーンの間に高速の旅客船が就航している。そして、ウィーンの森から流れ出て、この歴史ある城郭都市に接して流れるウィーン川は、19世紀末に下水道をその両脇の地下に設け、人工的な河川となった（**写真 2.41**）。日本の都市河川の原型を、約100年前のウィーンに見ることができる。この川の再生も議論される時代となっている。

写真2.39 ウィーンのドナウ（ダニューブ）川

写真2.40 ウィーン運河の風景

写真2.41 約100年前に人工的な都市河川となったウィーン川の風景
（下水道整備と同時にこのような川となった）

　エルベ川沿いには旧東ドイツの歴史ある都市ドレスデンがあり、その上流の支流ブルタヴァ川にはチェコの首都プラハがある（**写真 2.42、2.43**）。いずれも川が生きている河畔の都市である。プラハは河畔の美しい歴史のある都市として、多くの観光客が訪れる。

写真2.42　エルベ川河畔のドレスデン

写真2.43　ブルタヴァ川河畔のプラハ

　アメリカの首都ワシントンにはポトマック川が流れている（**写真 2.44**）。この川はワシントンの象徴的な場所となっている。最近では、この川の支流のアナコスティア川の周辺を開発するプロジェクトが市長のリードで進められている（**写真2.45**）。川を生かした地域開発、地域整備の例として注目されてよい。

写真2.44　ワシントンのポトマック川

写真2.45　ワシントンのアナコスティア川

（2）　日本の例
（a）東京

　大川とも呼ばれてきた隅田川は江戸、東京の都心を流れる川である。そこには、日本橋川、神田川等も流入している。
　江戸の大川は、入間川、荒川、中川・綾瀬川が合流して流れていた川である（**図**

2.18)。この川のルーツをたどると、江戸時代以前はそこに利根川・渡良瀬川も合流していた。

図2.18　江戸時代、明治時代の大川（隅田川）

隅田川（大川）は、大正、昭和の初期からは工場地帯を流れる川となり、戦後の経済の高度成長期には大変汚染された。黒い水が流れ、悪臭を放つ川となった（図2.19、写真2.46）。さらに、工業用水等の地下水の取水や天然ガスの採取によ

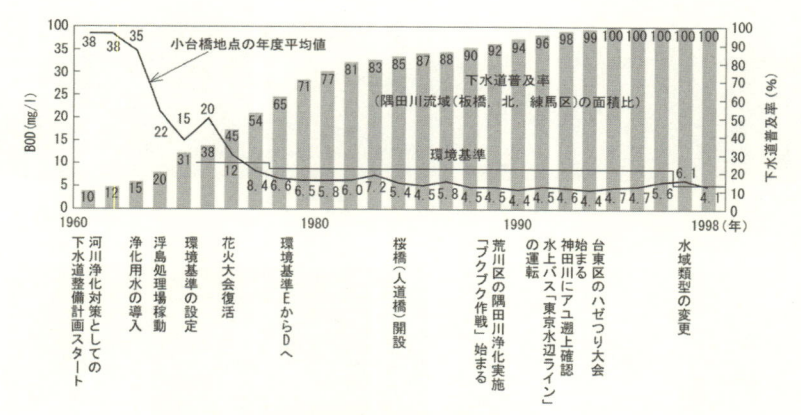

図2.19　隅田川の水質の経過[2]

写真2.46　水質が悪化した時代の隅田川の風景

る地盤沈下の結果、洪水や高潮水害への対策が必要となり、伊勢湾台風（1959年）後にはコンクリートの切り立った高潮堤防（パラペット堤防）が建設され、まちと川とが物理的にも分断された（**写真2.47**）。

その川も、汚染源の工場の郊外への移転・廃止、汚水の排水水質規制、利根川からの浄化用水の導入（武蔵水路、荒川を経由）、下水道の整備などにより改善されてきた。そして、東京都観光汽船による舟運の復活、東京都による堤防の緩傾化と川の中へのリバー・ウォークの整備、さらには河畔の工場等の再開発に合わせたスーパー堤防化（幅の広い土の堤防を設け、その上はビルや公園等に利用）により、開けた川と河畔となった。今日では、東京を代表する空間となってよみがえってきている（**写真2.48**）。この川の再整備と河畔の再生には、1990年頃までのいわゆる経済のバブルが、河畔の都市再開発や河川整備を担う東京都の税収の確保という面で追い風となったといえる。

この川には、高架の高速道路でその上空を覆われた日本橋川（現在は神田川の分派河川）や神田川が流入している（**写真2.49、2.50**）。

写真2.47　高潮堤防で川とまちとが分断された風景

写真2.48　最近の隅田川の風景

写真2.49　高速道路に覆われた日本橋川の風景

写真2.50　神田川の風景（左：高田馬場付近、右：秋葉原付近）

(b) 北九州

　北九州の紫川は、かつての小倉城の脇を流れ、北九州市の中心を流れる川である。

　北九州は、日本における産業革命の発祥の地であり、八幡製鉄所等の重化学工場の立地により、昭和に入ると大気汚染と洞海湾の水質汚染等が激しい時代があった（**写真 2.51**）。洞海湾は、大腸菌も棲めず、船のスクリューも溶けるほどに汚染された。その洞海湾も官民の取り組みにより再生された。そして、同じ湾域に流入する紫川の水質も汚染され、同時に河畔の不法占用物件の立地や水害の発生といった問題が生じた（**写真 2.52、2.53**）。その紫川では、川の水質改善とと

写真2.51　汚染された時代と現代の北九州（大気汚染、洞海湾の環境。昭和35〈1960〉年当時）

もに河川空間の再生、民間による河畔の都市再生が進められてきた(**写真 2.54**)。

隅田川と同様に、一度徹底的に汚染された川の再生と、それを核とした河畔の都市再生がなされた代表的な川といえる。

写真2.52　汚染された時代の紫川（昭和50〈1975〉年代）

写真2.53　紫川の水害

写真2.54　現在の紫川とその河畔の風景

(c) 名古屋

名古屋の堀川も、大都市を流れる川である。北九州の紫川と同様に、川の水質改善と河川空間の整備（河畔のリバー・ウォークの整備、船着場の整備等）が進められてきた（**写真 2.55〜2.57**）。その再生のスピードは紫川ほどではないが、河川水質の改善の努力や、いくつかの地区で川の整備が行われている。

写真2.55　名古屋の堀川の河川整備がなされた地区の例

写真2.56　堀川のリバー・ウォークと川に面したレストラン等

写真2.57　堀川の船着場と舟運

(d) 徳島

　徳島の新町川は、徳島という都市の再生の軸となってきた川である。
　この川では、汚染されていた河川水質の浄化（排水水質規制、下水道の整備、そして最近では吉野川からの浄化用水の導入など）とともに、市民団体による川の清掃（ゴミ拾い）が行われてきた。また、徳島県、徳島市により川の親水性の高い護岸の整備や河畔での公園整備が進められ、川と河畔が都市の開かれた空間となってきた（写真 2.58、2.59）。また、民間（商店会）が自らの費用で河畔にボード・ウォーク（リバー・ウォーク）を整備した。そこには、河畔のレストラ

第 2 章　近年の都市化と今後の展望　　45

ンやブティックなども立地し、週末にはパラソルショップ、あるいは屋台が出店するなど、河畔の賑わいが出てきている。

　さらに、市民団体により無料で運行される船による遊覧で、多くの市民が川に目を向けるようになり、徳島の都市再生のリード役となっている（**写真 2.60**）。

　市民主体、行政参加の川からの都市再生の事例として注目されてよい。

写真2.58　徳島の新町川の風景

写真2.59　新町川の舟運の風景（市民団体が運行）

写真2.60　新町川での催しの例（左：ナイトイベント、右：パラソルショップ）

(e) 京都

　鴨川は、京都という歴史のある都市を流れる川である。都市の軸として整備され、利用されている川であるといえる（**写真 2.61、2.62**）。川は人工的に整備されているが、川の中にリバー・ウォークがあり、人々はこの川に親しんでいる。

また、河畔には料亭が軒を連ねており、昼間のみでなく、夜も川が利用されている世界でも珍しい川といえる。

写真2.61　京都の鴨川の風景

写真2.62　河畔の料亭とその前の鴨川の風景

(f) その他

　この他にも、都市を流れる川として、典型的な都市河川である東京の渋谷川とその下流区間の古川がある。この川では、かつては「春の小川」と歌われた河骨川などの上流区間は地下に埋められて暗渠となり、その上は道路となっている（**写真 2.63、2.64**）。また、下流部（古川）は日本橋川と同様に高架の高速道路に占用されている（**写真 2.65**）。

写真2.63　渋谷川の風景その1：川際までビルが立地
（左：JR渋谷駅を通り川が暗渠から開渠に変わる付近、右：その下流の風景）

写真2.64　渋谷川の風景その2：地下に埋められて暗渠となり、その上は道路となっている

写真2.65　渋谷川の風景その3：上空が高架の高速道路に占用された区間（渋谷川下流の古川）

　大阪では、水の都大阪を代表する旧淀川である大川、川の空間再生が進められている道頓堀川、そして上空が高架の高速道路に占用されている東横堀川や大川の一部分（2つに分かれている川の一つ）である堂島川などがある（**写真2.66〜2.68**）。

写真2.66　大阪の大川（旧淀川。その一部分である土佐堀川）

写真2.67　道頓堀川のリバー・ウォーク

写真2.68　上空が高架の高速道路に占用された東横堀川（左）、堂島川（右。大川の一部分）

（3）アジア等の例

アジアでは、川からの都市再生に目を見張る事例が多い。なかでも中国や韓国の事例は、規模も大きく、しかも短期間で行われている。

（a）シンガポール

シンガポールは、近年、美しい都市整備、すなわちガーデン・アイランズの都市づくりを進めてきた。アジアでは珍しく整然とした都市整備が行われている。

そのシンガポールで、汚染されたシンガポール川の再生と河畔の都市再生が、当時のリー・クアン・ユー首相の主導で進められた。

シンガポール川の再生では、流域内での汚染源となっていた畜産を禁止し、また未処理で汚水を排水していた屋台を禁止して排水処理ができる屋内に移転させるなど、強力な取り組みがなされてきた。そして、河畔にはリバー・ウォークを整備するとともに、河畔の歴史的な建物の面影を残し、かつ河畔の建物には高さ制限をして、開かれた河畔の都市整備、都市再生を進めてきた（**写真2.69、2.70**）。この国では、都市整備のために国土の約7割程度を国有化し、それを進めている。今日では、シンガポール川の河畔は、シンガポールで最も賑わい、そして経済的にも活気のある地域となってきている。

川の再生と、それを軸とした都市再生の先進的な事例である。

写真2.69 河川再生が徐々に進められていた頃のシンガポール川の風景（1997年頃）

写真2.70 最近のシンガポール川の風景

(b) 韓国・ソウル

　韓国の首都ソウルの清渓川(チョンゲチョン)は、600年の歴史を持つ朝鮮王朝の成立以降、都市の中心地を流れる川である。この川は、第二次世界大戦以降、河川水質の汚染、河畔への不法占用の家屋の立地などで、典型的な問題のある都市河川となった。

　1950年代末からは、その汚染された川を地下の暗渠とし、その上は平面道路（覆蓋道路）に占用された（1958～1978年）。さらにその後、その上空に高架の高架道路が建設された（1967～1976年。**写真2.71**）。

　その道路を撤去し、川を再生することで、歴史に配慮し、環境と人に優しい都市に再生することが行われた。すなわち、道路の撤去、川の再生、そしてそれを核として周辺の都市の再生を行うというものである。それにより、ソウルを、中国と日本の間にあって、北東アジアの中心的な都市とするとした。

　このような都市の再生を選挙公約として当選した李明博(イ・ミョンバク)市長は、2002年7月の就任後、それを約3年間で実施し、2005年秋には川の再生を祝うセレモニーを開催した。そこには、賑わう川の空間と、空の開けた都市空間が出現した（**写真2.72**）。

　高架の高架道路は撤去され再建されなかった。また、平面道路も車線数を減じた。このような都心に交通を引き込まない都市づくりという面で、歴史的な転換

を示すということでも注目されてよい。

なお、このソウルでは、ソウル・オリンピック（1988年）の前に、清渓川の流入する漢江の河川整備を行っている（**写真2.73**）。

写真2.71　道路に占用された清渓川と河畔のまち並み
（左：1981年の風景、右：2003年の風景）

写真2.72　道路が撤去され、川の再生が行われた清渓川

写真2.73　清渓川の流入するソウルの漢江（ソウル・オリンピック前に整備された）

(c) 中国・北京

中国の首都北京では、一部区間が埋め立てられた転河（高梁河）が再生され、その周辺の都市再生が急ピッチで行われてきた（**写真2.74、図2.20**）。この河川再生と周辺の都市再生は、その規模の大きさとスピードで、まさに中国的なものといえる。

埋め立てられた川を再生し、人工的な河川も再自然化され、そして河畔にはリバー・ウォークや船着場が整備された（**写真2.75**）。そしてその河畔では大規模な再開発が進められてきた。川の再生のみならず、河畔の都市域までが一体化した再生事例である。

この転河のみでなく、北京の水系の再生も進められている。日本では、東京オリンピック前には日本橋川等の河川や運河等を道路にしてきたが、北京では、北京オリンピックを前に河川や水辺の再生を行い、それのみならず河畔の都市の再生を進めている。

写真2.74　整備前後の転河（1970年代に埋められ、2002年までに再生された）

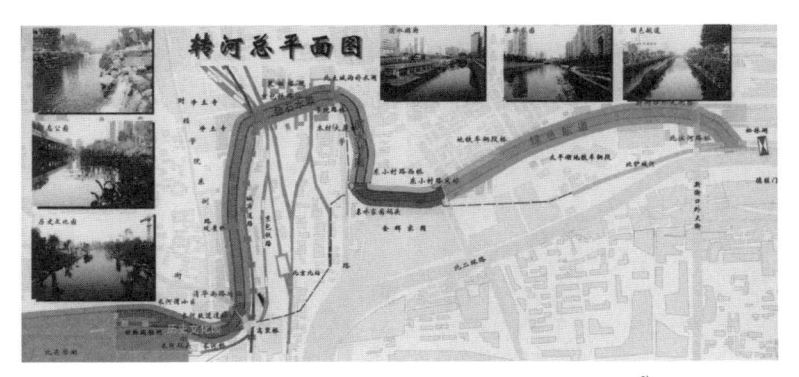

図2.20　埋め立てられた川を再生し、都市再生した区域[3]

写真2.75　河畔のリバー・ウォークと船着場（左、冬の風景）、舟運の風景（中、右）

(d) 中国・上海

　中国の大都市上海では、その中心を流れる黄浦江に設けられていた高潮堤防を公園化し、リバー・ウォークを整備して人の集う空間としてきた（**写真 2.76**）。その対岸は経済特別区（浦東新区）であり、10 年を経ずして 100 万人を超える都市が建設され、上海タワーや高層ビルの林立する新都市が出現した。

　その上海の発祥の川である汚染された蘇州河の再生が、歴代の上海市長（江沢民、朱鎔基市長以降）のリードで進められてきた。水質の浄化とともに、河畔の公園の整備、リバー・ウォークの整備などが行われてきた（**写真 2.77、2.78**）。ここでも、川の再生とともに河畔の都市再生が急ピッチで進められてきた。中国的規模の大きさ、整備のスピードでの都市再生、都市整備である。

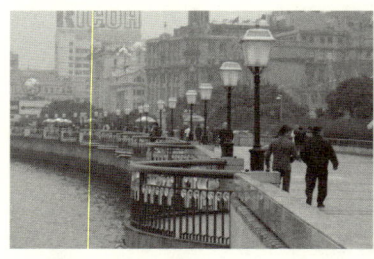

写真2.76　上海の黄浦江の風景（左：整備されたリバー・ウォーク、右：浦東経済特別区）

写真2.77　河川水質浄化前後の蘇州河（左：1996年10月、右：2000年10月）

写真2.78　都市再生が進む蘇州河河畔の風景

(e) その他（香港、バンコク）

アジアでは、都市整備・再生のシンガポール・モデルと中国への返還前の香港モデルが知られている。香港では、中国から流入していた人に住居や仕事を与えるとして都市整備が進められてきた。限られた土地で高層のビル群を建設してきたが、例えば世界ドラゴンボート大会が開催されていたサチンでは、河畔に緑地帯を設け、その外に道路を配置し、そして高層の住宅を整備することが行われた（**写真2.79**）。

写真2.79　香港のサチンの風景

タイの首都バンコクは、水の都として知られるアジアの大都市である。その人口は、既に実質 1,000 万人に近いと言われている。

この都市は、1980 年代には運河等の水質の汚染、大気汚染と交通渋滞、そしてなによりも、都市化に伴う地下水の汲み上げによる地盤沈下の進行、さらにはもともと水害の危険性が高い地域である運河（クロンと呼ばれる）の脇でのスラムの形成、低平地での新しい都市開発による水害の発生等が深刻な問題となった。

かつては、運河を交通手段とし、洪水による浸水を前提としていた高床式の家屋での生活から、都市化した無防備の家屋、そして水害を許容し得ない自動車社会となったことにより、水害が大きな問題となった（**写真 2.80**）。その後、水害対策の実施、水質の浄化、道路の整備、新交通システムの整備等も行われ、近代的な大都市となってきている（**写真2.81、2.82**）。

写真2.80　水害が問題となった時代の風景
（左：かつての水害時の風景、中・右：1983 年以降の近年の水害時の風景）

写真2.81　1980年代のバンコクと2006年頃のバンコクの風景

写真2.82　バンコクの中心部を流れるチャオプラヤ川河畔に近代的なビルが林立する風景

〈参考文献〉
1)　石川幹子：『都市と緑地』、岩波書店、2001
2)　吉川勝秀：『河川流域環境学』、技報堂出版、2005
3)　北京水利規則設計研究院編著：『当記憶被開放－転河設計画冊－』、中国水利水電出版社、2006
4)　吉川勝秀：『人・川・大地と環境』、技報堂出版、2004
5)　吉川勝秀編著：『多自然型川づくりを越えて』、学芸出版社、2008
6)　三浦裕二・陣内秀信・吉川勝秀編著：『舟運都市』、鹿島出版会、2007
7)　リバーフロント整備センター（吉川勝秀編著）：『川からの都市再生』、技報堂出版、2005
8)　吉川勝秀編著：『川のユニバーサルデザイン』、山海堂、2006
9)　吉川勝秀編著：『河川堤防学』、山海堂、2007
10)　砂田憲吾編（吉川勝秀他共著）：『アジアの水問題』、技報堂出版、2007
11)　日本建築学会（吉川勝秀他共著）：『東南・東アジアの水』、日本建築学会、2000
12)　Peter Whitfield : LONDON a Life in Maps, British Library, 2006

第3章　都市環境の変遷と課題

　本章では、日本での都市化の進展とそれに伴った都市環境の変遷、そして現在に残された課題について述べる。また、これまでの時代の都市計画、国土計画の経過を概観する。

3.1　日本の都市化の進展と都市環境
　　　－水と緑の環境インフラ。東京首都圏を例に－

　20 世紀後半の急激な都市化の時代を経て、自然と共生する都市、流域圏が議論される時代となった。急激な経済発展と都市化が進行していた時代には、いわゆる三全総（第 3 次全国総合開発計画、1977 年）で流域圏の構想が提起されたことがあったが、それはごく一部の流域圏を除き、全国的にはほとんど具体的な運動にまではつながらなかった。都市域では、都市計画や首都圏の計画において、流域圏と都市の関わりが議論されることはほとんどなかった[1)~6)]。

　そのような時代を経て、都市再生においても、そして国土の形成や環境等に関わる各種の計画においても、自然と共生する都市・流域圏が議論される時代となった[1)~3),5)~8)]。

　本節では、首都圏を対象に、自然と共生する流域圏・都市再生の観点から、水と緑の環境インフラ（共通的社会資本）の変遷を流域圏の視点から把握するとともに、今後の都市再生での環境インフラの再生について述べる。

（1）　既往の研究等

　緑の環境インフラの保全や再生については、都市計画における東京緑地計画等についての石川の研究[8)]がある。また、この問題は、日本における土地の私有制度やそれに関わる都市計画法や農業に関わる法律などが密接に関係しているが、これについては稲本・小柳・周藤による実践的な研究[9)]がある。そして近年では、

流域圏に着目し、緑（緑地。以下同様）について量的・質的に詳細に研究を行った石川らの研究[6]がある。

首都圏の水（水路網と水面。以下同様）に関わるものとしては、首都圏の水路網の変遷（消失）についての尾島らの研究[10]、木内の研究[11]などがある。また、都市化と関わる流域圏の問題として治水問題があるが、首都圏では流域での対策を含む総合治水対策として治水面からこの問題を扱った筆者らの研究[12]～[14]がある。

これらの詳細な研究はあるものの、自然と共生する都市・流域圏を議論する上で基本的な要素である水と緑を総合的に取り扱い、しかもそれらがよって立つ基盤である流域圏に着目した研究はほとんどなされていない。

以下では、上述のような研究を念頭におきつつ、流域の視点、さらにはいくつかの流域を含む首都圏という広域的な視点から、水と緑を総合的に取り扱うことを目指して、首都圏を対象に過去100年の水と緑、すなわち環境インフラの変遷を把握し、今後の環境インフラの保全・再生について考察する。

（2） この100年の都市化が首都圏の環境インフラに与えた影響

この100年の都市化が首都圏の環境インフラに与えた影響を、地図や近年の衛星写真を活用して把握すると以下のようである。

（a） 人口の変化と都市化

過去100年の日本の人口の変化を示したものが第2章図2.1である。図2.1には、比較のためにイギリスとフランスの人口を記載している。図2.1より分かるように、日本の人口は100年前の約4,000万人から3倍の1億2,000万人を超えて急激に増加した。100年前には日本と同じ約4,000万人の人口であったイギリスやフランスでも、この100年間で人口が増加したが、5割増しの約6,000万人となっている。日本での人口爆発ともいえる急激な人口の増加が知られる。

これを首都圏について見ると、図3.1に示すように、この約100年間に関東圏の人口は約1,000万人からその4倍の約4,000万人に増えた。この100年間での首都圏での人口増加は日本全体の増加をはるかにしのぎ、激しい首都圏への人口流入があった。図3.1より分かるように、東京都の人口は1970年代にはほぼ飽和し、周辺の神奈川、埼玉、千葉県で人口が増加して都市化が進展した。このことにより、都市化が急激に進展した流域では水や緑、流域圏に関わる問題として、もともと浸水していた流域の低地での急激な都市化に伴って、洪水被害が急増した。

より詳細に見ると、この100年間に東京首都圏の都市域は図3.2および第2章

図2.2に示したように拡大した（図中、黒い部分）。また、都市化が急激に進行した20世紀後半の約30年間で見ると、図3.3のように都市域が拡大した（図中、黒い部分）。

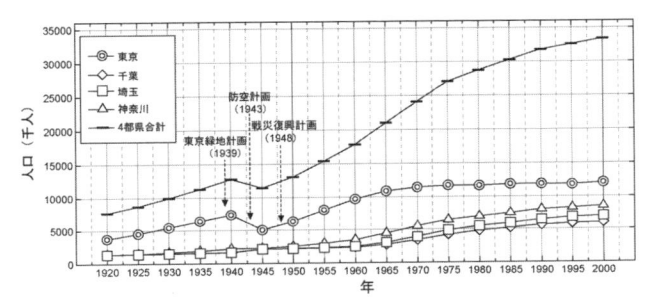

図3.1　この100年の首都圏の人口の変化

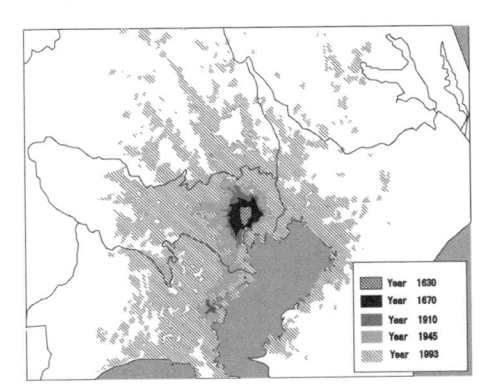

図3.2　首都圏の市街地の拡大（特に1910年以降の拡大）

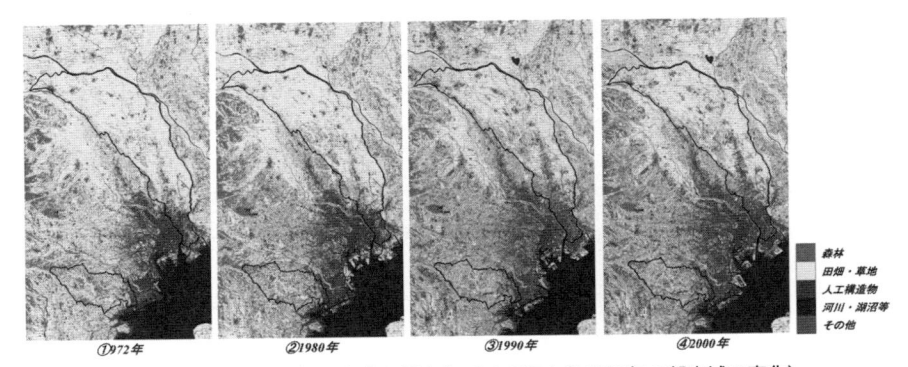

①1972年　②1980年　③1990年　④2000年

図3.3　20世紀末30年間の急激な都市化（1972年から2000年の都市域の変化）

(b) 水に関わる環境の変化

　この100年間での水環境の変化を、その主要な担い手である河川・水路網について見たものが**図3.4**である。この河川・水路網の変化は、国土地理院の地形図を比較することにより作成したものである。

　河川・水路網は首都圏全域で消失し、消失した区間では、埋め立てられて道路となったもの、地下水路化し、その上空が道路等となったものなどがある。河川・水路網が多く消失した区域としては、中川・綾瀬川流域の下流部、すなわち東京の東部低平地河川の区域である。この地域では、河川や農業用水路、そして運河が数多く消失した。この中川・綾瀬川流域の東京都区間（東京23区内）では、明治40（1907）年頃には約374km あった河川・水路網が現在では約82kmとなっており、約78％の河川・水路が消失している。

　なお、**図3.4**(b)には東京湾で埋め立てが行われた区域を破線で示しており、埋め立てにより湾岸域の干潟等の自然も消失したことが知られる。

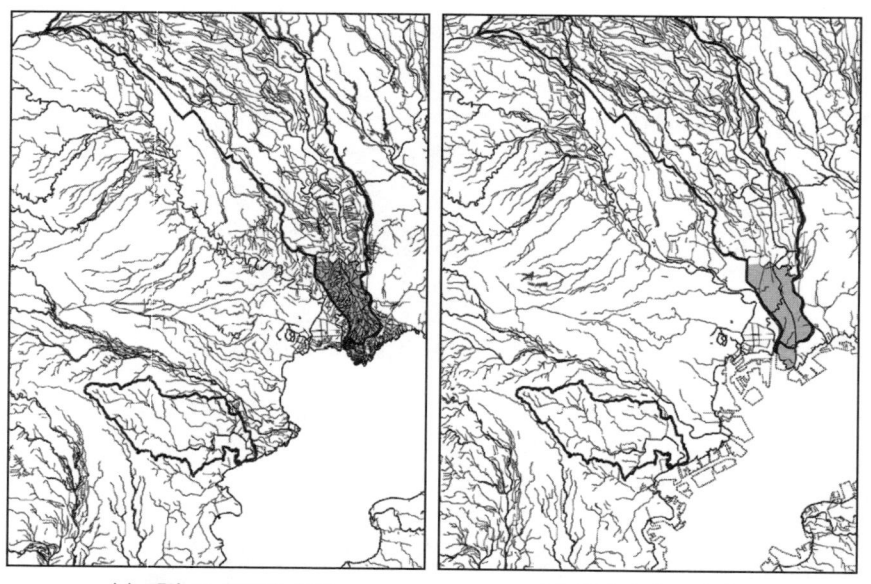

　　　　(a) 明治40（1907）年頃　　　　　　　　(b) 平成13（2001）年
図3.4　過去約100年間の河川・水路網の変化（河川・水路網の消失）

　このように、首都圏では河川・水路網の消失が生じたが、筆者が強調したいことは、そのような消失が生じた後でも、**図3.4**(b) に見るように、現在でも都市の骨格となる河川が残されているということである。東京東部では隅田川、荒川、

中川、綾瀬川、小名木川等の運河網、東京西部の丘陵地では神田川、渋谷川・古川、目黒川、呑川などがある。そして、消失した河川・水路でも、例えば地下化した河川の上をせせらぎのある緑道としている目黒川上流の北沢川緑道や、東京東部河川の小松川・境川緑道などもあり、消失した河川・水路網を復元するということも視野に入れると、現在は地下化しているが、将来的には再生可能な環境インフラとしての河川・水路網が残されているということである。そしてこの河川・水路網は、都市において連続して開かれている公共地（公有地）であり、都市の貴重な自然環境として認識されてよい。

また、水のインフラとしては、葛西海浜公園、幕張・稲毛海浜公園など、一部で砂浜の再生が進められるようになった湾岸の再生も考慮し、首都圏の環境インフラとして湾岸地域も対象に含める必要がある。

(c) 緑の変化

首都圏の緑の変化については、石川により詳細に研究[8]がなされている。それによれば、首都圏では多くの緑が消失しているが、東京緑地計画以降の都市計画での各種の努力により、現在に残された緑があることが知られている。その首都圏の緑を広域的に見たものが図3.5である。図3.5は衛星写真であるが、そこに東京23区、環状7号線および20世紀末に急激に都市化が進行した中川・綾瀬川流域と鶴見川流域を示している。

図3.4および第2章写真2.4より、都心部では皇居や上野公園、新宿御苑、代々木公園（神宮の森）などのまとまった緑が、また、鶴見川流域では水源の森や斜面林などが残されていることが知られる。中川・綾瀬川流域では、その西部の大宮台地上では鶴見川と同様に斜面林などが残されていることが分かる。しかし、その大半は、写真では稲の刈り取り後であるため白く見える水田地帯となっている。この地域も、春から夏にかけては水田の緑の豊かな地域である。

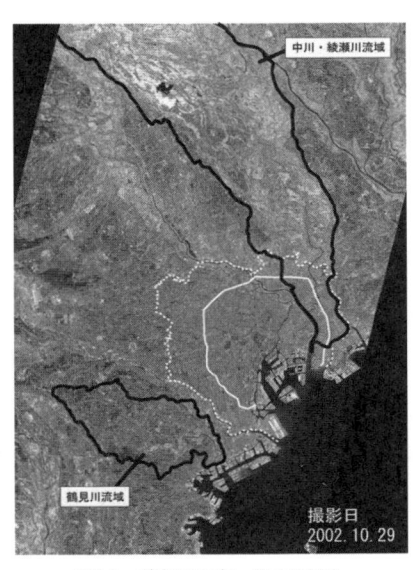

図3.5　首都圏の緑（衛星写真）

(d) 水と緑の環境インフラと流域

首都圏に現存する水と緑の環境インフラは、以上に見たようなものであるが、それらを別々に捉えるのではなく、複合的に捉えるためには、流域という視点が重要である。ここでは、その視点で中川・綾瀬川流域と鶴見川流域を例として考察する。

図 3.6 は、河川流域を見る場合の基本図、治水地形分類図を簡略化して示したものである。**図 3.6** より、西部にある鶴見川流域は丘陵地を流れる河川であり、中川・綾瀬川は一部その西部に大宮台地を含むものの、その大半が利根川・荒川等の氾濫原の河川であることが知られる。

鶴見川流域はその 85%（2000 年）が市街化しており、中川・綾瀬川流域は 43%（1995 年）が市街化している[13]。**図 3.5** と **図 3.6** を対比してみると、鶴見川流域では、都市化が進んだとはいえ、河川網とともに、支流域を含む河川の上流

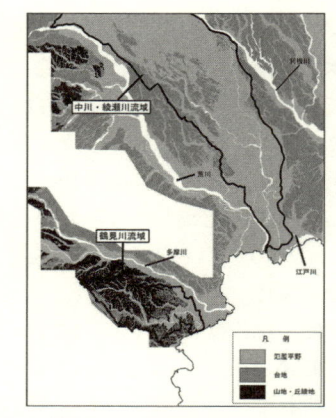

図3.6　簡略化した首都圏の治水地形分類図

域には水源森（本流および支流域の上流の森）や斜面林（河川が浸食した崖の部分に存する森）が現存していることが分かる。このように、通常の流域では、水と緑の環境インフラは河川流域内でつながった形、すなわち奥山、里山、水田、海が支流を含む河川網でつながった形で残されている。

また、中川・綾瀬川流域は少し特異な氾濫原河川であるが、その中川・綾瀬川でも、それぞれの本流とともに支流の古利根川、元荒川等の多数の河川・水路網があり、春から夏にかけては緑豊かな水田地帯が広がっている。したがって、この流域では、河川網とともに広がる緑の水田地帯を自然環境として認識されてよい。そして、この流域でも、大宮台地の部分では鶴見川流域と同様に、丘陵地を浸食した河川網とともに斜面林等の緑がある。

（3）　首都圏の環境インフラに関わる考察

以上のような首都圏の水と緑の環境インフラの現状の把握結果をもとに、これからの環境インフラの保全・再生について考察する。

まず、水に関わることとしては、**図 3.4(b)** に示したように、都心部には都市の骨格を形成する河川網が残されているということである。東京東部の低地には、隅田

川、明治43（1910）年の大洪水の後、その放水路として大正時代に建設された現荒川下流部、運河網等からなる江東低平地河川などがある。東京都心と西部の丘陵地には、石神井川、神田川（日本橋川を含む）、渋谷川・古川、目黒川、呑川などの河川とともに、さらに西部には多摩川や鶴見川等がある。これらの河川は、自然と共生する流域圏・都市再生において、環境インフラとして自然の保全・復元とともに、パブリックアクセスを可能とするようにその再生等が進められてよい[1],[5],[7]。

　首都圏の水と緑の環境インフラに関しては、図3.7に簡略化して示すように、国土交通省や関係都県等により緑の総点検が行われ、保全すべき首都圏の河川とともに、緑の地域が示されている（「首都圏の都市環境インフラのグランドデザイン」[15]）。著者は、このような環境インフラの保全・再生において、流域という視点を加えること、そして、そのような流域という視点から、例えば図3.7に示したように、多くの河川網とともに水田を有する中川・綾瀬川流域については、その河川網と水田が保全すべき自然環境に加えられてよいことを提案しておきたい。また、このような流域という視点からは、多摩川や荒川流域は下流の河川や支流

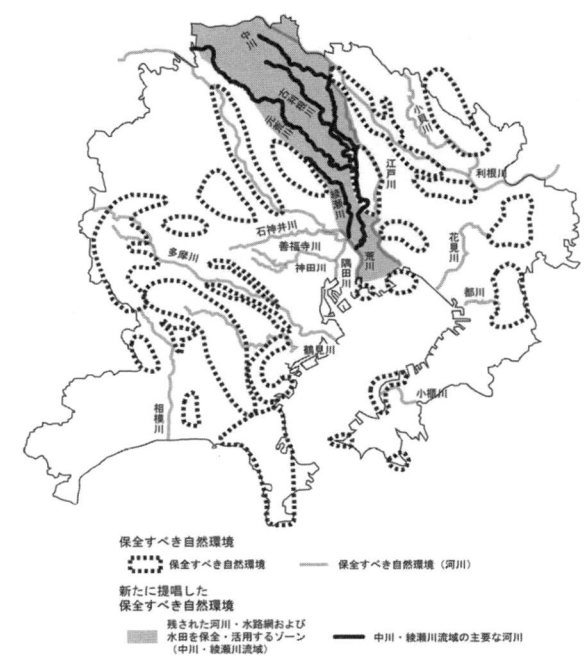

図3.7　保全すべき自然環境
（「首都圏の都市環境インフラグランドデザイン」[15]をもとに作成。保全すべき自然環境として河川網と水田を含めることを提唱し、中川・綾瀬川流域を例に追加）

とともに、それらにつながる上流の里山、奥山を含む流域として、その保全と再生が進められてよいと考える[6]。

　自然と共生する都市・流域圏再生に関連して、水と緑が基本的な要素であることに着目し、首都圏の水と緑の環境インフラがこの 100 年でどのように変化し、現状がどのようになっているかを、流域およびいくつかの流域を含む圏域スケールで把握した。そして、その現存する環境インフラの保全・再生は、流域という視点で河川網とその流域に存する緑を連携させて行うことを提案した。流域圏の計画や国土形成計画を、都市計画、緑のマスタープラン、農業の土地利用計画が連携したものとして計画することがテーマとなっており、ここに述べたことがその基礎的な情報となると考えている。

3.2　日本の国土計画、都市計画の経過
　　　－保健道路、グリーンベルト－

日本におけるこれまでの国土計画、都市計画の経過を見ておくと以下のようである。

（1）　広域の都市計画

　広域の都市計画としては、アメリカで 19 世紀後半から始まったパークシステムによる都市計画等、当時の欧米の都市計画の影響を受けたともいえる関東大震災後の帝都復興計画（1923〈大正 12〉年）がある。この計画は、広幅員道路や河川、公園といった延焼遮断帯を整備することで都市の安全を確保しようとしたものであった。河川においても、歩道と樹林のある保健道路などを位置づけていた。この計画に基づき、当時の都心部に街路網を整備したことで、この地域の今日に至る都市基盤が形成された。隅田川の河畔公園もこの計画により作られた。

　都市の緑地に関しては、より広域に東京 100km 圏を対象とした東京緑地計画（図 3.8。1939〈昭和 14〉年）が策定された。この計画は、第二次世界大戦中は防空計画（東京防空計画。1943〈昭和 18〉年）として引き継がれた。東京緑地計画と防空計画で確保された広域緑地は、その後の農地解放により払い下げられ、その多くが消失したが、砧や水元などの大規模な公園として今日に引きつがれている。

　大戦後の戦災復興計画（1945〈昭和 20〉年）においてもほぼ踏襲されることと

なり、都市において幅の広い道路と緑地を設けることが計画された（**図3.9**）。しかしこの計画は、東京ではほとんど実現しなかった。

東京緑地計画の思想は、第一次首都圏整備計画（**図3.10**。1958〈昭和33〉年）では首都圏を取り巻くグリーンベルト計画として位置づけられたが、自治体や地権者の反対から廃止された。この計画は東京首都圏の人口を350万人程度と想定していたように思われるが、それをはるかに上回る人口増加という面からも、無理があった。

このグリーンベルト計画は廃止され、それ以後の都市計画の手段としては、都市計画法において、積極的に市街化を進める市街化区域と市街化を抑制する市街化調整区域の線引き制度が定められた。また、同時に、優良な農地を保全・振興する農業の振興に関する法律が定められ、農地の転用を厳しく抑制する制度が定められた[9]。以後は、この都市化を進める都市計画法と抑制する農業の振興に関する法律により、市街化が明示的および実質的に進められ、あるいは抑制されることになった。都市計画法は、その運用においても都市化を進める方向であり、この法律による計画的な都市化の誘導・規制はほとんどなされなかった。むしろ、農業の振興に関する法律が都市化を抑制し、水田等の緑を残すことに寄与したように思われる[12),13)]。

今後の都心部の再生構想としては**図3.11**に示すもの、そしてより広域的には**図3.12**に示すものなどがある。

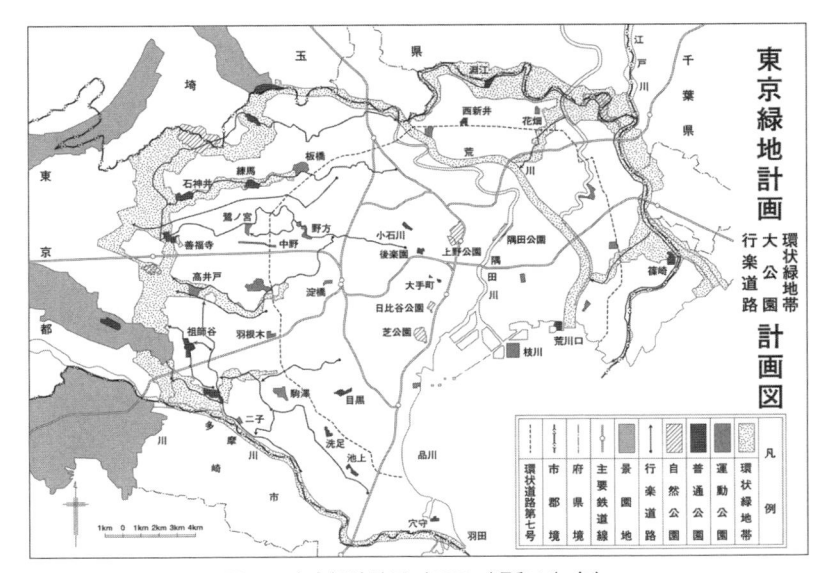

図3.8　東京緑地計画（1939〈昭和14〉年）

図3.9 戦災復興計画（東京、1945〈昭和20〉年）

図3.10 第一次首都圏整備計画（1958〈昭和33〉年）

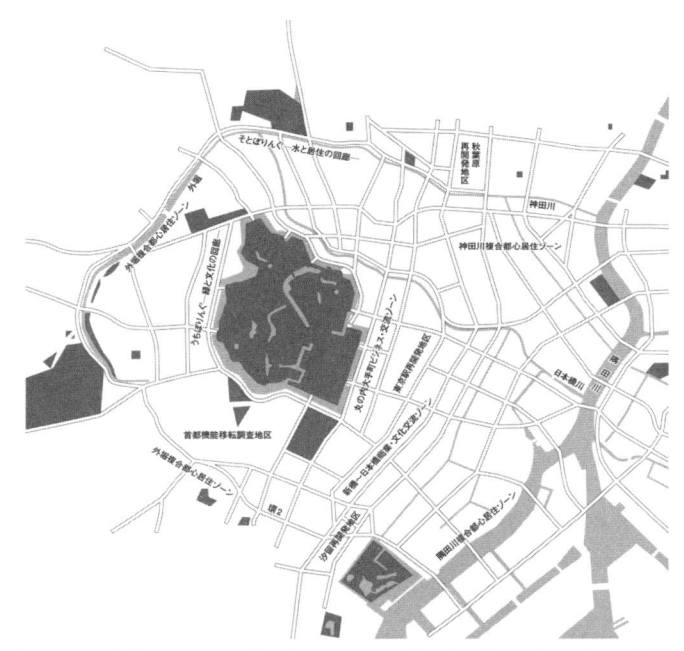

第 3 章　都市環境の変遷と課題　　65

図3.11　東京都心のグランドデザイン（国土庁都市圏整備局資料[17]より作成）

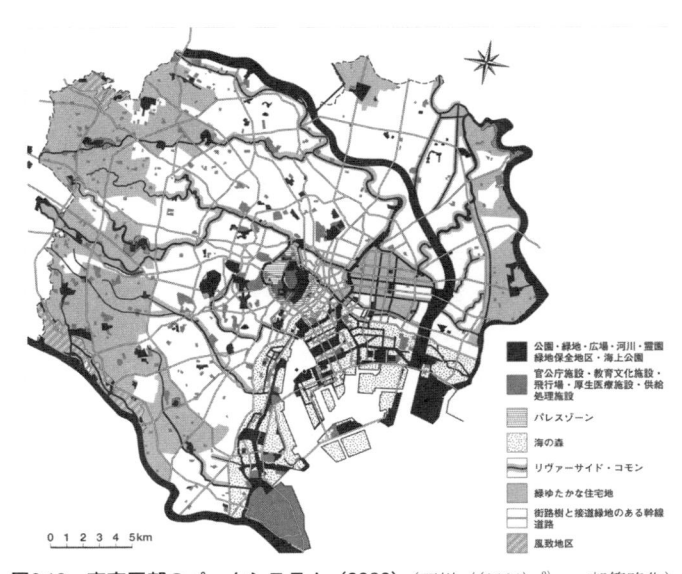

図3.12　東京区部のパークシステム（2020）（石川〈(2001)[8]〉。一部簡略化）

なお、欧米の都市計画の特徴として、以下のことが挙げられる[6),8)]。

既存都市の改造としてはパリの改造（1853〜1870年）があり、このような改造はウィーンやブダペスト等でも行われた。

成長する都市の都市計画では、大規模な公園を「都市の肺」として設けたニューヨークのセントラルパーク（1853年公園指定）に見られるような計画論がアメリカの各地で用いられた。さらに、そのような大規模公園を確保できない都市で、市街化に先立って公園緑地や水辺を並木のある街路で連絡させて都市の新しい骨格をつくるパークシステムと呼ばれる計画論が用いられるようになった。このパークシステムは、例えばボストンのマディ川流域（1870年代から整備。エメラルド・ネックレスと呼ばれている）で行われたように、河川を骨格として位置づけ、水系に対応したものであり、流域圏プランニングであった。また、成長する都市を管理するもう一つの方法として、既存市街地の周辺にグリーンベルトを確保し、市街地のスプロール的拡張を防ぐ計画論が国際的にも支持された（1924年）。

都市を含むより広域の地域計画として、アメリカではボストンのチャールズ川流域で川沿いの湿地や河畔林、流域内の水源林、湖沼、さらには海岸の緑地を確保する計画（ボストンの30km圏）がなされ、実践されている。

これら2つの成長する都市の都市計画論、そして都市を含むより広域の地域計画は、上述の日本の都市計画にも影響を与えている。

日本の近年の状況としては、1994（平成6）年に都市計画法、都市緑地保全法が改正され、住民参加の下で緑の基本計画や都市マスタープランが策定されるようになった。1997（平成9）年には河川法が改正され、河川管理の目的に、環境が従来の治水・利水に加えられ、それらの目的を総合的に管理するとされた。それと同時に、河川の整備計画に地域参加・住民参加が位置づけられた。しかし、緑の基本計画、都市計画マスタープランは基礎自治体が、河川管理は国や県が行うという仕組みは変わっていない[6)]。相互の主体の都市や水や川、流域への認識とそれを扱った経験の不足等があり、都市を含む流域圏のプランニングを進めることは、今後の克服すべき課題のままである。

（2） 国土計画（全国総合開発計画）

戦後の日本の社会発展を大きくリードした計画として、国土総合開発計画法に基づく全国総合開発計画がある。この計画は、日本の開発計画を示すとともに、それを裏づける公共投資の総額等を閣議決定しており、実質的な開発の裏づけともなったものである（第一次〜第四次の計画まで。第五次の計画では公共投資の予算額は定められなかった）。

第一次全国総合開発計画（1962〈昭和37〉年）は、工業開発促進を計画に位置づけたものであった。日本が戦災の復興を経て、工業開発により先進国に向けて歩みを始めた時期のものである。
　第二次の計画は新全国総合開発計画（新全総。1969〈昭和44〉年）と呼ばれ、日本列島の改造を目指した計画であった。日本海側等においても太平洋側と同様の社会を目指し、道路網、通信網の整備等によりそれを達成しようとした計画であった。
　第三次全国総合開発計画（三全総。1977〈昭和52〉年）は、激しい経済開発・発展の時期にあって、それに歯止めをかけつつ安定成長を目指したもので、田園都市国家構想と定住構想が示された。この計画における定住圏構想は、具体的には全国で300カ所程度の流域圏を想定した流域圏構想であった。しかし、この定住構想（流域圏構想）は激しい経済成長の時代にあって、具体的な運動論、実践にまでは至らなかった。
　第四次全国総合開発計画（四全総。1987〈昭和62〉年）は、東京一極集中の抑制と多極分散型国土形成を目指したものであった。この計画は、まさに日本の経済発展のピークの時代のものであり、道路等の公共投資の総額等を位置づけるものであった。
　第五次全国総合開発計画は、国土づくりにおける公共投資総額等は示されなかった。この計画は、もはや総合開発の時代ではないとして、国土のグランドデザインという名前で出されたものであり、多自然居住地域の創造、大都市のリノベーション、地域連携軸の展開、広域国際交流圏の形成等をうたったものであった。しかし、この計画は、公共投資批判等の時代にあり、また公共投資の総額等についての位置づけもなく、策定後まもなく議論にも上らなくなった。
　全国総合開発計画が熱心に分野横断的、省庁横断的に議論され、国づくりの重点的な方向を示し、それを実現するための公共投資の総額等を位置づけた時代は終わり、分野横断的に国づくりを議論する機会がほぼなくなった。
　その後、国土総合開発計画法は国土形成計画法に変わり、国土計画が議論されることとなった。しかし、既に国づくりに関わる公共投資の総額等とリンクしたものではなく、予算的な裏づけのない計画となり、分野横断的、府省横断的、そして地方自治体も密接に関わった計画づくりは行われなくなった。
　国づくりにおいては、分野横断的、府省横断的、そして地方自治体も密接に関わった計画づくりは必要なものである。かつてのように、国づくりを裏づける公共投資の総額等を定めないとしても、今後それをいかに進めていくかは、日本の人口減少時代、世界の人口増加・経済発展の時代にあって、これからの国づくり

の重要なテーマであるといえる。

　なお、流域圏に関わる国土計画としての流域圏構想については、下河辺淳氏の視点も重要であろう[4),6)]。その要点は**表3.1**のようなものである。

　また、流域圏と都市を考えるにあたり、都市を含む流域圏を概念的に示すと、**図3.13**のような空間分割イメージが考えられる。

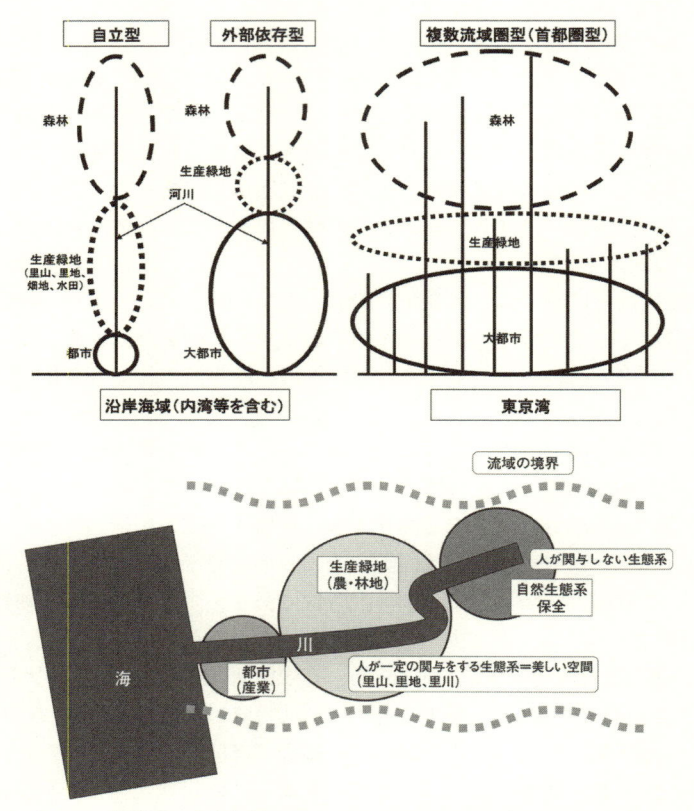

図3.13　流域圏の空間分割イメージ（下図は丹保憲仁[16)]等を参考に作成）

　これからの時代の日本を展望し、自然と共生する流域圏・都市の再生に関わる流域圏構想づくり、流域圏のプランニングとその実践は国土計画のテーマである。また、このテーマは、人々の暮らしや、生態系・生物多様性を含む自然との共生等の面では、地球的なテーマでもある。

表 3.1 国土計画としての流域圏構想に係る下河辺淳の視点（文献 [4,6] 等をもとに作成）

- ■歴史的に見ると縄文人は海や川を最大限に利用し、住居は丘の上で川や海の脅威を避けて暮らしていた。稲作が伝来して小さな川の氾濫原（湿地）に進出し、その後大河川の氾濫原も開発していったが、その時代を通じて、水系に依存した社会があった。その水系を基盤とした社会で、城をつくりその周りに城下町をつくる都市計画の時代があり、それが今日の都市につながっている。

- ■明治政府は、水は公有、土地は私有とした。この土地の私有は、土地の公共性への認識とそれを担保する法制度の問題もあり、この国の都市計画が機能しない最大の理由となったが、その反面、水の公有は、都市に膨大な河川等の公共空間という資産を残した。

- ■廃藩置県は、かつて水系に対応してあった藩を廃止し、川を行政界としたため、それ以前の水系（流域）単位の藩の時代の流域圏社会はこの面からも崩壊した。

- ■陸上交通（鉄道、道路）の発達は、国土構造を変えた。陸上交通はできるだけ等高線に沿って水平に走り、流域圏の時代は上流（山、森林、里山）、中流（畑地、水田）、下流（都市）、海へとつながっていたが、それとは直角に交わる。交通条件の整備において東京オリンピックの前頃には、運河や水路、河川を埋め立て、川の上に高架の高速道路も造ってきた。その最たる例が日本橋川などであり、交通が優先した時代であったことを示している。

- ■高度成長期の経済優先の流域圏構想から、自然災害との共生、日常的な川との関わり、食の問題、定住しない生活への変化等を考慮して、これからの流域圏構想を考えることが重要である。河川のみでなく、地下水、上水道、下水道からの排水、農業用水等の水循環全体の問題を扱う水基本法、人と水との関係法も検討されてよい。

〈参考文献〉

1) 吉川勝秀：『人・川・大地と環境』、技報堂出版、2004
2) 吉川勝秀：『河川流域環境学』、技報堂出版、2005
3) 吉川勝秀：「自然と共生した流域圏・都市の再生」について、土木学会誌、87 巻 1 号、pp.61-63、2002
4) 下河辺淳：『戦後の国土計画への証言』、日本経済評論社、1994
5) 関正和：『大地の川』、草思社、1994
6) 石川幹子・岸由二・吉川勝秀編：『流域圏プランニングの時代―自然共生型流域圏・都市の再生―』、技報堂出版、2005
7) 吉川勝秀編著：『多自然型川づくりを越えて』、学芸出版社、2007
8) 石川幹子：『都市と緑地』、岩波書店、2001
9) 稲本洋之助・小柳春一郎・周藤利一：『日本の土地制度』、成文堂、2004
10) 八十川淳・高橋信之・尾島俊雄：「東京都区部における中小河川の廃止と転用実態に関する調査研究」、日本建築学会計画系論文集、第 508 号、pp.21-27、1998
11) 木内豪：「水と緑を活用した都市の気候緩和と快適空間創出に関する研究」、東京工業大学学位論文、2001
12) 吉川勝秀：「低平地緩河川流域の治水対策に関する都市計画論的研究」、都市計画論文集、日本都市計画学会、No.42-2、pp.62-71、2007
13) 吉川勝秀・本永良樹：「低平地暖河川流域の治水に関する事後評価的考察」、水文・水資源学会誌（原著論文）、Vol.19、No.4、pp.267-279、2006
14) 山口高志・吉川勝秀・角田学：「都市化流域における洪水災害の把握と治水対策に関する研究」、土木学会論文報告集、第 313 号、pp.75-88、1981

15) 自然環境の総点検等に関する協議会:「首都圏の都市環境インフラのグランドデザイン」、2004
16) 丹保憲仁:「21世紀の日本は?」、季刊新機構情報、下水道新技術推進機構、Vol.10、No.40、pp.8-27、2003.1
17) 国土庁大都市圏整備局:『東京都心のグランドデザイン』、大蔵省印刷局、1995
18) 吉川秀夫・吉川勝秀:「流域の取排水システムと水循環を考慮した水資源計画に関する研究」、土木学会論文報告集、No.308、pp.85-97、1981.4
19) 吉川勝秀、関正和:「流域の総合的な水資源管理に関する研究、土木学会論文報告集」、No.287、pp.79-94、1979.7
20) リバーフロント整備センター編(吉川勝秀編著):『川からの都市再生』、技報堂出版、2005
21) 越沢明:『東京都市計画物語』、日本経済評論社、1991

第4章　川からの都市再生の事例

　本章では、川からの都市再生について、欧米、日本、そしてアジアの都市の先進的な事例について述べる。これからの時代の都市再生においては、川や運河、さらには湾岸の水辺は、都市の風格と文化、歴史を踏まえ、人間に優しい都市再生の重要な要素となっていることが知られる。

4.1　欧米の事例

　都市化は、産業革命以降の欧米において先行した。その当時は、工場から大気中に排出された煤煙による大気の汚染、工場排水と生活排水による水質汚染という都市問題があった。産業革命の発祥の地であるロンドンやマンチェスターなどにおいても、この問題が長い間あった。
　それら都市の問題を計画的に解消しつつ都市を形づくっていく方式として、空間的には並木のある広い道と緑地・公園を配置していくパークシステムの都市計画が始まった[1]。
　それ以上に、水の汚染による飲み水の問題と水を介した疫病の問題に係る川や湾等の閉鎖性水域という公共用水域の水質汚染の問題も、長い間都市の問題であった。
　以下では、このような水の問題、そして都市の中の河川空間とその沿川の都市再生について見ておきたい。

(1)　イギリス・ロンドン

　この都市は、その中央にテームズ川が流れている（**写真 4.1～4.3**）。そして内陸部には、産業革命初期の時期からの社会基盤であった舟運のための運河が多数ある。ロンドンは、産業革命以降、テームズ川の汚染に悩まされ続けてきた（第2章図 2.11 参照）。この問題の下で、都市の飲み水を確保するために上流で取水して水を売る商売が発達するが、その飲み水とともに家庭生活で必要な都市用水

写真4.1　最近のテームズ川河畔の風景

写真4.2　テームズ川の河畔建築物
（ビクトリア・エンバンクメントより下流の風景。河畔の建物の高さは制限されている）

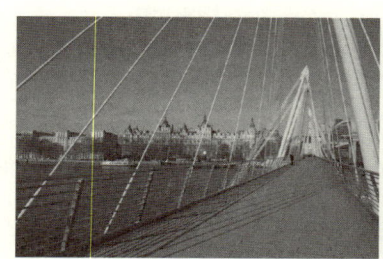

写真4.3　テームズ川に架かる橋（左：ミレニアムブリッジ、右：ロンドン塔付近の橋）

を供給するため、川から取水して浄化し、管路で供給する上水道が発達する。河川水を沈殿池や砂を敷き詰めたろ過池を通して浄化するものであり、今日の上水道の基礎となったものである。

　また、この都市では、都市からのし尿等の排水を集めて、処理はしないで下流に輸送して放流する下水道が始められた。これにより、少なくとも都市での水を介した疫病等の問題が解消された。また、下流での汚水の排水については希釈、あるいは自然の浄化能力により浄化されることを想定し、それを確かなものにすることについての研究なども行われた。

第4章　川からの都市再生の事例　73

　テームズ川の汚染は、その後も引き続いた人口増加と都市化の進展から、数世紀にわたって問題であった。最も汚染された時期には、河畔にある国会議事堂での審議が、テームズ川の悪臭がひどくて行われなかったこともあった。このテームズ川の水質汚染が改善されたのは、第二次世界大戦以降である。

　水質改善や河畔の公園整備（ビクトリア・エンバンクメント。**写真 4.4**）などとともに、20世紀末には舟運の衰退とともに必要性がなくなった河畔の荷揚げ場や建物などが再開発されてきた（**写真4.5、4.6**）。

写真4.4　ビクトリア・エンバンクメント（河畔公園と河畔通路）

写真4.5　ドックランドの再開発（その中央地区）

写真4.6　ドックランド周辺の河畔住宅

この川には、舟運の時代から今日に至るまで、川に沿って歩けるフットパス（当時は舟運に関わる通路・歩道、今日的には遊歩道）が引き継がれている（**図4.1**）。また、かつての河川港湾のドック地域や河畔の建物もオフィスビルや住宅、レストランなどに再開発されている（**写真4.5、4.6**参照）。そして、観光としての舟運、あるいは河畔のリバー・ウォークの整備などで、テームズ川とその河畔はロンドンの最も開かれた場所となっている。

図4.1　テームズ川のフットパスの例（平面図と写真。図中の斜線がフットパス）

（2）　イギリス・マンチェスター、リバプール

マンチェスターとリバプールは、まさに産業革命発祥の地であり、マージ川流域にある。内陸のイギリス第2の都市マンチェスターはマージ川を遡った内陸にあり、河口部にリバプールがある。マンチェスターとリバプールは、かつてはマージ川の舟運で、そして近年まではそのマージ川に並行して設けられたマンチェスター・シップ・カナルという大運河が物資輸送を担っていた（**写真4.7**。第2章**写真2.12**参照）。そして、マンチェスターからはイギリス全土につながる運河網がある。

世界最初の旅客鉄道は、このマンチェスターとリバプールの間で1830年に開通した。これらの都市を見ると、産業革命時代にイギリス全土に張り巡らされた

第 4 章　川からの都市再生の事例　75

写真4.7　栄えた時代のマンチェスターのドック地域

運河網、その後の鉄道網というイギリスの社会インフラの充実を知ることができる。運河網、鉄道網は現在も機能しているが、それに道路網、そして空港による航空網が重なって現在の社会インフラとなっている。この社会インフラという面で、イギリスの富の蓄積と往時の繁栄、さらには現在の底力を知ることができる。

　産業革命の時代以降、この地は大気汚染と水系の水質汚染が続いてきた（第 2 章図 2.12 参照）。そして、第二次世界大戦後は、産業地域が衰退し、イギリス病とも呼ばれた時代となり、このマージ川流域は問題のある地域となった（第 2 章**写真** 2.13 参照）。しかしこの地域では、後に詳しく述べるように、約 25 年前から衰退した経済を再興し、水質を浄化し、どこでも生物が生息できるような水系に再生する活動が、当初は国の音頭で、行政、企業、そして市民団体・市民が参画して進められてきた。

　河畔の土地の再生により、かつてのマージ川の舟運のターミナルとなっていたマンチェスターのドックの地域は再開発され、住宅や各種の商業的な集客施設、博物館等となり、最も活気があり、魅力的な地域となっている（**写真** 4.8、4.9。第 2 章**写真** 2.14 参照）。河口付近のリバプールでも、ドックの建物を再生した各種の利用が進められ、河畔では再開発も進んでいる（**写真** 4.10、4.11。第 2 章**写真** 2.15 参照）。このように、川や運河からの都市再生が進められてきている。

写真4.8　再生されたマンチェスターのドック地域（サルフォード、キーズ）の現在の風景

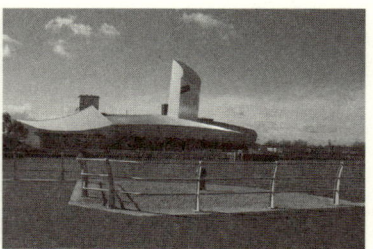

写真4.9　ドックの用地を商業、住宅、博物館等に再生
（左：商業施設と住宅、右：博物館）

写真4.10　リバプールの歴史的建築物のある河口付近

写真4.11　かつてのリバプールのドックを再生（観光、博物館等に利用）

（3）フランス・パリ

　現在のパリは、西ヨーロッパの中心的な場所にあるという地の利とまち並み等から、世界の観光地の一つとなっている（**写真4.12、4.13**）。

　この都市は、イギリスの都市整備より少し遅れて、都市計画に基づいて新しい都市に大改造された。それ以前のパリは、前述のように街路の中央に溝があり、そこに窓から汚物を投げ捨てたりしていたことが知られている。まち中のごみや水質汚染等、都市の問題があった。

　パリの大改造後の1880年には、汚水を集めて流し去る方式の下水道が整備さ

れた。その後、1890年には、この都市の汚水を農地に還元して土壌の微生物により処理をする、すなわち、今日の微生物による下水処理につながる下水道が始められた。

オスマンにより改造されたパリのまち並みは、その後今日までその外観等は継承されている。

パリを流れるセーヌ川は、パリの都心部では人工的であり、シテ島付近の一部区間では後に詳しく述べるように高速道路が川の中を占用している（**写真4.14**）。しかし、川の中にはリバー・ウォークがあり（第2章**写真2.20**参照）、観光舟運が盛んであること（**写真4.15**）等もあって、セーヌ川は都市の軸となっている。

イギリスのロンドンと同様に、19世紀後半に都市再生が行われた都市である。

その後、このパリには衛星都市として人工的なデファンスなどが建設されている（**写真4.16**）。

写真4.12　パリのまち並み
（並木のある幅広い道路〈ブールヴァール〉で計画された都市。建物の高さの統一・制限）

写真4.13　シテ島付近のセーヌ川と河畔の風景

写真4.14　セーヌ川の中を走る高速道路

写真4.15　セーヌ川の観光舟運

写真4.16　パリの衛星都市として建設されたデファンス（人工地盤の上の都市空間）

（4）アメリカ・ボストン

この都市は、アメリカの最も古い都市の一つである（写真4.17、4.18。第2章写真2.27参照）。この都市の水辺の多くの地区は、チャールズ川河口付近とその支流のマディ川等の湿地を埋め立てて造成されている。現在ボストン湾と呼ばれている地域の陸域も、チャールズ川の河口部（エスチュアリー）である。

写真4.17　現在のボストンの風景
（チャールズ川左岸側のマサチューセッツ工科大学側から都心部を望む）

写真4.18　ボストンの公園
（左・中：ボストン・コモン、右：パブリック・ガーデン）

ボストンにも、産業革命の時代には多くの工場があり、都市部に人口が集中した。大気は工場により汚染され、河川等の水質は工場排水や家庭からの排水により汚染された。そして河畔の湿地にもごみ等が捨てられて汚染されていた。

現在バックベイと呼ばれているチャールズ川右岸側の湿地を埋め立てた造成地がある。この湿地の埋め立てにあたっては、チャールズ川に河畔公園を造成するとともに河畔のリバー・ウォークを整備し、市民に川を開放している（写真4.19、4.20。第2章写真2.28参照）。

写真4.19　埋め立てによるバックベイ地区の整備（1934年の航空写真。チャールズ川のバックベイ側〈右岸側〉には河畔公園が整備されている）

写真4.20　チャールズ川右岸側の河畔公園

　また、そのすぐ上流側でチャールズ川に流入していたマディ川の湿地の埋め立てにおいては、汚染されたマディ川を整備・再生し、その周辺に緑地や公園、リバー・ウォークを配置し、さらにその地域を縦断する道路を設けてこの地域を開発した（**写真4. 21**。第2章**写真2. 29**参照）。チャールズ川河畔にあるこのマディ川の湿地は、バックベイ・フェンズ（バックベイの湿地）と呼ばれている。このバックベイ・フェンズの道路の先にはフェンウェイ（湿地の道）・パークがあり、そこにボストン・レッドソックスの球場もある。

　この水と緑のネットワークはエメラルド・ネックレスと呼ばれ、パークシステムの都市計画手法の代表例の一つとされている[1]。これは、ニューヨークのセントラルパークをはじめ、数多くの都市公園の設計を行ったフレデリック. L. オームステッド（Frederick Law Olmsted）によるもので、バックベイ・フェンズの公園が整備されたのは1897年である（**写真4. 22**）。

　バックベイの地域は、ボストンの都心部（ダウンタウン）から東にボストン・コモンとパブリック・ガーデンという公園を経てつながる地域であり、住宅とブティック等が立地し、ボストンの落ち着いた都市を形成している。

　チャールズ川の河口部はボストン湾と呼ばれ、その湾岸は、かつては港湾荷役施設等であったが、その後住宅を中心にホテル、ビジネスビル、水族館、公園等として再生された。1980年代以降のウォーターフロントの再開発の代表的な例と

写真4.21　エメラルド・ネックレスと呼ばれる水と緑の公園の風景
（左：バックベイ・フェンズ〈冬〉、中：オルムステッド・パーク、右：ジャマイカ・パーク。1870～1890年代に整備）

第4章　川からの都市再生の事例　*81*

写真4.22　バックベイ・フェンズの公園（冬の風景）

なっている。この再開発では、前述のように湾岸への市民等のアクセスを可能とするようにハーバー・ウォークの整備を義務づけている。その整備もほぼ完成している。

　また、1987年（予算成立）から2006年にかけて、後に詳しく述べるように、都心部とボストン湾の水辺とを分断する形で設けられていた高架の高速道路（セントラル・アーテリー。1959年完成。**写真4.23**）が撤去され、地下化された（第2章**写真2.32**参照）。これにより、ボストンの中心的な地域に空が開け、旧道路敷地は緑地等となることになった（**写真4.24**）。2007年春現在、旧道路敷地の緑化が進められている。

　以上のような経過を経て再生されてきたボストンは、"デザインされた都市"とも言われ、都市のたたずまいも、景観等の面でも優れた都市となっている。また、この都市には多数の大学があり、チャールズ川の河畔にはマサチューセッツ工科大学（**写真4.25**）やハーバード大学（**写真4.26**）がある。

写真4.23　1983年当時のボストンの風景
（高架の高速道路が都心部とボストン湾を分断するように走っている。チャールズ川右岸側の河川公園がさらに整備されている。右上にはローガン国際空港が見える）

写真4.24　高架の高速道路が撤去されたボストンの風景

写真4.25　チャールズ川左岸側のマサチューセッツ工科大学

写真4.26　チャールズ川河畔のハーバード大学

(5) アメリカ・サンアントニオ

　アメリカの南部のテキサス州にあるサンアントニオは、都市再生において川が生かされた世界を代表する都市といえる。この都市は衰退する都市問題を抱えていたが、その再生に川の空間を活用し、国際会議場等のコンベンション機能も付加するとともに、水辺とアラモ砦という歴史遺産を生かしている。

　この都市は、しばしば水害を被り、その対策として川を治水面から整備してきた長い歴史がある。1916年の深刻な水害後、河川整備の計画がなされ、実行されてきた。すなわち、水害後の1920年頃から、川の上流に洪水を調節するダム(普段は公園・緑地であり、洪水時のみに洪水流の調節が行われる)の建設、各所で蛇行していた川のショートカットによる直線化と川の拡幅、川底の掘り下げにより洪水の流下能力を向上させる対策が行われた(第2章図2.16、2.17参照)。そして、まちの中心部(いわゆるダウンタウン。アラモ砦もほぼ隣接している)で大きく蛇行していた部分もショートカットされて、洪水を流す空間ではなくなった。その部分に2カ所の水門を設けて水位調整し、川の中にリバー・ウォークを設けた(第2章図2.17参照)。すなわち、川の治水整備をするとともに、川の空間を都市の貴重な空間として整備し、人々の川へのアクセスを可能としてきた。その整備は治水対策実施後の1930年代のことである。

その後荒廃した時代を経て、このリバー・ウォークに面してレストランやホテルが立地した。また、このループ状の先端に川から外側に向かう新しい水路を開削して延長し、そこに様々なレストランやショップが入ったリバー・センター・モールを設け、隣接して大規模なコンベンション施設を建設するなどして、当時衰退していたこの都市を再生してきた。この都市の最も魅力的な場所は、リバー・ウォークが設けられ、観光船が行き交い、レストラン等が営業するサンアントニオ川の旧河川敷地の場所である。その風景を**写真 4.27～4.31** に示した。その河川空間はヒューマンスケールで距離も短いものであるが、河畔の土地利用や建築と一体化することで都市の空間として生かされている。

このように、1920 年代に河川の治水整備が行われたが、その後も水害の問題に悩まされてきたこの都市では、1980 年代になって、洪水流を都心部では地下に設けたトンネル排水路でバイパスさせる治水工事が行われた（第 2 章図 2.16 参照、**写真 4.32、4.33**）。

このように、さらなる治水対策を講じつつ、リバー・ウォークの整備をさらに進め、川の周辺での新たな都市整備（リバー・センター・モールやコンベンション・センターの整備等）も行って、アメリカ国内はもとより世界にも知られる川が生きた都市となっている。

この都市は、治水の目的での河川改修と同時に川の空間づくりを長年にわたって進め、周辺の都市整備も連動させて多大な成功を収めてきた。サンアントニオは、世界を代表する川の空間と舟運が生かされた都市であるといえる。既に述べたように、国内外からこのサンアントニオ川を訪れる観光客が年間 1,000 万人という数が、その成功を物語っているであろう。ちなみに、日本を訪れる海外からの観光客は、かつての年間 400 万人程度から近年は徐々に増加しているが、"観光立国日本"として，国を挙げて 2010 年までに海外旅行者を倍増させる（年間 1,000 万人にする）ことが政府のスローガンとなっていることと比較しても、大きな数字である。

写真4.27　サンアントニオ川のリバー・ウォークに立地したいくつかのレストランの例

写真4.28　サンアントニオ川のリバー・ウォークを散策する人々の風景
（新たに水路を設けた部分）

写真4.29　サンアントニオ川のリバー・ウォークを散策する人々の風景
（旧河道をショートカットした部分。散策する人々で賑わっている）

写真4.30　サンアントニオ川のリバー・ウォークを散策する人々の風景
（旧河道をショートカットした部分。レストラン前の賑いと舟運）

写真4.31　サンアントニオ川の蛇行部分からさらに水路を掘り込み、その先に設けられたリバー・センター・モール（多くのレストラン、高級ショップ等が営業）

写真4.32　サンアントニオ川の地下排水トンネルの上流側の呑み口
（ここから洪水流が地下のトンネルに入る。トンネル内は自然の河川勾配で流れる）

写真4.33　サンアントニオ川の地下排水トンネルの下流側の排出口
（地下を流れてきた洪水流がここで川に湧き出る。排水ポンプはなく、自然流下で湧き出る）

（6）その他の都市

　以上の他にも、ロンドンの都市整備のすぐ後、フランスとほぼ同時期に都市再生、都市改造が行われたオーストリアのウィーン（ドナウ〈ダニューブ〉川、ドナウ運河、ウィーン川。**写真4.34**。第2章**写真2.39～2.41**参照）、「ドナウ（ダニューブ）川の真珠」とも呼ばれるハンガリーのブダペスト（ドナウ〈ダニューブ〉川。第2章**写真2.36～2.38**参照）などがある。また、東西ドイツの統合以降、再開発が進むベルリン（エルベ川の支流シュプレー川。**写真4.35**）、戦災復興の

写真4.34　オーストリアのウィーン
（左・中：約100年前に都市河川化したウィーン川、右：ドナウ運河）

建物再建が今も進むドイツのドレスデン（第2章**写真2.42**参照）がある。

写真4.35 ドイツのベルリン（左：シュプレー川河畔の風景、右：再開発ビル）

4.2 日本の事例

　ここでは、川からの都市再生の日本の事例について述べる。河川や運河等の河川水質の改善とともに、川の再生、河畔の都市再生が進められてきた。

（1）　東京・隅田川

　日本の首都東京を流れる比較的規模の大きな川として、かつての大川、現在の隅田川が挙げられる。この川は、江戸時代以降、大正から昭和初期にかけて、明治43（1910）年の大洪水を経験して現在の荒川放水路が掘られる前までは、荒川、入間川、中川、綾瀬川が合流して隅田川として流れていた。さらにその前の江戸時代以前には、この大川に利根川、渡良瀬川などの関東の主要な河川が合流して流れ込んでいた[2]。

　その隅田川の再生と川からの都市再生は、以下のように行われた。

　隅田川の水質は、工場・事業所の排水や家庭排水により極めて悪化した時代があった（第2章**写真2.46**参照）。その後、前述のように工場・事業所からの排水の水質規制、工場の転出や廃止、利根川からの浄化用水の導入、下水道の整備等により改善されてきた（第2章**図2.19**参照）。

　また、工業用水等のための地下水の汲み上げや天然ガスの採取により地盤沈下が広域にわたり進行し、江東ゼロメートル地域などの地盤沈下地域が出現した。このため、1959（昭和34）年の伊勢湾台風による濃尾平野の大災害の後、この地域を洪水や高潮による水害から守るために、川とまちとを分断する形のコンクリートの堤防が急ピッチで整備された（第2章**写真2.47**参照）。大阪とは異なり、

東京では河口に防潮水門を設けて高潮災害を防ぐ方式は選択しなかったことから、その堤防は高い堤防となった。

　河川水質がある程度改善されるとともに、この川では東京都観光汽船による観光舟運も再開され、徐々に都市の中心部を流れる川としてよみがえってきた（**写真4.36**）。そして、1960年代から急造された高潮堤防の耐震補強も兼ねて、その切り立った堤防の緩傾斜化とその前面へのリバー・ウォークの整備が始められた（**写真4.37**）。さらには、幅の広い盛土の堤防としてその上の土地利用を行うスーパー堤防の整備が、河畔の土地の再開発と一体的に実施されるようになった（**図4.2、写真4.38**）。

　川の中へのリバー・ウォークの整備は、荒川放水路の整備、さらにはその後の荒川の洪水を隅田川に入れないという計画となったことから可能となったといえる。このリバー・ウォークの整備は、土地のバブル景気とそれに伴う東京都の税収の裕福化も追い風となり、比較的急ピッチで進められてきた。

　この川は、第二次世界大戦後に急激に河川環境が悪化し、その後、川と河畔の都市が再生されてきたという、日本そしてアジアの代表的な例であるといえる。

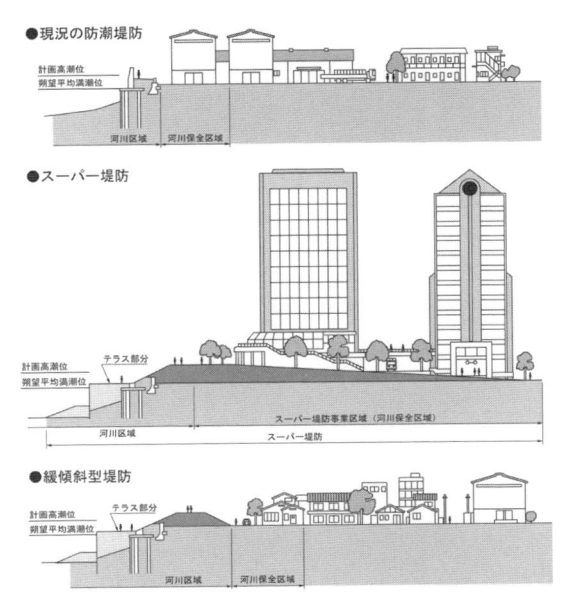

図4.2　隅田川堤防の緩傾斜化、スーパー堤防化とリバー・ウォークの整備（東京都資料より作成）

写真4.36　隅田川再生に寄与している舟運の風景

写真4.37　河畔のリバー・ウォークの風景

写真4.38　スーパー堤防が整備された河畔の風景

（2）　北九州・紫川

　紫川の下流には、日本の産業革命発祥の地の八幡製鉄所等が立地した洞海湾がある。その後北九州市一体は重化学工業が中心の産業都市となり、この都市は昭和30（1955）年代には大気汚染と水質汚染という産業革命以降に欧米の都市でも経験した都市問題が激しくなった。その象徴の一つとして、洞海湾の水質汚染の問題がある（第2章**写真2.51～2.53**参照）。

　洞海湾の水質、底質が最も汚染された当時は、大腸菌も棲めないほどに、そして船のスクリューも溶けるほどに汚染されていた。

　その洞海湾の汚染は、民間企業や自治体の努力により、今日では水質も改善され、海の生物も復活している。

　この湾域に流入する紫川も、かつては水質が汚染され、都市の水害の問題も生じていたが、水質の浄化とともに治水対策を実施して、同時に、市長を中心として行政と民間による河畔の空間の再生に積極的に取り組んできた。今では河畔に

ホテル等の各種民間施設も立地し、川と河畔の都市が再生されてきた(**写真4.39、4.40**。第2章**写真2.54**参照)。

この都市と紫川もまた、一度川が汚染され、その川と河畔を含む都市が再生された事例といえる。

写真4.39 再生された紫川と河畔の風景
(河畔の都市も再生された区間。左:再生前、右:再生後。北九州市役所と小倉城の付近)

写真4.40 近年の紫川と河畔の風景 (航空写真)

(3) 大阪・道頓堀川

大阪は江戸時代以降、水の都と言われた都市である。そこには琵琶湖や木津川、桂川を上流に持つ淀川や、かつて淀川と大和川が乱流して形成された大阪平野を流れる寝屋川という大河川が流れ、多くの堀川(運河)が建設された。そして、この堀川には多くの橋が架かっており、八百八橋があったと言われる。なお、かつてはこの大阪に流入していた大和川は、大和川放水路を流れて大阪湾に直接注いでいる[2]。

現在の淀川は淀川放水路を流れており、かつての淀川の流路は大川と呼ばれている。大川は堂島川と土佐堀川からなり、寝屋川も流入している。

かつての大阪の川と堀川は**図4.3**に示すようであった。その主要な川のうち、多くの堀川が第二次世界大戦後の水質が極めて悪化した時代に埋め立てられ、道路敷地となった。どの部分が堀川を埋めることで建設された道路であるかも**図4.3**に示している。大阪南西部の海に近い方から埋め立てが進められ、西横堀川までのすべての堀川が埋め立てられて、道路となったことが知られる(**図4.4**)。

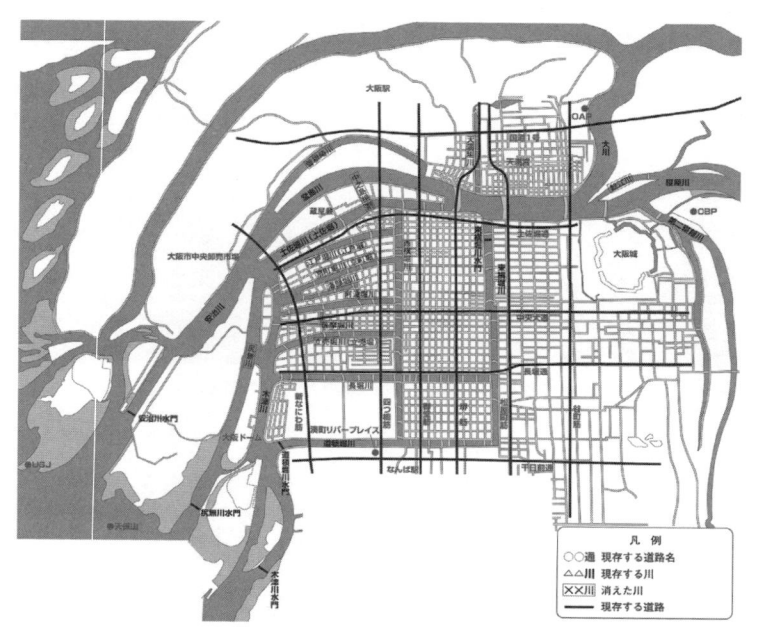

図4.3 江戸時代の大阪の川と堀川（大阪府資料より作成）

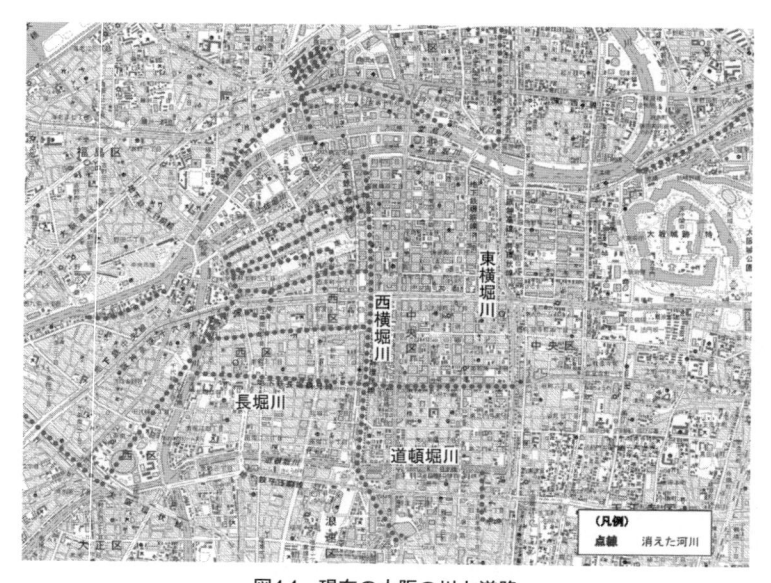

図4.4 現在の大阪の川と道路
（点線が埋め立てられた運河と川を示す。東横堀川は上空を阪神高速道路に占用されている）

第4章 川からの都市再生の事例　91

　これらの川の水質浄化のために、下水道の整備、工場等からの排水の水質規制とともに、堀川の中での水質浄化への取り組みも進められてきた（図4.5）。また、道頓堀川では、1970年代末のエアレーション（噴水）による浄化装置の整備、1990年頃のエアーカーテンの追加整備による水質浄化も行われた。

　大阪の繁華街の道頓堀川につながる堀川を見ると、江戸時代以降重要な水路であった西横堀川は埋め立てられ、その上空には高架の阪神高速道路の都心環状線が建設された（**写真 4.41**）。高架の高速道路の下は市営の駐車場となっている。また、東横堀川と西横堀川をつないでいた長堀川は埋め立てられ、道路敷地となって道路が設けられている。

　東横堀川にも同様に、阪神高速道路の高架の都心環状線が建設されて川を覆っているが、その下の東横堀川は埋め立てられずに残っている（**写真4.42**）。

　このように変遷してきた大阪の水辺であるが、約25年前より水上バスが運行しており（**写真4.43**）、また天神祭では多くの船が大川に繰り出し、約100万人がこの大川と河畔に集まる（**写真4.44**）。

　道頓堀川と東横堀川には水閘門が設けられ、高潮時の水害の防止、水質浄化とともに水位を一定とする操作が行われている（図4.6、**写真4.45**）。そして、川の中にリバー・ウォークを設け、川の再生を行っている（**写真4.46**。第2章**写真2.67**参照）。そしてこの道頓堀川にも船が入り、水上と水辺の賑いをつくり出している（**写真4.47**）

　水の都大阪では、道頓堀川のみならず、都市の川を軸とした都市再生が進められている。2009年には、水の都に関わる各種催しが行政、経済界等により計画されている。そのような活動も、川からの都市再生の進展を市民に知らせるとともに、さらに進めることに資すると思われる。

写真4.41　川を埋め立てた道路
（左：西横堀川を埋め立て、下は駐車場、上は高架の高速道路に、右：長堀川を埋め立てて設けられた道路）

写真4.42　東横堀川、西横堀川に設けられた道路
(左：東横堀川上の高架の高速道路、右：西横堀川を埋め立ててその上に設けられた高架の高速道路、その下は市の駐車場)

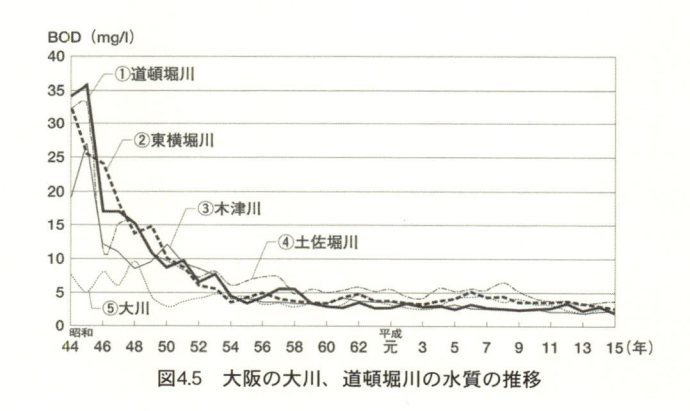

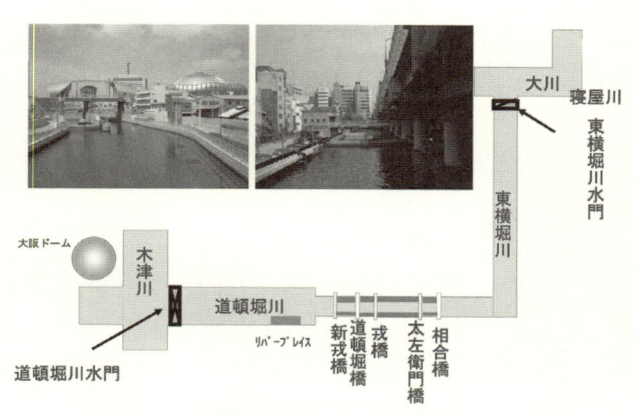

図4.5　大阪の大川、道頓堀川の水質の推移

図4.6　道頓堀川に設けられた2つの水閘門
(水質改善、高潮時の水害防止。2000年供用。大阪市資料より作成)

第 4 章　川からの都市再生の事例　　93

写真4.43　大阪の水辺の遊覧船

写真4.44　大川（堂島川）での天神祭の風景

写真4.45　東横堀川の水閘門
（左が外側の下にもぐる型式の水門、右が内側の観音開きの水門）

写真4.46　道頓堀川のリバー・ウォーク

写真4.47　道頓堀川の遊覧船

（4）　徳島・新町川

　徳島の新町川は、徳島市の再生のシンボル的な場となっている（写真4.48）。

　この川も、都市化の進展とともに汚染され、都市の裏側の空間となっていたが、その水質も徐々に改善され、市民団体（NPO新町川を守る会）による河川清掃、河畔での花の育成等により徐々に美化されてきた。最近では、吉野川からの浄化用水の導入もあって、水質が改善され、川底に藻も見られるようになっている。ただし、徳島市内

写真4.48　徳島市内の新町川
（その形状から、徳島の中心地はひょうたん島と呼ばれている）

の下水道は合流式下水道であり、雨天時には処理場で処理できない汚水が川に流入するため、降雨後しばらくの間は河川の水質が悪化する。海に近い感潮区域にある都市河川の多くで見られる、合流式下水道の雨天時越流水による水質汚染の問題と同様の問題である。

　川と河畔の空間再生に関しては、県、市による河川護岸と河畔の遊歩道（リバー・ウォーク）や公園の整備が行われてきた（写真 4.49、4.50）。そして、河川

空間を認識する上で、市民団体が無料で運行している遊覧船の運航が大きな役割を果たしてきた。これにより、川の空間での賑わいが創出されてきた（**写真4.51、4.52**）。

また、河畔のボード・ウォークを地元の商店会が資金を調達して整備している。その付近には、川に面したレストラン、ブティックなどが立地するようになり、週末のパラソルショップの開催、屋台の出店等があり、河畔の賑わいが出てきている（**写真4.53**）。

この都市再生では、市民団体が重要な役割を果たしており、"住民主導、行政参加"の川からの都市再生が進められている。1年365日、何らかの河川イベントが行われている（**写真4.54**）。特に、市民団体が毎日運行する遊覧船に多くの市民等が乗船して、川から都市を見ていることが重要である。この市民団体の無料の遊覧船の運航に対して、市は障害者が舟に乗るための河畔エレベータの設置（**写真4.55**）、遊覧船の追加購入等の面で、側面から支援している。

"市民主導、行政参加"の川からの都市再生の事例として知られてよい。

新町川の流れる徳島市は、終戦前に空襲で徹底的に破壊されたが、戦災復興計画で広幅員の街路と新町川河畔緑地が計画され、区画整理によりそれが相当程度に実現した。新町川が都市内で開けた空間となっているのは、この戦災復興事業による成果であり、県や市、そして市民団体がそれを生かして川からの都市再生を進めてきているといえる。徳島は、都市計画の面で戦災復興計画が実行され、それにより確保された資産（河畔緑地等）が今日に生かされている都市としても知られてよい。

写真4.49　最近の新町川と河畔の風景

写真4.50　河畔のリバー・ウォーク

写真4.51　船着場の風景

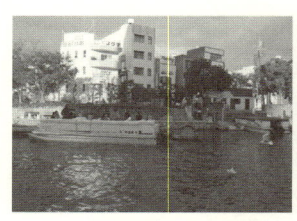

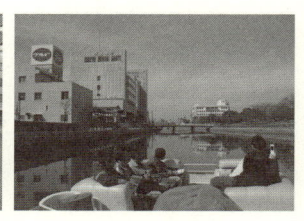

写真4.52　遊覧船での周遊（左・中：遊覧船、右：遊覧船から見た河畔の風景）

写真4.53　市民により設けられたボード・ウォークと立地したレストラン等

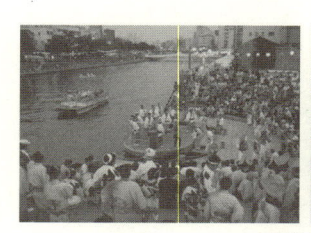

写真4.54　新町川と河畔でのイベントの例

写真4.55 船着場に設けられた障害者・高齢者等のためのエレベータ

（5） 名古屋・堀川

　名古屋は、戦災復興計画で都市の骨格が形づくられた都市として知られる。その中心部を流れる堀川でも、川からの都市再生が、前述の紫川での取り組みとほぼ同時期（昭和60〈1985〉年代頃）から進められてきた。

　悪化していた水質の浄化のために、下水道の整備や川の中や河岸でのエアレーションによる水質浄化等が進められてきた（**図4.7**）。堀川水環境改善緊急行動計画（清流ルネッサンス）を策定し、2010（平成22）年度を目標に、魚の泳ぐ姿が見える川、上流部の水辺で遊べる川、中下流部の沿川でくつろげる川、舟遊びが

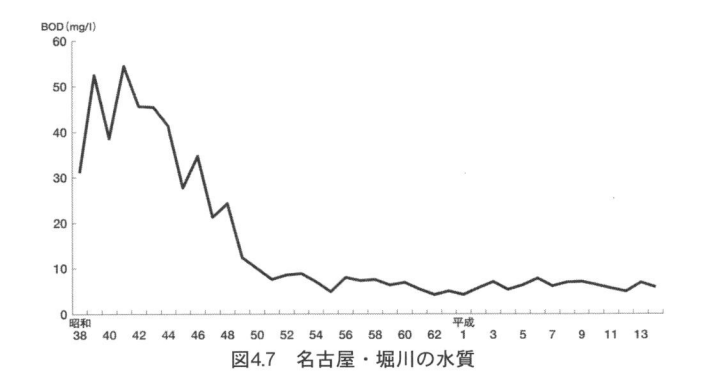

図4.7　名古屋・堀川の水質

できる川を目指して水質を改善することに取り組んでいる。また、河川のごみ清掃にも取り組んできている。

　河畔には、リバー・ウォークを設けるとともに、河畔のポケット・パークの整備、船着場の整備等も行われてきている（**写真4.56～4.60**）。

　その整備のスピードは緩やかであるが、

写真4.56　1965（昭和40）年当時の堀川

徐々に川からの都市再生が進められてきている。

写真4.57　堀川河畔のポケット・パークと船着場

写真4.58　堀川河畔のリバー・ウォーク

写真4.59　堀川に面したレストラン等

写真4.60　堀川の船

（6） その他

　以上の他にも、民間の再開発で建物をセットバックし、河畔に遊歩道（リバー・ウォーク）と緑地、その外側に道路、そして公開空地を配置している日本橋川での取り組み（**写真4.61**）がある。また、後に詳述する日本橋川での高架の高速道路撤去・河川再生の議論、京都の堀川の再生の構想（**図4.8**）、栃木県宇都宮市での釜川の再生（河川を2層化し、地下の暗渠で洪水を流し、普段の水は上のせせらぎ水路を流す）とまちの再生（**写真4.62**）、石川県七尾市の御祓川からのまちの再生（マリンシティ構想、JR七尾駅から海へのシンボルロード、それに並行する御祓川についての株式会社御祓川等による川からのまちづくり。**写真4.63**）などがある[3]。

写真4.61　日本橋川の河畔に空間を設けた民間の再開発
（新三崎橋付近。アイ・ガーデン・エアの地区一帯）

写真4.62　宇都宮の釜川の再生とまちづくり
（2層化した河川。洪水は横越流して地下の水路を流れる。左・中：2層化区間、右：下流の河川）

図4.8　京都の堀川の再生構想（左：現状、右：構想）

写真4.63　御祓川からのまちづくり

4.3　アジアの事例

　アジアでは、都市化の進展とともに河川の環境が急激に悪化している都市も多い。その反面、比較的早い段階で都市化が進んだシンガポールや韓国の都市、さらには中国の都市などでは、川からの都市再生も、極めて早いスピードで、そして大規模に進められている。

(1) シンガポール・シンガポール川

　シンガポールは、ガーデン・アイランズの美しい都市づくりで知られるアジアの都市国家である。そのシンガポールの中心を流れるシンガポール川は、20世紀後半には水質が汚染され、悪臭を放つ河川となっていた（写真 4.64、4.65）。その川を、長く首相を務めたリー・クアン・ユーがリーダーシップを取り浄化することが進められた。そして、川の再生とともに河畔の都市を再生し、賑わいのある都市として生まれ変わってきている。
　水質を浄化するために、この川の流域内で汚染源となっていた養豚等を禁止し、また、未処理の汚水を排出する屋台を禁止して汚水の浄化ができる屋内に移転させるなどの政策を進めた（図4.9）。このために、従来の仕事を禁止された人々に選挙では協力を得られなくなったが、それでもその政策を遂行した。

写真4.64　川が汚染されていた時代の風景

第4章　川からの都市再生の事例　　*101*

写真4.65　再生前のシンガポール川

川にはリバー・ウォークを設けるとともに、歴史的な建物の外観の保全、川に面した地区での建物の高さ制限を行うなど、計画的に河畔の都市再生を進めた（**写真4.66～4.69**）。国が土地を所有し、この政策を遂行して再開発の後に民間に払い下げることにより、計画的な都市再生を確実に進めた。

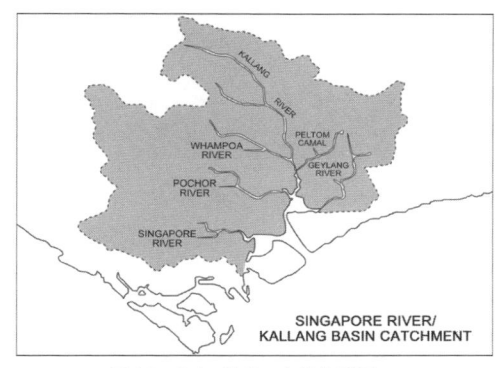

図4.9　シンガポール川位置図

写真4.66　河畔の都市の風景
（上：歴史的建造物の外観保全、下2枚：河畔近くでは建築物の高さを制限）

写真4.67　河畔の再開発された地区

写真4.68　河畔のリバー・ウォーク

写真4.69　シンガポール川の遊覧船から見た風景

かつては都市の汚染された空間であったシンガポール川とその河畔は、新しい産業が立地し、最も魅力的な都市空間となっている（**写真4.70、図4.10**）。

都市づくりにおいて、国土の大半を国で所有し、都市計画に基づいて美しい都市"ガーデン・アイランズ"をつくるというシンガポールで、川からの都市再生がなされ、川の再生と都市の再生が連携して進められた事例である。

写真4.70　シンガポール川の景観（夜景）

図4.10　シンガポールの都市と湾周辺の将来予想図

　この川と河畔の再生について詳しく見ると以下のようである。
　シンガポール川は、1819年にイギリスの植民地としての都市シンガポールがつくられてから、この都市や島のライフラインであった。倉庫・商業施設が川の周りに集中し、シンガポールの歴史にとって非常に重要な役割を占める川であり、1960年代までは港として機能していた。しかし、海上交通の近代化に対応できなくなるとともに、1960年代以降は環境が悪化し、倉庫が廃墟となりスラムとなった。また、零細企業による不法投棄や不法占拠なども増加していった。
　このような中で、1977年にリー・クアン・ユー首相（当時）の指揮の下で10カ年計画の浄化プログラムが立案された。このプログラムは、汚染源の除去により河川を浄化して自然の状態に戻し、そして周辺地域を美化するという2段階のものとして実施された。

① 汚染源の除去
　シンガポール川の汚染源は、不法居住（2万1,000戸）・養豚場・家内工業者・行商・市場で営業している卸売業者等であり、川岸ではボートを係留して流下を

阻害し、生活排水を排出することもその原因となっていた。このような汚染源の除去については、行商人や不法居住者を退去させるだけでなく、移住先を準備することも課題となった。このため、インフラの整備が必要となり、住宅の建設、作業場・工場の建設などが進められた。作業場や仕事場は近代的な設備として整備され、衛生を保つことが可能となった。そして、このプログラムに従ってシンガポールでは上下水道が100%完備し、下水は川に排出されることがなくなった。これに至るまでに、10カ年計画の8年くらいを要した。

② 流域の美化

次に、周辺地域の美化という課題に取り組んだ。かつて不衛生な地区であった箇所を砂浜に改善し、水遊びが楽しめる環境に整備した。その結果、河川で釣りを楽しむなど、個人で趣味が楽しめる環境が復元された。さらに、流域全体について、水との関わり合いを持つということを目指した。シンガポール川に引き続き、ケラン川、マリナ川流域を給水水源として整備するとともに、河口部では高潮などの洪水から守るための河口堰（マリナ・バラージ）事業が計画された。この事業は、例えば高潮などの洪水を防ぐために防波堤を建設し、併せて、堰で湛水区域内の水を淡水にすることを計画している。水の供給と洪水管理が事業の目的となっている。

さらに、ライフスタイルの向上という課題に取り組んだ。汚濁した水があり、高潮による洪水の危険が大きかった場所などが、都市の中心部で新しい水辺のライフスタイルを創出する場所となるため、公園の整備などが進められている。

シンガポール川流域では、きれいな水路を整備し、あるいは活気のある流域をつくることなど、たくさんの活動が予定されている。そのために3Pエンゲージメントという活動が始められている。Pは、市民・民間・公共、つまり、people・private・publicのPで、この3つのPがパートナーにならなければいけないとしている。浄化された川の水を継続してきれいに保つには、市民・民間・公共がそれに参加することが必要である。

③ 川の浄化後

川の浄化後に関しては以下のようである。

川はきれいになったが、人々を移動させたので川の周りの活動がすべてなくなり、川の位置づけを再構築することが求められた。

まず1985年に最初の計画が立案され、商業地区の整備が位置づけられた。そして、1992年、1994年により詳細な計画が発表され、土地利用、利用密度、高さ制限、保全計画などが策定された。これらは市民との対話を通じ、川の新しいビジョンとして策定された。

1985年の計画のコンセプトを土台に、活動の回廊を川沿いにつくり、ショッピング地区、あるいはチャイナタウンなど、川を使ってほかの地域と結びつけるという方式が確立された。これらの工事の実施には1億米ドルが投資され、7から10の政府省庁が関わり、護岸、遊歩道、橋、アンダーパス、下水道、変電所などの整備が行われた。

　また、施設整備も重要であるが、ソフトの部分も重要と考え、屋外レストランなどが造られ、いろいろな活動が行われるように計画されている。例えばボートキー地区では、商業施設・レストラン・ディスコなどを集中して設けてあり、オフィスワーカーとともに観光客にも人気の高い場所となった。クラーク・キー地区は、ホテルや娯楽地域となった。ロバートソン・キー地区も、ホテル地区やマンション建設地区となって、ジョギングや犬の散歩をする人々に人気のスポットとなっている。これらも含め、シンガポール川とその周辺は地元の人にも観光客にも人気のある場所となっている。

　この他にもいろいろな建物を再利用しており、元政府所有の建物をアジア芸術の美術館にしたり、旧議会をアートセンターに変えたり、倉庫を劇場にしたりしている。

　将来のウォーターフロント開発計画では、シンガポール川から河口部のマリナベイ（この区間は、将来は貯水池にすることが計画されている）にかけて、新しく住職娯楽近接区として開発を計画し、ガーデンシティーというコンセプトでの開発を開始している。これまでのシンガポール川での経験から、ウォーターフロントの重要性を理解し、国際的なデザイナーを集め、ウォーターフロント・プロムナード設計のコンペを行い、このエリアを適切に管理し、活動・イベントの誘致を成功させたいとしている。

（2）　韓国・ソウルの清渓川

　清渓川（チョンゲチョン）は、朝鮮王朝がソウルを首府として以来、約600年にわたってその中心部を流れている川である。清渓川は、都市化が進むにつれて、世界の他の大都市と同様に、洪水の問題と水質の問題を抱えるようになった。第二次世界大戦後にはさらに都市化が急激に進み、水質悪化や川に張り出した不法建築物の立地など、河川環境が著しく悪化した。この時代に、本格的に川に蓋をして暗渠化（下水道化）し、その上を近代都市で必要となった道路用地として、覆蓋道路が建設された（1958〜1978年）。その後さらに、覆蓋道路の上に高架道路（高速道路につながる道路）が建設された（1967〜1976年）。このような清渓川の変遷を**写真4.71、4.72**に示した。

写真4.71 清渓川の変遷

写真4.72 1982年当時の清渓川の高速道路の下の風景

　このような経緯で、清渓川の周辺市街地は、賑わいはあるものの、ソウル市の中でも騒音、大気汚染などの環境問題が深刻な地区であり、その後発展した他の地区に比較すると、相対的に遅れた地域となった。また、建設後約40年を経過した地下の下水路と覆蓋道路、さらには高架道路の構造的な安全性の問題と、それに対応するための多額の補修・補強費用の問題も発生していた。

　このような状況下で、2002年のソウル市長選挙でイ・ミョンバク（李明博）候補（第17代大韓民国大統領）は、この清渓川を覆う道路を撤去し、歴史を持つ清渓川を再生し、それを核として周辺の再開発を進めることを選挙公約の一つとした。この事業により、騒音と大気汚染のイメージのあるソウルを、ソウルの歴史を回復し、環境にも人間にも優しい都市として再生し、中国と日本の間に位置する北東アジアの中心都市、国際商業・金融都市にすることを目指すとした。

第4章 川からの都市再生の事例　　*107*

　2002年7月に就任したイ・ミョンバク市長は、この事業を構想したヤン・ユンジェ（梁銃在）氏（建築士、元ソウル大学大学院教授、その後副市長）をこの事業の推進本部長とし、市民委員会での市民との調整、地権者との調整等を進め、この事業を推進した。当選後約3年を経た2005年10月には、道路撤去、川の再生に関する事業が完了し、盛大にオープニング・セレモニーが行われた。道路を撤去中の風景を**写真4.73**に、撤去前と撤去後の清渓川の風景を**写真4.74**に示した。**写真4.75**、**4.76**には、再生された清渓川の風景を示した。

　この完成から約1年を経て、市民で賑わう清渓川の最近の風景（2006年7月21日）を**写真4.77**に示した。

写真4.73　覆蓋・平面道路、高架道路を撤去し、川を再生中の風景

写真4.74　清渓川の道路撤去前と撤去後の写真
（左：撤去前、右：撤去後川を整備（記念に高速道路の3本橋脚部分が存置されている。夜の風景））

写真4.75　再生された清渓川の風景
（左：上流部の川幅が狭く人工的な利用区間、中：中流部の人工的な利用と自然が妥協した区間、右：下流部の自然を多くした区間）

写真4.76　道路が撤去され、再生された清渓川と周辺都市の遠景

写真4.77　完成後約1年を経過した清渓川の風景（2006年7月21日）

　清渓川再生は、道路を撤去して再建しないこと（需要マネジメント、公共交通機関の利用などで対応）、蓋をかけられて地下に埋められていた川を青空の下に取り戻したことで注目されている。これら二つの面で先進的であるが、そもそもこの事業の目的は、ソウルを環境に配慮し、人間志向型の都市に変貌させ、21世紀の文化・環境都市にするというものである。そして、都市経営の新しいパラダイムを示すとともにソウルの独自性を明確にし、国際競争力を高めるというものである。

　具体的な目標としては、①600年の歴史を持つ大都市の歴史性・文化性を回復、②環境に配慮し、人間志向の都市空間を創造、③清渓川を上から圧迫している覆蓋および高架道路の構造面での安全問題への抜本的取り組み（すなわち撤去）、④中心部のビジネス地区の再活性化によりソウルを国際金融およびビジネスの中心基軸に変革、を掲げている。その核となる事業として、道路の撤去と清渓川の再生を位置づけた。

　すなわち、国民に夢を与える道路の撤去・清渓川の再生を第一段階として、それに引き続いて周辺一帯の市街地を再開発し、東アジアで最も魅力的で金融等の中心都市とすることである。したがって、今後の周辺の市街地再開発や、行政により再生された清渓川という都市の社会的共通資本（都市の河川空間）を、市民

や企業がいかに生かしていくかということがさらに重要なテーマといえる。

　この事業の実践は、韓国国内の諸都市にも大きな影響を与えており、多くの自治体で川の再生、川からのまちや都市再生が議論されるようになっている。そして、韓国国内のみならず、日本を含むアジアや欧米等の世界の都市経営に与える影響にも大きなものがある。すなわち、都市空間の中で、通過交通が多い道路を撤去し、都市において最も大切な水と緑、自然のある川や水辺を再生するこの事業は、都市経営の新しいパラダイムを象徴するものである。大都市において、このような川からの都市再生を実践したという点でも、世界的、歴史的な意義があると思われる。

　この事業に関して補足すると、以下のようである。

　ソウル市は韓国最大の都市で人口約1,000万人、面積約600km^{2}である。

　清渓川はソウル市中心部を流れており、都市雨水排水や生活排水を集水する河川である（図4.11）。この河川は1900年初頭から河川改修が実施されてきたが、ソウル市への人口集中に伴い、住宅の密集、水質汚濁の問題が発生し、その対策として1950年代から政府は河川を覆蓋し、さらに、交通渋滞への対応として1960年代から70年代にかけ、覆蓋した河川上に高架道路を建設し、高速道路として利用するようになった。

　しかし、近年、高架道路の構造物の劣化、韓国経済の停滞、NGO等の地域住民による清渓川再生の活動などが取り上げられるようになってきた。そのような背景の中で、ソウル市長選では、清渓川再生が争点の一つとなり、再生推進を公約した候補が選出され、清渓川再生が市の事業として開始された。

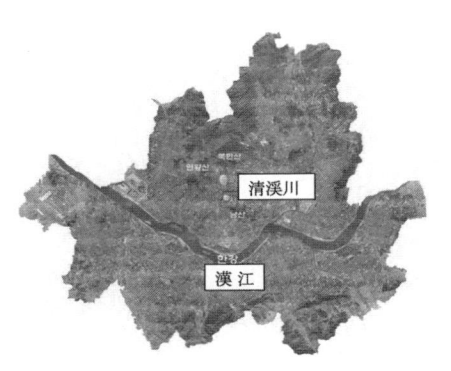

図4.11　清渓川位置図

　清渓川再生事業を開始する動機には、以下の3つがあった。
- 高架道路構造劣化に伴う大規模改修の必要性
- 経済停滞に対応するための近代化の達成
- 市民活動の隆盛

　特に市民活動に関連して、ソウル市長選では清渓川再生を争点とした投票が行われ、再生推進が多数を占め、再生事業が開始された。

　再生事業の目的としては以下の6項目が挙げられた。
- ソウル市600年の歴史の回復

- 文化的な空間の創造
- 地域経済促進への貢献
- 環境を重視した空間の形成
- 伝統的な価値観の保存
- 民間活力との連携

この道路撤去、河川再生事業について、以下のようなことが挙げられる。

① 交通

清渓川の上部にあった高架道路はソウル市の主要幹線道路であり、その撤去は交通渋滞に関する重大な影響が想定された。そのため、市は交通システムを大幅に改善し、迂回路などの交通網を新たに整備するとともに、トラフィックカード、クレジットカードでの公共交通利用システムを導入し、利用総距離数で課金する制度などの構築で利便性を高め、大規模な交通渋滞を回避することとなった。

② 事業予算

プロジェクトの予算規模は3億米ドルである。このうち97%は工事費用で、用地費は1%未満である。さらに、工事費のうち10%は河川工事、90%は構造物撤去・下水道・橋梁・造景等の建設事業費である。

③ 工程

2003年が準備の年で、同年7月1日から道路の解体が実施された。2004年には橋梁の施工、道路、下水道、河川構造物の工事が進められ、2005年9月末に完成するように計画した。ほぼこの工程で事業は完成した。

④ 洪水対策

清渓川の流域は51km²程度、水路延長14km、河床勾配は緩く、一部で1/600〜1/700の箇所がある。また、下水道は合流式のため水質の問題があった。洪水は1回/200年確率規模で計画され、断面の設計が行われている（図4.12）。主要な水路幅は20〜83m、低水路幅は5〜30mである。中流部では道路下にボックスカルバートの水路を設けて洪水処理を行う方式としている。

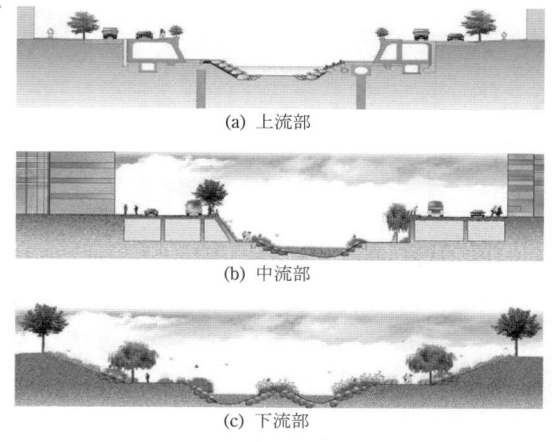

(a) 上流部

(b) 中流部

(c) 下流部

図4.12　再生後の河川断面図

⑤ 下水道

清渓川流域は合流式下水道システムで、汚水排水量は30m³／日である。常時は時間雨量 2mm／hr 程度の流量に相当する排水量があり、この3倍までは下水管路を通じて流下可能であるが、3倍を超過すると河川に排水される。計画では、下水（汚水）を集水する排水ボックスを**図4.13**のように設けて排水することとし、通常時の3倍までの雨水量は河川に混入しないようにしている。

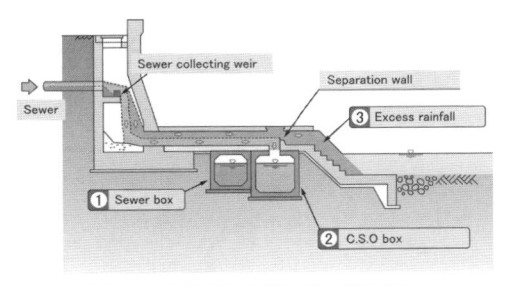

図4.13　合流式下水道の排水計画図

⑥ 環境維持用水

清渓川の自然流量は十分でなく、給水を行って流水を再生する。給水は近傍の地下鉄駅から2万2,000m³／日の地下水をポンプ揚水するとともに、漢江からも9万8,000m³／日をポンプ送水して、水深約40cm、流速24cm／sの流れを再生する。

（3）　中国・北京の転河（高梁河）

発展する中国では、20世紀後半にはほぼあらゆる都市で都市改造が進められてきた。そして、首都北京では、北京オリンピックを前に、都市再生が急ピッチで進められている。

日本では、東京オリンピック前に、日本橋川に高架の高速道路を建設し、川や運河を埋め立てて道路としてきたが、北京では、オリンピックを前に川の再生と河畔の都市再生を進めている（**図4.14**）。

転河（高梁河）は、天安門広場、紫禁城という北京の中心から昆明湖につながる水路の一部（**図4.15**。第2章**図2.20**参照）であるが、一時期は埋め立てられ、その上は道路となっていた。その川を再生し、河畔にはリバー・ウォークと船着場、そしてその外側では都市再生を行っている（**写真 4.78～4.82**）。河川の再生は、人工的な区間もあるが、自然再生的な区間もある。また河川では舟運も行われている（第2章**写真2.75**参照）。

この再開発は、川の再生のみならず、都市再生と連動し、そのスピードが早く、そして規模も大規模である。

このような川（運河）の再生と都市再生は、転河のみならず、北京の水路網において全域的に進められている（**図4.16**、**写真4.83**）。

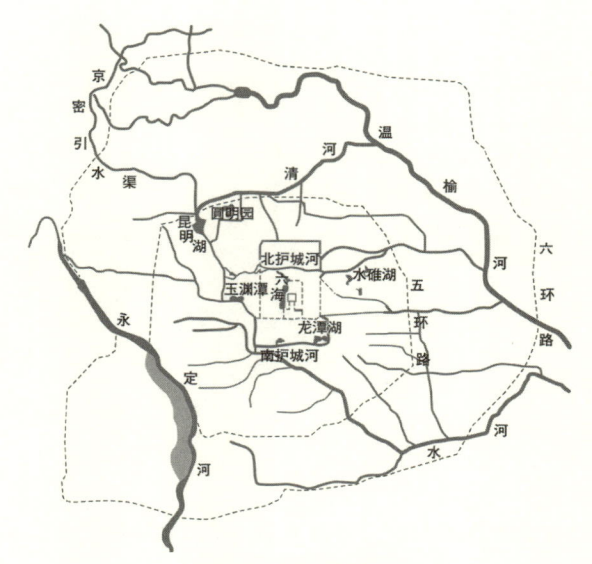

図4.14　北京の水路網

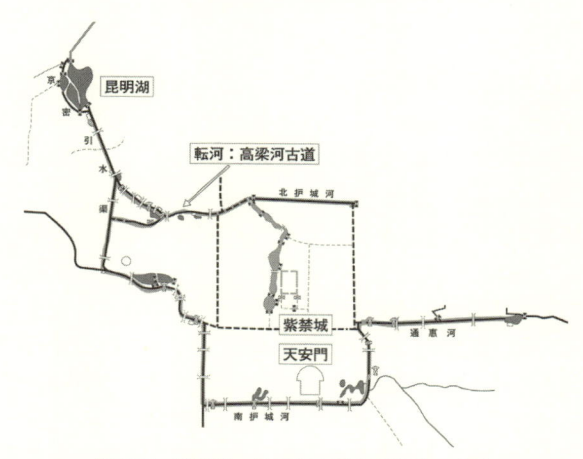

図4.15　紫禁城、天安門広場と転河等の水路

第 4 章　川からの都市再生の事例

写真4.78　再生前後の転河その1：道路撤去、河川再生、河畔再開発
（左：再生前、右：再生後）

写真4.79　再生前後の転河その2：道路撤去、河川再生、河畔再開発
（左：再生前、右：再生後）

写真4.80　再生前後の転河：自然的な河川に再生

新しい橋　　　古い橋

写真4.81　再生前後の転河：旧河川を保全しての水路再生（左：古い水路、右：新しい水路）

写真4.82　転河のリバー・ウォーク（左2枚）と船着場（冬の風景）

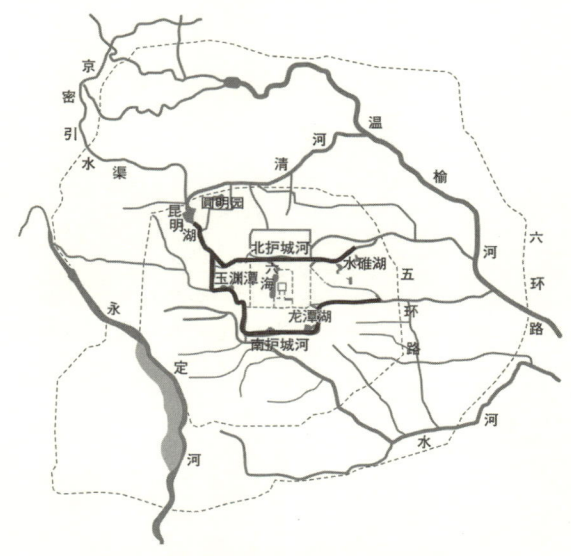

図4.16　転河以外の水路網も再生の予定

写真4.83　転河以外の再生された河川の例

（4） 中国・上海の黄浦江

　中国最大の都市上海では、都市更新が急激にかつ大規模に進められてきた。その上海の中心地の南京路は黄浦江の河畔近くにある。

　上海では、都市化とともに地下水の汲み上げにより地盤沈下が進行した。このため高潮による水害を防ぐための堤防が必要となった。その堤防を、公園と一体として建設するとともに、既に建設してあったまちと川を分断していたコンクリートの堤防部分においても、そこにリバー・ウォークを整備して水辺を市民に開放した。その南京路側から黄浦江を挟んだ対岸は、経済特別区の浦東新区であり、そこには高層ビルとともに上海タワーなどがある。この浦東新区では、10年程度の期間に人口100万人を超える大都市が建設された（**写真4.84～4.87**）。

　黄浦江のリバー・ウォークは、黄浦江と対岸を見物する観光客等が絶えない場所となった。

写真4.84　約10年前（1996年）の上海の黄浦江（上）と対岸の経済特別区（浦東新区。下）の風景

写真4.85　黄浦江のリバー・ウォーク

写真4.86　黄浦江の河畔の風景（南京路〈左・中〉と浦東経済特別区〈右〉）

写真4.87　リバー・ウォークから対岸の浦東経済特別区を眺める人々

(5)　中国・上海の蘇州河

　上海発祥の川である蘇州河の再生については、第2章で述べたように、上海市長のリーダーシップにより進められてきた（**図4.17**）。

　その再生は、汚水のバイパス、下水道の整備と水質浄化による対策を第1ステップとし、それに引き続いて川の生態系を再生するというものである。その対策が急ピッチで進められ、約10年前にはどす黒くあるいは茶色の水が流れていた蘇州河の水質が大幅に改善された（**写真4.88**。第2章**写真2.77、2.78**参照）。

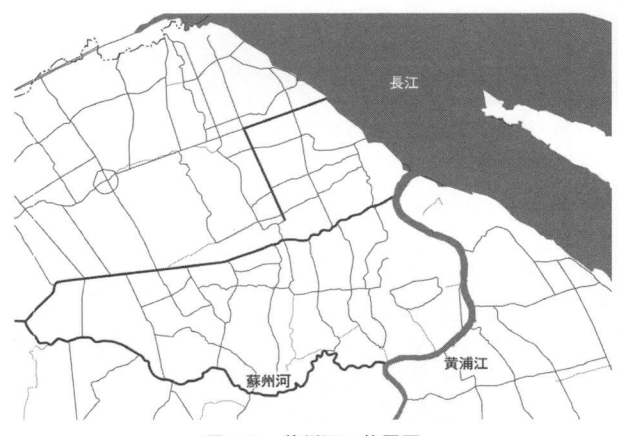

図4.17　蘇州河の位置図

そして、河畔公園とリバー・ウォークの整備、河畔の都市の再開発が大規模に進められてきている(写真 4.89、4.90)。

写真4.88　水質浄化の前後の風景
(左:蘇州河の汚染された水が黄浦江に流入している〈色がはっきり違っている〉、右:水質が改善された後の風景〈両河川の水は同じ色をしている。前方が黄浦江、左から蘇州河が流入〉)

写真4.89　蘇州河と一体となった公園

写真4.90　蘇州河河畔の都市再生(再開発)

この川の再生について詳しく述べると、以下のようである。

蘇州河は、太湖のガジンコウ(Guajingkou)を水源とする全長 125km の河川である。そのうち 53.1km は上海市の 9 つの行政地区を流下し、23.8km は都市部にあり、郊外部分は干潟のネットワークになっている河川である。

蘇州河では水質の改善が最大の課題である。1920 年代以降、経済発展と人口増により、家庭排水や工場廃水等が原因となり、汚臭・濁りの問題が生じてきた。その後、影響範囲が拡大し、1970 年代後半には、他の地域まで拡大するに至った。

蘇州河には 37 の支川があり、主要な支川であるムドゥガン(Mudu Gang)等に

は市が排水ポンプ所を設けている。しかし、このポンプ運転により、雨水とともに汚水も河川に排水され、さらなる水質悪化が進展する状況となった。

このような状況の下で、上海市は、上海の発展に合わせて市の中心部を流れる蘇州河の再生を重要課題として取り上げ、地域と一体となって蘇州河を再生すべく、再生プロジェクトを計画し、実施してきた。

蘇州河再生プロジェクトの概要は、以下のようである。

蘇州河の再生計画では、段階を踏んで実施することを計画しており、2000年までの第1段階、2002年、2010年の各段階に分け、次の目標を設定している。

・2000年までには汚臭と濁りの解消。特に上海市内を流下する本川では、市の発展に合わせて解消が必須である。
・2002年までには、水質を改善し、河口から長寿路橋（Changshou Road Bridge）までの間に緑地帯を建設することを目標として設定。
・2010年までには、生態系も回復させて魚類が生息できるまで水質を改善し、さらに緑地帯を設け、遊歩道を建設することなども目標として設定。

第1段階プロジェクトは、1998年から2002年の間に855km^{2}を対象に実施し、総投資額は約70億元であった。第1段階の事業は、次の3分類の事業により構成されている。

・水質改善
・土地再生
・隣接する河川ネットワークを含めた水質改善

水質改善のための事業は、以下のようである。

蘇州河では、支川流域での汚染源は合計で3,175カ所あり、日量約23万m^{3}の汚水が水門とポンプにより排水される。したがって第1段階プロジェクトにおいては、水門・ポンプの操作を改善し、直接蘇州河に排水される汚水量を制御する。また、流域には36の畜産場があり、そこからの排水についても8カ所を改良し、改善を実施した。

さらに、図4.18に示す曝気用のボートを用い、150m^3/hrの曝気容量で溶存酸素濃度（DO）の改善を進めた。これらの結果、2年間で汚臭や濁りの問題は解決することができた。

第1段階プロジェクトにより、蘇州河の基準を満たす水質への改善が達成

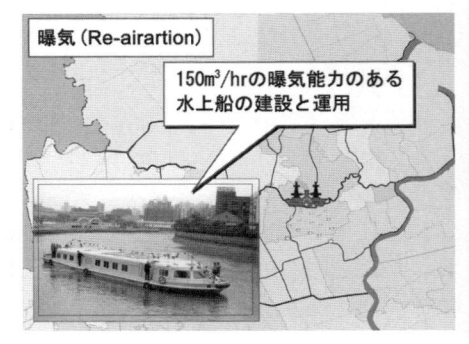

図4.18　曝気船

され、さらに蘇州河沿いに緑地帯 8.6km を建設した。そして蘇州河沿いの建設基盤、レジャー施設の整備などが計画され、水辺の景観の計画も行い、歴史的な文化を維持する予定である。

この再生事業の実施に関して、広報活動の向上を検討している。市民の声を聞き、通信社の協力を得て広報ネットワークを作成した。それには蘇州河の話やコラムなど記載して、公共認知度を高め、市民も参加するという事業を予定している。**写真 4.91、4.92** は、第 1 段階プロジェクト後の蘇州河の親水公園やリバー・ウォークの状況を示すものである。

写真4.91　親水公園

第 2 段階プロジェクトでは、汚水の遮断・生態系の回復・水環境再生の促進・水辺の開発を計画しており、総投資額 40 億元である(実施期間は 2003 年から 2005 年)。

37 の排水機場に関して、雨水と汚水が合流する 5 つの貯水タンクをつくり、合流改善ならびに浸水対策を実施している。蘇州河中下流地域については、汚水の流入を遮断し、汚濁や悪臭を取り除いている。

写真4.92　中流部の散策路

さらに低水流量を増大するために水門をつくり、フレキシブルに操作し、洪水管理および低水時の流量増大を図る。

また、緑地帯の整備も行い、蘇州河を風光明媚な環境にすることを計画している。

さらに第 3 段階プロジェクトも計画しており、これも蘇州河再生プロジェクトとなっている。この中では、蘇州河の改善とともに、支川の水辺再生・開発を計画しており、2006 年から始まった。この事業では、土砂の浚渫・生態に配慮した護岸の整備・支流の再生・緑地帯の整備・低水流量の増大などを行う予定である。

(6) その他

以上の他にも、アジアでは、河畔を緑とリバー・ウォーク等で整備して舟運も盛んである台湾・高雄の愛河(**写真 4.93**)、もともと水辺の都市として知られており、都市化とともに地盤沈下したこともあり、水害の問題もあって堤防が設けられたが、そこにリバー・ウォークを設けて水辺の再生にも取り組んでいるタイ・バンコクのチャオプラヤ川(**写真 4.94**)、河原に公園を設け、河川敷での公園整

備と河畔の再開発を行っている中国・武漢の長江(**写真 4.95**)、運河沿いに緑地を設け、その外側に道路と高層住宅を建設している中国・香港のサチン(第2章**写真** 2.79 参照)などが挙げられる。

写真4.93　台湾・高雄の愛河

写真4.94　タイ・バンコクのチャオプラヤ川

写真4.95　中国・武漢の長江

〈参考文献〉
1) 石川幹子:『都市と緑地』、岩波書店、2001
2) 吉川勝秀編著:『河川堤防学』、山海堂、2007
3) リバーフロント整備センター(吉川勝秀編著):『川からの都市再生』、技報堂出版、2005
4) 吉川勝秀編著:『多自然型川づくりを越えて』、学芸出版社、2007
5) 吉川勝秀:『河川流域環境学』、技報堂出版、2005

6) 吉川勝秀:『人・川・大地と環境』、技報堂出版、2004
7) Peter Whitfield: LONDON a Life in Maps, British Library, 2006
8) David Sharp: The Thames Path, Aurum Press, 2005
9) Edward Gray: Salford Quays-the story of the Manchester Docks, MFP Design and Print, 2000
10) Ted Gray: A Hundred Years of the Manchester Ship Canal, Ashford Colour Press Ltd. 1993
11) Nancy S. Seasholes: Gaining Ground, a History of Landmaking in Boston, The MIT Press, Cambridge Massachusettes, 2003

第5章　自然と共生する流域圏・都市再生の事例

　本章では、自然と共生する流域圏・都市の再生あるいは形成に関わる事例について述べる。

5.1　人口の変化からの考察

　自然と共生する流域圏・都市の再生あるいは形成について考察するにあたり、社会の動向を見るため、その重要な指標として人口の変化から考察する。

　人口の比較的短期の推計は、ほぼ確かな値を示していることが経験的に知られている。日本の人口のこれまでの変化、今後の推計については図5.1のようであり、人口減少の時代となっていることが分かる。一方、世界の人口推計については、中期的には先進国はほぼ一定のままで推移すると予測されるが、中国、インドを含むアジアやアフリカ等では人口は爆発的に増加すると推定される（第2章図2.8、図2.9参照）。これらの国々では、欧米が約100〜150年前に経験し、日本が約30〜50年前に経験したような環境問題を経験すると推定される。

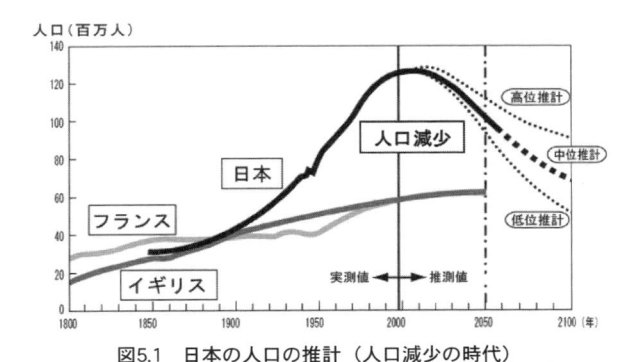

図5.1　日本の人口の推計（人口減少の時代）
（国立社会保障・人口問題研究所「人口動向」、「マクミラン世界歴史統計」、国連「世界人口予測〈1950〜2050〉」より作成）

なお、人口の変化を長期的に予測する場合には、多くの不確定ファクターがある。その推計値については、高めの予測（高位予測）、低めの予測（低位予測）とそれらの中間的な予測（中位予測）がある。国連による長期予測でその範囲を示したものが図5.2である。これにより、長期的な動向とともにその推計の幅を知ることができる。

以下の考察では、これまでと同様に中位の推計を念頭に議論を進めることとしたい。

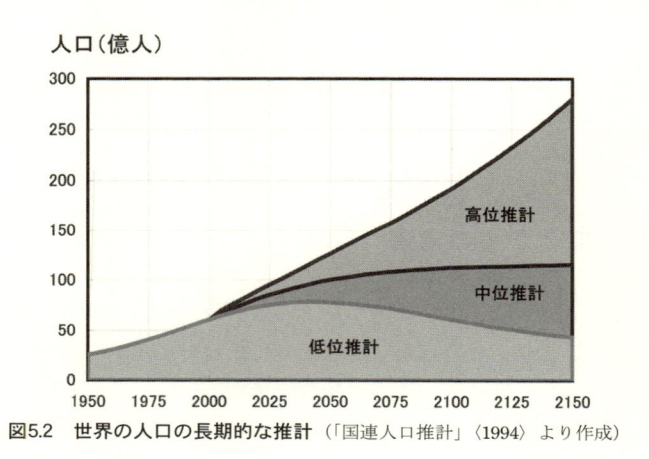

図5.2 世界の人口の長期的な推計（「国連人口推計」〈1994〉より作成）

5.2 先進国における流域圏・都市の再生

ここでは、人口増加がほぼ終焉し、あるいは安定または減少に転じた欧米や日本のいわゆる先進国の流域圏・都市の再生の事例について述べる。

（1） 欧米の流域圏・都市再生の事例
（a） イギリスのマージ川流域での取り組み

イギリスの産業革命の発祥地を流れるマージ川流域において、水系の再生と経済の再興を目指した活動である（図5.3）。川や運河、沿岸域の水辺の水質改善に関わる水・物質循環や生態系、水辺空間を再生し、この流域圏の衰退した経済を再興する活動であり、「マージ川流域キャンペーン」と呼ばれている（写真5.1）。行政、市民・市民団体、企業が参加してその活動が行われている。この活動は、1985年から25年継続する活動であり、約22年前のサッチャー政権の時代に国の政府が支援し始まった。

第5章 自然と共生する流域圏・都市再生の事例   *125*

図5.3 マージ川流域キャンペーンの場所、対象エリア（流域）

写真5.1 マージ川流域の衰退した船着場の風景

　マージ川の水系は、産業革命以降、ヨーロッパで最も汚染された川であると言われ続けてきた。マージ川流域キャンペーンは、水質の改善や生態系の回復などの環境面での改善の成果、そして人々の水辺の価値に対する認識の向上、水辺での観光も含めた経済の再興などの成果から、今日では環境を再生し、経済を再興する活動の成功のシンボルとして知られるようになっている[1]〜[3]。この活動は、既に約20年以上継続している。

　この流域圏・都市再生の活動の対象としては、河川や運河の水質の改善と生態系の復元がある。どこの河川や運河でも魚が棲める水質にまで改善し、生態系を復元させるという環境再生が第1の目標である。その目標は、1985年以降の約15年間の下水道による水質浄化への投資等により顕著に改善された（**図5.4、5.5、写真5.2**）。そして、産業革命以降見られなくなっていたサケも回帰し、どこの水路でも魚が棲むようになった（**写真 5.3、5.4**）。あと一つの目標は、衰退した水辺の土地の再生である。かつて運河の船着場、荷揚げ場としての土地と建物を再開発し、住宅を中心に商業施設、博物館等の集客施設を設け、経済の活力と賑わ

いのある場所とすることである。この面でも、マンチェスターのサルフォードやキーズではその目的を達成し、最も魅力的な土地に再生されてきている（**写真 5.5〜5.8**）。また下流のリバプールでも、かつての港湾の荷役施設等のドックの建物の再開発が行われている（**写真 5.9**）

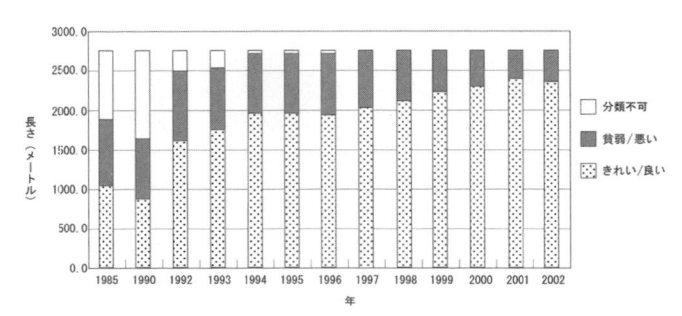

図5.4　マージ川水系の水質の改善状況

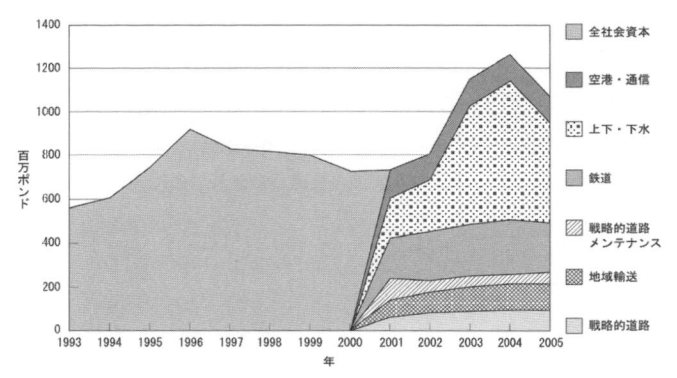

図5.5　近年のインフラへの投資状況

写真5.2　運河での水草、曝気による水質浄化の風景

第5章 自然と共生する流域圏・都市再生の事例　127

写真5.3　回帰したサケ

写真5.4　水質浄化により魚類がよみがえった様子

写真5.5　再生された水辺（レストランや公園。マンチェスター）

写真5.6　再生された水辺（住宅地。マンチェスター）

写真5.7 再生された水辺
(博物館〈左〉とインフォメーション施設〈右〉。マンチェスター)

写真5.8 再生された水辺(博物館。マンチェスター)

写真5.9 再生されたかつてのドックの建物
(各種の商業・観光関連施設、レストラン等と海からの風景。リバプール)

　環境の再生と経済を立て直すというこの活動には、いくつかの特徴がある。まず、再生活動の目標としては、いわゆる固定的な計画は持たないとしていることである。これは、水系の再生という抱える問題があまりにも大きいこともあって、従来の計画は固定的で長期的な活動にはそぐわないことが多く、また、発展的な参加を妨げることが多かったことからの選択であった。

　マージ川流域キャンペーンでは、3つの目的のみを設定しているが、それらは次のようなものである。①水質を改善し、すべての川、運河に魚が棲めるようにする。1985年から2010年の25年間にその目的を達成する。②ビジネスや住宅開

発、ツーリズム、文化遺産、レクリエーション、野生生物などに適した魅力的な水辺環境を形成する。③流域住民が身近な水辺環境の価値をしっかり認識でき、しかもそれを大切にしようとする意識を高める。

　活動の方針はパートナー精神であり、「要求」するのではなく、環境等の改善、再生に「参加」を促すアプローチを取ってきている。これは公的（行政）セクター、民間セクター、ボランタリー・セクターがそれぞれの問題点を指摘し対立するのではなく、それぞれの良さ、強みを発揮し合うアプローチである。

　このため、キャンペーンは、①中立的な立場を取っており、誰にも脅威を与えない、②市民と団体を連携できるフォーラムとして機能する、③機会（チャンス）を開拓できるネットワークを持つ、④パートナーを励まし、事業能力を高めることで具体的な結果を生み出せるようにする、⑤約束したことを実行する、信頼できる運動（キャンペーン）である、⑥ほとんどの市民と団体が支援する、実現の価値のある活動である、⑦キャンペーンがマージ川環境再生運動の成功のシンボルとなっている、という方針で活動している。

　このキャンペーンの活動主体は、参加している多数の市民団体（NGO）、行政、企業であるが、マージ川流域キャンペーン事務局（1985 年設立。キャンペーン全体のマネジメント等を担当）、マージ川流域トラスト（1987 年設立。600 を超える NGO〈年々増加している〉の連携で運営されているネットワーク組織）、マージ川流域ビジネス・ファンデーション（1992 年設立。企業による専門知識、財源支援、産業界との連携を担当）という 3 つの非営利組織（NPO）がその活動を支えている。

　このキャンペーンは、この約 20 年間、年々活動が充実してきており、上述の水質の改善、生態系の復元、そして水辺の土地の再生と経済の活性化といった明確な成果を出しており、その活動が成功のシンボルとなっている。その活動はイギリス内でも、また EU（ヨーロッピアン・ユニオン）内でも、そして世界でも、流域を再生する先進事例となっている。

　流域圏・都市再生は、このような水系の再生を行い、さらには水辺の土地再生などによって経済を再興するという広い視野で取り組むことが重要である。

　この活動をさらに詳しく見ると、以下のようである。

　マージ川流域キャンペーンは、1985 年に始まり、2010 年に終了予定で、25 年間にわたる政府主導のパートナー・プログラムである。このプログラムは、イギリスの中西部にある川を浄化するものである。マージ川流域の主要な都市としては、海岸線沿いにリバプールがあり、内陸部にマンチェスターがある。

　この再生キャンペーンのキーパーソンとなったのが、サッチャー政権下で環境大臣をしていたマイケル・ヘーゼルタインである。マージ川は、ヨーロッパ

で最も汚染された川であり、文明社会に対する不名誉だとしてキャンペーンが始まった。

マージ川流域キャンペーンの構造は、パートナーシップ組織があり、政府と民間が密接に関係している。英国の下水道事業は民営化により民間会社が運営している。また参加する民間企業にはユニリーバ、シェルなどの多国籍企業も多い。公共のセクションは、地域レベルで民間との協働が必要である。

環境だけではなく、経済的な持続可能性も重要である。水環境の改善により、経済が活性化されることが望ましい。河川再生の様々なコミュニティがあるが、マージ川流域キャンペーンには、民間、ボランタリー・セクターが参加して、環境、経済、社会的な持続可能性という3つの目標に向けて活動を実施しており、現在も継続している。

マージ川流域キャンペーンでは、次の3つの目的に向けて、事業に取り組んでいる。

① 水質浄化、水質の向上

水質浄化では、2010年までに魚類が生育する環境づくりを目標とし、現在すべての河川の水質浄化に取り組んでいる。この取り組みは、マージ川北西部の産業革命の発祥地で非常に汚染された部分を、3つの重点項目を設定して浄化している。それは、規制を強化する、下水設備網に対して膨大な投資を行う、また運河やその他の河川など大規模な汚染地域を浄化する、というものである。

ユナイテッド・ユーティリティという民間企業の水道会社は、政府に対して協力し、投資をして地域貢献をしている。2005年から2010年までに、25億ポンドを投資し、100年前につくった工場から出される廃水や下水の処理を行い、浄水化している。例えば、マンチェスターには船が通れるほどの大きな運河があるが、それは、25年前までは死んだ川となっていた。現在では酸素を注入する装置を設置し、人工的に浄化をすることで、運河に魚が戻って来られるようにしている。

水質の状況を、良い・悪い・分類不可に分けて調査しているが、過去20年間の取り組みで改善されており、現在90％が良好状況となっている。水質が良くなり、川や湖でカヌーなどのレクリエーションが楽しめるようになった（**写真5.10**）。

写真5.10　水辺の賑わい

② 水辺地域の再生

水辺地域の再生では、河川区域、近隣区域からなる水辺地域を開発するために住宅建設を行うとともに、野生生物が生息できるような環境づくりを行っている。水質の向上によりウォーターフロント周辺で新たなビジネスが広がっている。水辺区域の再生では、地域の活性化につながる経済性を見つける必要があった。

工業地域では、シティ・センターに重点をおき、公共、民間機関が投資をし、再開発を行った。

③ 地域社会の参画と意識向上

コミュニティの形成では、多くの人が参画できるようなシステムづくりを行っている（図5.6）。パートナーシップの組織は、600万人の人口をカバーしており、行政、企業、市民の3つのセクターが関わっている。

マージ川流域キャンペーンには評議会があり、首相が議長となっている。その他にも多くの諮問グループがある。キャンペーンは、公共、民間、ボランティア機関で成り立っているが、ボランタリー・セクターの動員を行い、オフィスセンター、住宅、博物館などを建設し、多くの人々を活動に引き込もうとしている。

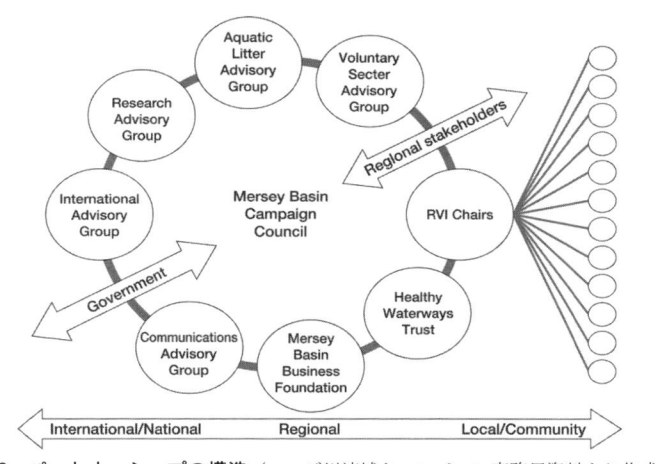

図5.6　パートナーシップの構造（マージ川流域キャンペーン事務局資料より作成）

内陸のマンチェスター市では、水辺のルネッサンスが出現している。1980年代には、建物は廃墟化し、ドックに水はなかった。現在は、ビル、レストラン、オフィス、住宅が建設され、ヨット・マリーナもあり、週末は人で賑わうようになった。

河口部のリバプール・ドックは、産業革命時代を象徴する場所としてユネスコの世界遺産に登録された。2008年、リバプールは、欧州文化都市に指定され、1年を通して多くのイベントが行われることになった。

マージ川流域は非常に広いが、農村地帯の環境改善にも取り組んでいる。リバプール空港の跡地について、英国、欧州で多くのパートナーを募り、これを再生し、自然保護区域にしようとしている。また、地元のボランティアの参画があり、掃除をするグループ、遊歩道をつくるグループなど、ボランティアの活動によりプログラムが前進してきている（**写真5.11**）。地域社会レベルで人々の参画を促している。主要な利害関係者や地方自治体、民間企業には、特別なイベントを催してもらい、参画を得るようにしている。そして、メディアなどの広報活動・Webサイト・出版物で情報発信を行っている。

写真5.11　ボランティアの活動

マージ川の支流であるオーウェル川では、MWH社（Montgomery Watson Harza）の支援を得て、地方自治体、民間企業、ボランティアグループ代表などの多くの人達が集まり、流域改善に取り組んでいる。2005年10月には、マージ川流域週間を催している。また、ユニリーバ社がスポンサーとなって毎年行っているトンボ賞では、マージ川流域キャンペーンに貢献した機関に対して授賞式を開催し、ボランティア団体を新聞で取り上げてもらうようにしている。目的を達成するためには、民間企業の協力も非常に重要であり、ビジネス環境アチーブメント賞を設けて、環境活動に関して民間企業に賞を与えている。現在、年に1回マージ川流域キャンペーンの会議を主催している。

マージ川流域キャンペーンは、1999年に第1回目のワールド・リバー・プライズを受賞している。キャンペーンが成功している証でもある。しかし、今後再生が必要な箇所も多く残っており、将来に向けて課題は多い（**図5.7**）。

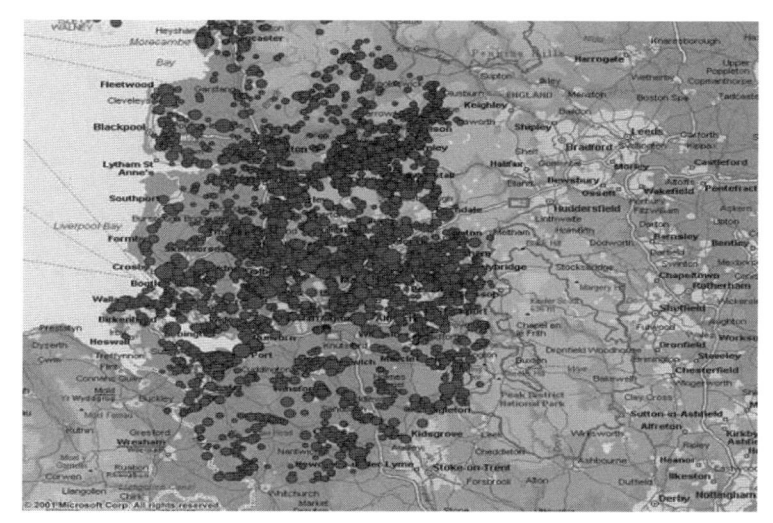

第 5 章　自然と共生する流域圏・都市再生の事例　　133

図5.7　再生が必要な水辺の場所

　また、環境規制も厳しくなってきている。さらに農地からの汚染問題が大きな比重を占めるようになっているため、農村での自然再生への取り組みを強化していく必要がある。

　運河、河川は負債ではなく、資産であることを人々に伝えていくことが重要である。将来へ残すために、川や運河での廃棄物対策などの社会的問題に取り組まなければならない。不法投棄を止めさせるためのプログラムが必要である。

　このキャンペーンを通じて過去 20 年間に学んだことは、パートナーシップがあって初めてマージ川流域キャンペーンが成功できたということと、ビジョンを持つこと、また、どれだけの人々に参加してもらうかということが非常に重要な要素であるということである。3 つの明確な目的を決定し、それに基づいて 20 年間活動を継続した。それがなかったら、成果は出せなかったという。そして、財源も必要である。リーダーシップに関しては、政府から会長が任命されている。5年間の任期で指導的役割を果たしている。そういったリーダーシップがなければ、20 年間、このキャンペーンを続けることはできなかったといわれている。

(b) アメリカのチェサピーク湾とその流域での再生活動

　アメリカのチェサピーク湾とその流域での再生活動は、天然種のカキの保全と再生をシンボルとして、水質の改善等の水・物質循環の改善、生態系の保全と復元を目指した連邦、流域内の各州、地方公共団体や市民・市民団体等による再生

活動である（**図 5.8、5.9**）。この活動は、政治の中心地であるワシントン DC を流域内に含んでおり、政治的にも注目が集まることもあって、アメリカでの代表的な環境再生活動となっている。

　この再生活動では、流域内での汚濁排出に関わる水・物質循環の面での対策を中心としつつ、生態系に関わるもの等、約 300 の具体的な達成目標を設定している。特徴的なこととして、流域圏（ウォーターシェド）からの流水を介した汚濁排出の抑制に加えて、大気から降り注ぐ窒素という面から大気の圏域（エアシェド）を設定して、対策を検討していることが挙げられる。

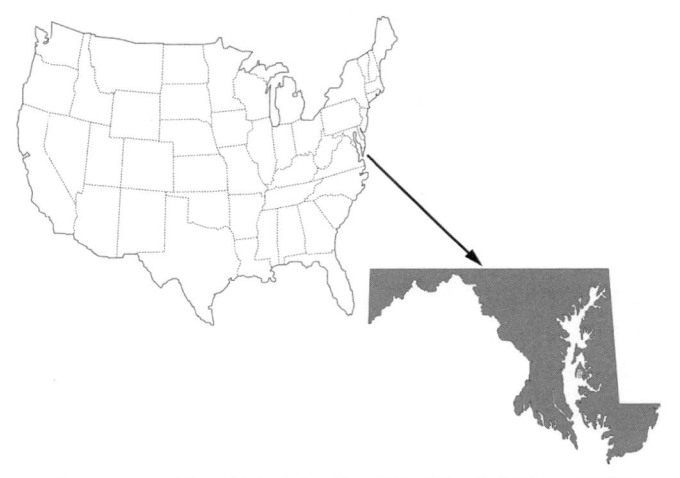

図5.8　チェサピーク湾とメリーランド州（湾の北東部）の位置図

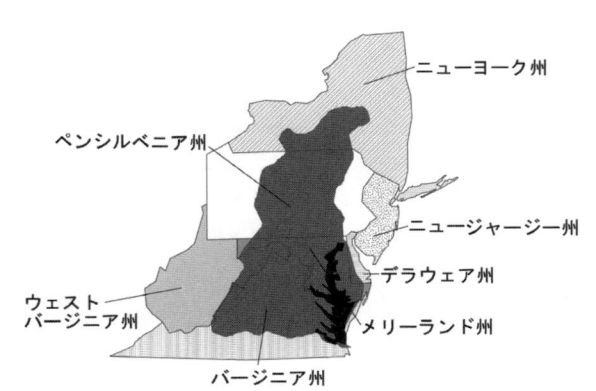

図5.9　チェサピーク湾と関係州

チェサピーク湾は世界で2番目に大きな湾で、長さは約306km、幅は6〜48km、沿岸延長約18万800kmである。比較的水深は浅く、中心部の平均水深は約9mである。流域は約16万5,760km²あり、そこに1,500万人が居住している。6つの州とコロンビア特別区にまたがっている。

この湾には、3,600種の生物が生息しており、また、観光業・漁業もこの湾に依存している（写真5.12）。

写真5.12　湾内でのレクリエーションの様子

経済的な価値として、メリーランド州、バージニア州に対する湾の価値は1.2兆ドルという巨額の数字が試算されており、湾がもたらす年間の経済的な便益は600億ドルと見積もられている。

チェサピーク湾とは、貝がたくさん採れる湾という意味であるが、過去100年間で湾の状態は非常に悪化してきた。

不透水性の地表面からの栄養塩の過剰な流入、農業排水、下水処理場からの排水などで水質は悪化し、今もなお危機にさらされている。湾の在来種のカキも病気によって大打撃を受けている。また、酸素を生み出し、浸食を防止する水生植物も減少している。これは到達する日光の減少と窒素量の増加によるものである。

この流域は、チェサピーク湾行政評議会によって管理が行われている。この評議会は、1983年のチェサピーク湾合意によって設立された。メンバーは、メリーランド、ペンシルベニア、バージニア州の各知事、連邦政府の環境保護庁の長官、コロンビア特別区の市長などである。

この評議会は、2010年までに湾の再生を果たすことを目指し、100以上の自主的な取り組みをリストアップしている。しかしながら、これらの取り組みや過去30年間の州と連邦政府による約10億ドルもの投資にもかかわらず、湾の健全性は悪化の一途をたどっている。

チェサピーク湾の再生の活動の例として、メリーランド州は、いくつかのプログラムを導入し、チェサピーク湾およびその支流の保全に取り組んできている（図5.10）。取り組み事項は、以下のとおりである。

- 洗剤のリン酸の使用禁止
- 湿地の保護
- 森林保全措置の導入
- 地表水管理プログラム
- 土地利用プログラム

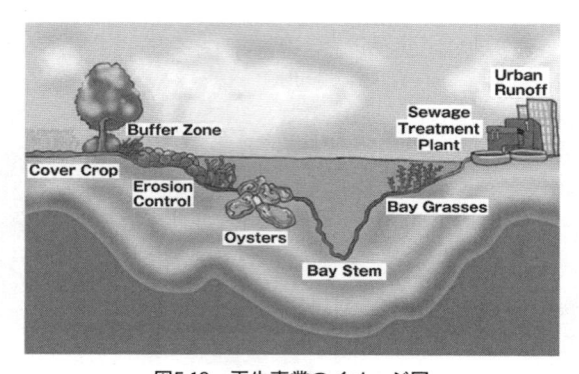

図5.10 再生事業のイメージ図
(都市排水の処理施設、バッファー・ゾーンの整備、海底浸食の防止、藻場の再生など)

プロジェクトを実施し、湾を再生するための事業費は300億ドルと試算されている。

メリーランド州は、アメリカの中でも支流戦略を確立した最初の州である。ここでいう支流とは、チェサピーク湾が河川の河口部(エスチュアリー)であり、そこに流れ込む河川のことである。支流戦略とは、湾に流入する汚染物質を減らすために、その支流への汚染物質流入を減らそうというものである。州内でチェサピーク湾に流入する支流は10あり、それぞれの支流についてチームをつくり、産業界・農家・民間部門・環境団体・州政府・連邦政府の代表が加わって検討を行っている。それに基づいてメリーランド州の栄養塩、土砂の削減に関わる支流戦略ができた。

また、水生植物は、波のエネルギーによる浸食を抑え、各種の水生生物の生息場所を提供し、酸素も提供している重要な資源である。カキは、水をろ過する能力が非常に高い。

これらを踏まえ、メリーランド州はチェサピーク湾再生への取り組みを、大きく3つに設定している。
・下水処理場からの汚水負荷削減、栄養塩除去強化
・被覆植物の再生
・カキの再生

その内容は以下のようなものである。

① 下水処理場からの排水負荷削減、栄養塩除去強化

2004年にチェサピーク湾再生ファンド法を制定し、メリーランド州の下水処理場の改善、各家庭での浄化槽の設置、水生生物と水辺の森林(被覆植物)の増殖に関する資金源を確保した。仕組みとしては、下水処理場のサービス範囲にある家庭と産業施設に関して、住宅換算で住宅1軒当たり、毎月2ドル50セントの

費用を徴収する。総額で 6,500 万ドルの資金が集められることになる。そして、その資金によって 66 の下水処理場に栄養塩除去強化の技術が導入されることになる（**写真 5.13**）。

また、各家庭には浄化槽が設置され、年間 30 ドルの費用が徴収される。これによって 1,260 万ドルの収入が見込まれている。このうちの 60％は窒素除去の最新の技術装置導入に利用する。メリーランド州では

写真5.13 下水処理施設

42 万戸に浄化槽が設置されており、最も重要な地域と湾の支流から 1,000 フィート（約 305m）以内にある家庭に集中的に資金が投入されている。

② 被覆植物の再生

水生植物と水辺の森林は、栄養塩や土砂の流入防止に非常に大きな役割を果たしているため、連邦政府の保全回復プログラムをもとに増やしている。このことにより、河川沿いの森林、湿地の整備を進めており、1996 年から 2004 年まで延長約 1,770km の川岸に植林をした。結果として、窒素は約 340 万 kg、リンは約 11.8 万 kg が削減できると推定している。これは削減約束量の 3 分の 1 以上に当たるものである。

これらの取り組みにより少しずつ改善されているが、水生植物は、1950 年以前に比べると、約 3 分の 1 でしかない。

③ カキの再生

湾のカキはろ過を行う能力が非常に優れており、1985 年以前は、湾の水量に匹敵する水量を 3 日間でろ過をしていた。しかし現在は、同じ量の水をろ過するのに 3 年以上かかるようになった。これは、天然種のカキがダーモ（Dermo）や MSX という原生動物由来の病気によって大幅に減少し、湾の水質を維持することができなくなったためである（**写真 5.14**）。このため、カキを再生するための活動を行っている。

まずは天然のカキの増殖が重要である。病気への抵抗性が高いアジアン・オイスターと呼ばれる種を導入しようという動きもある。メリーランド州では、独立したカキの諮問委員会をつくった。これは公正な立場の研究者や科学者によって構成されてお

写真5.14 天然のカキ（オイスター）

り、再生事業に関して可能な限り最良な代替策をとることができている。

このように、下水処理場からの排水負荷削減・栄養塩除去を強化する、被覆植物を再生させる、カキを再生させる、という3つの目標に力を入れている。

また、約200haの実証センターをつくった。ここでは、水質や生息環境などをミニチュア版で再現している。周辺の環境などもすべて似せてつくっており、チェサピーク湾で行おうとしている措置によって状況がどのように変化するかを実証している。

湾は急速に悪化しているため、短期間で結果が出るようにしていくことが重要である。そのためメリーランド州では、3つの目標を一般の人々や、メディア、議員、環境グループなどにも広く示していくことに努めている。

この湾はアメリカ全土、世界のための湾であると考え、経済的、文化的、生態学的な価値を守っていくために、今後も様々な再生活動を行う必要がある（**写真5.15**）。それには、革新的なアイデアと数十億ドルという予算が必要であり、環境に関する人々の意識向上が重要である。

写真5.15　モデル的な10の修復プロジェクトをこの地域で実施

(c) その他の事例

この他に、アメリカではボストンでの河川再生とボストン湾の再生、さらにはボストン湾に流入する河川流域における緑地の確保・整備、カリフォルニア州のサンフランシスコ湾とその流域の再生がある。

また、ヨーロッパでは、ライン川流域での取り組みなどがある。

① 都市ボストンとその流域

ボストンでは、19世紀末より、マディ川やチャールズ川河畔での通路や緑地の整備、さらにはボストン湾流入流域の水源地域での緑地の確保が進められてきた。19世紀末頃の川や河畔の再生では、第2章と第4章で述べたバックベイ地区等の

チャールズ川(当時は、この地区のチャールズ川は工場等からの排水で汚染され、ゴミ捨て場ともなっていた)の河岸での河畔通路や公園などの整備、同様に、当時は工場排水等で汚染されていたマディ川の再生とその河畔での公園整備が行われた。今日では、チャールズ川の河畔にはリバー・ウォークが広域にわたり整備されている。そして、チャールズ川流域を含む広域の水源地での緑地の確保が計画され、進められてきた。これは、石川のいうパークシステムと呼ばれる都市整備、流域圏整備であるといえる[4]。

ボストンでは、その後も水質汚染が著しいボストン湾(ここはチャールズ川の河口部分でいわゆるエスチュアリーであるが、湾と呼ばれている)の水質再生、浄化に関わる大規模な事業が実施された。この湾の水質改善については、連邦の清水法(Clean Water Act)に違反しているとして裁判でその改善が求められた。そして実施された事業は、1990年代には全米最大の事業とも言われたものである。

その時代には、ボストン湾の水質悪化の最大の原因は、かつての工場や事業所からの汚水ではなく、ボストンの流域圏内の家庭から排水される汚濁排水となっていた。世界の歴史的な大都市では、ほぼ共通して、洪水時には汚水と雨水を同じ水路で流す合流式下水道が整備されてきたが、ボストンでもその方式の下水道を採用していた。この湾の水質を浄化するには、その下水道を通じて排出される普段の日々の汚水を高度に処理することに加えて、雨天時に未処理で下水道を越水して排水される汚水の処理が必要となった。このため、雨天時の越流水を含めて湾内の島に導き、そこで高度の汚水処理をし、その水をボストン湾外のマサチューセッツ湾に排水することとした(**写真 5.16**)。この事業費を回収するには下水道料金を大幅に引き上げることとなったが、市民等はそれを受け入れた。

また、1980年代以降は、ボストン湾岸の旧来の港の施設の再生が進められ、都心部近くでのホテルやオフィスビル、水族館等に、そして全域的には住宅として再開発が進められた。それとともに、湾の水辺を市民に開放するための水辺の散策路(ハーバー・ウォーク)の整備がなされた(第2章**写真2.30、2.31、図2.15** 参照)。

写真5.16　ボストン湾浄化のための下水の高度処理施設の整備風景（1992年冬）

140

写真5.17 ウォーターフロントの再開発が進められたボストン湾岸の風景（1992年冬）

　そして、この事業と並行してボストンのウォーターフロントと都心部を分断する形で設けられていた高架の高速道路（セントラル・アーテリィ）が、交通渋滞の解消と、この都市と水辺との分断を解消することを目標に撤去された（第2章**写真2.32**、第4章**写真4.24**参照）。詳細については第7章で述べるが、この高架の高速道路の撤去・地下化により、ボストンのまちを覆っていたものが撤去されて空が開け、水辺と都心部とを分断していた障害物がなくなって水辺と都市とが一体化した。この"巨大な埋設事業"（通称 Big Dig）は、流域圏から排水される汚水を処理することによるボストン湾の水質浄化、ウォーターフロントの土地利用の再生、ハーバー・ウォーク整備による水辺空間の開放に引き続く都心部と水辺の開放をさらに高める事業であった。

　ボストンは、チャールズ川とその支流の湿地を埋め立てて造成された都市であるが、このように長い時代をかけて、そして近年まで、流域圏の水と緑の保全、流域圏での取り組みによる河川や湾の水質浄化、水辺の再生を進めてきた都市であるといえる。

　② サンフランシスコ湾とその流域

　サンフランシスコ湾とその流域の再生では、カリフォルニア州が中心となり、連邦政府とも協力しつつ湾岸の湿地の保全・再生と流域の治水安全度の向上を含む水循環の再生を目指して、市民等の参画、監視等の下で、取り組みが進められている（**図5.11**、**写真5.18**、**5.19**）。

　この再生活動の主要な目標には、水の安定確保、水質の確保、エコシステムの生産性の回復、治水面からのデルタ内の堤防整備・改善が挙げられている。生態系の健全性と有益な水利用・管理との両立を目指している。この目的を達成するには、湾域のみならず、流域圏での取り組みが不可欠である。

　そのため、2030年を展望し、いくつかの段階で計画を実施することとしている。連邦政府とカリフォルニア州との連携、そして市民参加、市民監視での事業実施を志向している。

この活動は、治水面も活動の目標に加えており、後述の鶴見川流域や印旛沼とその流域での取り組みとも類似した目標設定をしているといえる。

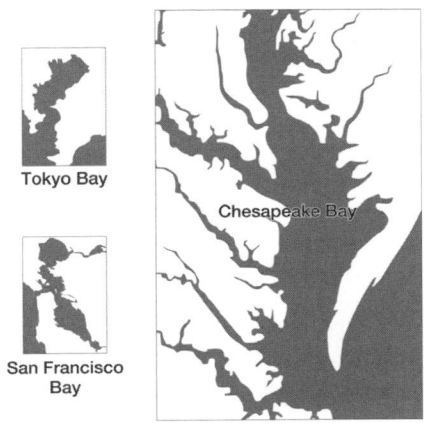

図5.11　サンフランシスコ湾（東京湾、チェサピーク湾との比較）

写真5.18　サンフランシスコ湾岸の風景　その1

写真5.19　サンフランシスコ湾岸の風景　その2

③　ヨーロッパのライン川

　ライン川は、その流域面積が約 22 万 km² で日本の国土面積の約半分、川の延

長は約 1,320 km で、日本の大河川である利根川の延長の約 4 倍の大河川である。流域内の人口は約 5,000 万人で、スイス、リヒテンシュタイン、オーストリア、フランス、ドイツ、ベルギー、オランダを貫流している（図 5.12）。ライン川に沿ってヨーロッパの主要都市、工業地帯が立地し、西欧で最も活力に満ちたベルト地帯（"ブルーバナナ"地帯）が形成されている [5]。

ライン川流域では、これらの国々（ドイツは連邦とその連邦を構成する「国としての州」）と EU により、20 世紀後半に始まった新しい国際的な連携の活動が行われている。国際的な流域連携の先進的な事例といえるが、政府間の連携に加えて、市民団体が連携した活動なども行われるようになってきている。そして、近年開通したライン川とドナウ川を結ぶ「ライン・マイン・ドナウ運河」により、西欧と東欧を貫く交流と連携も始まりつつある（図 5.13）。

ライン川流域のスケールを日本の大河川流域のスケールに縮尺すると、国家間の連携は、サイズ的には自治体間の連携のサイズであるともみなせよう。

ライン川流域は、産業革命以降の工業化・都市化の時代に、極めて川の環境が悪化した。1960〜70 年代には、各種の汚染により大規模な「下水溜め」と呼ばれ

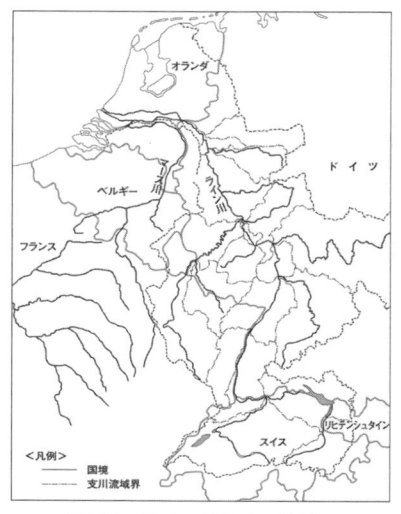

図5.12　ライン川とその流域

図5.13　ライン・マイン・ドナウ運河

た時代があった。

　ライン川では、以前より舟運の面での国際協調はあった。近年の国際的に連携した活動は、環境問題を発端として比較的最近始められ、その後、生態系、洪水問題へと広がってきたものである。今後さらに、ライン川とドナウ川を結ぶ「ライン・マイン・ドナウ運河」の開通や国際情勢の変化もあり、川・運河を軸とした西欧と東欧の交流連携にもつながっていく可能性がある。

・ライン川流域の歴史的な経過

　ライン川流域は、ローマの時代には川を伝って侵略を受け、ローマの出先となった。例えばドイツのケルンは、植民地（コロニー）が地名となったものであり、川沿いにローマに関係した都市も多い。その頃（約2,000年前）の西欧の状況は、カエサルの『ガリア戦記』に詳しく、ライン川流域は森林に覆われた未開の地とされていた。今は開発し尽くされ、残されたシュバルトバルトの森が大切にされている。その森は、相対的に乾燥した気候下の森であり、我が国の森林に比べると貧弱に見える。

　その後、交通輸送の主軸として、川の舟運の時代があった。北海上でのバイキングの略奪を避けることもあって、内陸に運河が広範囲に掘られ、川にも舟運のための堰や船通し水門（ロック）が設けられた。群雄割拠の領主が、通行する船から料金徴収する時代が長く続いた。

　ライン川の上流のストラスブルグ（フランスではストラスブール）周辺の氾濫原は、19世紀には川が乱流し、伝染病があり、生産性が低い地域であった。このため、治水と排水の工事が行われ、湿地が開発され、蛇行する水路の直線化が進んだ（図5.14）。第一次世界大戦でドイツが敗戦し、ベルサイユ条約で、この地域はフランスに支配されることとなった。フランスはライン川のすぐ横に舟運のための水路を新設したため、この地域のライン川には2つの水路が並行して走っている。これらの結果、洪水の下流への伝播が速まり、下流の洪水被害が激しくなった。

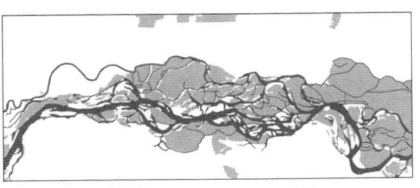

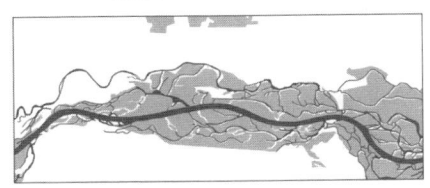

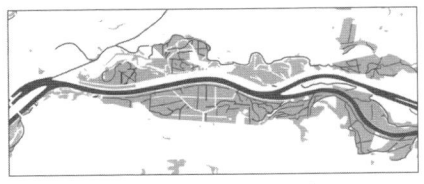

図5.14　ライン川中流での河川整備（直線化）、運河化[2]

・川の管理

　西欧では、州や国をつなぐ舟運についてのみ、伝統的に川の管理が国や連邦で行われている。例えば、ドイツでは川や運河の舟運管理のために連邦職員が1万7,000人働いている（1996年時点）。そして、比較的早い時期に、通行ルールについての国際協調が行われ、共通化された。川の舟運が国際連携の第一歩であったといえる。

　河口のオランダのロッテルダムから上流のスイスのバーゼルまで、ライン川は各国を貫く内陸航路として利用され、年間150万トン（オランダとドイツの間では年間1億5,000万トン）の物資が輸送されている。

　アジア・モンスーン地域の国々とは違い、欧米では治水の問題は洪水の危険がある場所に進出した個人の問題であるとされており、ライン川でも同様に治水は個人の問題であるというのが原則である。国土を堤防で守っているオランダやオットー大帝以降の伝統で州の管理下にあるドイツの一部下流域を除き、治水は国（ドイツでは州）や連邦の管理下にはない。欧米では、舟運を除く川の管理は州などの自治体が行い、国によっては民有河川も珍しくない。

　第二次世界大戦後の工業化・都市化等の進展で、ライン川の水質が極度に悪化した。この問題は、従来の行政で対応してきた問題ではなく、また、一国内のみでは対応しきれない性質のものであり、新しい問題であった。この問題への対応の必要から、国際間の協議と連携が始まり、水質から生態系、そして、洪水対策へと連携の対象が広がってきた。

・国際連携の主な経過とその内容

　ライン川流域には約5,000万人が住み、下流域を中心に約2,000万人に水が供給されている。そのライン川が戦後汚染され、前述のように1960～1970年代にかけて最悪となり、「ヨーロッパの下水路」と評されるようになった。このため、1963年に水質保全に関する国際委員会が流域関係諸国間の協定で組織された。これがライン川汚染防止国際委員会（ICPR）であり、オランダ、ドイツ、フランス、ベルギー、ルクセンブルクが参加し、1976年にはEC（ヨーロッパ共同体）が参加した。国際河川では、国際連携に各国の制度・仕組みも関係し、調整が複雑なものになることが多い。ドイツは、「州が国」である連邦国家であり、水管理は州が行い（舟運管理は連邦に委任されており、除く）、州の直轄か、川の規模や重要度に応じて自治体（郡・特別市、市町村）に管理が移管されている。このため、ドイツからは関係州も参加して協議が行われる。

　委員会の活動は、水質保全・管理から始まり、その後、生態系の保全が加わり、1993年および95年冬の大洪水を経て洪水対策（水循環の改善）も加わって、総

合的な水管理・流域管理に広がってきた。

連携した活動の主要な経過は、以下のようなものである[1), 5)]。

- 1963〜85年 ：塩化物質および化学物質を対象とした水質保全（下水道整備、排水規制）
- 1976年 ：塩化物防止条約（鉱山廃水処理、鉱山閉山）
: 化学汚染防止条約（批准までに6年間の議論、83の化学物質が対象）
- 1982年 ：ドイツとフランスで氾濫湿地をつくること（湿地の再生）に合意
- 1986年 ：スイスのサンドス化学工場の火災による危険物の流出
- 1987年 ：「ライン行動計画（RAP）」（生態系保全計画。サケの回帰、飲料水源保全、河道内堆積物の有害物質低減、北海行動計画の要求レベルまで河川汚染を低減）の採択
- 1987〜95年 ：ライン行動計画に基づく水質保全（魚道設置、排水規制強化）
- 1991年 ：「ライン生態系マスタープラン」（魚道、産卵場所の復活、「生態系洪水」計画、45項目の水質改善）を作成
- 1993年 ：1926年洪水以来の大洪水
- 1995年 ：1993年を上回る大洪水
- 1995年11月 ：関係国の環境閣僚会議が「将来に向けての洪水防御に対するガイドライン」を採択・発令
- 1996年 ：洪水対策を含めた行動計画の採択

すなわち、ライン川の再生は、水質の再生から生態系の再生へ、さらには生態系とも関わる洪水問題を中心に流域圏での水循環（水文サイクル）の再生、健全化へ向かってきている。

1993年と95年冬に、ライン川は大洪水に見舞われた。オランダでは、1995年の洪水では25万人、家畜数十万〜百万頭が避難した（図5.15）。この洪水後、オランダ政府は主要堤防の補強を行った（図5.16）。

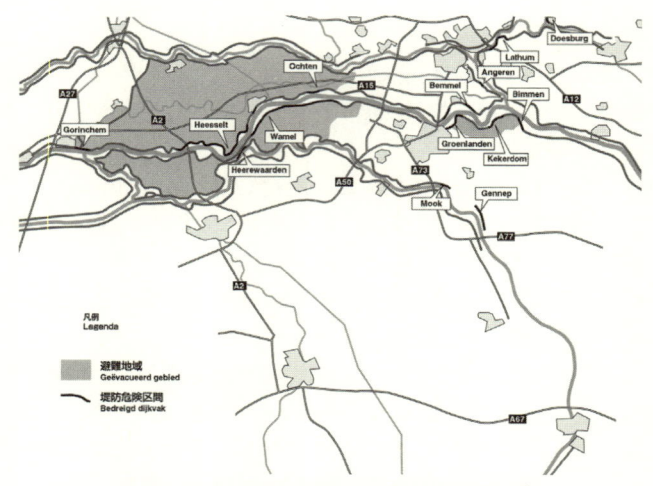

図5.15 オランダの1995年洪水での避難地域[1]

地 域	主要堤防の全長 (km)	未施工区間長 (km)	工費 (百万ギルダー)
①デルタ地域			
海　岸	700	20	134
河川流域	600	129	648
②河川上流	900	538	1606
③アイセル湖	300	109	413
合　計	2500	796	2801

* primaire waterkeringen die direkt buitenwater keren (als in zwart/rood aangegeven op de kaart)
** betreft kosten van Rijk, Provincies en Waterschappen
*** inclusief Europoortkering en stormvloedkering Nieuwe Waterweg
Kaartvervaardiging: MD-Afdeling TM K, ©1994

図5.16 オランダの主要堤防の補強[1]

ライン川の流れる関係国の協議会では、この洪水を経験したことにより、従来の川の水質や環境面での連携、計画に加え、治水面での連携も始まった。

スイス、ドイツ、オランダ、フランスではライン川「2010年プラン」を実施中である。その概要は以下のようである。

(原則)
  －水の問題を生態系復元と地域プランと連携させる。
  －可能な限り水をためる。
  －川に部屋（room）を与える。
  －洪水の危険を認識する。
  －総合的なアプローチをとる。

(主要なターゲット)
  －洪水リスクを減じる。
  －洪水水位を下げる。
  －洪水浸水への意識を高める。
  －洪水予報システムを発展させる。

ドイツ（連邦と関係州）とフランスでは、上流のストラスブルグ周辺で遊水地群を設けること（湿地を再生すること）により洪水の到達を緩和する対策を実施している。

19世紀からの水路の直線化やベルサイユ協定による権利でのフランスによるバイパス水路（運河）建設で洪水到達時間が短縮し、中・下流の洪水が激化したことを償う、「自然の遊水機能の復元」を目指した事業である（**図5.17**）。これは、ライン川中流域のストラスブルグ周辺の川が直線化、運河化された地域で、フランス、ドイツ連邦、そして地元州による洪水流が氾濫して遊ぶ場所（遊水地）を整備することによって洪水流の復元、湿地の再生を図るための事業であり、その整備が大規模に進められてきている。

また、洪水への対応とともに生態系の復元への取り組みが下流のオランダでも行われている。ライン川下流部では、舟運のための水路の固定とともに、河川内での農業利用のために高さの低い夏堤防が川の中に設けられている（**写真5.20**）。このように人工河川化した区間では、川に部屋（room）を与えるということで、夏堤防の撤去や湿地の復元が行われている（**写真5.21**）。

氾濫原面積の推移

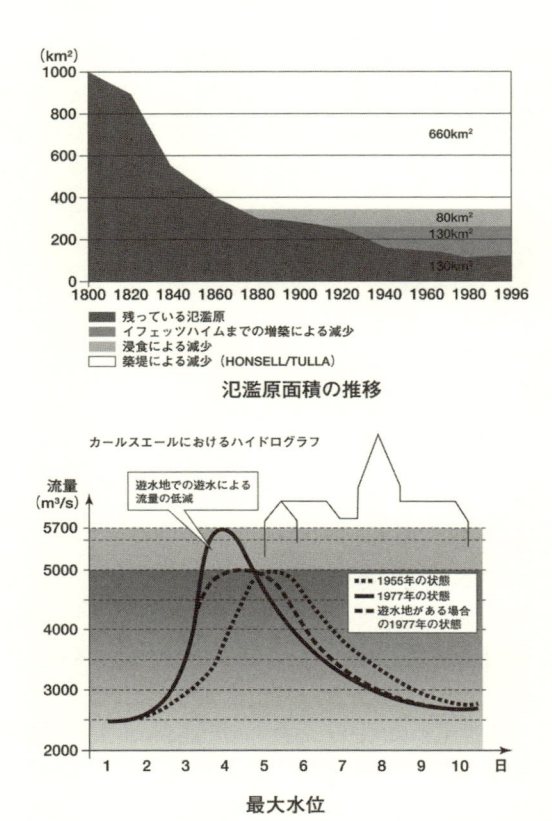

図5.17 河川の整備（直線化等）、運河化による洪水伝播の変化[2]

写真5.20 ライン川下流部の舟運、農業利用のために人工化した河川

写真5.21 河川に洪水や普段の水のための部屋（room）を与える
（上：現状と高水敷地に水路を設けて再生する計画の代替案、下：再生後のイメージ）

④　ライン川からドナウ川までの交流連携（西欧と東欧の交流連携）

約100年の曲折を経て、ライン川とドナウ川を結ぶ「ライン・マイン・ドナウ運河」が開通した[6]。これにより西欧の動脈であるライン川と東欧のドナウ川の舟運が可能となり、東欧の情勢が安定すると、東西の交流が進むと予想されている。

以上のように、ライン川流域での活動は、最近始まった国際河川での連携の先進的な事例であると思う。今後さらに、水系を越えてドナウ川流域まで、西欧と東欧の連携にまで進む可能性もある。

ライン川のようにスケールの大きな川では、市民レベルでの行動に先立って、行政（ライン川の場合は各国の環境大臣の会議）による国際連携のリードが不可欠のように思われる。

（2）　日本の流域圏・都市再生の事例

日本国内でこの課題に取り組んでいるものとして、以下のようなものがある。かつては、総合治水対策のように急激な実践が行われたものもあるが[7〜9]、近年は、全般的に見ると、実践面において課題があるといえる。

(a)　鶴見川流域：総合治水から水マスタープランへ

20世紀後半に急激に都市化が進み、都市河川となった鶴見川流域（神奈川県、東京都を流れる都市河川。流域面積は約235km^2）の事例である（図5.18）。

この鶴見川流域は、急激な都市化の下で深刻な洪水問題が発生し、それに対応するためには従来の河川整備のみでは対応できず、流域内での対策を含む総合治水対策が実施された。その対策としては、流域の持つ自然の保水機能を保全する

ため、流域内の水源や斜面等の森林、畑地を保全し、また洪水が遊水する機能を有する水田を保全するとともに、雨水の貯留・浸透施設の整備を積極的に進めることとした。この対策は、流域の保水地区、遊水地区、低地地区という流域のランドスケープに基づいており、生態系の保全とも相通じるものであった。

1980年代に計画され、当面の10年間を想定した緊急的なこの対策は、河川等の治水施設整備への重点的な投資がなされたこともあって、一定期間内に目に見える効果を発揮したといえる。

その後、鶴見川流域では、流域圏・都市再生のシナリオを水マスタープランとして計画を策定している。そこでは、

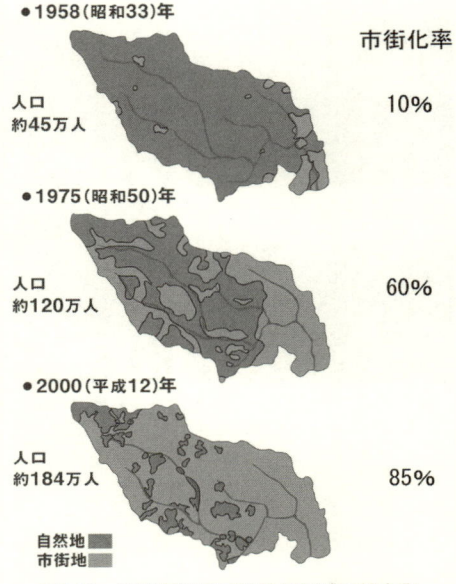

図5.18 20世紀後半の鶴見川流域の都市化

- 河川のみならず流域内での取り組みも含めた平常時と洪水時の水・物質循環の健全化と再生
- 流域の水源林や水田そして河川網等を含む広い意味でのランドスケープに基づいた生態系・生物多様性の保全と再生
- そして流域市民が水と緑との触れ合いを通じての流域意識を醸成すること

等、流域圏・都市を再生することを計画している[10),11)]。

この計画をさらに詳細に見ると、流域圏・都市再生シナリオとして、

- 洪水時の水マネジメント（総合的治水）
- 平常時の水マネジメント（豊かな水環境の創出）
- 自然環境マネジメント（流域のランドスケープに基づく生物多様性の保全・創出・活用）
- 震災・火災時マネジメント（川を活用した災害に強いまちづくり）
- 水辺ふれあいマネジメント（川とのふれあいを通じて流域意識を育む）

を計画している（図 5.19）。洪水時、平水時、自然環境、そして水辺ふれあいマネジメントは普遍的な項目といえる。震災・火災時マネジメントは、阪神・淡路大震災の影響を受けて加えられたもののようであり、少し特異な項目であろう。

```
[理念]
■流域的視野による水循環系の健全化
■自然と共存する持続可能な社会を目指す流域再生

[策定主体]
■流域水協議会
（国、都、県、市の関連行政機関）

[位置付け]
■水についての各計画、施策を総合的に進めるための基本となる計画

[計画の内容]
■五つの流域水マネジメントごとに基本方針、目標、施策を定め総合的に実施

[計画の期間]
■概ね20～30年間
```

① 洪水時水マネジメント
〈基本方針〉洪水の危険から鶴見川流域を守る。
〈目　標〉■流域が一体となった治水安全度の向上
　　　　　■水害に強いまちづくり

② 平常時水マネジメント
〈基本方針〉豊かで清らかな水環境を創出する。
〈目　標〉■子ども達が川の中で水遊びができ、多様な水生生物が生息・生育・繁殖できる水質の改善
　　　　　■支川の流量回復

③ 自然環境マネジメント
〈基本方針〉流域のランドスケープ、生物多様性を保全・創出・活用し、自然とふれあえる都市を再生する。
〈目　標〉■流域に残された自然環境の保全

④ 震災・火災時マネジメント
〈基本方針〉震災・火災時の危険から鶴見川流域を守る。
〈目　標〉■河川を活用した災害に強いまちづくり

⑤ 水辺ふれあいマネジメント
〈基本方針〉河川とのふれあいを通じて、流域意識を育むうるおいのあるくらしを実現する。
〈目　標〉■流域学習の促進
　　　　　■多様な環境を資源に活用した流域ツーリズムの促進

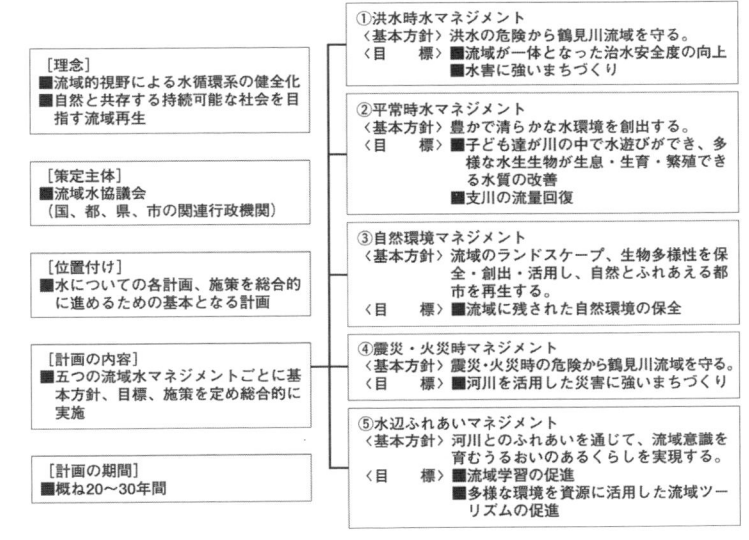

図5.19　鶴見川流域水マスタープランの構成

　この計画を流域との関わりでイメージ化したものが図5.20である。流域の自然環境マネジメント（流域のランドスケープに基づく生態系・生物多様性の保全・再生、水と緑のネットワークの保全・形成）を示したものが図5.21である。
　この計画づくりには数年を要し、その後かつての総合治水計画と同様に、国（国

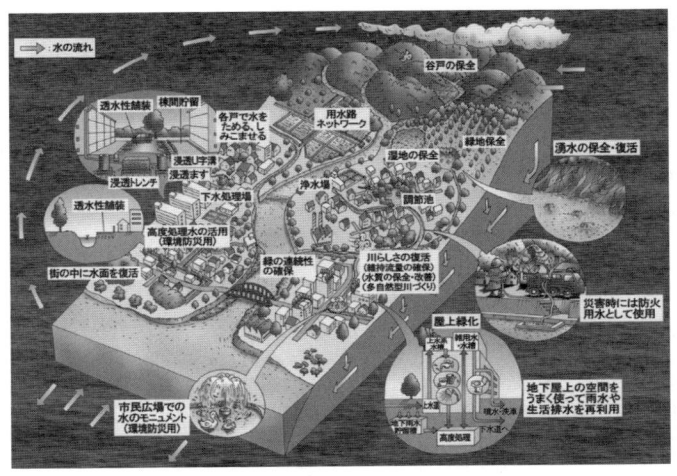

図5.20　鶴見川流域での水マスタープランのイメージ図[10]

土交通省)、東京都・神奈川県・横浜市等の流域内の自治体との合意の計画となったが、その実践に関わる事業内容や実施の期間等は決められていない。かつて、同様に計画が策定された総合治水対策は、その対策量を示し、概ね 10 年間でその実践を行うとしていたが、この計画にはそのような期間や事業量等が示されていない。他の日本国内の事例と同様に、実践という面での課題がある。

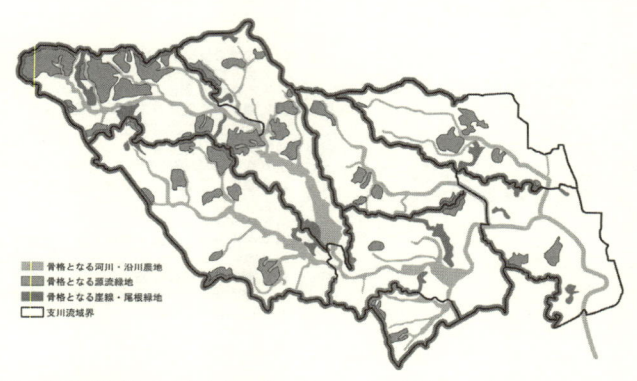

図5.21 鶴見川流域での水と緑のネットワークの保全・形成（文献[10] より作成）

(b) 印旛沼とその流域

千葉県の印旛沼流域（流域面積約 540km²）では、水循環の健全化をテーマとして、当面の緊急行動計画を策定している（図 5.22、5.23）[11],[12]。

印旛沼とその流域は、首都圏の都心から半径 50km の範囲内では最も自然が残された地域であるといえる。印旛沼は 100 万人以上の千葉県民の水道水源となっているが、水道水源としては日本で最も汚染されている。水質面での課題とともに、水害や湧水といった普段の日々の水の問題も抱えている。

この流域では、印旛沼とその流域の水循環を健全化するために各種対策を講じることとし、表 5.1 に示す 4 つの目標を達成することを目指している。すなわち、印旛沼と流域の水循環の再生に向けて、

・遊び、泳げる
・人が集い、人と共生する
・ふるさとの生き物をはぐくむ
・大雨でも安心できる

という総括的な目標を設定している。そして表 5.2 に示すように、10 年後、30 年後の水質（化学的酸素要求量 COD）と水生生物についての具体的な再生目標を設定し、関係する県の各行政部門、流域市町村、そして市民で取り組む 62 の具

体的な対策・対応を含めた緊急行動計画を定め、活動をしている。

　この計画は、水循環の問題を中心に、水質と生態系を付加した再生計画であるが、その実施に関してコアとなる事業の設定、そしてその達成期間の設置は行われていない。前述の鶴見川流域の場合と同様に、行動計画の実施面での課題がある。

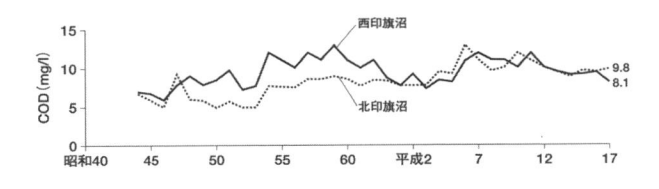

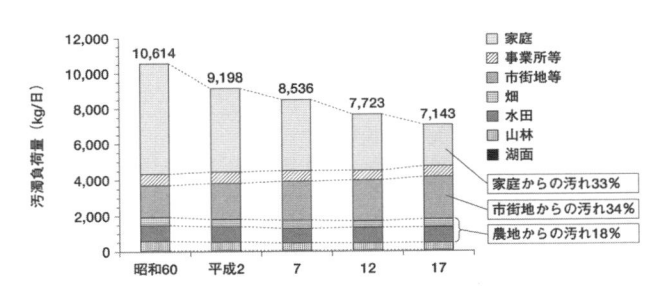

図5.22　印旛沼の水質と流域からの汚濁負荷量の推移

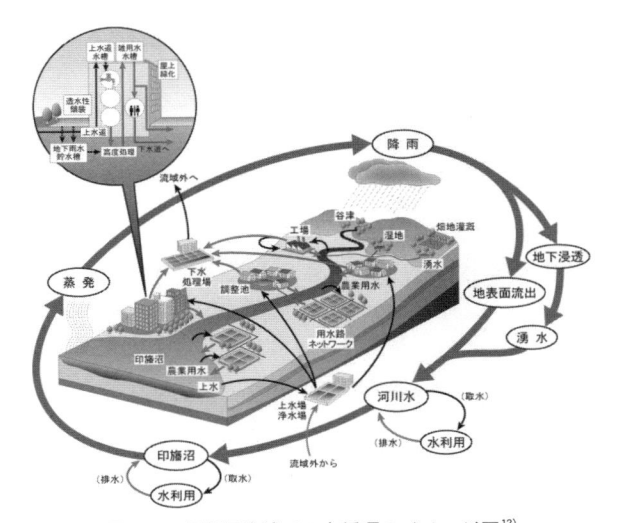

図5.23　印旛沼流域での水循環のイメージ図[12]

表5.1　印旛沼流域での水循環健全化の目標（千葉県資料[12]より作成）

4つの目標	取り組みの7つの観点						
目標1 遊び、泳げる 印旛沼・流域	Ⅰ 平常時の水量を回復させる取り組み	Ⅱ 水質を改善する取り組み	Ⅲ 健全な生態系を保全・復元する取り組み		Ⅴ 人と水との関わりを強化するための取り組み		Ⅶ 水循環の実態解明に向けた取り組み
目標2 人が集い、 人と共生する 印旛沼・流域	Ⅰ 平常時の水量を回復させる取り組み	Ⅱ 水質を改善する取り組み	Ⅲ 健全な生態系を保全・復元する取り組み	Ⅳ 水辺の親水性を向上させるための取り組み	Ⅴ 人と水との関わりを強化するための取り組み		Ⅶ 水循環の実態解明に向けた取り組み
目標3 ふるさとの 生き物はぐくむ 印旛沼・流域	Ⅰ 平常時の水量を回復させる取り組み	Ⅱ 水質を改善する取り組み	Ⅲ 健全な生態系を保全・復元する取り組み				Ⅶ 水循環の実態解明に向けた取り組み
目標4 大雨でも安心できる印旛沼・流域						Ⅵ 水害被害を軽減するための取り組み	Ⅶ 水循環の実態解明に向けた取り組み

表5.2　中期・長期の具体的な達成目標[12]

評価指標	2030年 長期構想	2010年 中期構想 緊急行動計画
水質（COD）	5mg/ℓ	8mg/ℓ
水質（清澄性）	沼全域で沼底が見える	岸から沼底が見える
アオコ発生	アオコの発生をなくす	アオコの発生を少なくする
湧水	湧水量の増加 湧水水質の改善	湧水量の増加
利用者数	利用者数の増加	利用者数の増加
水生植物	印旛沼の沈水植物群落の再生	印旛沼の浮葉植物群落の再生
在来生物種	かつていた生物種の復活	在来生物種の保全
水害安全度	30年に1度の大雨でも安全	10年に1度の大雨でも安全

(c) 東京湾とその流域

　東京首都圏の都市形成にあたっては、第3章で述べた東京緑地計画（1939〈昭和14〉年）から防空計画（1943〈昭和18〉年）、戦災復興計画（1945〈昭和20〉年）、そして第一次首都圏整備計画（1958〈昭和33〉年）に引き継がれた水と緑の計画があった。第3章で述べたように、戦前の東京緑地計画と防空計画は一定の緑地を確保して都市に残したが、戦災復興計画は緑地の確保という面では全く実行に移されなかった。そして首都圏整備計画は圧倒的な都市化の圧力とともに土地制度の下でほとんど実現しなかった。首都圏整備計画で示されたグリーン・ベルトを廃止した際に、都市計画法に基づく市街化区域・市街化調整区域の線引き制度と農業の振興に関する法律（通称「農振法」）が成立し、それにより都市化を誘導、規制することとなった。

首都圏の陸域に関するものとしては、近年は緑地と水の環境インフラのグランドデザインが示されている（図5.24）[13]。この計画は、首都圏に残るまとまった緑地の保全にいくつかの河川空間を加えたものである。

この計画には、特定の河川のみが含まれているが、第3章で述べたように、首都圏の全河川と水路網（第3章図3.4(b)参照）を加えることが望ましい。また、グランドデザインの実践についての体制づくりや予算措置等が必要である。

また、水と緑の環境インフラ（ネットワーク）については、東京湾岸エリアと内陸につながる河川を含めたグランドデザインが必要である（図5.25～5.28）。

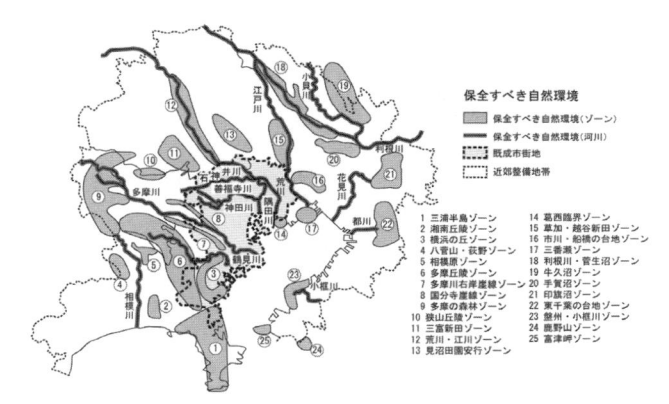

図5.24　首都圏の環境インフラのグランドデザイン（文献[13]より作成）

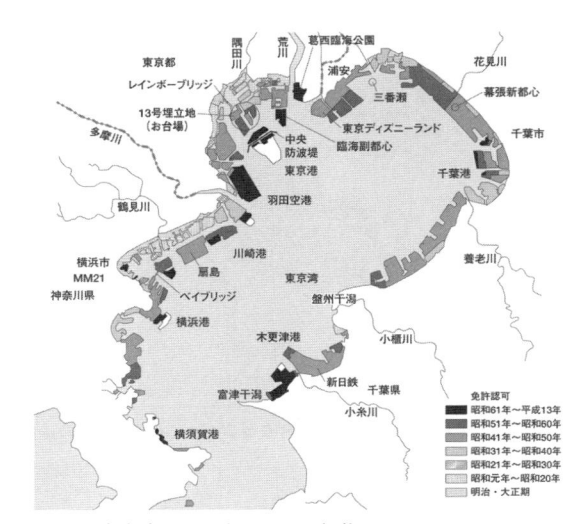

図5.25　東京湾の埋め立てとその年代（千葉県資料等から作成）

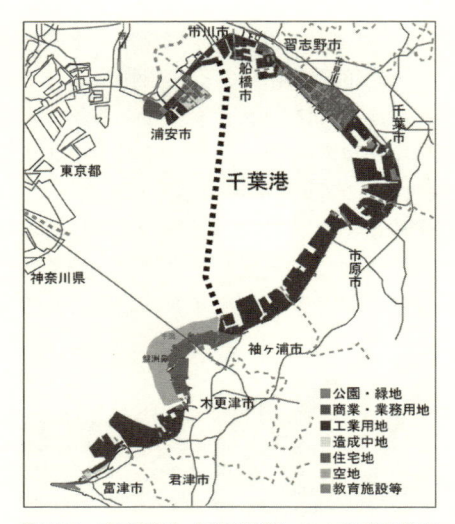

図5.26　東京湾岸（千葉県側）の土地利用状況

図5.27　東京湾岸（千葉県側）のアクセスポイントと川との接点

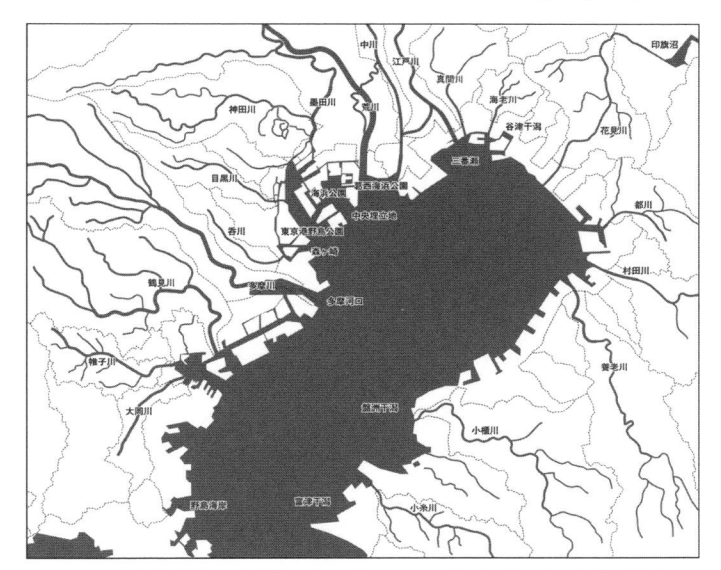

図5.28　東京湾岸の水と緑のネットワークにおける河川・水路の再生

　また、東京湾の水質改善に関しては、東京湾流域圏からの汚濁の排出量自体の削減と、下水道による収集と処理等による東京湾への流入汚濁負荷量の削減が進められてきた。すなわち、東京湾への排出汚濁負荷量についての総量規制の計画が定められ、排水水質の規制や下水道の整備の推進を中心に、農地等の非点源の汚濁負荷量の削減対策等が行われてきた。これにより東京湾への流入汚濁負荷量は大幅に減少したが、東京湾の水質はほぼ横ばいで、いまだ大幅な改善までには至っていない（**図5.29**）。

　東京湾の水質汚濁の元となる流入汚濁負荷量（日量）は、1999年度について見ると、COD負荷量（化学的酸素要求量。汚濁の程度を示す指標）で247トン、総窒素T-Nで254トン、総リンT-Pで21.1トンであり、1984年度から1999年度の間にCODの総負荷量は約170トン削減されている。その内訳は**表5.3**のようであり、流入負荷量の約7割は家庭からの負荷量である。

表5.3　発生源別汚濁負荷量（1999年度。単位：トン／日）

	生活系	産業系	その他系	合計
COD	167	52	28	247
T-N	164	41	49	254
T-P	13.5	3.5	4.1	21.1

なお、この負荷量は発生源での負荷量をベースに推計されているが、雨天時には面源や排水路等に堆積していた負荷の流入があり、それらの正確な計測がなされていないことから、平常時の負荷量を中心とした総量削減計画のための推計値であると見たほうがよいであろう。雨天時の流入負荷量については、合流式下水道からの越流水のみならず、河川を通じて流入する面源負荷量（自然負荷量、農地や都市表面からの負荷量、水路網に蓄積していた負荷量など）の具体の測定と推計が必要である（山口・吉川ほか、1980）[14]。

　東京湾の水質改善等について、汚濁負荷量の削減等からなる行動計画が策定されている（**図5.30**）[15]。

　このような内湾という閉鎖性水域の再生では、物質循環に関係した水質の再生であるため、流域内からの汚濁物質の排出規制（排水水質の濃度規制とともに、排出される汚濁物質の総量の規制）が中心的な対策となり、さらには湾内の水域や沿岸域の生態系の保全・再生がテーマとなっている。これらに加えて、東京湾への人々のアクセスを可能とし、埋め立てられた海の自然の再生と多面的な利用を進めることが重要といえる。そして、それらを含む再生へのグランドデザインの提示とともに、企業、行政、市民での実践を確実なものとすることが必要である。

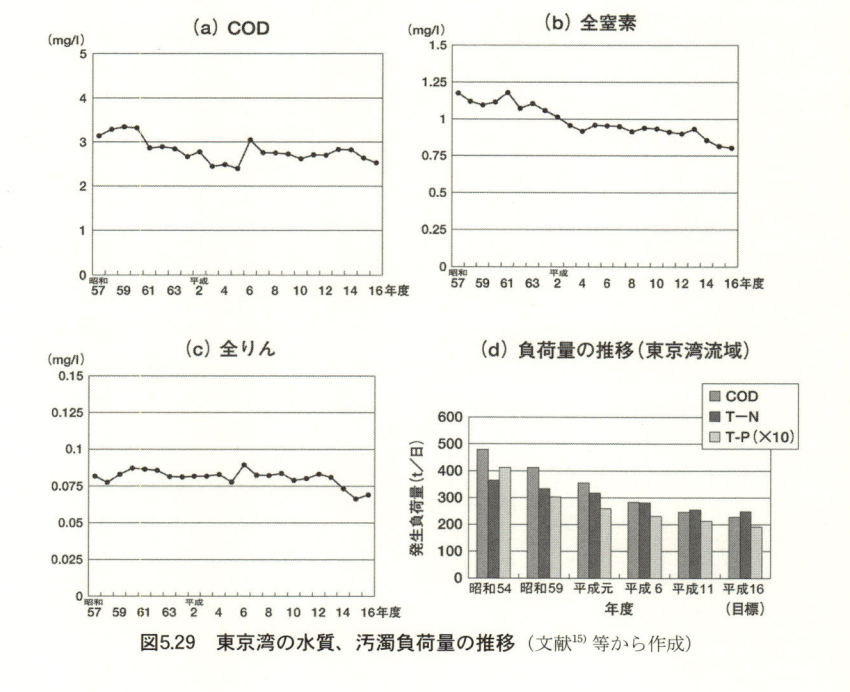

図5.29　東京湾の水質、汚濁負荷量の推移（文献[15]等から作成）

第5章　自然と共生する流域圏・都市再生の事例　159

■目標
　快適に水遊びができ、多くの生物が生息する、親しみやすく美しい海を取り戻し、首都圏にふさわしい東京湾を創出（年間を通じて底生生物が生息できる限度）
■重点エリアおよびアピールポイントの設定（7エリア）
■計画期間　平成15年度から10年間
■目標達成のための施策の推進
　○陸域負荷削減の推進
　○海域における環境改善策の推進
　○東京湾のモニタリング
■その他（実験的取組み、フォローアップ等）

図5.30　東京湾再生の行動計画の概要　（文献[15]等より作成）

(d) その他の事例

国内では、これらの他に、既にその再生がほぼなされた日本における産業革命発祥の地の洞海湾（北九州市）の再生が挙げられる（第2章**写真2.51**参照）。洞海湾も前述の東京湾と同様に内湾という閉鎖性水域であり、汚濁物質の流入規制が中心的な対策となり、さらには湾内に堆積していたヘドロの浚渫がテーマであった。そして水質の改善後は、水域や沿岸域の生態系の保全・再生がテーマとなり、洞海湾では水生生物が復元され、貝によるさらなる水質浄化等も進められている。

また、1980年代から首都圏の鶴見川流域や中川・綾瀬川流域を含む複数の河川流域圏で実施された流域圏の土地利用の誘導・規制を含む総合治水対策は、都合の悪い自然である洪水との共生という目的をもった緊急行動計画であるが、一定期間内に集中的な対策を実施したことにより効果が発揮され、目標をほぼ達成した取り組みであったといえる[7〜9]。

5.3　人口が減少する日本の地方部の流域圏での取り組み

日本の地方部では、かつては人口が過剰であり、賑わいがあった。米をつくり、昭和30（1955）年代からの拡大造林の時代には山に木を植え、子どもを育て、都

会に出した。その後、この地域はいわゆる過疎の時代を迎えた。そして、既に少子高齢化が進み、人口が減少する時代に入っている。

地方部においては、自然との共生という面では、人工林化した森林の維持管理、治水目的で改修された河川や、同様に農業生産の省力化という観点から用水・排水の分離が行われて人工化(パイプライン化)した農業用水路の自然の再生、そして河川や農業用水路の水循環の健全化という課題がある。高齢化した農業・林業従事者、後継者がいないといった問題に対応しつつ、これらを行う必要がある。また、膨大な量の道路建設によりコンクリート化された山地側の斜面や河岸の自然再生なども重要である。

これに加えて、少子高齢化、人口減少する地域での子どもの教育、高齢者福祉面での対応とともに、経済等の面で地域の活力を維持し、あるいはその低下を極力抑えることが最も重要となる。65歳以上の高齢者が住民の50%を超えると、冠婚葬祭や田役・道役といった地域を維持する活動が難しくなると言われる。そして、独居老人も増え、単調な高齢者の生活となり、森林や水田の維持管理も難しくなる。鳥もさえずらない森林、下草も生えない線香林が出現している。このため、降雨・洪水による土砂の流出や下流の河川等の環境悪化といった問題が生じている。そして、今後は地方部の多くの地域(流域圏)で廃村等も生じることが確実である。

このような地域の森林や水田をどのように維持するか、あるいは自然に戻すかといったこともテーマとなる。

(a) 四万十川流域圏

このような時代を迎えた流域圏の例として、例えば四国の高知県西部の四万十川流域がある(**写真 5.22**)。この流域圏は高知でも最も交通の便も悪く、経済の高度成長からも取り残されたが、結果として比較的豊かな自然が残された。そこで、最後の清流と呼ばれる四万十川の自然を観光等の面で生かし、棚田を材料に都会との交流を図ること、多数の「道の駅」による地域の活力の維持等に取り組んでいる。行政や大学が中心となった四万十川流域圏学会もあり、主として河川や環境に関したことについて活動している。

拡大造林により人工林化された森林の維持管理、経営も課題となっている[16]。

日本全体を見ると、国土を覆う森林の面積は、国土面積の約7割程度であり、江戸時代以降ほぼ同様である。しかし、昭和30(1955)年代中頃以降、特に昭和55(1980)年頃にかけて集中的に行われた拡大造林(スギやヒノキの植林)により、森林の樹種は大きく変化している。森林面積約25.1万 km^2 のうち、約31.2%が国有林、約68.8%が民有林である。林野庁の統計によると、1960(昭和35)〜

2003（平成15）年度に行われた拡大造林は、累計で約 6.25 万 km^2、現在の人工林約 10 万 km^2 の多くがこの拡大造林で生み出された。

特に高知県では流域の森林の大半（8〜9割近く）が人工林となっており、そのスギやヒノキの森林の管理が、産業としても、そして環境の面でも課題となっている。

このような流域圏の再生・振興には行政組織の積極的な関与が必要であるが、高知県の四万十川振興に関する高知県の行政部局の活動はあるが、流域の関係行政全体や流域市町村が連携した活動にまでは至っていない。経済的な問題、子どもの教育、高齢者の福祉等を含めた行動計画の策定や実践が望まれる。

写真5.22 四万十川の風景

(b) 鬼怒川・小貝川流域圏

この流域圏は、上流は栃木県日光市や今市市（日光市と合併。旧栗山村等を含む）、中流には宇都宮市や真岡市、茨城県筑西市、下妻市、つくば市などがあり、下流部には茨城県取手市などがある。川は取手市で利根川と合流している。

この流域圏では、昭和 61（1986）年の大水害後、その災害復旧・改良事業とともに、流域の市町村と国・県の行政が連携して小貝川リフレッシュ・コミッティ、ふるさと鬼怒川を考える懇談会、そしてそれらを統合した鬼怒川・小貝川サミット会議（流域圏に関係する国の行政機関、茨城県・栃木県、流域 34 市町村〈当時〉が参画）を設け、川を生かした地域づくりを進めてきた。当時は参加・体験型の鬼怒川・小貝川博覧会として、毎年多数の川にちなんだイベントを開催するとともに、拠点となる川の中と外とを一体的に整備した河川・河畔公園の整備、サイクリングロードの整備と河原に花を植えるフラワーベルトの活動等を進めてきた。今日では、拠点となる川と河畔の公園として、鬼怒川では栃木県上河内村（現宇都宮市）、氏家町（現さくら市）、河内町（現宇都宮市）の河川公園、真岡市の自然教育センターと河川公園、茨城県千代川村（現下妻市）の河川公園が、そして小貝川では茨城県下館市（現筑西市）の母子島遊水地、下妻市のふれあい公

園、藤代町(現取手市)の小貝川総合公園などが完成している(**写真 5.23〜5.26**)。これらの河川公園等は、原則として河川内のみでなく、川の中と外とを一体的に整備する公園として設けられたものである。

また、平常時には川と地域とを関係づける場として、洪水時には水防活動や避難の拠点となる「川の一里塚」をこの流域で構想し、ほぼすべての沿川の自治体でそれを整備している。堤防強化を兼ねて堤防の幅を広くしてそこに桜を植える「桜づつみ」についても、氏家町と藤代町で全国第 1 号が誕生している。

その後、この基礎自治体の首長と県、河川に関わる国の行政の長が連携した活動は下火となっているが、現在は完成した河川と河畔公園等を流域で使いこなす時代となっている[1), 17)]。また、川を通じて行き来するサケを指標として、たくさんのサケが自然に産卵・孵化し、海との間を行き来することを目指した上下流交流の活動も進められてきている。河川の利用から、地域活性化、そして今後は水生生物(サケや身近な魚など)に着目した河川や農業用水路等での環境の再生などを志向した活動への展開である。

写真5.23　栃木県氏家町(現さくら市)の鬼怒川河川と河畔公園

第 5 章　自然と共生する流域圏・都市再生の事例　　*163*

写真5.24　栃木県宇都宮市の鬼怒川河川公園（川の海）

写真5.25　茨城県下妻市の小貝川総合公園（右下は近傍の道の駅）

写真5.26　茨城県藤代町（現取手市）の総合公園

(c) 石狩川・千歳川流域圏

　千歳川は石狩川の支流であるが、この流域には千歳市や恵庭市、北広島市、江別市等の市町村があり、札幌に近く、千歳空港もあって北海道では最も人口が増えている流域圏である（**写真 5.27、5.28**）。流域の人口は 2001 年時点で約 36 万人である。

写真5.27　千歳川（北海道）の風景

写真5.28　千歳川支流の漁川の風景　（右は漁川と一体的に設けられた道の駅）

　この流域圏では、基礎自治体の首長は「流域連携は基礎自治体連携から」という方針で、広域的な視点に立った地域づくりの必要性、特に広域的に連携することにより防災面（この流域では千歳川放水路計画があり、その後中止となったが、治水面の課題がある）や水質の改善、さらには地域振興をはじめとする様々な課題を解決することに向け、地域の共有財産である千歳川を軸として、流域市町村住民の連携に基づく安全・安心の広域的なまちづくり、川づくり、ひいては流域社会の実現を目指している。そして2000年には「千歳川流域連携懇談会」を設立し、活動をしてきている。この懇談会は流域4市2町と河川管理者（北海道開発局関係河川事務所、北海道札幌土木現業所）、石狩川振興財団から構成されている。
　この懇談会にはハード部会とソフト部会があり、ハード部会では社会基盤の整備に関わるサイクルネットの形成や舟運復活のための河川整備（船着場、防災ステーション、景観対策等）を担当し、ソフト部会では「日頃の交流なくして連携無し」を合言葉に、石狩川交流フェスタ、Eボート大会、千歳川ウエルカム・サーモンリバー、石狩川流域300万本植樹、千歳川塾などを担当している。このソフト部会の一部事務局的な機能を、国や道の行政担当者のように異動することなくこの地域に根づいた活動をし、実績もある市民団体「NPO水環

境北海道」が担っている。これにより、行政職員の人事異動などにより活動の継続性が損なわれることを軽減している。さらに、懇談会に関わった行政職員の多くは人事異動後もNPO水環境北海道に加入し、私的な立場で連携活動を支えている。また、NPOが市町村間の連携と行政と市民との協働を保つ装置として存在しており、継続性の確保とあいまって市民との信頼関係の醸成がしやすくなっているという。

このような環境面を中心とした流域連携の活動から、さらには地域の経済振興にも寄与し、地域づくりにもつながる観光面への取り組み（他地域からの訪問者の視点も考慮に入れながら観光資源を掘り起こし、あるいは創り上げること）や、千歳川放水路中止後の治水面での対応については、単に河川整備のみではなく水害に強い地域づくり・まちづくりを目指すこと、また将来に向けた農業地・農業づくりなども関係づけて達成することがテーマとなってきている。

(d) その他の例

以上の他にも、例えば斐伊川流域圏での自然と共生する流域圏再生がある（**写真5.29**）。この流域圏では、かつては製鉄のために山が荒れ、土砂が大量に流出して水害の問題があり、今日でも斐伊川放水路等の整備等による治水対策が議論となり、また宍道湖や中海の浄化や生態系の保全・再生、さらには観光という面でも川や湖の活用等がテーマとなっている。ここでは、既に少子高齢化が進み、人口減少も現実となっており、人口減少時代を展望して、都合の悪い自然である洪水問題も含めた自然との共生に関わることとともに、高齢者の福祉への対応や経済活力の維持等も重要なテーマとなる。

また、主として流域市民や研究者により活動が始まった不知火・球磨川流域圏学会での流域圏研究なども行われるようになった。球磨川流域圏での活動も期待される。この流域圏内では、少子高齢化も進み、交通の便も悪い中山間地域では人口減少も現実となってきている。そして、既に五木村の集団移転も終わり、完成間近な川辺川ダムの問題も抱えている。ダムを完成させるとしても、またそれが中止となるとしても、この流域圏の経済を支え、洪水を含む自然と共生する地域づくりを実践することがテーマである。

この他、市民団体の流域連携活動もあって、東北の北上川流域圏、東京都と埼玉県を流れる荒川流域圏、九州の筑後川流域圏や緑川流域圏（**写真5.30**）などでも、将来的にこれからの時代の自然と共生する流域圏再生につながる活動がなされてきている。

写真5.29　斐伊川（島根県）の風景

写真5.30　緑川（熊本県）の風景

5.4　流域圏・都市の再生（形成）に関わる基本要素

　以上のような事例で見たように、流域圏・都市再生という流域に着目した活動は、水質（水を介した物質の循環）の改善や治水（水の循環。多すぎる水の問題）といった水・物質循環の健全化や再生を中心として、生態系の保全と再生を複合化させた活動となっていることが知られる。そのような再生活動の中で、川づくり、水と緑のネットワークの保全と再生、あるいはそれらの健全化を目指していくことが求められているといえる。

　生態系の視点では、鶴見川流域で例示したように、基本的には流域圏を単位として、生物の棲み場、エコロジカル・ネットワーク、水と緑のネットワークを考慮し、その保全と再生がテーマとなる。また、例えば東京首都圏あるいは東京湾流域といった場合には、鶴見川、多摩川、荒川、中川・綾瀬川、江戸川・利根川等の複数流域圏が含まれることになるが（図5.24、5.28第3章図3.13参照）、その場合にはそれらの流域圏を含む圏域について、前述の水・物質循環を中心とした東京湾の再生への取り組みや、緑（緑地、森林）と川などの水のネットワークからなる環境インフラの保全といったことがテーマとなる。

このように、自然と共生する流域圏、そして都市再生シナリオを設計・提示し、実践していくことが求められている。このテーマに対しては、水・物質循環、生態系、そして都市の「空間としての川」の再生に関わる課題等への問題解決型の直接的な取り組みのみではなく、本質的にはその根本的原因である流域圏・都市の土地利用とそこで営まれる暮らしや産業活動に関わるものであり、土地利用の計画、都市計画、国土の計画（国土形成計画など）にまで踏み込んだ対応が必要である。

すなわち、自然と共生した流域圏・都市の再生（人口が急増する流域圏では再生というよりは流域圏・都市の形成）における基本的な要素としては以下のものが挙げられる。

① 水循環、物質循環

流域圏・都市を考える際の基本的な要素であり、以下のような問題がある。

・水循環
- 多すぎる水の問題（too much water）としての自然現象である洪水問題、そして洪水被害ということでの水害の問題。
- 少なすぎる水の問題（too little water）としての水不足の問題。
- さらには、洪水時、平常時を通じての流況（flow regime）、すなわち水文循環の健全化の問題。

・物質循環

水の循環を介して運ばれる汚濁物質、微量物質等の循環の問題。典型的には河川の水質や閉鎖性水域（湖沼、内湾）の水質の問題。そして、湖沼や内湾に堆積したヘドロなどの底泥の問題。

② 生態系

近年は、特に生態系の保全と復元が大きなテーマとなってきている。

③ 流域圏内の土地利用

基本的には、流域圏内の土地利用、そしてそれに対応した社会・経済活動が自然環境に負荷を与えている。したがって、土地利用の誘導、規制が本質的な対応となる。

④ 河川等の水辺空間の再生、水辺空間からの都市再生

都市域では特に、流域圏の水循環の幹となる河川等の水辺空間の再生、川や水辺からの都市再生が、身近な問題として重要である。

都市再生という面でも、マージ川流域の再生活動で見たように、内陸側の土地（水辺空間）の再生が、地域の経済再興においても、また水と人々とが接し、意識を高める上でも必須の要素となっていることからも、この視点が重要であるとい

える。

　以上のことが、自然と共生する流域圏・都市の再生（形成）において重要な要素となる。

〈参考文献〉

1) 吉川勝秀：『人・川・大地と環境』、技報堂出版、2004
2) 吉川勝秀：『河川流域環境学』、技報堂出版、2005
3) 吉川勝秀編著：『多自然型川づくりを越えて』、学芸出版社、2007
4) 石川幹子：『都市と緑地』、岩波書店、2001
5) 吉川勝秀：「世界の河川流域での国際連携の事例」、『地域連携がまち・くにを変える』（田中栄治・谷口博昭編著）、小学館、pp.132-141、1998
6) 三浦裕二・陣内秀信・吉川勝秀編著：『舟運都市』、鹿島出版会、2008
7) 吉川勝秀他：「低平地緩流河川の治水に関する事後評価的研究」、水文・水資源学会誌（原著論文）、Vol.19、No.4、pp.267-279、2006.7
8) 吉川勝秀：「都市化が急激に進む低平地緩流河川流域における治水に関する都市計画論的考察」、都市計画論文集（日本都市計画学会）、Vol.42-2、pp.62-71、2007.10
9) 吉川勝秀他：「都市化流域における洪水災害の把握と治水対策に関する研究」、土木学会論文報告集、No.313、pp.75-88、1981.9
10) 鶴見川流域水協議会：「鶴見川流域水マスタープラン」、2004
11) 石川幹子・岸由二・吉川勝秀編著：『流域圏プランニングの時代』、技報堂出版、2005
12) 千葉県：「印旛沼流域水循環健全化緊急行動計画」、2004
13) 自然環境の総点検等に関する協議会：「首都圏の環境インフラのグランドデザイン」、2004
14) 吉川勝秀他：「河川の水質・汚濁負荷量に関する水文学的研究」、土木学会論文報告集、No.293、pp.49-63、1980.1
15) 国土交通省（東京湾再生推進会議事務局）：「「東京湾再生のための行動計画」について（平成15年3月26日）」、2003
16) 吉川勝秀：「流域圏構想の新たな展開」、不知火・球磨川流域圏学会誌（原著論文）、Vol.1、No.1、pp.61-69、2007.3
17) 吉川勝秀編著：『河川堤防学』、山海堂、2007
18) リバーフロント整備センター（吉川勝秀編著）：『川からの都市再生』、技報堂出版、2005
19) 神田駿・小林正美編：『デザインされた都市ボストン』、PROCESS：Architecture、第97号、1991.8

第6章　都合の悪い自然（水害）への対応

　本章では、自然と共生する流域圏・都市に関して、いわゆる都合の悪い自然との共生として、自然現象である洪水（水害）との共生について述べる。自然との共生は、都合の悪い自然（水害、地震等）との共生についても検討する必要がある。

　この問題について、①都市化が急激に進展した流域圏での対応、②大きな河川流域での対応、③洪水に対する治水のレベル（日本と世界）、④堤防を有する河川システムの安全管理について述べる。

　①については、20世紀後半に急激な都市化を経験してきた東京首都圏の流域（中川・綾瀬川流域等）と、同様なタイのバンコク首都圏の流域を取り上げて述べる。②の大河川の治水については、①と関連したタイのチャオプラヤ川流域と日本の利根川を取り上げる。③については、国際比較をしつつその概要を述べる。④については、堤防システムの安全管理という視点で述べることとしたい。

6.1　治水の基礎理論と低平地緩流河川流域の治水に関する考察

　治水に関わる実践的、総合的な研究・報告が論文、文献等でアカデミズムの場に登場しなくなって久しい。この面での本格的な論文としては、坂野らによる第二寝屋川の治水計画に関するもの[1]、吉川らによる都市化流域の治水に関するものがある[2]~[4]。これらの論文以降、治水に関する論文は、メソッド・オリエンテドなものや治水に関わる特定の事項の計測やモデル化などを精緻に検討したもので、治水全体から見ると要素的、部分的なものがほとんどである。

　その背景として、近年の治水計画は、行政のインハウス・エンジニアがコンサルティング・エンジニアを駆使して計画を作り、実行に移していったが、彼らはアカデミズムへの関心を持たず、あるいはまたアカデミズムにそれを受け入れる土壌がなくなったことによるのではないかと推察される。このことは、これだけ

多くの洪水災害のある国において実践的な治水計画、さらにはシステムとしての堤防工学等の治水についての研究や教育が継続的になされていないことにつながっており、潜在的な課題であると考えられる。

本節では、実践というトータルな評価を経た治水計画を取り上げ、事後評価的な考察を試みたものである。その対象として、わが国で主流である構造物対策のみによる治水ではなく、非構造物対策をも取り入れた3つの流域の治水計画を取り上げた。そのいずれについても、後述のように筆者が治水計画のシナリオを描き、現地の関係者との調整あるいは共同作業をし、あるいはそれに関与した実践事例であり、それらの治水計画は、低平地緩流河川流域を対象とし、一貫した治水の基本的理論の下で進めたものである[5]。

以下では、基本的な治水理論を提示するとともに複数の流域での実践について述べ、その評価を行うとともに今後の低平地緩流河川流域における治水対策の在り方を展望し、考察した。

(1) 従来の研究と着眼点
(a) 従来の研究

流域治水に関する総合的、包括的な研究としては、上述の坂野らによる研究が特筆される[1]。この研究は、第二寝屋川を開削することで、水害を減じるという消極的な効果とともに、それにより土地利用が高度化される（都市化の進展が期待される）ことを積極的な効果として計上し、治水対策の合理性と経済的な妥当性を述べた古典的な研究である。

その後長い間、このような総合的、包括的な治水に関する研究・報告はアカデミズムにはほとんど登場しなくなった。次にこのような包括的な治水に関する研究としては、流域の都市化が著しい時代に、筆者らにより都市化流域を対象に、都市化に伴う被害額の増加を把握するとともに総合的な治水対策について考察したものがある[2]~[4]。その後の治水に関する研究は、土木計画学の対象として段階施工等についての各種計画手法を治水に適用したメソッド・オリエンテド的な研究、洪水の流出や氾濫等に関する水文・水理学的な研究は多数報告されているが、実践的な治水の総合的、包括的な研究・報告はほとんどなされていない。

その背景には、上に述べたような行政とアカデミズムとの関係の変化もその一因となっていると推察される。

(b) 行政での治水対策の実施と最近の動向

現実の治水計画、治水の対策は、研究としての報告がなされなくても、途切れ

ることなく、新しい時代の課題にも対応しつつ進められてきた。すなわち、経済の高度成長期に急激に進展した都市化とともに生じた激しい洪水問題への対応や、大災害を経験した後の治水対策、計画や施設能力を超過した洪水への対応、近年は地下空間の水害への対応など、現実の場面での治水は着々と進められてきた。最近では、行政において政策評価がなされるようになり、治水対策全般はもとより、プログラム評価として総合治水の事後評価なども行われている[6]。

　総合治水対策についてのプログラム評価の結果は包括的なものであり、多くのことが知られるが、総合治水が流域の急激な都市化への緊急的な治水対策という特定の条件下のものとして評価されていることに加えて、流域対策の評価が流出抑制という視点で行われており、治水の本質であり、低平地緩流河川流域では特に重要な流域対策（氾濫原対策）である被害ポテンシャルの増大の抑制という視点からの評価が十分でないように思われる。

(c) 基本的立場

　以上の従来の研究や行政での動向、さらにはアカデミズムの場で総合的、包括的な治水を議論することが重要であるという筆者の考えも踏まえて、本節では、総合的、実践的な治水を対象として考察する。その対象として、国際的な視点に立った場合に特に重要であるが、急流河川流域が普通である日本では事例の少ない、低平地緩流河川流域での治水対策を重点的に取り上げ、理論的な側面および実践的な側面から考察する。そこでは、低平地緩流河川流域に着目した構造物対策と非構造物対策を総合的に含めた治水対策を取り扱う。

　実践事例として複数の河川（日本の中川・綾瀬川流域、タイ国バンコク首都圏の東郊外流域、そしてタイ国チャオプラヤ川流域）を取り上げ、計画の策定とその後の経過を考察し、評価を行う。

（２）　流域治水の理論とその要点
(a) 流域治水の基礎的理論

　治水の理論を概念的に定式化すると以下のようになる。

$$D = D(F, F_0, S) \tag{1}$$

$$\bar{D} = \int_{F_0}^{\infty} P_r(F) \cdot D(F, F_0, S) dF \tag{2}$$

　ここに、D：被害額、F：外力（降雨や流量、水位等で与えられる）、$P_r(F)$：外力Fの発生確率密度関数、F_0：治水施設能力（無被害で対応できる治水の容量）、

S：被害ポテンシャル（氾濫等の水害により被害を受ける対象物の量）、$\bar{D}$：年平均（確率平均）想定被害額である。

式(2)から、被害額（年平均想定被害額）の増減に関して、式(3)が導かれる。

$$\triangle \bar{D} = \frac{\partial \bar{D}}{\partial F_0} \cdot \triangle F_0 + \frac{\partial \bar{D}}{\partial S} \triangle S + \varepsilon(\triangle F_0, \triangle S) \tag{3}$$

式(1)、(3)から、年平均想定被害額の増減は、①治水施設の対応能力を向上させることによる年平均想定被害額の軽減、②被害ポテンシャルの増減による年平均想定被害額の増減、③それらが複合した年平均想定被害額の増減より構成されることが知られる。

(b) 治水の基本的な対応策

式(2)、(3)より導かれるように、治水の基本的・本質的な対策は、①治水施設の対応能力 F_0 の向上による被害額の減少（構造物対策による減少）、②被害ポテンシャル S の減少あるいは増加を抑制することによる被害額の減少あるいは増加の抑制（非構造物対策による減少あるいは増加の抑制）、③①と②を複合させた総合的な治水対策となる。

実河川流域での分析結果は後述するとして、この要点を整理すると以下のようである。[2)～5), 7)～10)]

① **治水施設の能力向上による被害額の軽減（F_0 を向上させる対策）**

この対策は、日本では一部の都市化の急激な河川流域での緊急・暫定的な総合治水対策特定河川を除くと、主流的でほぼ唯一の対策となっている。これはいわゆる構造物対策であり、世界の治水対策を見ても主流の対策である。

なお、日本の総合治水対策では、流域の都市化に伴う洪水外力の増大（都市化に伴う洪水流出量・ピーク流量の増大、洪水流達時間の短縮）が大きく取り上げられ、それを抑制するために森林や水田等での市街化を抑制すること、そして都市化に伴った流出増を抑制するために、流域対策として新規開発に対する雨水の貯留・浸透対策の義務づけ等がなされた。これらの対策は、都市化の水文・水理学的な側面としては、水害の被害を増大させる原因の一つである外力 F の増加を抑制するという効果が期待される。

② **被害ポテンシャルを減少あるいは増加を抑制することでの被害額の減少あるいは増加の抑制（S を減少させる、あるいはその増加を抑制することによる対策）**

これは非構造物対策あるいは流域対策のうちの氾濫原対策で、治水の本質的な対策であり、特に低平地緩流河川流域の治水の最も本質的な対策となるが、その実施は一般的には容易でない。すなわち、日本では、総合治水特定河川の例外的な事例を除くと、これまでも、そして現在でも氾濫原での都市化等による被害ポテンシャルの増加には一切手を加えず、むしろその増加を前提として構造物による治水が行われてきた。

世界的にも、この被害ポテンシャルの減少あるいは増加の抑制は、ごく限られた一部の国で行われているにすぎない。その例としては、1970年代から始められたアメリカの洪水保険と連動した氾濫原管理(保険への加入を認める前提として、洪水の100年氾濫原での新規開発を抑制することを義務づけ)、1993年のアメリカ・ミシシッピ川での洪水後の一部地域での氾濫原からの都市の撤退、1998年の中国・長江等の洪水後の遊水地内からの撤退、そして日本の特定の総合治水対策特定河川での氾濫原の都市化を市街化調整区域の保持(基本的に市街化区域にしない)ということで抑制する対応、タイ国バンコク首都圏庁での遊水地域を指定することによる市街化の抑制、ライン川流域での氾濫原の開発の抑制などがあるが、構造物対策に比較すると、主流的な対策とはなっていない。

③ ①と②を複合させた被害額の軽減・抑制

これは、①と②を複合させた被害の増減である、すなわち、構造物対策としての F_0 の向上と、非構造物対策としての被害ポテンシャル S の増加の抑制・軽減とを組み合わせるものである。

以上に述べたような治水の基本的対応、すなわち被害額に関わる考察から導き出される治水対策を包括的に示すものとして、筆者は**表6.1**のような総合的な対策を既に提案している[2)~5)]。日本の17の総合治水対策特定河川では、概ね**表6.2**のような対策メニューをもって総合的治水対策としている。

表6.1 総合的な治水対策の施策

洪水の変形	災害に対する脆弱性の修正	被害の調整	無対応
洪水防御	土地利用規制	災害救済	被害甘受
堤防	条例	洪水保険	
高潮堤	土地利用規制条例	慈善団体	
河川改修	建築基準	私的援助	
貯水池	都市再開発	公共援助	
放水路	土地細分化規則	税金の免除	
越水堤防	官公庁による土地資産の買収	緊急対策	
流域処理	補助による再配置	退避	
農法の修正	大規模宅地開発に伴う洪水調整池	水防活動	
浸食対策	建造物の耐水化	復旧計画	
河岸補強	建造物の低位開口部の閉塞		
森林火災防御	耐水外装および家具		
再植林	下水の逆流防止弁		
透水性舗装	漏水防止		
各戸貯留槽	土地の嵩上げ		
気象修正			

総合的な治水対策の基本的な事項は以上のようであり、その具体の流域への適用については、前述の吉川ら[2),3)]、Yoshikawaら[8)]、国土交通省[6)]などの研究がある。

以下では、さらに実践的な視点から、上記の基本的理論の下で実施された具体的な事例の効果について考察を進める。

それぞれの実践事例において、筆者は以下のように関与し、プランニング等を行った。中川・綾瀬川流域の総合治水対策については、行政関係者の間で調整・合意した計画を策定し、タイ国バンコク首都圏の東郊外流域および同国チャオプラヤ川流域の治水計画の策定に関しては、国際協力事業団（現国際協力機構）の委員としてコンサルタントおよび現地の行政機関と協力して計画を策定した。そしてその後、中川・綾瀬川流域のフォローアップは国土交通省の現地事務所と行い、タイ国の2つの事例については約5年間にわたり国際ワークショップ等でそのフォローを行ってきた[11)]。

表 6.2　日本の総合治水対策のメニュー
（中川・綾瀬川流域の例）

河川対策	流域対策
下流域…築堤や河道掘削による河川改修 中・上流域…遊水地の整備 　　　　　放水路の整備 放水路下流および低地での排水機場の整備	3 地域区分（保水地域、遊水地域、低地地域） 流域対策 ・市街化調整区域の保持 ・市街化区域等を開発する場合、雨水貯留 ・浸透施設整備の義務化 ・既設公共施設（公園・学校等）での雨水貯留・浸透施設の整備 ・遊水地域内の残土処分の規制 ・内水排除対策 その他 ・「中川・綾瀬川流域浸水実績図」公表 ・警報避難システムの確立 ・水防管理体制の強化 ・耐水性建築の奨励 ・パンフレット等による広報

（3）　実践事例における治水計画とその後
(a) 中川・綾瀬川流域での計画と実践

中川・綾瀬川流域（流域面積987km^2）の総合治水対策は、他の16の特定河川と類似の対策メニュー（**表6.2**参照）であるが、その特徴の大きな点は、低平地緩流河川流域（その多くが利根川、荒川、渡良瀬川の氾濫平野、**図6.1**）の都市化（**図6.2**）であり、もともと洪水の危険がある地域での被害ポテンシャルが増大することが、洪水被害を増大させてきた点である[12),13)]。

したがって、洪水の危険性がある地域での被害ポテンシャルの抑制が基本的な流域対策である。それに、流域の都市化の進展により、洪水流出量が増加すること、およ

図6.1　中川・綾瀬川流域の治水地形分類図

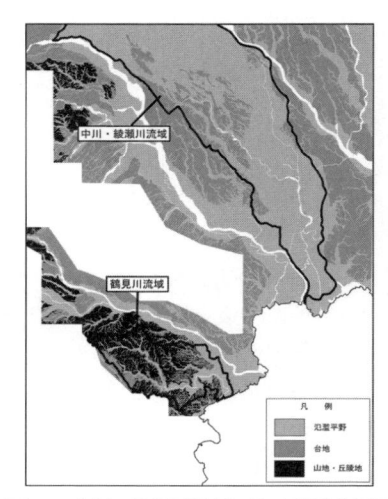

び水田等として有していた洪水の遊水機能が水田への残土処分による盛土で減少することを抑制することが対策として付加されたものである。この流域では、氾濫原での被害ポテンシャルの増加の抑制と遊水機能の保全が中心的なテーマとなった。このことは、流域の都市化による洪水流出量の増加の抑制が流域対策の主要な部分とされた丘陵地の都市河川流域の鶴見川流域等とは大きく異なる点であり、この流域の特徴である。

このため、土地利用を誘導・規制するための地域区分（保水地域、遊水地域、市街化を想定する低地地域への3地域区分）が、直接的に被害額の増加を抑制するための重要なポイントとなった。その3地域区分を示すと、図6.3のようである。この地域区分は、地形・地質の特徴（治水地形分類図等による）、過去の浸水実績、そして市街化の状況を考慮して、協議会を構成する市区町村、東京・埼玉・茨城の都県、建設省（現国土交通省）で協議して定めたものである。

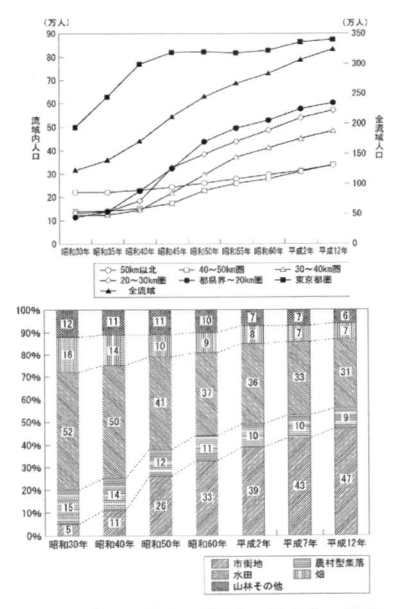

図6.2 中川・綾瀬川流域の都市化の進展

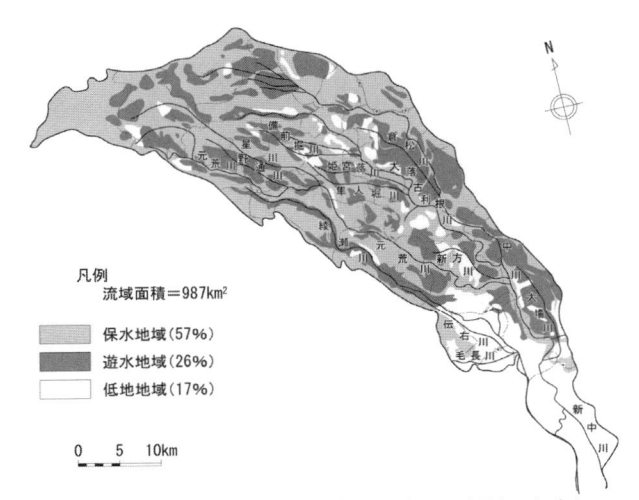

図6.3 中川・綾瀬川流域の3地域区分（1983〈昭和58〉年）

中川・綾瀬川流域の総合治水対策における構造物対策は、流域の大部分が低平地であるという地形の特性から浸水を軽減するためには、河川の流下能力を向上させることには限界があり、氾濫水を貯留する、あるいはポンプ等で流域外へ排水する対策を加えることが必要となる。すなわち、①流域内での洪水の排水能力を向上させるための河川整備、②江戸川、荒川という流域外への洪水排水のための放水路の建設、③流域内で洪水を貯留するための調節池の整備を緊急的に進めるものとした（**図6.4**）。非構造物対策としては、もともと浸水する水田地域の市街化を抑制すること（市街化調整区域の保持）を流域対策の中心的なテーマとした[12),13)]。この流域での治水対策は、ほぼ同時期に計画を策定し、対策が講じられるようになったタイ国バンコク首都圏域の氾濫原の都市化による水害問題への対応にも参考とされるものであった。

図6.4 中川・綾瀬川流域の構造物対策

この中川・綾瀬川流域の総合治水対策の効果等は、流域対策としての被害ポテンシャル増大の抑制と遊水機能の保全に関わる部分を除くと、国土交通省の政策評価[6)]におけるプログラム評価に示されたことと概ね同様である。すなわち、①水理・水文学的な側面では、洪水流量の増加への対応と治水能力の向上に関しては、他の特定河川流域とは異なり流域分担計画における分担量が、河川分担が約4／5、流域分担が約1／5を占めていること、流出増に対して流域対策が受け持つ量は河川対策が受け持つ量の約5％（流域整備計画における河川と保水地域・低地地域の分担量〈湛水量〉の比）であるが、流域の持つ遊水機能の保全による

効果が河川対策の約20%を占めるという寄与が予定されており、他の特定河川の平均では河川対策が約9割、流域対策が約1割を占めているとされていることとは異なることである。既に述べたように、これが低平地緩流河川であるこの流域の特徴であり、他の特定河川流域とは異なる点である。

この点を除くと、②河川対策の進捗率に対して流域対策（流出抑制対策）の進捗率は少し下回っていること、③流域対策の進捗状況は当初予定より少し遅れているが、河川対策・流域対策を総合的に見た場合の効果は図6.5に示すように明確に発揮されていること、④流域の各行政機関との協議会の活動は計画段階に比べると低調となっていること、⑤急激な都市化の時代が終焉し、対策の効果も発揮されてきたことから治水に対する認識が低下しており、今後は治水のみならず環境や都市再生等の視点も含めた取り組みが期待されることは、上記プログラム評価に示されていることとほぼ同様である。

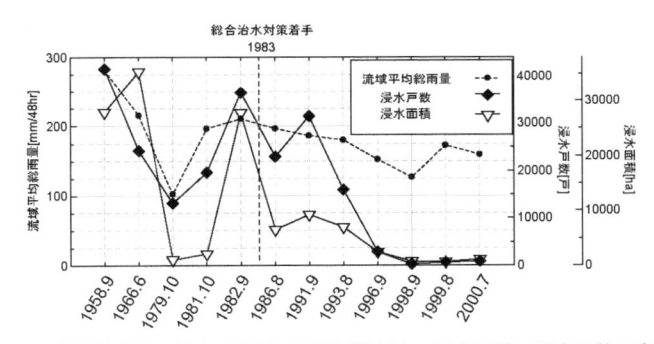

図6.5 大規模降雨に対する中川・綾瀬川流域内の浸水面積・浸水戸数の変遷

この流域での流域対策としての被害ポテンシャル増大の抑制に関しては、図6.6に示す鶴見川流域と中川・綾瀬川流域の都心からの位置関係と表6.3に示す市街化（率）の進展結果を示しておきたい。両流域は東京都心からほぼ同様の距離にあり、市街化の圧力はほぼ同様であったと考えられるが、水田が少なく流域の多くの部分が畑地・森林であった鶴見川流域では、中川・綾瀬川流域の水田地域のようには、都市化の圧力に抗して流域の持つ保水機能、遊水機能を保全し得なかったことである。

流域内でもともと浸水の危険がある地区で市街化が進むと、被害ポテンシャルSが増大し、結果として洪水被害が増加する[2),3)]。それに対して市街化の誘導・規制により被害ポテンシャルSの増大を抑制すると、被害の増大が抑制される。

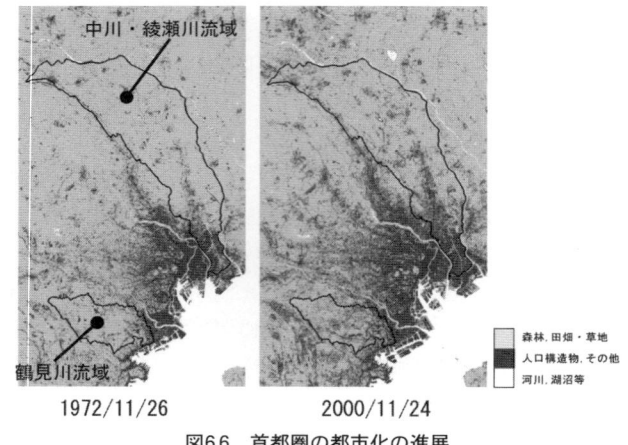

1972/11/26　　　　2000/11/24
図6.6　首都圏の都市化の進展

表6.3　中川・綾瀬川流域と鶴見川流域の都市化の進展

年	中川・綾瀬川流域の市街化率（%）	鶴見川流域の市街化率（%）
1955	5	-
1958	-	10
1975	26	60
2000	47	85

　中川・綾瀬川流域の総合治水対策の考察としては、次の点が強調されてよい。すなわち、総合治水対策が講じられた多くの急流河川流域（日本のほとんどの河川がこの範疇に入る）や丘陵地河川といえる鶴見川流域では、流域開発に伴う流出量の増大による問題が顕著で、それへの対策が流域対策の主要な点とされてきた。しかし、氾濫原での被害ポテンシャルの管理が治水の基本という面で、後述のタイ国での実践等で知られるように、世界的に見ると中川・綾瀬川流域のような低平地緩流河川流域での被害ポテンシャルの抑制や遊水機能の保全対策がより普遍的といえることである。

(b) タイ国バンコク首都圏の東郊外流域での計画と実践

　タイ国のバンコク首都圏では、激しい人口の増加と都市化の進展に伴い、治水の問題が顕在化した[5),10)]。それ以前の時代は、この地域はむしろ渇水期には水が不足して問題となってきた地域であるが、流域の農業用水路（クロン）の整備（この整備により北東部からバンコクの中心地に洪水流量が大量かつ継続的に流入するようになった）、都市用水等としての地下水の汲み上げによる急激な地盤沈下の進行、そし

てもともと浸水の危険性の高い地域での都市化、スラム化による被害ポテンシャルの増大により、洪水問題が深刻となった。特に、1983年の洪水では、これらの原因により東郊外流域の中心部分は約3カ月間にわたって浸水し、甚大な被害が生じた[10]。

1983年の洪水の前年から、日本の技術協力を受けてバンコク首都圏庁（BMA）は東郊外流域（流域面積約500km^2）の治水計画の策定に着手し、洪水直後に計画を策定して実施に移した（図6.7）。この治水計画の骨子は、構造物対策としては、図6.8に示すように、この流域の地形等の特性に配慮したものである[14]。そして、流域対策（氾濫原対策）としては、図6.9に示すように、洪水危険地域での都市化による被害ポテンシャルの増加の誘導・規制、構造物対策と連動した洪水の遊水機能の保全（外周堤防の外側の水田地域をグリーンベルト地域として保全・活用、外周堤防の内側にさらに第二の堤防を設け、その間での遊水機能の保全）を計画した。

これらの構造物対策と非構造物対策を含めた全体の基本理念と方針は、同じ時期に計画を策定していた中川・綾瀬川流域での総合治水計画とほぼ同様のものである（中川・綾瀬川流域の総合治水計画の策定は1983年、バンコク首都圏東郊外流域のマスタープラン策定は1984年）。

チャオプラヤ川下流東部のバンコク

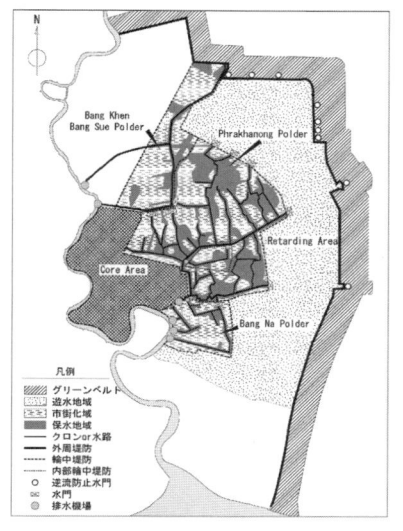

図6.7　バンコク首都圏の東郊外流域と治水対策

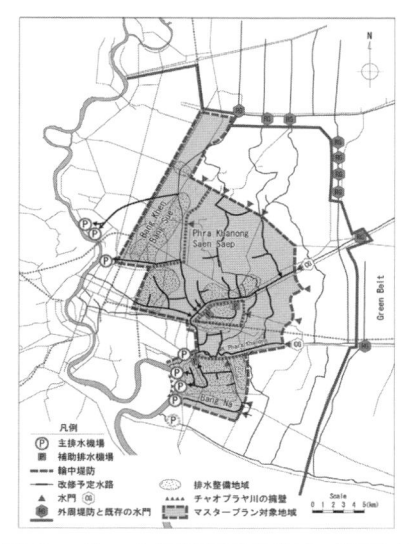

図6.8　バンコク首都圏東郊外流域の構造物対策の概要

首都圏東郊外流域の長期間にわたる浸水の原因と被害額の増加の原因を調査すると、①上流北東部から流入する水量が浸水の大きな原因となっていたこと、②下流部では急激な地盤沈下もありチャオプラヤ川への排水が困難となっていたこと、そして、③洪水の危険性が高い地域での浸水を考慮しない都市化の進展により被害ポテンシャルが増加したことによるものであることが明らかとなった。特に重要な浸水の原因として、1983年の洪水中の筆者による現地測定で、北東部のランジットの農業地帯から毎秒約75m³/sの水量が継続して流入していたことが判明した（図6.10）[10),14)]。

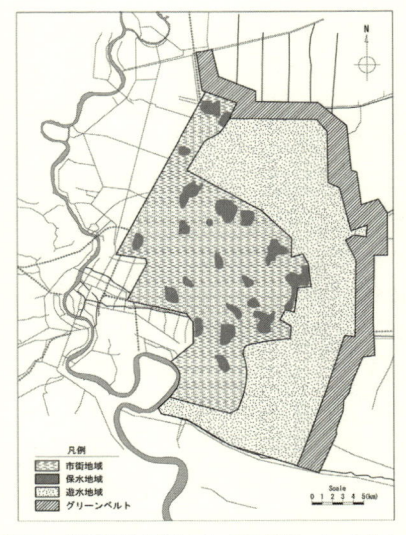

図6.9 非構造物対策としてのグリーンベルト、遊水地域、保水地域の指定

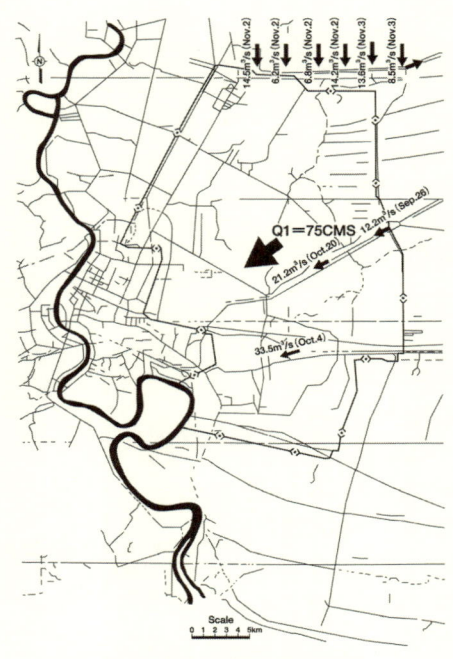

図6.10 上流域からの流入量

このような洪水被害額増加の原因に的確に対応するため、以下のような対策を計画した[10),14)]
　① 上流域である北東部からの洪水の流入水を防ぐための外周堤防（王様堤防〈キングス・ダイク〉）および水路への水門の設置（以前より構想があったものの計画への位置づけ、構造物対策）
　② 外周堤防の外側に広がる水田地帯をグリーンベルト地帯として保全し、洪水の遊水機能の確保（この地域は水害の危険度が高まった。非構造物対策）
　③ 外周堤防と市街地との間は遊水地域として保全（非構造物対策）、そのために、インナー・ダイクを計画（対策全体としては非構造物対策）
　④ 都市化地域の中にも相対的に低い場所を保水地域に指定（政府の許可がないと開発できない地域に登録。非構造物対策）
　⑤ 以上の条件下で、市街化を誘導・規制（非構造物対策）
　⑥ 以上の対策下で、市街地に降る雨水をチャオプラヤ川に排水するための排水ポンプおよびそれにつながる水路の整備（構造物対策）
　⑦ チャオプラヤ川からの氾濫を防ぐための堤防および水路への水門の設置（構造物対策）
　⑧ そして、洪水への対応に関して、チャオプラヤ川や水路の水位や雨量等の情報の収集・提供システムが未整備であったことから、河川等の洪水情報システムの整備と洪水対応センターの設置（非構造物対策）

以上のような対策のうちの構造物対策については、1983年の洪水後、着実にその整備が進められた。非構造物対策については、グリーンベルトとその内側③の遊水地域に加えて、④の市街化を図る区域内の保水地が20カ所登録され、政府の許可がないと開発できない地域とされた。そして、水位等の観測網の整備と洪水対応センターの整備が進められた。1983年の洪水後の緊急対策（外周堤防と水門の整備、チャオプラヤ川への排水ポンプと水門整備等）で、かつての3カ月も続いた浸水は、その後の洪水では浸水しても数日のものとなり、対策の効果が顕著になった[10)]。また、その対策の効果は、チャオプラヤ川流域に大きな被害をもたらした1995年の洪水において、チャオプラヤ川流域の中・下流域が広範囲に浸水したが、このバンコク東郊外流域は浸水していないことからも、その効果が確認された（図6.11）。

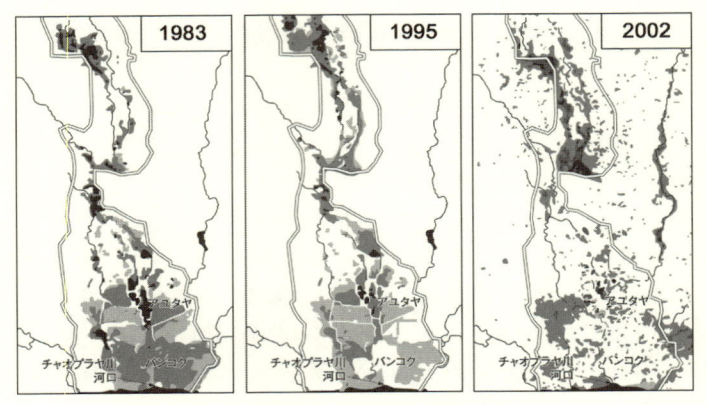

図6.11 チャオプラヤ川流域の浸水

以上の他、グリーンベルトや外周堤防内の遊水地域での土地利用の規制に関しては、今も一定の効果を有しているが、必要な活動、建築物の建設が許可されるようになっている。そのような開発に対しては流出率を一定以下に抑える流出抑制対策の義務づけも行われている。また、水路や地下トンネル水路の整備とともに治水計画上に位置づけた保水地も2カ所で建設されている[11]。

(c) タイ国チャオプラヤ川流域の治水計画の提案

バンコク首都圏を含むチャオプラヤ川流域（流域面積約16万 km^2）では、その氾濫原は洪水期には浸水し、中流域の遊水地帯では浮稲（フローティング・ライス）の栽培などもなされていた。その後、生産性が高い背の低い稲への転換や氾濫原の都市化の進展で洪水被害が深刻となってきた。特に、1995年の洪水では浸水被害の大きさがより顕著となり、その対策の必要性が広く認識されることとなった（図6.11参照）。

タイ国王立灌漑局は日本の技術協力により洪水災害の原因を調査し、治水対策を計画した。その調査では、前述の式(1)〜(3)の考えに基づく分析が行われた。図6.12に示すように、この流域の洪水被害額増加の程度とその原因等が分析的に示された[15]。

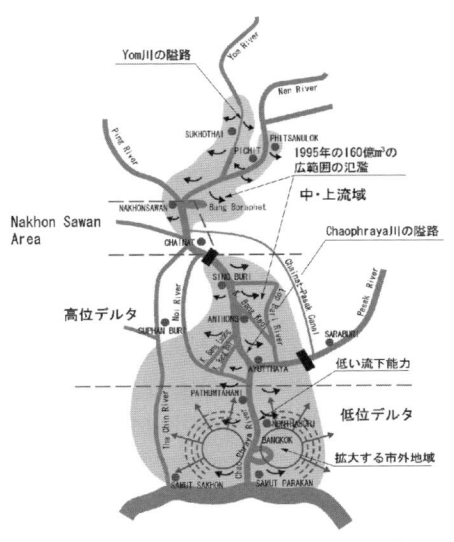

(a) チャオプラヤ川流域での洪水氾濫地域

河川と洪水の条件

地域名	河川名	範囲	流下能力 (m³/s)	1995年の氾濫流量
中・上流域	Nan	Phisabulokから Chao Phraya川まで	1,000～2,000	50億m³
	Yom	SukhothaiからNan川まで	50～1,100	
Nakhon Sawan地域	Chao Phraya	Nakhon SawanからChainatまで	2,500～4,500	10億m³
高位デルタ	Chao Phraya	ChainatからAyutthayaまで	4,200～1,300	70億m³
低位デルタ	Chao Phraya	Ayutthayaより下流	2,900～3,200	30億m³
	Chao Phraya	MBA洪水バリア*	3,600	

＊：継続中のプロジェクト

(b) 流域各地域の流下能力と1995年の氾濫流量

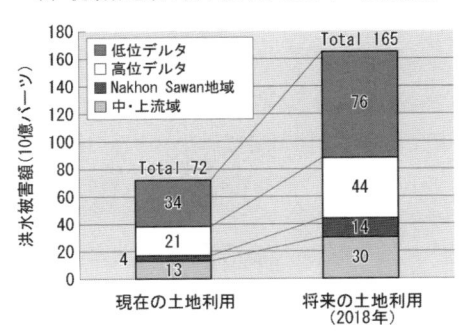

(c) 将来の被害予測（土地開発誘導・規制がない場合の将来に1995年と同規模の洪水が起きた場合）

図6.12 チャオプラヤ川流域の洪水被害増加とその原因の分析

チャオプラヤ川の中・下流域の洪水流下能力は図 6.13、図 6.14 に示すとおりである。

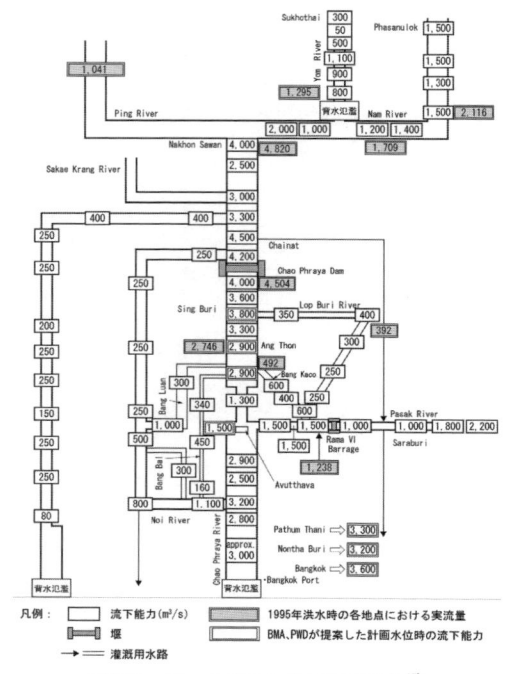

図6.13　チャオプラヤ川の流下能力[15]

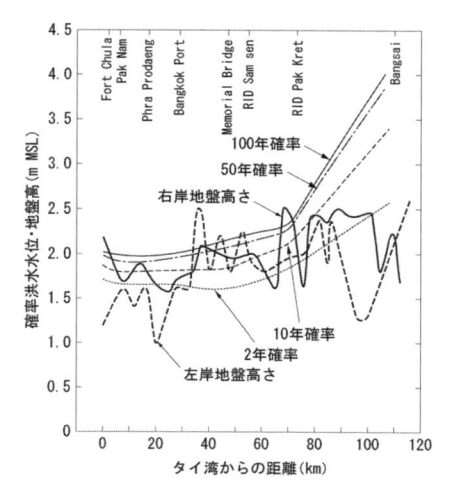

図6.14　チャオプラヤ川の確率洪水水位と地盤高[11]

この川の流下能力を念頭に浸水および被害額増加の原因を整理すると、以下のようである[15]。
① チャオプラヤ川の流下能力の不足（それより大きな洪水は氾濫する）
② もともと氾濫が生じる地域における浸水を許容しない生産性の高い稲への転換、および浸水を許容しない都市化等による被害ポテンシャルの増大による被害額の増加
③ 洪水が氾濫し遊水していた地域で、背の低い稲を守るために行われる農地の洪水防御により遊水機能が失われ、その下流域等で水害の危険性が増大
④ 氾濫原内に連続して設置された道路等の盛土による遊水機能の低下とそれによる局所的な水害の危険性の増大
⑤ バンコク市街地からの氾濫水のポンプ排水によるチャオプラヤ川の洪水水位の上昇による水害の危険性の増大

これらのことから、チャオプラヤ川の中・下流域の治水対策としては、その原因に対応するとともに、ある地域の水害防御により下流域の水害を激化させないことを基本として、以下のような対策を計画した。

非構造物対策としては、①被害ポテンシャルの増加を軽減するための土地利用の誘導・規制を行う氾濫原管理、そのための洪水危険度予測図の整備と公開（図6.15）、②治水面を考慮した既存ダムの運用規則の改善、③森林等の流域管理、④洪水対策に関わる組織の検討・関係機関の連携の強化、洪水の予報・警報である。

また、構造物対策については、氾濫の原因に対応する次の3つの代替案を提示した。

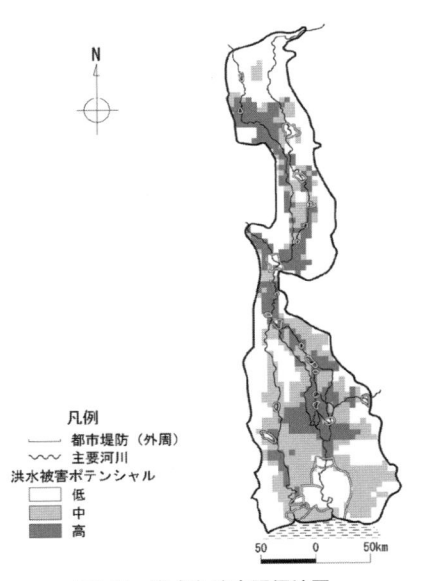

図6.15 洪水危険度評価地図

① チャオプラヤ川中・下流の流下能力が不足する箇所の改修（流下能力が低い区間の河川改修、下流蛇行部のショートカット）に見合った範囲内での中流域での農地の治水対策の実施（中流域での農地防御と中・下流域での河川整備による流量バランスを取った整備）
② 中流域等の整備による下流の流量増加に対応するためのバンコク首都圏等

での堤防の嵩上げによる防御
③ 中流域の農地防御による下流での洪水流量の増加を減殺するため、下流部を迂回する放水路の整備（その規模は中流域の農地防御による流出増を相殺する程度で約200kmの延長。放水路の流下能力を大きくすると下流部の安全性を現在より高めることも可能。放水路の位置は上記のバンコク首都圏を守るために設置した外周堤防の外側のグリーンベルト内を想定）

このような3つの代替案について、タイ国内でその実施について検討し、決定を行うこととなった。現時点では、①の対応についてはより高い治水安全度への整備が期待されていることから重視されず、③の対応についてはバンコク首都圏庁や王立灌漑局は期待しているが用地の補償が容易でなく、費用も高いこと、そしてその整備には長い年月がかかることがネックとなっている。外周堤防の外側下流部で新国際空港の建設が進められ、道路の整備も想定されることから、それらと関連した複合事業化が模索されているが、決定には至っていない。また、中流域での治水上の遊水地の整備、遊水地域の保全、農地排水の改善による流出増の抑制についても検討課題となっている。

このような状況下で、現実には、実際の洪水の危険性に備えるため、局所的な対応で確かな効果が期待できる②のチャオプラヤ川での堤防整備がバンコク首都圏庁により進められている（写真6.1）。この堤防については、河畔の景観や川と都市との分断等の問題が指摘されている[11]。

写真6.1 バンコク首都圏でのチャオプラヤ川への堤防の設置

③の放水路については、1983年の大洪水後にバンコク首都圏東郊外流域の治水対策が進展したように、再度チャオプラヤ川中・下流域が大洪水に見舞われ、国王を含む検討と意思決定が行われるまでは実現しない可能性が高い。なお、放水路の計画の下流部に相当する地区では、新国際空港の建設という事情の下で、その建設による周辺の洪水危険度の増加を防ぐため水路の流下能力の向上が図られている。

非構造物対策の実施については、流域内での治水対策の実施を含む対策の実施に関わる水管理組織・治水担当部局の設立などが議論されてきた（王立灌漑局はその主体が農業灌漑であり、都市を含めた治水・水資源管理部局ではない）。その後、環境・自然資源省に水資源局が設立され、全体的な治水政策の検討が進められつつある。

（4） 実践からの評価と今後の展望

本節では、提示した洪水被害増減に関わる基本的理論に基づいて、3つの低平地緩流河川流域を対象に計画を立案し、その後の実践という総合的、社会的な評価を踏まえつつ考察した。

その結果は以下のように要約される。

① 構造物対策については、流域の水文・水理学的な特性を考慮して、氾濫の原因に対して的確な対策が計画されている。その対策は中川・綾瀬川流域、バンコク首都圏東郊外流域、そしてチャオプラヤ川中・下流域について示したようなものであるが、多くの場合、その対策は時間をかけつつ着実に実施されてきている。

② 非構造物対策の核心的な対応である被害ポテンシャルの増大の抑制（土地利用の誘導・規制）は、中川・綾瀬川流域およびバンコク首都圏東郊外流域では組織的に実践されており、洪水への総合的な対策として機能してきたといえる。この対策は、それを実施する部局の存在や取り組みに大きく依存するが、両河川流域ではそれが実施された時代の制度・組織の下で最大限の取り組みがなされたといえる。後述のように、バンコク首都圏庁では、この対策が提案されて以降に都市計画課が都市計画局に格上げされ、この対策の実施への取り組みがなされた。日本と比較すると対策の実施の程度は総体的には低いが、それは国情（法制度、行政組織、社会的背景等）の相違によるものであり、その下での対策の実践は評価されてよい。

③ 以上から、低平地緩流河川流域の治水対策として、構造物対策と被害ポテンシャルの増加を抑制するための土地利用の誘導・規制を中心とする非構造物対策を複合的に講じる総合的な治水対策は有効であると評価されてよいであろう。そして、都市化が急激に進展するアジアの国々等の他流域への適用も同様に有効と考えられる。

④ チャオプラヤ川流域の中・下流域で提案した、洪水の原因に対して的確に対応するための治水対策については、対策の実施組織等の問題があり、今後の進展を見守る必要がある。この流域での対策は、その実施が比較的容易で、その効果も明確なチャオプラヤ川への堤防設置が先行している。代替案として提示した対策の実施は、より高い治水レベルへの対策の実施という局面を見通して、この流域が再度大洪水に見舞われた場合に取り組みがさらに進むことになると思われる。これは、水害への対応は平時にはほとんど進まず、大災害を経験した後に進められるという、日本も含めて世界で通常のことでもある。

（5） 結論と展望

　本節では、近年はほとんどアカデミズムの場に持ち出されることのなくなった総合的、実践的な治水対策について、その基本的理論を提示し、低平地緩流河川流域を対象として、ほぼ同時期に進められた日本とタイ国の総合的な治水対策を中心に考察した。

　治水は都市化の進んだ社会を支える上でどの時代にも必要とされる基本的な要請である。そのため著者は、実践された治水対策に関わる知見は、継続が容易でない行政のインハウス・エンジニアの経験にとどめず、アカデミズムの場でも考察・議論され、スパイラルアップ的に今後の治水計画に生かされることが望ましいと考える。そしてその成果は、日本国内のみならず発展著しいアジアの国々等にも役立てられてよいと考える。その際には、実践を踏まえた理論を持った日本の研究者が行政の人々とともに貢献してよい。そのためには、実践を踏まえた治水計画の事後評価的な視点をもった研究・検討、さらには大学等でのこの面での教育が重要であると考える。

　そのような観点から、本節が、実践を前提とした治水対策について、国際的な視点も含めた比較研究の一助となることを期待したい。

　なお、著者は、実践された治水対策を、アカデミズムの場における考察・議論を通して行政の経験を工学的・社会科学的な理論へと発展させることが重要であるという立場から、構造物対策として治水の要となっている堤防について、河川堤防をある地点の断面として論じるのではなく、上下流の安全性のバランスなども考慮した、システムとしての堤防論についても提示している[16]。

6.2　低平地緩流河川流域の治水に関する都市計画論的考察

　流域の都市化が著しいアジア等の河川流域で、洪水による被害額も増大しており、治水対策が求められている。

　水害は、洪水の氾濫によって人間社会が被害や不便を被ることによって発生する。洪水の氾濫によっても被害や不便がなければ水害とはならない。したがって、水害を防ぐ治水の本質は、流域、特に川の氾濫によって形成され、水害の危険性がもともとある氾濫原の土地利用にある。とりわけ、氾濫原で都市化が進行している日本を含むアジア等の国々の流域では、このことが特に重要である。

　この治水と土地利用の関係について検討した研究は極めて少ない。その理由は、日本や多くの国々では、ごく一部の例外を除き、治水は氾濫原での土地利用が任

意に進むことを前提として（既に行われている土地利用を前提として、あるいはスプロール的な都市化の進展等を前提として）、あるいはそのように土地利用が進むことを可能とすることを目指して進められたことによると考えられる。

治水と土地利用の関係についての研究は数少ないが、その一つとして坂野ほかによる低平地河川の氾濫原の治水計画がある[1]。この研究は、大阪の寝屋川の改修計画についてのものであり、河川整備をすることによる積極的な効果は土地利用の高度化であるとし、消極的な効果は水害被害額を軽減させることであるとしている。すなわち、前述のように、河川整備により土地利用を高度化できるとし、治水と土地利用の関係を当時の状況下で考察したものであった。その後長い間、前述のように、治水のある一部の事項についての水文学的・水理学的な詳細な研究や、各種の計画手法を治水問題に適用するとした方法論的な研究はあるものの、治水計画を全体的かつ実証的に取り扱い、土地利用を治水の本質として取り扱った研究は報告されていない。

次に土地利用と治水の関係を検討した研究としては、筆者らによる研究[2,3]がある。その研究では、都市化が急激に進む流域で洪水被害額が増大する原因を分析するとともに、それに対応するための流域内での対策も含めた総合的な治水対策について実証的に論じている。そして、最近では、筆者ら[5]は低平地緩流河川流域での総合的な治水計画についての事後評価的な視点から考察し、その有効性を考察している。また、行政面での検討としては、国土交通省が総合治水対策を講じた特定河川流域を対象に行政評価（プログラム評価）を行ったものがあり[6]、概ね10年に1回程度発生する洪水に対する当面の対策としての総合治水対策の有効性（治水投資を集中的に行うためのプログラムとしての有効性等）と課題を示している。

これらの研究等は、土地利用との関わりを含めた研究であるが、その中心は治水施設整備を中心とした考察が主であり、土地利用と治水との関わりに重点をおいたものではない。

そこで、本節では、前述の治水の基礎理論に照して、治水の本質である土地利用と治水の関わりに焦点を当て、土地利用面での対策を含む総合的な治水対策が講じられた実際の流域での実践を踏まえた考察を行うこととする。実践事例としては、いずれも大河川の氾濫原にある流域であり、近年急激な都市化に見舞われ、かつ具体的に治水対策が講じられた日本の中川・綾瀬川流域とタイ国バンコク首都圏の東郊外流域での治水対策を取り上げ、計画の策定とその後の経過を事後評価的、実践的に考察し、評価を行う。

対象とした両河川流域はいずれも利根川・渡良瀬川・荒川およびチャオプラヤ

川という大河川の氾濫原という低平地に位置し、もともと洪水氾濫が発生してきた河川勾配の緩い流域（大河川から見ると支流域）である。稲作農耕から都市が発展したモンスーンアジアの多くの都市はこのような低平地緩流河川流域に位置している。これに対して、日本の多くの河川流域は、山地域を流域に多く含む急流河川、あるいは首都圏の鶴見川流域などの洪水の及ばない丘陵地を多く含む丘陵地河川の流域が多い。対象とした2つの流域は、アジアの都市等が位置する代表的な河川流域であるといえる。

（1） 流域治水の理論と土地利用

流域治水の理論とその要点については、6.1節で述べたとおりであるが、その要点と土地利用、すなわち都市計画的な側面からの解説を加えると以下のようである。

筆者は治水の理論を概念的に示し、洪水被害額の増減に関して、前述の式(1)〜(3)を導いた。

その基本式により、人口増加等による洪水被害額の増加とその原因（要因）の分析ができる。すなわち、年平均想定被害額の増減は、①治水施設の対応能力を向上させることによる年平均想定被害額の軽減、②土地利用の誘導・規制による被害ポテンシャルの増減によって期待される年平均想定被害額の増減、③それらが複合した年平均想定被害額の増減より構成されることが知られた。

これらのうち、治水の本質である土地利用と治水の関わりを直接的に示すのは②の対策である。

この対策は非構造物対策あるいは流域対策のうちの氾濫原対策（土地利用の誘導・規制）であり、特に低平地緩流河川流域のみならず氾濫原の治水の最も本質的な対策となる。その実施は一般的には容易でない。すなわち、日本では、総合治水対策の特定河川という例外的な事例を除くと、これまでも、そして現在でも氾濫原での都市化等による被害ポテンシャルの増加には一切手を加えず、むしろその増加を前提として構造物による治水が行われてきた。世界的にも、この被害ポテンシャルの減少あるいは増加の抑制は、ごく限られた一部の河川で行われているにすぎない。

なお、ごく一部の例外的なものとしては、前述のように日本においては土地化が急激に進行した流域を対象に1980年代中頃から行われた総合治水対策の特定河川流域での取り組み、アメリカでの連邦洪水保険に加入する条件としての洪水氾濫原（100年に1回程度洪水氾濫の可能性のある地域内）での新たな開発の規制・誘導、1993年の大洪水後に氾濫原からの一部撤退を行ったアメリカ・ミシシ

ッピ川での取り組み、1996年の大洪水後、治水施設である川の中や遊水地内からの撤退を進めている中国・長江等での取り組み、ライン川での既に行われた川の直線化等により失われた洪水調節機能の復元や氾濫原の新たな開発の誘導・規制への取り組みなどがある [6), 7)]。しかし、多くの場合、このような土地利用面での対応を組み込んだ治水対策は、日本でも、そして世界的に見ても、特筆はされても一般的な対策とはなっておらず、部分的あるいは例外的なものである。とりわけ、洪水の氾濫原に人口の約1/2、資産の約3/4が洪水の潜在的な危険性のある洪水の氾濫原に存している日本やアジア・モンスーン地域の中国やタイ等の国々では、この面での対策は一般的な対策とはなっていない。

次に、②の土地利用に関する対策と①の構造物対策を複合化させた総合的な治水対策についてみると、その施策は前述の**表6.1**に示したようなものである。日本の総合治水対策が実施された17の特定河川流域では、流域内での対策としては、流域内の丘陵地等の森林や氾濫原の水田を可能な限り市街調整区域に指定して雨水の貯留や地下浸透機能を保全し、また、雨水の貯留施設や浸透施設を設置することで都市化による洪水流出量の増加を抑制する取り組みがなされた。

17河川のうち、1979年から1982年にかけて総合治水対策河川に採択された中川・綾瀬川流域や鶴見川流域等の14河川では1980年代前半にその計画が策定された（中川・綾瀬川流域では1983年に計画策定）。1988年に採択された神田川等3河川流域では1990年前後に計画が策定された、これらの対策は、行政によるものは恒久的なものであったが、開発に対して開発指導要綱に基づいて義務づけられたものは治水対策が進むまでの暫定的なものとされた場合が多かった。その後、2000年になってこの流域内での対策の恒久化等を意図した法律が制定されている。

以下では、さらに実践的な視点から上記の基本的理論の下で実施された具体的な事例の効果について考察を進める。

（2） 実践事例における土地利用の計画とその後
（a） 中川・綾瀬川流域での計画と実践

東京首都圏の北東部に位置する中川・綾瀬川流域（流域面積987km^2。東京都・埼玉県）の総合治水対策（概ね10年に1回程度発生する洪水を対象とした当面の治水対策）の大きな特徴は、低平地緩流河川流域（その多くが利根川、荒川、渡良瀬川の氾濫平野）の都市化（**図6.16**）を対象にした点にある。低平地緩流河川流域は、もともと洪水の危険がある地域で、被害ポテンシャルが増大することが、洪水被害を増大させる [10), 12), 13)]。したがって、被害ポテンシャルの抑制が基本的な流域対策である。それに、流域の都市化の進展による洪水流出量の増加、お

図6.16 中川・綾瀬川流域の都市化の進展
(左より 1972、1980、1990、2000年。色の濃い部分が市街地であり、東京首圏の市街地の拡大を示す。中央上の線で囲った部分が中川・綾瀬川流域、左下の線で囲った部分が鶴見川流域)

および遊水機能の低下を抑制することが付加されている。

具体的には、もともと浸水する水田地域の市街化を抑制すること（市街化調整区域の保持、洪水の遊水機能を保全する対策）で流域のもつ洪水を軽減する能力を保持するとともに、さらに本質的な対策として、浸水の危険性がある地域の都市化による被害ポテンシャルの増大を抑制することを流域対策の中心的なテーマとした[10),12),13)]（筆者は、建設省江戸川工事事務所および同関東地方建設局の担当者として、計画策定を直接的、主体的に進めた）。

このため、土地利用を誘導・規制するための地域区分が、重要なポイントとなった。

そこで中川・綾瀬川流域では、治水面から市街化を積極的に進める区域として、都市計画法に基づく市街化区域（既に市街地を形成している区域および概ね10年以内に優先的かつ計画的に市街化を図るべき区域、都市計画法第7条）に図6.3に示した3地域区分の低地地域を指定した。この市街化区域に対しては、水害を防ぐために治水対策を実施して防御するとともに、市街化をこの区域内に誘導して積極的に進めることを計画した。3地域区分のうちの保水地域と遊水地域は、市街化を規制・誘導する地域として市街化調整区域（市街化を抑制すべき区域、都市計画法第7条）に指定し、流域の持つ雨水を貯留または地下に浸透させる保水機能、あるいは遊水させて下流の氾濫を軽減する遊水機能を保全するとともに、より本質的な対策として、洪水氾濫の危険性のある地域での被害ポテンシャルの増大を抑制することを計画した。

この中川・綾瀬川流域の総合治水対策の効果等は、6.1節で述べたとおりである。

流域内でもともと浸水の危険がある地区で市街化が進むと被害ポテンシャル S

が増大し、結果として洪水被害が増加する（吉川ら）[2],[3]。それに対して市街化の誘導・規制により被害ポテンシャル S の増大を抑制すると、被害の増大が抑制される。この対策は、以下に述べるように、中川・綾瀬川流域では都市計画法の地区指定とその運用で比較的よく実施されたといえる。

中川・綾瀬川流域の市街化区域の変化について、総合治水計画策定時点（1983〈昭和58〉年）の市街化区域（1978〈昭和53〉年に指定）と約20年後の1999〈平成11〉年の市街化区域を図 6.17 に示した。図より、市街化区域は若干の区域の追加指定があったものの、ほぼ計画策定時と同様であり、治水面からの土地利用の誘導・規制が現在まで引き継がれていると見ることができよう。

一方、市街化した区域の変遷について見たものが、図 6.18（1985〈昭和60〉年）と図 6.19（2000〈平成12〉年）である。両図には市街化区域の範囲も示しているが、流域の開発（市街地）は市街化区域内を越えて、市街化調整区域内でも進んだことが分かる。

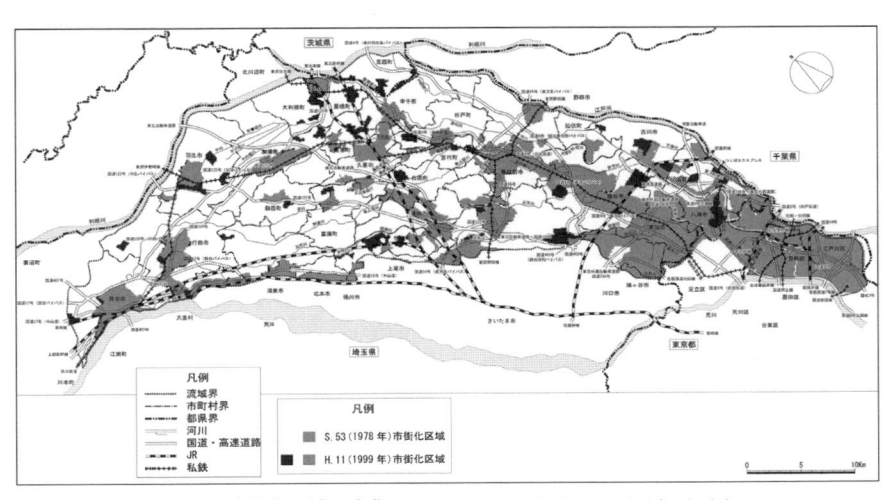

図6.17　市街化区域の変化（1978〈昭和53〉年と1999〈平成11〉年）

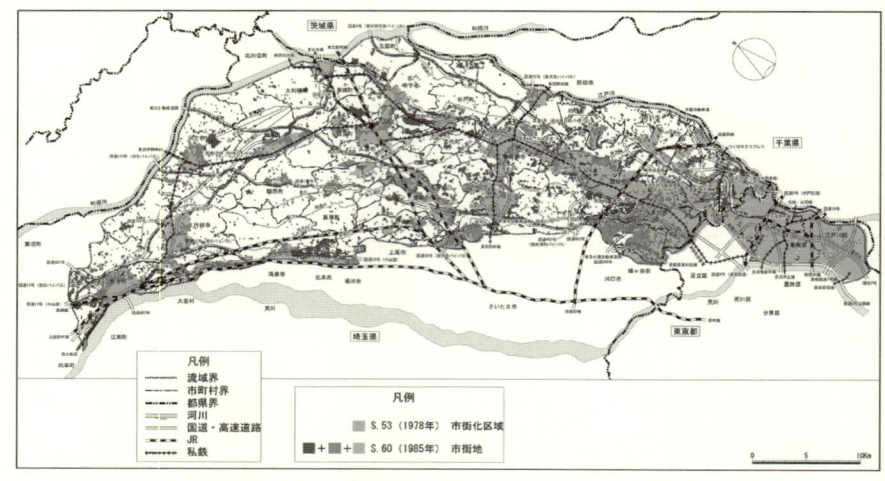

図6.18　1985（昭和60）年の市街地（市街化区域外でも一部市街化している）

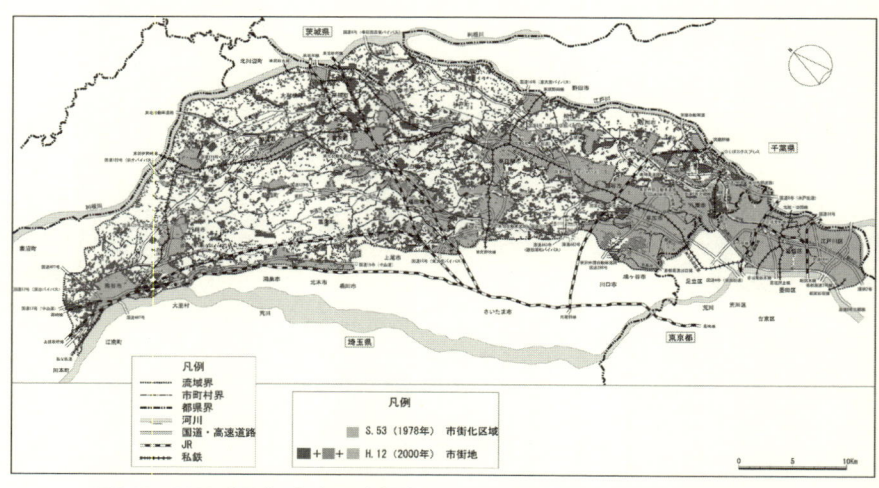

図6.19　2000（平成12）年の市街地（市街化区域以外でも市街化が進んでいる）

　中川・綾瀬川流域での治水面からの市街化の誘導・規制の構想とその結果について、量的（面積的）に見ると以下のようであった。総合治水対策の計画を策定した時点（1983年）で、概ね10年後（1990年）の市街化率（流域面積に対する市街地面積の比率）を38％と想定していたが、実際には39％であった。
　その市街化した地域についてさらに詳しく見ると、市街化すると予想していた面積全体では、ほぼ想定に近かったが、市街化区域内での市街化は想定を下回り、

市街化調整区域内では想定を上回った。市街化調整区域内での開発について見ると、計画策定時点以降、市街化を抑制するとされている市街化調整区域内でも整備が可能とされてきた公的主体による学校、福祉施設等の公的な整備・開発が行われたことや、市街化調整区域での民間による開発の規制が緩和（地権者の親族による開発が緩和・許可等）されたことなどによっていると推察される。さらにその10年後の2000年の状況を見ると、市街化率は47％であり、図6.19に見るように市街化調整区域内での開発がさらに相当程度進んだことが分かる。

これらのことから、総合治水策定時点で計画した治水面からの土地利用の誘導・規制の計画は、その後の情勢の変化により市街化調整区域内での開発についての規制の緩和などが行われ、市街化区域内での市街化が進んだが、図6.17に示したように市街化区域はあまり変化せずに現在にまで引き継がれていることを考慮すると、全体的に見れば一定の効果を発揮してきたと見ることができよう。

この流域での流域対策としての土地利用の誘導・規制による被害ポテンシャル増大の抑制に関しては、社会科学的（法的）側面として、以下のことを指摘しておきたい。

この非構造物対策としての流域対策は、都市計画法の下では、計画的な市街化区域の設定と市街調整区域の保持ということを主眼として実行された。そして、その都市計画法の運用において、この流域では水田の多くが都市計画法とほぼ同時期に制定された「農業振興地域の整備に関する法律」（「農振法」）[17]に指定されていたことから、その農地は容易には市街地への転用が許可されず、農振法がこの市街化の抑制に大きく貢献した面が強い。

また、鶴見川流域と中川・綾瀬川流域は東京都心からほぼ同様の距離にあり、市街化の圧力はほぼ同様であったと考えられるが、水田が少なく流域の多くの部分が畑地・森林であった鶴見川流域では、中川・綾瀬川流域の水田地域のようには都市化の圧力に抗して流域の持つ保水機能、遊水機能を保全し得なかった（図6.16、表6.3）。図6.1に示したように、中川・綾瀬川流域は利根川・渡良瀬川・荒川の氾濫平野であり水田地帯であったが、鶴見川流域は水田は川沿いのごく一部の地域に限られ、その多くの場所が丘陵地であった。その結果、図6.16に示したように都心からの距離は中川・綾瀬川流域とあまり違わないが、鶴見川流域では丘陵地で都市化が進み、1955（昭和30）年の中川・綾瀬川流域の市街化率は5％、1958（昭和33）年の鶴見川流域は10％であったが、2000（平成12）年にはそれぞれ47％、85％となり、鶴見川流域の都市化が大きく進展した。

(b) タイ国バンコク首都圏での計画と実践

バンコク首都圏東郊外流域での土地利用の誘導、規制を含む総合的な治水対策は 6.1 節で述べたとおりである（表 6.4）。

この計画での土地利用の誘導・規制に関する対策としては、前述の図 6.9 に示したものであり、外周堤防（キングス・ダイク）の外側をグリーンベルト地域として保全して遊水機能を確保し、さらにその内側の第二堤防（インナー・ダイク）を設けて外周堤防との間の地域でも遊水機能の保全することを計画した。この計画は、後述するように、タイ国およびバンコク首都圏庁の社会的、政治的等の状況下で実施に移され、今日に至っている。

表6.4 バンコク首都圏域の対策メニュー

構造物対策	非構造物対策
・北東部からの洪水流入を防ぐための外周堤防（キングス・ダイク）および水路への水門の設置 ・外周堤防と市街地との間は遊水地域として保全 ・雨水をチャオプラヤ川に排水するための排水ポンプおよびそれにつながる水路の整備 ・チャオプラヤ川からの氾濫を防ぐための堤防および水路への水門の設置	・外周堤防外側の水田地帯をグリーンベルト地帯として保全、遊水機能の確保 ・都市化地域の中にも相対的に低い場所を保水地域に指定（政府の許可がないと開発できない地域に登録） ・市街化を誘導・規制 ・河川等の洪水情報システムの整備と洪水対応センターの設置

(3) 都市計画論的な考察

治水計画の本質の一つである被害ポテンシャルの増加（あるいは軽減）と直接的に関わる都市計画の面からは、以下のように考察される[7]。

日本では、都市の計画的な発展・誘導に関して、首都圏においては、帝都復興計画、東京緑地計画、防空計画、戦災復興計画、そして、第一次首都圏整備計画にまで引き継がれたグリーンベルト構想・計画があった[9],[18]。第一次首都圏整備計画では、グリーンベルトが計画として位置づけられたが、土地所有者の反対と政治的な対応、そしてより本質的には、約350万人程度と想定した首都圏の人口がそれをはるかに上回り、人口の増加と都市化の圧力により、その計画は実現しなかった。そして、そのグリーンベルト計画が消失する段階で、都市計画法による市街化区域と市街化調整区域の法制化があり、それら2つの区域の線引きにより土地利用が誘導・規制できることとなった。また、ほぼ時を同じくして農業振興に関する法律（農振法）が制定され、中川・綾瀬川流域で述べたように、日本における総合治水対策を実質的な面で支援する結果となった法制定が行われた[17]。

経済の高度成長と都市化が急激に進んだ 1970（昭和45）年代になって、深刻な都市水害が問題となり、河川改修を中心とした構造物による治水対策には限界が生じ、流域の都市化・土地利用を誘導・規制することを含めた総合治水対策が、国、都道府県、市区町村の行政の協議により実施されることとなった（その協議

の事務局は、国あるいは都道府県の河川部局が務めた)。

この段階で、都市計画法に基づいて、流域の土地利用の線引き(市街化区域と市街化調整区域の区分)による土地利用の誘導・規制が行われた。すなわち、都市計画法を運用し、市街化調整区域に指定して流域の持つ保水機能(雨水の貯留、浸透機能)の保全、遊水機能(洪水時に水田や湿地で洪水が滞留し、洪水流出量を軽減する機能)の保全と浸水危険区域での都市化(浸水を許容し得ない都市的な土地利用)を誘導・規制することが行われた。日本では、この段階で将来の都市化の進展を見込んだ線引きが行われたことから、その後、ほぼこの当時の計画を踏襲した土地利用の誘導・規制が継続して行われ、上述のように中川・綾瀬川流域を含めた総合治水対策が実施された特定の河川流域で一定の効果を発揮してきたといえる。

なお、中川・綾瀬川流域で見るように、市街化区域外での市街化が進展している(図 6.18、6.19)が、これは市街化調整区域内での開発の進行を示しており、都市計画法の制度としての市街化区域、市街化調整区域の設定とその運用の限界を示していると見ることもできる。この制度が制定されて約 40 年が経過しているが、ここに示した実例から見られる計画(いわゆる線引きによる都市化の誘導・規制の計画)と実態との乖離も考慮して、この制度の運用の変更に加えて、制度そのものの評価と見直しも検討されてよいと考えられる。

タイのバンコク首都圏東郊外流域の総合的な治水計画における土地利用の誘導・規制の構想・計画については、治水部局、都市計画部局の努力の下で、以下のような経過をたどり、現在に至っている。

図 6.7、6.9 に示した治水面からの土地利用の誘導・規制の構想・計画は、現在はバンコク首都圏庁の総合的な都市計画図(図 6.20、1999 年制定)に示される位置づけとなっている。すなわち、外周堤防の外側のグリーンベルト地帯は、当初の構想・計画どおり土地利用が基本的に規制され、農業用地として維持されてきている。外周堤防の内側に計画された遊水地域と保水地域に関しては、利用度の低い都市域として土地利用の位置づけがなされている。

1984 年の治水計画の策定から現在に至るまでの間に、都市計画の面では以下のような経過があった。1984 年当時は、バンコクの都市計画は国の機関である内務省都市・地域計画局が所管しており、バンコク首都圏庁を含む地域の土地利用についての検討は行われていたが、計画策定までには至っていなかった。

バンコク首都圏庁区域を含む総合的な都市計画は、内務省都市・地域計画局により 1992 年に策定された。その後、地方分権化の進展で都市計画はバンコク首都圏庁が行うこととなった。そしてその担当部局は、当時のバンコク首都圏庁の

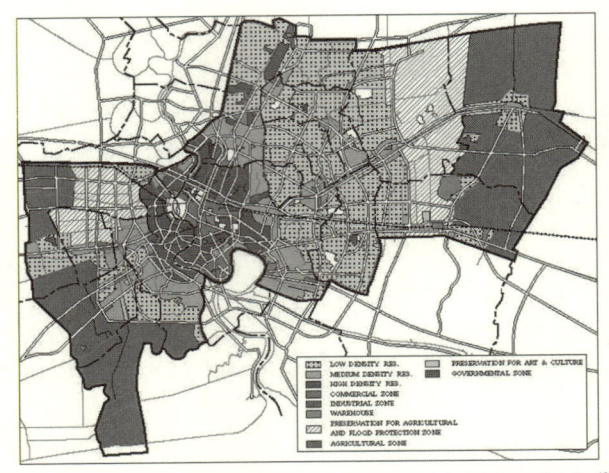

図6.20　バンコク首都圏庁の総合的な都市計画（土地利用の規制）[19]

　都市計画課から都市計画局へと組織的な昇格が図られ、その体制で1992年のバンコク首都圏庁区域の都市計画が見直され、一部修正を行って国の承認の下に1999年に第2期の計画（現在の計画）が策定された。そして、地区の容積率の変更等を含めた修正について、内閣の承認も得られ、近く第3期の計画が策定される見通しとなっている（2006年3月現在）。
　このような都市計画の推移の下で、1984年の治水計画で構想・計画された外周堤防の外側のグリーンベルト地帯は、基本的に水田としての土地利用に制限され、現在でも計画策定時の土地利用の規制がほぼそのまま現在も継続している。なお、この地域でも、外周堤防（キングス・ダイク）道路の周辺で、道路に隣接した地域の一部で地盤を盛土により嵩上げして住宅開発等が行われており、土地利用規制の緩和への要請が強く、それへの対応も検討されている。
　外周堤防内の遊水地域、保水地域の保全については、以下の理由によりそのままでは実現していないが、その計画で構想したことは、一定の範囲内で現在に引き継がれていると見ることができよう。
　前述のように、外周堤防と第二堤防の間の遊水地域は都市的な利用についての低密度の利用地域として設定されている。これは、水田としての土地利用の継続を意図した遊水地域は、その後の都市化の急激な進展により、現在では外周堤防の内側では水田としての土地利用はほぼ消失し、都市化の圧倒的な圧力という面から見ても水田として保全し、遊水地域として保持することは、現実的でなくなったことが大きな理由である。また、治水面からの土地利用の誘導・規制の働き

かけは行われたものの、土地利用の規制を意図した線引きと地区の指定には土地所有者の抵抗があり、政治的な面からもこの規制はバンコク首都圏では困難であったことも挙げられる。これらのこともあり、現在の総合的な都市計画では、これらの地域は、利用密度の低い地域として位置づけられている。

第二堤防の内側での保水地域の指定に関しては、この地域も都市的な利用についての低密度の利用地域として位置づけられるとともに、その地域内で約20カ所を保水・遊水地区として指定して土地利用を規制し、また、構造物対策としての計画的な保水機能の確保（遊水地の整備）も数カ所で行われている。

これらのことから、治水面からの土地利用の誘導・規制の構想は、圧倒的な都市化の圧力や政治的な判断等の下での変更とともに適応が行われたものの、基本的な思想は一定の範囲内で現在に引き継がれてきたとみなすことができよう。

このようなバンコク首都圏における事情と経過は、前述の日本の首都圏におけるグリーンベルト構想・計画の実現が、首都圏の都市化の圧倒的な圧力と土地所有者の反対を受けた政治的な対応により実現し得なかったこととある面では類似しているようにも見える。

（4） 実践からの評価と今後の展望

本節では、提示した洪水被害増減に関わる基本的理論に基づいて、都市計画的な側面から、2つの低平地緩流河川流域を対象に計画を立案し、その後の実践という総合的、社会的な評価を踏まえつつ考察した。その結果は、以下のように要約される。

① 本節で述べた総合的な治水対策は、都市化が急激に進む低平地緩流河川流域の治水対策（概ね10年に1回程度の発生頻度の洪水対策）として、治水の本質である土地利用の誘導・規制という非構造物対策も含めて、有効であることが事後評価的に実証された。

② 非構造物対策の核心的な対応であり、かつ治水の本質的な対応策である被害ポテンシャルの増大の抑制（土地利用の誘導・規制）は、中川・綾瀬川流域およびバンコク首都圏東郊外流域では組織的に実践されており、洪水への総合的な対策の一環として実施され、現在も一定の範囲内で機能しているといえる。この対策は、それを実施する部局の存在や取り組みに大きく依存するが、両河川流域ではそれが実施された時代の制度・組織の下で最大限の取り組みがなされたといえる。なお、バンコク首都圏庁では、この対策が提案されて以降に、都市計画の策定権限が内務省の都市・地方計画局からバンコク首都圏庁に移管され、また、バンコク首都圏庁内でも都市計画課が都市計画局に格上げされ、都市計画の策定が行われるようになった。そして、当初

の構想・計画は種々の情勢から修正がなされたが、治水面からの土地利用の誘導・規制の努力がなされた。日本と比較すると対策の実施の程度は総体的には低いともいえるが、それは国情(法制度、行政組織、社会的・政治的背景等)の相違によるものであり、その下での対策の実践は評価されてよい。

③　都市化が急激に進む低平地緩流河川流域の治水対策(概ね10年に1回程度発生する発生頻度の高い水害を想定した当面の対策)として、構造物対策と被害ポテンシャルの増加を抑制するための土地利用の誘導・規制を中心とする非構造物対策を複合的に講じる総合的な治水対策は有効であると評価されてよいであろう。そして、都市化が急激に進展するアジアの国々等の他流域への適用も同様に有効と考えられる。都市計画において治水の本質である土地利用の誘導・規制に配慮し、計画に位置づけることは、日本でも、そしてアジアの国々でも検討し、今後さらに実践していくことが望まれる課題である。

④　治水に関する都市計画論的な研究はほとんどといってよいほどなされていなかったが、本節での検討により、日本の首都圏およびタイ国のバンコク首都圏での実践に即した研究から、国情に応じ、その実践による効果、重要性とともに、限界等についての知見が得られたと思われる。

⑤　以上の検討は、都市化が急激に進む流域で、高い頻度(概ね10年に1回程度)で発生する水害への対応についての考察である。より大規模な水害(50年、100年に1回といった発生頻度、あるいはそれよりもさらに稀に発生する可能性のある大水害)への対応について、日本ではいわゆる浸水予想区域図やハザードマップといった水害に関する情報提供が行われるようになりつつあるが、土地利用、都市計画の面からの対応については全くといってよいほど検討されておらず、したがって対応策の実践も行われていない。日本では、そのような大規模の洪水で浸水する危険性のある川の氾濫平野に、既に人口の約1/2、資産の約3/4が位置している[16]。このことから、氾濫原からの撤退といった対応策は現実的でなく、治水施設整備(構造物対策としての対応)と同時に、被害を受ける対象(被害ポテンシャル)について、都市構造や建築物の耐水化、さらには防御対象の優先順位付け等のより幅広い非構造物対策の検討が必要である。この状況は、水田稲作社会から都市化社会に移行し、急速に発展する中国やタイ国等のモンスーン・アジアの国々でも同様である。

発生頻度は低いが大規模な水害への対応として、土地利用の誘導・規制、さらにより広い面からの被害ポテンシャルの調整、その他の被害を最小限にするための多角的な対応能力の向上方策の検討と対応策の実践は、日本でも、そしてアジ

アを中心とした世界的視野で見ても、社会性のある今後の重要な検討課題として残されている。今後、日本の大河川流域やタイ国のチャオプラヤ川流域（日本の面積の約半分近い流域面積の河川）などの大河川を対象に、この面での総合的な治水対策、とりわけ土地利用、都市計画面での対応策とその実践についても世界的な視野で検討し、報告したいと考えている。

6.3 大きな河川流域での対応

大きな河川流域での対応について、日本の国土面積の約半分に近い流域面積をもつタイのチャオプラヤ川流域の治水については、6.1 節で述べた。本節では、日本の利根川治水について述べておきたい[16]。

利根川の治水は、基本的には大きな洪水を経験するたびに治水計画の目標レベルを高め、それを実現するための堤防の整備（堤防築造、引堤、嵩上げ）、河床掘削による流下能力の向上、中流域での遊水地の整備、近年の上流でのダム建設を行ってきている。

利根川の治水計画の目標レベルの引き上げに伴う計画の河川流量規模は、**図6.21～6.25** に示すとおりである。治水計画の目標レベルの引き上げの多くは、実際の洪水氾濫を経験しつつ行われてきた。過去約 80 年間の利根川水系での堤防決壊は 32 カ所にのぼる（6.5 節で詳しく述べる）。

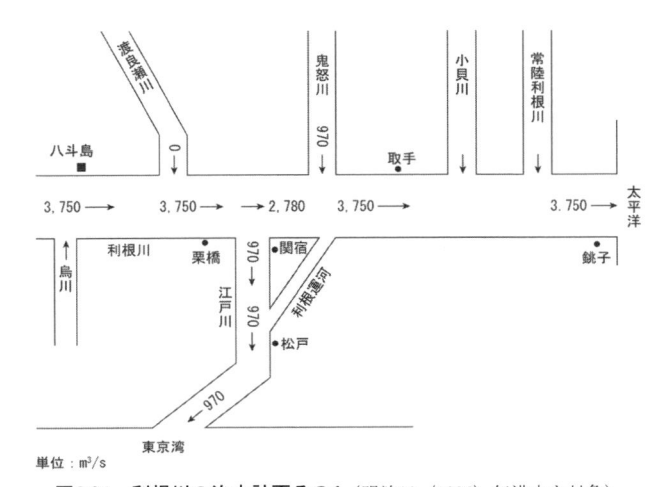

図6.21 利根川の治水計画その1（明治29〈1896〉年洪水を対象）

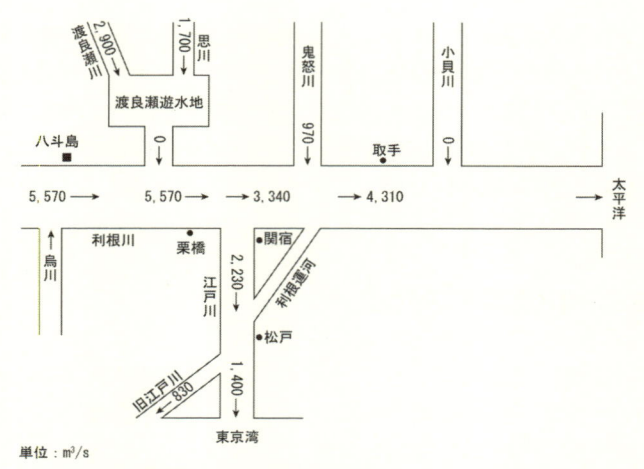

図6.22 利根川の治水計画その2（明治43〈1910〉年洪水を対象）

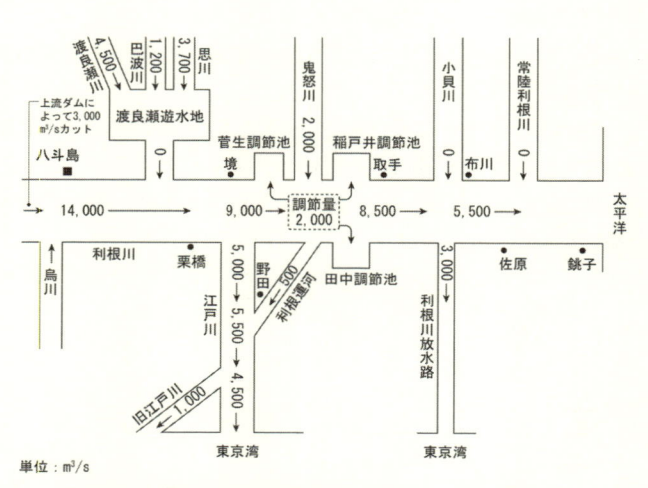

図6.23 利根川の治水計画その3（昭和24〈1949〉年策定）

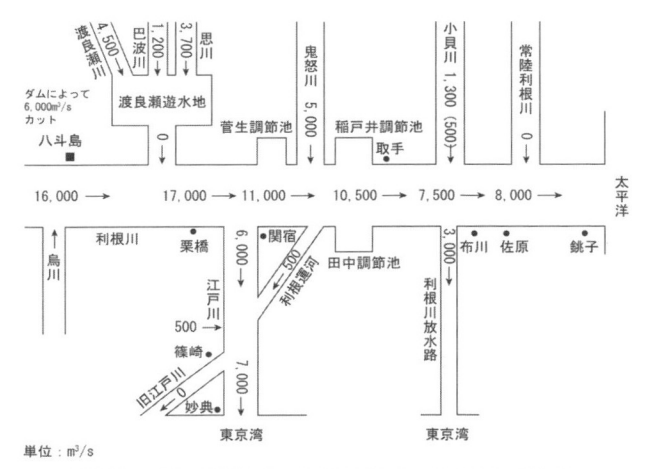

図6.24　利根川の治水計画その4（昭和55〈1980〉年策定）

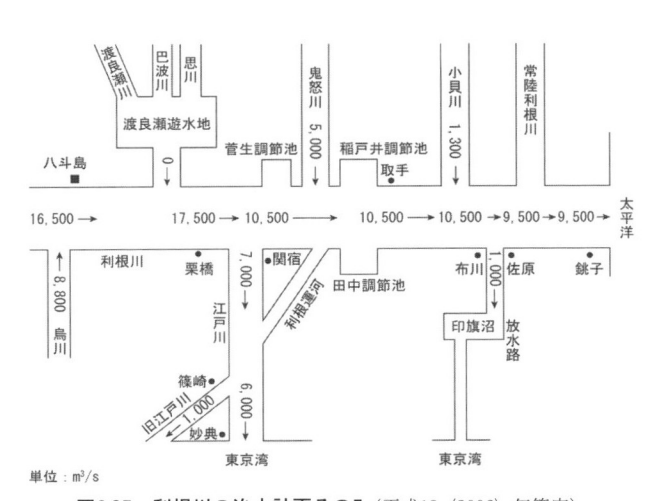

図6.25　利根川の治水計画その5（平成18〈2006〉年策定）

　このような治水計画の目標レベルの引き上げと整備の結果として、利根川水系（利根川、江戸川、鬼怒川、小貝川、渡良瀬川等）には大きな堤防が設けられ、その堤防によって氾濫原の都市や農地が守られている（図6.26、写真6.2〜6.4）。
　近年は、洪水被害への備え、土地利用上の注意等のために、堤防決壊による氾濫区域、氾濫水深等の公表もなされている。また、計画規模を超える超過洪水に対しての整備の議論が行われるようになり、ごく一部の区間で高規格堤防（スー

パー堤防)が設けられるようになっている。

　利根川の治水は、かつては氾濫原の水田等の農地を守ることを主眼とし、そしてその後の氾濫原での人口増加と都市化に伴って、都市等を守るために行われてきたが、その中心手段は堤防整備等の構造物対策であった。土地利用の進展は与件として、河川の安全性を構造物対策によって高めることが行われてきた。治水の本質である氾濫原の土地利用の誘導・規制という対策は採られておらず、むしろ構造物対策（流路の固定、築堤、引堤、河床掘削等）を実施することで、氾濫原の土地利用の高度化をさせること（あるいはその基盤を整備すること）を目指して行われてきた[16]。

　上述のチャオプラヤ川でも、中流域での遊水機能の保全（これには土地利用上の調整が含まれる）の議論はあるが、その対策は構造物対策によっているといえる。

写真6.2　利根川の堤防
(埼玉県栗橋付近。左：堤防と人の住む側の家屋。右上は2002〈平成14〉年7月洪水時の河川内の様子)

写真6.3　江戸川の堤防（左：右岸の埼玉県三郷付近。右：左岸の千葉県松戸付近）

第 6 章　都合の悪い自然（水害）への対応　　205

写真6.4　大規模な堤防で守られている都市・地域
（左：利根川の堤防〈埼玉県内〉　右：荒川の堤防〈東京都内〉）

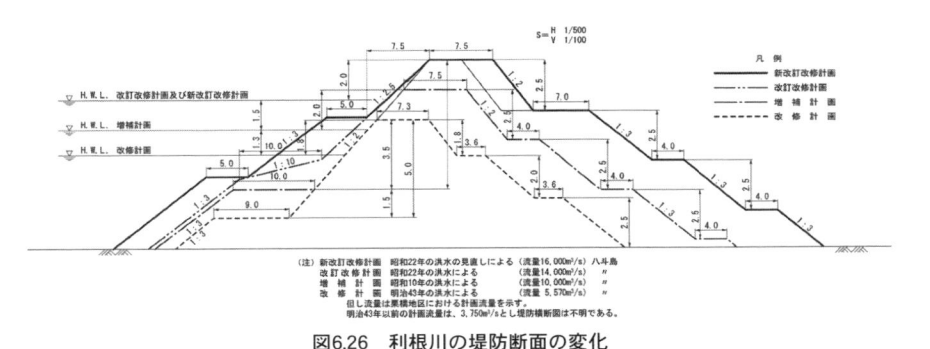

図6.26　利根川の堤防断面の変化

6.4　洪水に対応するレベル

　日本での川の整備の長期的な目標は、全国の同種同規模の河川での長期的な治水計画の均衡の観点から、これまでは概ね次のようなものが設定されてきた[9),10),16),20),21)]。

- ・大都市の河川：150～200年に1回程度発生する大洪水
- ・地方都市や農村部の大河川：100～150年に1回程度発生する大洪水
- ・都市部の中小河川：50～100年に1回程度発生する洪水
- ・農村部の中小河川：10～50年に1回程度発生する洪水
- ・農村部を流れる小河川：10年に1回程度発生する洪水

　これらはあくまでも長期の目標であり、現在の河川の能力を示すものではない。大災害を実際に経験し、その後その洪水に対応すべく整備が行われた河川を除くと、財政的、社会的な理由からその達成には極めて長い年月が必要である。今後の少子高齢社会での経済・社会情勢の下での財政的な制約等を考慮すると、計画

的な河川整備の目標としては、その実現の可能性という面から今後見直しが行われる可能性もあると考えられる。ただし、この規模の洪水により実際に水害が発生し、大きな被害が生じると、その洪水に対処するということで、このレベルの洪水に対応すべく河川整備が行われるであろう。さもなくば（その洪水に対して河川整備を行わないとすれば）、その水害が発生した地域から撤退するという選択を考えることになるであろう。

諸外国の現況の治水レベルを見ると、以下に示すように高い整備目標を設定し、それを既に達成しているものが多い[9), 10), 16), 21)]。

- アメリカのミシシッピ川：本川下流域については概ね500年に1回程度発生する洪水に対してほぼ完成。その後、1993年の中・上流部での洪水を経験し、洪水の危険性のある氾濫原からの一部撤退も実施。
- オランダのライン川：海からの高潮（塩水）に対しては10,000年に1回、ライン川からの淡水の氾濫に対しては1,250年に1回、両者の間の塩水と淡水が混合する可能性のある地域では2,000年～4,000年に1回程度発生する洪水に対応。この目標で既にほぼ完成していたが、1993年、1995年の洪水後、さらに堤防の補強を実施。
- イギリスのテームズ川：高潮に対して1,000年に1回の洪水に対して完成。
- フランスのセーヌ川：100年に1回の洪水に対して完成。
- ハンガリーのドナウ（ダニューブ川）：100年に1回の洪水に対してほぼ完成。
- 中国の長江：三峡ダム下流の重点防御地区の荊江大堤防付近等の中流域の安全度は、三峡ダム完成後は1,000年に1回程度発生する洪水に対応できるレベルに向上。

日本では、長期目標は高く設定されているが、現状の整備のレベルは高くない。大河川の整備の状況は30～40年に1回程度発生する洪水に対してその整備は7割弱程度であり、上記のような大洪水への対応は極めて難しい状況にある。

全般的には上記のような河川整備の状況にあるが、洪水が氾濫すると大災害が発生すると予測される首都圏等の大都市を抱えた河川では、長期的な計画規模を超える洪水や現在の能力を超えるような大きな洪水（超過洪水と呼ぶ）に対しては、その超過洪水によって被害を受ける側での氾濫に対処するための対策（建物の耐水化や迅速な避難など）や氾濫流をより被害が少なくなるように制御する対策を講じ、被害を最小限に抑えようとする対策もごく一部ではあるが実施されつつある[9), 16)]。

6.5 堤防を有する河川のシステムとしての安全管理

わが国では、人口の約 1/2、資産の約 3/4 が河川の洪水氾濫の危険性がある氾濫原に位置し、その多くが歴史的に築造されてきた河川堤防により守られている。しかし、堤防の安全性を、堤防断面という長い連続堤防の点として取り扱ったものは若干あるが、連続した堤防システムとして管理することに関する研究は皆無に近いといえる[16]。

本節では、利根川水系の過去約 80 年間の堤防決壊の実態を報告するとともに、堤防決壊の原因（洗掘、越水、浸透、構造物周りの浸透による決壊）を実証的に明らかにした。堤防決壊の原因は、堤防越水によるものが最も多いこと、近年になって構造物周りでの浸透（漏水）による決壊という問題が生じてきていることなどを示した。

この調査も踏まえつつ、歴史的に築造され現在に至っている堤防の管理について、堤防の機能限界・管理限界を明確にし、これからの時代の河川堤防システムとしての管理のあり方について、超過洪水をも見据え、被害の視点、危機管理の視点を加えて考察し、提案を行った[16]。

河川の堤防は、土を材料として、嵩上げや腹付けが繰り返されてできた根幹的な治水施設であるが、いったん破堤すると氾濫域に多大な被害を及ぼす。わが国の代表的な河川である利根川でも、これまでに多くの洪水による災害を経験してきた。本節では、利根川におけるこれまでの約 80 年間の洪水と堤防決壊（洪水で堤防が切れ、河川水が氾濫原に氾濫したもの。以下、堤防決壊という）の実例を取り上げ、決壊に至る経過とその原因を明らかにする。これらの過去の経験を踏まえて、堤防決壊を防ぎ、洪水による被害を最小化するために必要な河川堤防システムの安全管理のあり方について述べる[16]。

（1） 河川堤防の特徴

利根川では、明治以降、段階的に河川整備が進められてきており、現在でも長期的な（究極的な）目標としては 200 年に 1 回起こる程度の洪水を対象とした治水施設が計画され、その整備が進められている。しかし、現在の治水安全度はその長期的な計画に対して十分な水準にはなっていない[9),16),21]。

しかも、河川堤防は次に述べるような特徴を持っているため、その安全性は一様とはいえない。

① 川はその位置を人為的に自由に変えることができない。
② 連続する堤防は、氾濫原のあらゆる地形条件、地盤条件のところを通るこ

とを余儀なくされる。
③　河川堤防は過去幾度にもわたって嵩上げや腹付けが繰り返されてできた歴史的構造物であり、堤体には多様な材料が使われている。
④　堤体には一般的に近傍から採取した自然の土砂をそのまま使っていることが多く、土の品質が不均一である。
⑤　堤防の基盤は川の氾濫により堆積した土砂で形成されており、複雑な構造となっている。
⑥　降雨や洪水による外力は自然そのものであり、人為的にコントロールすることができず、また場所や気象条件によって異なる。
⑦　河川水や降雨による水の浸透によって、土の強度や性質が非定常で変化する。地下水との関係も重要である。
⑧　河川や堤防は、土砂の堆積や浸食、地盤沈下等により時間の経過とともに変化するが、その変化は必ずしも一様ではない。
⑨　河川堤防の規模や形状は多様である。

つまり、堤防とそれが設置されている基盤の内部構造は多様であり、その安全性も一様ではない。そのような河川堤防の安全管理のためには、単純化したモデル等による取り扱いは難しく、過去の破堤の経験を検証することが重要である。

(2)　利根川における過去の決壊の事例
(a)　明治以前の災害
　江戸時代の利根川の治水は、霞堤のほかに湖沼などの遊水機能に頼るところも大きく、堤防は人力によって施工され地先の防御を旨とする小規模なものであった。
　江戸時代の寛保2（1742）年や天明6（1786）年（天明3〈1783〉年の浅間山噴火後に河床が上昇）をはじめ、幾度も、その当時の河川の能力を超える大洪水に見舞われている。明治に入ってからも、明治43（1910）年8月の大洪水では、利根川が山間地から氾濫原に出てきた上流部付近（現在の埼玉県本庄市、深谷市、旧妻沼町など）の数カ所で堤防が決壊し大きな被害がもたらされた。江戸時代初期に徳川家康とその家臣によって行われた利根川の東遷事業（東京湾に流入していた利根川を東の鬼怒川に付け替え、銚子から太平洋に注ぐようにした事業）[9),16)]以来、およそ100年に3回程度の頻度で大洪水が発生し、堤防決壊や堤防未整備区間からの氾濫流は東京にまで達している。

(b) 昭和以降の洪水による堤防決壊の事例

利根川水系で、昭和に入ってからこれまでの約 80 年間に堤防決壊した箇所を**図 6.27** に示す。このような堤防決壊にまでは至らないが堤防が損傷を受けた箇所はこれよりはるかに多い。

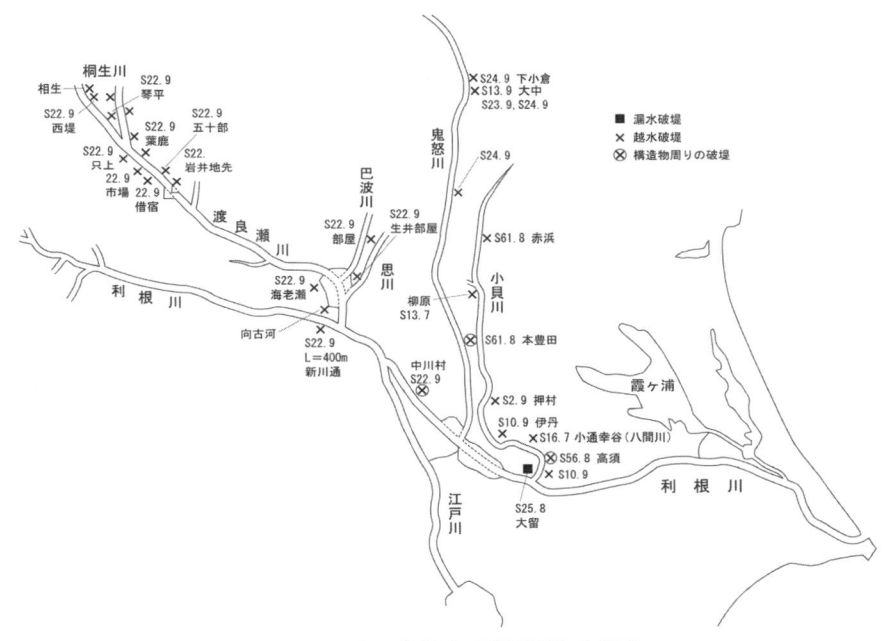

図6.27　近年に利根川で堤防決壊した箇所

堤防が決壊し、氾濫原に洪水流が溢れた事例について見ると、堤防決壊に至った原因は以下のようである。すなわち、現象的には堤防越水によるものが多い（**表 6.5**）。それに加えて、堤防を越水するほどの水位の洪水ではなく、それ以下の水位で樋管等の堤防を横断する構造物周りの漏水に起因するもの、一般堤防部分での漏水に起因するものが、数は少ないがある。

表 6.5　利根川の過去約 80 年間の堤防決壊の原因と箇所数

原　因	箇所数
（ⅰ）堤防越水による決壊	28
（ⅱ）構造物周りの漏水	3
（ⅲ）一般堤防での漏水	1

以下に、主要な洪水と堤防決壊の例を示す[16),22),23)]。

① 昭和10（1935）年9月洪水：小貝川左岸高須、伊丹堰での越水による堤防決壊

利根川全川で明治43（1910）年の洪水を上回る出水となり、各地で堤防の漏水、亀裂、越水が発生した。なかでも、小貝川が合流したあとの利根川は狭窄部となっており、その影響もあって小貝川は過去にも何回も堤防決壊したため、その改修が進められていた。しかし、堤防に沈下したところがあって、洪水時に水防団が土嚢積みによる水防活動を行ったにもかかわらず、越水深が最大40cm程度の時に堤防決壊が始まり、221mの区間が決壊した。同時に、上流の伊丹堰近くの旧堤箇所でも、水防によって積まれた土嚢を越えて堤防が決壊している。

② 昭和13（1938）年6月洪水：小貝川右岸豊田村などでの堤防決壊

利根川水系の下流部を中心にして降った雨のため、小貝川や利根川下流部で大洪水となった。小貝川では計画高水位を超えて既往最高の水位となり、豊田村（現常総市）や上郷村（現つくば市）などで堤防が決壊した。

③ 昭和16（1941）年7月洪水：小貝川左岸小通幸谷での堤防決壊

雨が多く高い水位が続いていたところに台風の接近による出水が加わり、利根川下流部では昭和10（1935）年の洪水を上回る既往最高水位を記録した。利根川本川筋の主要な堤防は嵩上げ、改築が進められていたため、越水・決壊による被害はなかった。しかし、小貝川の堤防の役割も果たしていた常磐線の盛土した線路敷で越水し、決壊に至った。

④ 昭和22（1947）年9月洪水：利根川右岸埼玉県東村での越水による堤防決壊

カスリーン台風によるもので、明治43（1910）年以来の大洪水となり、至る所で既往最高水位を記録した。特に、埼玉県東村（現大利根町）では越水によって右岸側で堤防の決壊が発生し、その氾濫流は埼玉県東南部から東京都葛飾区、江戸川区を経て、5日後には東京湾にまで達した（図6.28）。家屋の浸水は約7万戸、そのうちの70%が床上浸水で、特に東京都では80%以上が床上浸水となり、全域で湛水深が大きかったのが特徴である。この堤防の決壊により河川水が上流で氾濫したため、利根川下流部の水位は昭和16（1941）年の最高水位よりも下回り、下流部での出水被害は比較的少なかった。

堤防が決壊した付近では、その下流側から順次嵩上げや腹付けによる築堤工事が進められており、決壊箇所のすぐ下流までは施工済みであったが、決壊箇所の堤防嵩上げは行われておらず、施工済みのその下流や対岸に比べて堤防の高さが低かった。また、決壊地点のすぐ下流には東武日光線の橋梁があり、上

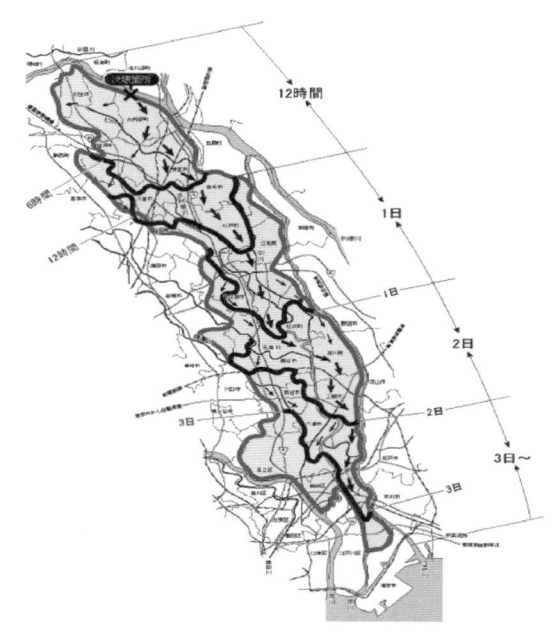

図6.28 堤防決壊地点からの氾濫流は東京まで至った（昭和22〈1947〉年洪水）

流からの流木や草が橋脚や橋桁に引っかかって河道を閉塞させ、その上流の洪水水位を 1m ぐらい堰上げていたこと、決壊地点には県道が通っており、川裏には坂路があってここに越流水が集中したことが、堤防決壊の原因・促進要因として考えられる（図6.29）。

⑤　昭和25（1950）年8月洪水：小貝川下流右岸大留地先の堤防決壊

　小貝川などの下流部では、昭和10（1935）年、16（1941）年の洪水を上回る出水となった。特に連続の雨で小貝川の堤防は水を含んでおり、漏水が始まるなどしたため、水防活動が行われていた。河川の水位が堤防の天端まで 90cm に迫ったが、その後徐々に減水し始めた。しかし、堤防に亀裂を発見したとの報告があり水防が行われたが、減水中に表のり面の土がずれ始め堤防決壊に至った。この越水なき堤防決壊の原因については明確ではないが、当時は堤防補強工事中であったための堤体や地盤の土質条件の不安定、また長引く降雨に伴う含水量の増加、亀裂の発見が遅れたことなどが考えられる。

⑥　昭和56（1981）年8月洪水：小貝川左岸高須での樋管周りの堤防決壊

　小貝川からの洪水と、利根川本川の洪水の逆流が重なり、地下の支持層に至る鉄筋コンクリート製の支持杭で支えられた高須樋管の周りで漏水が発生した。

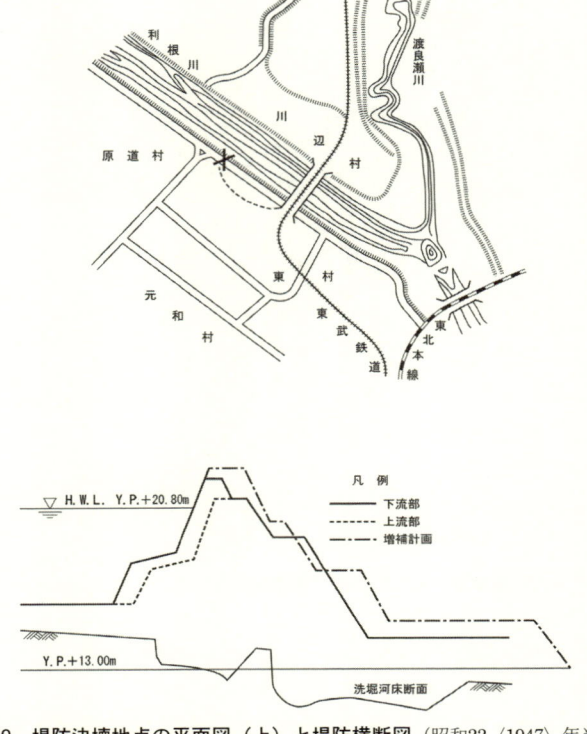

図6.29 堤防決壊地点の平面図（上）と堤防横断図（昭和22〈1947〉年当時）

それが原因となって樋管に沿って堤防が決壊し、決壊口が広がったと考えられる。杭に支えられた樋管は、徐々に地盤沈下が進むと周辺の基礎地盤や堤体との間に不連続性を与える構造物で、不等沈下による変形があると一体性が損なわれ、空隙が発生して水みちができて漏水し、堤防決壊の原因となる。

⑦　昭和61（1986）年8月洪水：小貝川左岸茨城県明野町赤浜（現筑西市）での越水による堤防決壊

　小貝川の最高水位は、決壊地点上流の黒子観測所で計画高水位を78cm超えた。堤防が決壊した箇所は、堤防上を道路が通っており、この部分が上下流の堤防の天端よりも2m程度低く、ほぼ計画高水位の高さであった。このため、水防団によって土嚢積みが行われたが間に合わず、土嚢の上を越水し、川裏から洗堀され、85mにわたって堤防が決壊した。

第6章　都合の悪い自然（水害）への対応　　213

写真6.5　赤浜での越水による堤防決壊
（左：堤防を越水している状態、右：堤防決壊口からの氾濫〈手前が小貝川〉）

⑧　昭和61（1986）年8月洪水：小貝川右岸茨城県石下町豊田（現常総市）での樋管周りの漏水による堤防決壊

　小貝川の水位は堤防の天端より約1m低かったが、樋管のある場所の堤防裏のり部で漏水によって水が吹き上がるように湧き出しているのが発見された。決壊の原因は、樋管に沿って生じた水みちにあったと考えられる。すなわち、この樋管（摩擦杭で支えられた樋管）の周辺の漏水量が増大して堤体の土砂が流出し、堤体に入った亀裂が天端まで達して、堤体全体が数mにわたって陥没した。川表でシート張りやタタミ張り等の水防活動を行ったが、低くなった部分から洪水が流れ込んで破壊口を切り下げ、同時に両側を浸食していき、60mにわたって決壊した。

（3）　堤防決壊の原因

　堤防決壊の原因については、その前提として堤防そのものの計画、設計とその限界、さらには堤防システムとしての管理について理解しておく必要がある。

(a)　堤防決壊の原因の捉え方について

①　堤防の計画・設計と安全限界（管理責任限界）

　堤防は、河川管理施設等構造令[24]にも示されるように、対象とする計画高水水位以下の規模の洪水の通常の作用に対して安全なように設置・管理されるものである。そして、その計画での堤防の設置は、計画高水位に河川の規模に応じて設定された余裕高を加えた高さで行われる。すなわち、河川の堤防は、計画高水水位に余裕高（計画高水水位と堤防天端との差。フリー・ボードとも呼ぶ）を加えたものであり、堤防横断面はその高さで河川の規模に応じた堤防天端幅をとり、一定の堤防勾配で設けるものとされている[9),16),20),24)]。その関係を図6.30に示した。

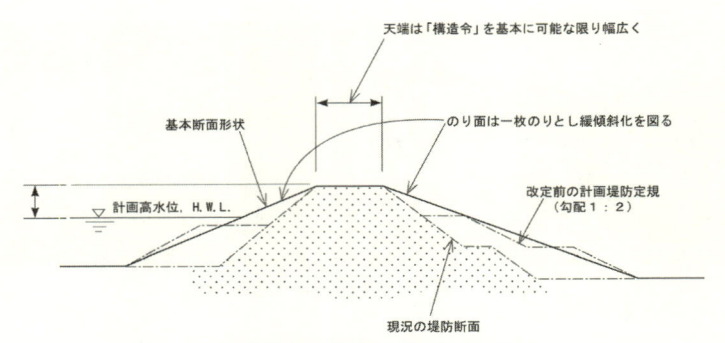

図6.30 堤防の構造と高さの関係

　このことから、河川管理上は、計画高水位を越える水位の洪水で堤防天端までには至らない水位での堤防決壊、さらに堤防天端を越水することによる堤防決壊はその堤防の能力を超えるものであり、堤防計画・設計上、そして河川管理上は不可抗力といえるもの（あるいはそうみなされるもの）である。これに対して、計画高水位以下で生じる堤防決壊、すなわち堤防一般部での漏水および樋管等の堤防横断構造物の周りでの漏水による堤防決壊は、計画高水位以下の洪水による越水なき堤防決壊である。この堤防決壊については、河川管理上も特に問題の多いものであることになる。

② 堤防システムとしての安全性

　堤防は、河川の縦断方向に長いものであり、堤防横断面という点ではなく、縦断方向の線およびシステムとして捉える必要がある。すなわち、堤防決壊は、既に利根川水系の事例で見たように、河川堤防システムの能力を超える規模の洪水が生じると、堤防の低いところで越水し、堤防決壊に至っている事例が多い。この洪水処理能力と関わる堤防のいわば量的な問題は、河道の洪水の流下能力と水位との関係、そしてそれに備える堤防の高さから捉え、安全性を把握する必要がある。堤防の高さは、完成後であるか整備途上であるか、さらには堤防決壊事例で見たように、その他の堤防管理上の特殊な理由による堤防の条件などによって異なってくる。そのような状況下で、洪水の規模と水位、堤防の高さとの関係から検討する必要がある。

　そして、越水なき堤防決壊については、堤防一般部での堤防の状況、そして近年の杭で支えられた樋管周りでの堤防、基盤、堤防形状、構造物との関わりからなる堤防部分の質的安全性を考慮する必要がある。

③ 被害の視点

　洪水被害の視点から見ると、管理責任限界を超えるものであるかどうかには

かかわらず、問題は堤防が決壊するかどうかである。すなわち、どのような原因であるかにかかわらず、堤防が決壊するかどうかが課題となる。この視点は、河川管理あるいは管理責任限界論とは別のものであることを認識しておく必要がある。

(b) 堤防決壊の原因

堤防決壊の原因は越水によるものが多い。その他には、樋管等の構造物周りからの漏水や、堤防一般部での浸透による越水なき堤防決壊がある。また、洪水流による堤防洗掘によるもの、そしてそれらが複合して決壊の原因になったものもあり得る[16]。

① 越水による堤防決壊

計画高水位を超え、さらには堤防天端を越える洪水による堤防決壊は、河川管理上は計画・設計範囲、管理責任限界を超えるものであり、通常は不可抗力によるものである。

その越水による堤防決壊について、現象論的・背景論的にその原因を見ると、事例調査結果からは次のようなものが挙げられる。

- 河道および堤防システムの能力を超える出水で、能力以上の洪水により越水が発生したもの
- 堤防が段階的な整備の途上にあり、その能力以上の洪水で越水が発生したもの
- 堤防のある地先の個別特殊な事情により、堤防の高さが上下流に比べて不足しておりそこから越水したもの
- 流木や草が橋梁などに引っかかって堰上げが起こりその上流で水位上昇を招き、それが越水を助長したもの

このうち、河道容量・能力を大きく上回る洪水による場合のものには、昭和22（1947）年のカスリーン台風による洪水の利根川本川や渡良瀬川での堤防決壊、さらには昭和61（1986）年洪水の小貝川の堤防決壊で述べたように、上流部で越水する場合が多い。一般にある地点で堤防が決壊し、洪水が氾濫原に流出した場合には、その堤防決壊箇所周辺とともに下流の水位は大きく低下する。昭和22（1947）年洪水の渡良瀬川の場合には、洪水の規模が川の能力を大きく上回り、比較的河川勾配が急な一連区間で櫛の歯が欠けたように8カ所で破堤している。

越水によって破堤に至る経過を見ると、越水が始まって数時間後に越流水深が50〜60cmになり、越流水によって堤防裏のりが浸食、洗掘され、決壊に至っている事例が多い。しかし、越水しても堤防決壊しない場合もある（**写真6.6**）。

写真6.6　昭和61（1986）年小貝川での越水による氾濫
（この越水が生じた区間では堤防は決壊していない）

　洪水規模が大きくなった場合にどこで越水が生じるかは、水文・水理学的な推定によってほぼ正確に特定できるので、その推定を行っておき、洪水時の水防、洪水管理、さらには避難に、また事前の氾濫対策などに生かすことが重要である[16),21)]。堤防越水および決壊箇所を想定しておくと、効果的な危機管理上の対応が可能となる。

　越流による堤防決壊を防ぐためには、技術的には天端や裏のりの保護に留意した堤防や、堤体と周辺の宅地などの盛土を合体させた高規格堤防（スーパー堤防）を整備することが期待されるが、その実施に関しては、治水面での河川管理の責任限界論からは副次的な対応となり、被害の視点からはその川の状況（河川システム、堤防システムと氾濫原の被害ポテンシャル[5),7),8),16)]）に応じた対応となる。

② 越水なき漏水による堤防決壊

・構造物周りの越水なき堤防決壊

　堤体内にある樋管などの堤防横断構造物の周りから漏水し、計画高水位以下の水位でも、また堤防越水が生じない状態で堤防決壊に至る場合がある。特に、軟弱地盤上にある構造物で、支持層に至る杭基礎で支持された樋管等は、土でできているその周辺堤防との間で不等沈下の状態をつくりだす。このため、構造物の下や周辺が空洞化して水みちができやすく、水みちからの土砂の流出、堤体土の崩落などが生じ、堤防決壊の原因になる。また、構造物の変位や材質の劣化、継ぎ手部の破損による漏水や堤防土砂の流出もその原因となる。支持杭で支えられた樋管はある時代以降一定の期間建設されたものであり、注意を要する。

・堤防一般部での越水なき堤防決壊

　洪水があると、堤防区間では多くの箇所で堤防漏水があることが普通である。これは堤防の基盤からの漏水により水と土砂が噴出し、その噴出口付近に堆積する現象（ボイリング、パイピング）と、堤体内への雨水や河川水の浸透によ

り堤体の安定性が減少し、堤防ののり面がすべり、崩壊して堤防に損傷が生じるものである。流水や雨水の浸透水によって堤防が弱体化して川裏のり面が崩壊する場合、また洪水の減水時に川の水位が低下する際に川表のり面ですべりが生じる場合がある[10),16)]。

この現象が大きく注目されたのは、利根川水系では昭和57（1982）年洪水の頃からである。昭和57（1982）年洪水での利根川の漏水箇所を示したものが図6.31である。これらの漏水が堤防決壊にまで至るかは分からないが、洪水時においてこのような現象を把握し、漏水対策を実施することは重要な対応であるといえる。

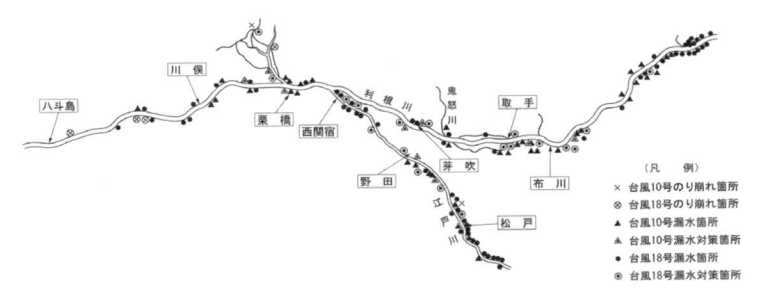

図6.31 昭和57（1982）年8月洪水における利根川・江戸川での漏水による堤防の損傷、基盤漏水があった箇所

一般部の堤防で、越水なき堤防決壊に至った事例を見ると、
・堤防が旧川（旧河道跡）や後背湿地、池沼跡等の軟弱地盤上にあり、基盤に透水性の高い砂層などがある場合には基礎地盤からの漏水
・堤防幅が狭いいわゆるカミソリ堤防などの弱小堤での漏水
・堤防裏のり尻に池や地形上低い場所があり、堤防形状的に問題がある場所での漏水
・堤体の土質条件（透水性が高い材料を使用）や締め固め不足による漏水が複合的な原因となったこと

が考えられる。

堤防一般部での漏水による堤防決壊では、堤体が降雨や河川水により浸潤化して堤体度のすべりに対する安定性が減じ、のりがすべることで崩壊すると考えられる。堤防基盤からの漏水によるいわゆるパイピングのみで堤防決壊につながるかどうかは不明であり、今後の調査が必要であろう。パイピングとのりすべりが複合した越水なき堤防決壊もあり得るであろう。

③ 洗掘による堤防決壊

　今回の利根川水系の調査では、洪水流による浸食、洗掘による堤防決壊の事例は見いだせない。関東地方にまでその範囲を広げると、昭和49（1974）年の洪水による多摩川の宿河原堰の迂回流による堤防決壊の事例がある[10,16]。洪水流による洗掘も、急流河川や河川横断工作物があって洪水流が乱される場所等では、堤防決壊の原因になることがあり得る。

（4）　堤防の安全管理

　堤防の安全管理については、計画論的な管理と現状での実態に基づく実管理とがある。今後の投資制約等を考慮すると、実管理がより重要となる。

　堤防の管理は、堤防をシステムとしてとらえ、超過洪水を考慮しつつ、被害の視点、危機管理の視点等から行うことが重要である。その理論や技術的な詳細等については『河川堤防学』（文献[16]）に委ねることとしたい。

（5）　結論と展望

　連続した堤防は、上流と下流、左岸と右岸が一体となってその機能を発揮する。歴史的に築造されてきた堤防の安全管理面のためには、近代的な治水整備が行われ始めて以降、比較的長期間に実際に経験した洪水の実態を検証した結果が最も重要な情報となる。過去の経験を踏まえて破堤や越水による被害を想定し、必要な堤防の強化策と、洪水時はもとより日常的な危機管理の充実を図ることが重要である。

　また、堤防の安全管理では、堤防横断面という点での議論ではなく、連続する堤防の縦断方向を含めた堤防システムとして捉え、洪水の規模と堤防施設との関係で捉えることが重要である。さらに、堤防の整備や管理においては、第二次世界大戦以降のいわゆる公平性の原理（氾濫原の被害ポテンシャルによらない一律の安全性）に加えて、被害からの視点、さらには危機管理の視点からの堤防論の検討がなされる必要がある[16],[21]～[23],[25]。

〈参考文献〉

1)　広長良一・八島忠・坂野重信：「低平地緩流河川の治水計画について」、土木学会論文集、第20号、pp.1-40、1954
2)　山口髙志・吉川勝秀・角田学：「流域における洪水災害の把握と治水対策に関する研究」、土木学会論文報告集、第313号、pp.75-88、1981
3)　山口髙志・吉川勝秀・角田学：「治水計画の策定および評価に関する研究」、建設省土木研究所報告、No.156、pp.57-111、1981

4) 吉川勝秀:「広域計画とローカル・インタレスト―都市化流域における治水計画に関する一考察―」、計画行政、No.15、pp.99-109、1982
5) 吉川勝秀・本永良樹:「低平地緩流河川流域の治水に関する事後評価的考察」、水文・水資源学会誌(原著論文)、Vol.19、No.4、pp.267-279、2006
6) 国土交通省:「流域と一体となった総合治水対策―都市型豪雨等への対応―」、平成15年度政策評価(プログラム評価)、2003
7) 吉川勝秀:「都市化が急激に進む低平地緩流河川流域における治水に関する都市計画論的研究」、都市計画論文集(日本都市計画学会)、No.42-2、pp.62-71、2007.10
8) Fumio YOSHINO・Katsuhide YOSHIKAWA・Masafumi YAMAMOTO (1983) :A Study on Flood Risk Mapping, Journal of Research, Public Works Research Institute, Ministry of Construction, Vol.22-2, pp.27-44.
9) 吉川勝秀:『河川流域環境学』、技報堂出版、2005
10) 吉川勝秀:『人・川・大地と環境』、技報堂出版、2004
11) 独立行政法人土木研究所:タイ国チャオプラヤ川および中国長江における流域水管理政策フォーラム・シンポジウム報告書、2005
12) 中川・綾瀬川流域総合治水対策協議会:『中川・綾瀬川流域整備計画』、2000
13) 中川・綾瀬川流域総合治水対策協議会:『中川・綾瀬川流域整備計画、同実施要領』、1983
14) JICA(Japan International Cooperation Agency) :Flood Protection Project in Eastern Suburban-Bangkok, 1984-1986
15) JICA : The Study on Integrated Plan for Flood Mitigation in Chao Praya River Basin(Final Report),1999
16) 吉川勝秀編著:『河川堤防学』、山海堂、2007
17) 稲本洋之助・小柳春一郎・周藤利一:『日本の土地法 歴史と現状』、成文堂、2004
18) 石川幹子:『都市と緑地』、岩波書店、2001
19) The Official BMA B.E. 2539 Landuse Regulation Announcement. Attachment Map on Land use Zoning "Pang Muang Raum B.E. 2539", Bangkok Metropolitan Administration, 1996
20) 建設省河川局監修、日本河川協会編:『改訂新版 建設省河川砂防技術基準(案)』、山海堂、1997
21) 吉川勝秀編著:『多自然型川づくりを越えて』、学芸出版社、2006
22) 福成孝三・白井勝二・田中長光・吉川勝秀:河川堤防システムの安全管理に関する実証的研究、建設マネジメント研究論文、Vol.14、pp.311-320、2007.11
23) 福成孝三・白井勝二・田中長光・吉川勝秀:河川堤防システムの量的・質的な安全管理、安全問題研究論文、2007年度Vol.2、pp.125-130、2007.11
24) 国土開発技術研究センター・日本河川協会編(編集関係者代表:吉川勝秀):『改定 解説河川管理施設等構造令』、山海堂、2000
25) 福成孝三・白井勝二・田中長光:河川堤防の安全管理のための実証的研究、安全工学シンポジウム論文集、pp.277-280、2007.7
26) 福成孝三、吉川勝秀、田中長光、白井勝二:河川災害の想定外を想定内にするための安全・防災教育、安全問題研究論文集Vol.1、pp.61-66、2006.11
27) 吉野文雄・山本雅文・吉川勝秀(1982):「洪水危険度評価地図について、第26回水理講演会論文集」、pp.355-360、1982、
28) 中島秀雄:『河川堤防』、技報堂出版、2005
29) 建設省関東地方建設局:『利根川百年史』、1987
30) 京都大学防災研究所:『防災学ハンドブック』、2004

第7章　交通施設と都市環境（道路撤去・川からの都市再生）

　先進国では20世紀に発展し、発展途上国では現在まさにその時代を迎えているモータリゼーションに関して、道路が都市に与えた影響のうち、都市空間的、環境的、景観的に最も問題を生じさせたこととして、水辺空間や河畔に建設された道路の問題がある。そのような道路を撤去し、都市を再生してきた世界的な事例について述べる。そして、川からの都市再生の最も特徴的な事例として、日本の日本橋川の問題等も視野に入れつつ考察を行う。

7.1　都市化、モータリゼーションの発展と河川・水辺の問題

　かつて川は、モンスーン・アジアの都市ではその中心的な場所にあり、物資が運ばれ、生き物の賑わいがあり、文化を育み、憩いの場所でもあった。その川は、流域の都市化に伴って、既に述べたように、河川水質の極端な悪化（どす黒く汚濁し、悪臭を発する河川の出現）、水害問題の発生などにより、都市において嫌われる場所となった。そして、都市化とともに車社会の到来、すなわちモータリゼーションの進展により、それを支えるために必要となった道路建設において、河川や運河等が暗渠化され（地下管路として埋められ）、埋め立てられ、あるいは河畔の上空が占用されるなど、河川や運河等の水辺が道路敷地とされることが多くの都市で起こった。今日でも、発展著しいアジア等の都市では、この問題が生じている。

　この都市化、モータリゼーションの発達とともに生じた河川、水路の消失の結果を東京について見たものが図7.1である。また、現存してはいるが上空を高速道路で占用された川、川の中を干上げて掘割構造とし、そこを道路が占用している川もある（写真7.1）。図7.2には、東京都心部で、江戸時代にはあった河川、堀のうち、埋め立てられて道路用地となって消失したもの、あるいは道路に占用されているものを示した。大阪についても同様のことが生じている（第4章図4.3、4.4参照）。

この失われた水路網の復元は、日本でも目黒川上流の北沢川（2層河川化。せせらぎ水路と緑道化。**写真7.2**）などでも進められるようになっている。世界を見ると、例えば韓国・ソウルの清渓川（道路撤去、川の再生）や中国・北京の転河（埋め立てられた川の復元、沿川再開発）で、さらに都市再生の中核的なものとして大規模に進められるようになっている。また、小規模なものはフランスのヴィエーブル川（川の復元）などでも進められている。

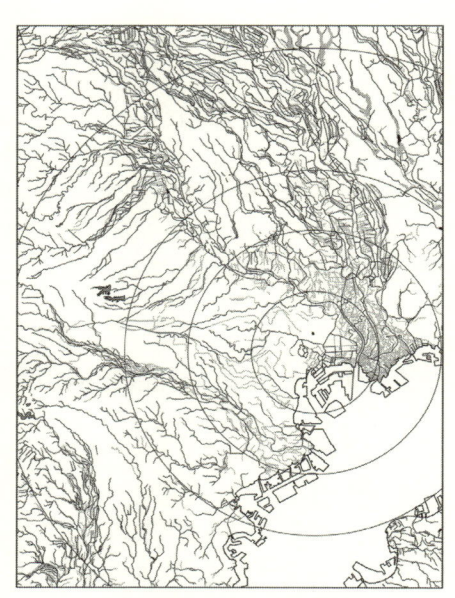

図7.1　首都圏の河川、水路の消失
（過去100年間に消失した河川・水路網。濃い線：現存する水路網、淡い線：消失した水路網）

写真7.1　上空を道路に占用された川、干上げて道路に占用された川
（左：東京の日本橋川、中：大阪の東横堀川、右：東京の楓川・築地川）

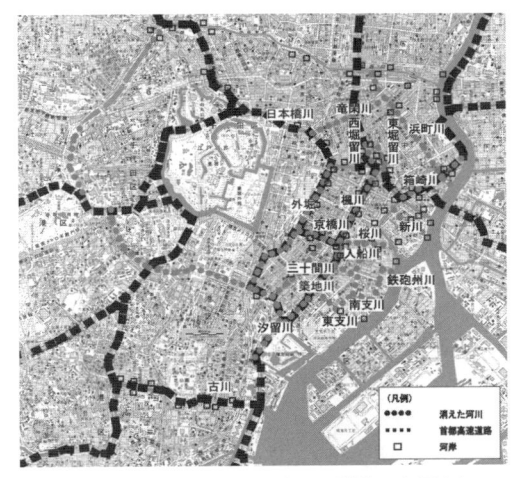

第7章　交通施設と都市環境（道路撤去・川からの都市再生）　　223

図7.2　首都圏の河川・堀で消失したもの、道路に占用されているもの
（東京都心部。日本橋川、神田川、古川〈渋谷川下流〉は首都高速道路に上空を占用されている）

写真7.2　せせらぎ水路と緑道化された暗渠河川（東京の目黒川上流の北沢川）

　この章では、地下化された川の復元、川を覆う高架道路の撤去、河畔の道路の撤去による都市の環境、歴史・文化、景観等の抜本的な改善について述べる。筆者はこの問題については、既に『人・川・大地と環境』等において述べてきたが[1]～[6]、その後の進展も踏まえて考察したい。

7.2　欧米の再生事例

　都市と川を分断していた幹線道路を撤去し、水辺の再生および都市と水辺の関係の再構築を図った例は、20世紀後半に行われたドイツの2つの事例、アメリカのボストンの事例に見られる。

（1） ドイツ・ライン川河畔のケルン

　ケルンはドイツの歴史ある都市であり、観光面でも知られた都市である（**写真7.3**）。この都市の中心部において、連邦道路（アウトバーン）が都市と川を分断する形で走っていた。その連邦道路を撤去し、水辺を開かれた公園として再生し、落ち着きのある水辺の都市として再生している。

写真7.3　ケルンの風景

　この場所は、この都市の顔ともいえるケルン大聖堂とライン川の間である。**図7.3**にその平面的な関係を、**図7.4**に地下化前と地下化後の道路の位置を示した。現在は**写真7.4**のように河畔の連邦道路は地下化されている。水辺を分断していた道路を撤去して再生された水辺の風景を**写真7.5**に示した。

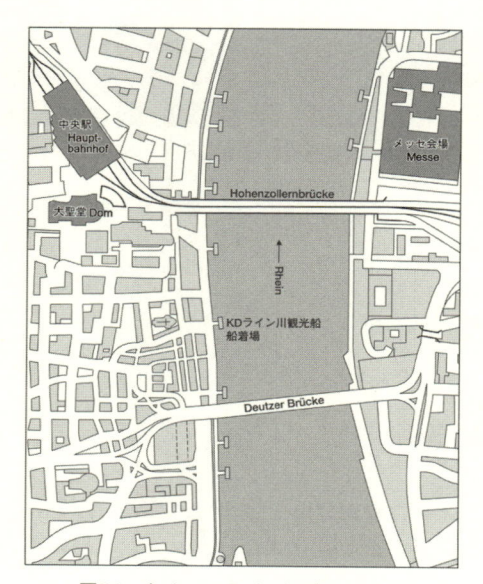

図7.3　ケルンのライン河畔の平面図

第 7 章　交通施設と都市環境（道路撤去・川からの都市再生）　　225

　この事業は 1979 年から 1982 年にかけて実施された。筆者は 1995 年のライン川の大洪水後の調査でこの都市を訪れたが、道路が水辺を分断する風景は既になく、ライン河畔の落ち着いた都市であった。**写真 7.6** に洪水時のケルンの風景と水害を防ぐために使われる建て掛け式の堤防を示した。この都市はライン河畔の観光地であり、堤防を常設して川と水辺を分断することはせず、洪水が来るとこのような建て掛け式の堤防を立ち上げ、洪水の氾濫を防いでいる[7]。

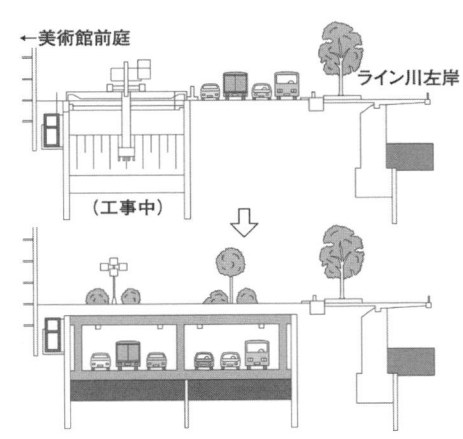

図7.4　連邦道路（アウトバーン）の地下化前と地下化後の位置関係

写真7.4　地下化後の連邦道路（アウトバーン）

写真7.5　現在のライン河畔の風景

鋼製止水壁

写真7.6　ライン川の洪水時の風景
(左：洪水時のライン川河畔の風景。あと少しで建て掛け式の堤防を越える可能性がある水位まで洪水水位が上昇。しかし、そのような状態でも、大型の観光船が走っている。右：ライン川の氾濫を防ぐための建て掛け式の堤防)

(2) ドイツ・ライン川河畔のデュッセルドルフ

　ケルンからライン川を下ると、ドイツのルール工業地帯の中心地であったデュッセルドルフに至る。現在でも産業・経済の中心的な都市である。

　この河畔にも、水辺を分断する形で連邦道路が走っていた。その連邦道路を撤去し、ライン川河畔の水辺を都市に開くとともに、古いまち並みの再生、さらにはより広域的にライン川に近いところから建物の高さ制限を行い、美しい都市景観の形成を図っている。また、旧市街地の道路の歩行者専用道路化、中心市街地への貨物車の進入規制も行い、これからの時代の都市と道路の関係を示す対応もしている。

　河畔から撤去された連邦道路は、交通容量をさらに大きくして地下に再建されている。この事業の費用は、通常の連邦道路の費用負担ルールで、連邦と市で負担している。約2kmの区間の道路の地下化に、事業当時の費用で約300億円程度、地下駐車場や上部の河畔公園整備を含めて約425億円程度、さらに旧市街地再開

発に民間投資約 1,300 億円程度を想定して進められた。

単に道路を地下化するだけではなく、水辺の再生、水辺と一体となった都市再開発、河畔に近い旧市街地の建物の高さ制限、さらには都心部で道路交通を規制するといったことから、川からの、そして道路との関係を再構築することで進められた都市再生として厚みのある対応がなされたといえる。この道路の撤去・地下化、河畔の公園整備などの主要事業は、1984 年から約 4 年間をかけて行われた。

図 7.5 にはライン川とデュッセルドルフ市街地との関係を示した。写真 7.7 は河畔の連邦道路を地下化している工事中の風景であり、写真 7.8 は 1995 年のライン川の大洪水後の冬の風景で、水辺の再生工事がほぼ終わった段階の写真である。写真 7.9 には現在のライン川河畔の風景を示した。

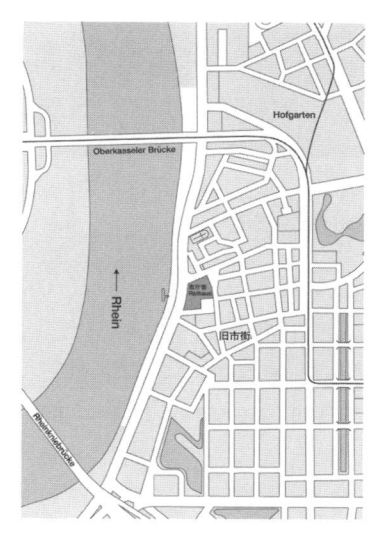

図7.5 ライン川とデュッセルドルフ市街地との関係

写真7.7 河畔の連邦道路を地下化している工事中の風景

写真7.8　1995年冬の風景（水辺の再生が終わった直後の頃）

写真7.9　現在のライン川河畔の風景

（3）アメリカ・ボストン（都心と水辺を分断していた高架高速道路の撤去）

　第2章で述べたように、ボストンは、アメリカでは最も歴史のある東海岸の都市であり、マサチューセッツ工科大学、ハーバード大学など、多数の大学がある都市である。

　この都市は、ビーコンの丘周辺を除くと、チャールズ川の河口部の湿地を広範囲に埋め立てることで都市を形成してきた。現在は、チャールズ川のバックベイと呼ばれる部分とさらに海に近いボストン湾岸と呼ばれる埋立地の部分が都市の重要な場所となっているが、そのいずれもが、もともとはチャールズ川の河口部の湿地であった。

　ボストンの発展とともに行われた大規模な埋め立てによる土地開発では、同時に、産業革命後に汚染されていたチャールズ川やその支流マディ川の再生も行っ

ている。チャールズ川右岸のバックベイの開発では、人々のアクセスを可能とする空間として河畔公園などを整備している。さらにチャールズ川に流入していた汚染されたマディ川の湿地（Fens）の埋め立てによる開発では、汚染された川を再生するとともに水と緑の公園や街路を整備している。この19世紀後半に整備されたマディ川の水辺の公園と街路は、パークシステムの都市づくりの代表例で、エメラルド・ネックレスと呼ばれている[8]。この湿地に設けられた道路（フェン・ウェイ）の北側には、野球のレッドソックスのフェン・ウェイ球場がある。

このようにボストンでは、約100年前より、当時は汚染されていた川と河畔の再生を行ってきているが、1980年代には、最後まで汚染されていたボストン湾（湾と呼ばれているが、前述のように、もともとはチャールズ川の河口部分である）の浄化が行われ、ウォーターフロント（湾岸の水辺空間）の再生が行われた。かつては港湾荷揚場や港湾関連施設として使われてきた建物は住宅等に再開発され、水族館やホテル等も立地し、水辺の都市再生が行われてきた。水辺の都市全域には市民が水にアクセスできるハーバー・ウォークを整備し、湾岸の土地の再開発が行われた。

そのような水辺の再生の延長上で、ボストン都心部とウォーターフロント（ボストン湾岸）を分断していた高架の高速道路（セントラル・アーテリィ。1954年開通）の撤去が行われた（**写真 7.10**）。この撤去は、交通容量が不足した高速道路をより交通容量の大きなものとして地下に再建するとともに、水辺と都市を分断していた構造物（障害物）を撤去し、その分断をなくすことで水辺を都市に生かし、都市を再生するという目的を持って行われたものである。

写真7.10　撤去前の高架の高速道路
(左：渋滞する高速道路、右：都心と湾岸の水辺を分断する高速道路〈上方がチャールズ川河口部でボストン湾と呼ばれる部分、下方がチャールズ川で左側がマサチューセッツ工科大学、対岸がバックベイと呼ばれる埋立地〉)

この Big Dig と呼ばれた事業（高架の高速道路の地下化、空港連絡海底トンネル、チャールズ川横断橋梁等の整備）は、1991 年に着工し、2006 年にほぼ完成した（図 7.6、7.7）。

この事業が決定されるまでには、アメリカならではの政治的な議論とやり取りがあった。ボストンのあるマサチューセッツ州知事は 1975 年からはデュカキス氏（民主党）が、1979 年からはキング氏（共和党）に、1983 年からは再びデュカキス氏へと代わった。連邦では、1980 年からレーガン大統領となるが、レーガン氏は 1983 年までに高速道路建設に関する環境影響評価（EIS）を出さないと、連邦高速道路システム（IHS）に入れないと決定した。デュカキス氏は、元々は鉄道の改善を支持し、道路の改善は志向していなかったが、その締め切り期限の直前に高速道路地下化とローガン国際空港への地下トン

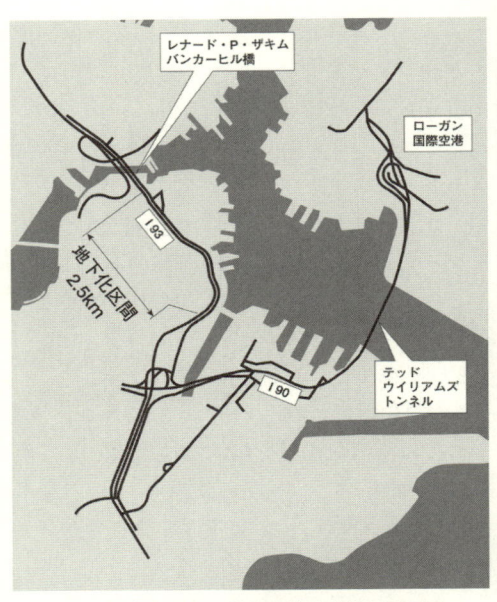

図7.6　高速道路と空港連絡道路等の平面図

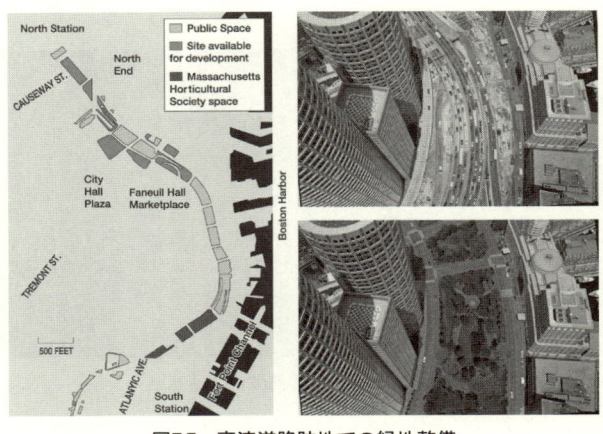

図7.7　高速道路跡地での緑地整備
（左：平面図、右：撤去前後の鳥瞰写真〈下はイメージ写真〉）

ネルを含めた環境影響評価（EIS）と費用便益分析（B/C）を連邦に提出した。

1984年に再選したレーガン氏は、環境影響評価で高速道路の地下化を拒否し、トンネルのみを承認した。これに対し、マサチューセッツ州政府は反論し、共和党へのロビー活動を実施した。これには大手建設会社のベクテルなども参加した。レーガン大統領は連邦高速システムIHSのばら撒きを拒否したが、民主党が多数を占める連邦議会はそれを覆した。これに対してレーガン大統領は、連邦議会において、マサチューセッツ選出のオニール氏やケネディ氏などの有力議員が重要な地位を占めていることなどに配慮し、拒否権を発動しなかった。

1989年にはブッシュ氏が大統領になった。デュカキス氏は、任期切れ直前の1990年に連邦に事業補助を申請した。そして共和党のウェルド氏が州知事に就任し、1991年に工事に着工、2006年に地下化工事等は概略完成した。着工当時は事業費約3,000億円と見積られていたが、2006年時点では約1兆7,000億円となった。

2007年12月末に高速道路が撤去されたボストンの写真が**写真7.11、7.12**である。高速道路跡地では、緑化整備等が行われている。

写真7.11　高架の高速道路が撤去されたボストンの風景

写真7.12　撤去後の高速道路
（左：地下から出てチャールズ川の橋に出るところ、右：チャールズ川に架かる高速道路の橋〈手前は高架道路を撤去して緑化している現場〉）

7.3　アジアの再生事例

　アジアでも、第2章、第4章で述べたように、韓国のソウルや中国の北京という北東アジアの大都市で、急激に道路撤去、川と都市の再生が進められるようになっている。それは、都市内で道路交通容量を大きくして道路を再建するのではなく、都心部に道路交通を引き込まないという交通マネジメントを伴った、21世紀型ともいえるパラダイム・シフトでの再生事業である。

（1）　韓国・ソウルの清渓川

　清渓川は、約600年にわたる首都ソウルの中心部を流れている[3)～6), 9)～12)]。この川は、都市化につれて、洪水と水質の問題を抱えるようになった。第二次世界大戦後には、水質悪化や川に張り出した不法建築物の立地など、河川環境が著しく悪化した。この時代に、本格的に川に蓋をして暗渠化（下水道化）され、その上に近代都市で必要となった道路が建設されて（1958～1978年）、さらにその上に高架道路が建設された（1967～1976年。写真7.13。第4章写真4.71、4.72参照）

　この地域は低層の建物からなる密集市街地で、かつ上空を高架道路で覆われ、大気汚染や騒音などの環境や都市景観も悪く、その後大きく発展した周辺の新興市街地域に比較して遅れた地域となっていた。また、建設後約40年を経過した地下の下水路と覆蓋道路、さらには高架の高速道路の構造的な安全性確保のために多額の補修・補強費用が必要とされるという問題も発生していた。

　2002年のソウル市長選挙でイ・ミョンバク（李明博）候補は、この清渓川を覆う道路を撤去し、歴史を持つ清渓川を再生し、それを核として周辺の再開発を進めることを公約した。これにより騒音と大気汚染のイメージのあるソウルを、歴史を回復し、環境にも人間にも優しい持続可能な都市として再生し、中国と日本の間に位置する北東アジアの中心都市、国際商業・金融都市を目指すとした。

　同年7月に就任したイ・ミョンバク市長は、この事業を構想したソウル大学のヤン・ユンジュ氏（梁銃在。建築家）を推進本部長とし、市民委員会での市民との調整、地権者との調整等を進め、就任後約3年を経た2005年10月に道路撤去・川の再生を完了させた（写真7.14、7.15）。都心高速道路につながる高架道路がソウルの中心地の市庁舎に向かって建設されていた約5.8kmの区間で道路（高架道路と平面道路）を撤去し、川を再生した（写真7.16～7.19。第4章写真4.73～4.77参照）。この事業は、道路撤去、川の再生という行政による社会インフラ整備を第1ステップとして、その周辺の都市空間の再生（再開発）を予定して進められたものであり、この都市空間の再生は今後に残されたこの事業の要ともい

える部分である。その進展には民間や市民の力が期待されている。

　この行政による清渓川再生という社会インフラ再生は、高架道路等で都心部に乗り入れていた車を排除して都市の交通マネジメントを行い（地下鉄やバス等の公共交通機関での対応を充実）、高架道路と平面道路を撤去した後も再建しなかったこと、地下に追いやられていた川を青空の下に取り戻したことで注目されている。そもそもこの事業の目的は、国民に夢を与える道路の撤去・清渓川の再生を第1段階として、それに引き続いて周辺一帯の市街地を再開発し、東アジアで最も魅力的な金融等の中心都市とすることである。今後の周辺の市街地再開発や、再生された清渓川の河川空間を市民や企業がいかに生かしていくかということがさらに重要なテーマといえる。

　この事業の実践は、道路を撤去することで都心に乗り入れる車を排除し、川の再生をきっかけとして環境や文化を改善し、人に優しい都市に再生したという面で、韓国国内のみならず、世界の大都市経営に与える影響も大きなものがある。川からの首都再生の実践という面でも、世界的、歴史的な意義があると思われる。

写真7.13　暗渠化され、上空を道路に占用された清渓川と周辺都市

写真7.14　撤去前と撤去後の清渓川
（左・中：撤去前で、清渓川は平面道路で覆われ、さらにその上に高架の道路が走っている、左：撤去後で、高架の橋脚が3本残されている）

写真7.15 道路を撤去し、復元された清渓川の風景
(完成直後の頃。川の中には人々が川と接することができる散策路〈リバー・ウォーク〉を整備)

写真7.16 上空から見た道路撤去後の清渓川とその周辺の都市

写真7.17 再生後、約1年を経た清渓川の風景

写真7.18 再生後の清渓川の代表的区間の例
(上流側は河川用地幅が狭いことから人工的に、中流部は自然と人工的部分が妥協した区間、下流部で用地幅に余裕がある区間では自然的に河川空間を整備)

第7章　交通施設と都市環境（道路撤去・川からの都市再生）

写真7.19　歴史と文化を復元し、自然と人に優しい都市への再生を目指すことから、障害を持つ人にも配慮（車椅子〈左〉と車椅子でも利用できる川の中の散策路へのスロープ〈中・右〉）

（2）　中国・北京の転河（高梁河）の再生

　中国・北京の転河は、紫禁城・天安門広場という北京の中心地から昆明湖に至る高梁古道にあり、1970年代には地下に埋められ、その上は道路となっていた。その転河を再生し、北京中心部にあった運河等の水路を再生することが、北京オリンピックを前に急ピッチで進められている。この河川空間（転河）の再生（地上に開かれた河川化）は2002年に完成した。

　写真7.20、7.21には再生前と再生後の風景を示した（第4章写真4.78〜4.81参照）。かつては埋め立てられていた水路が再生され、写真より知られるように、水路に隣接する部分には船着場と散策路、緑地が整備され、その外側は再開発されて住宅団地等が立地していることが分かる。

　上述の韓国・ソウルの事例は、道路撤去・川の再生というインフラ整備にとどまっているが、この北京の事例では、道路撤去・川の再生とともに、周辺の土地の再開発も同時に進められている（写真7.22）。中国ならではの大規模で、短時間での再生事例である。

　中国では日本や韓国とは違い、土地が国有であり、それだけに事業の進捗は早く、かつ規模が大きい。長江の三峡ダム建設では百数十万人が移転し、上海の都市再開発でも数十万人が移転している。上海では、都心部を貫流する黄浦江の対

写真7.20　転河での道路撤去、川の再生、沿川の再開発その1
（左：再生前、右：再生後）

写真7.21　転河での道路撤去、川の再生、沿川の再開発その2
（左：再生前、中・右：再生後）

写真7.22　転河の再生と沿川の再開発（いずれも再生後）

岸に経済特別区（浦東新区）の都市開発が行われたが、百万人都市が 10 年を経ずして完成している。"中国的規模"で、"中国的スピード"での事業進捗である。

　北京では、このような河川再生が転河のみならず、河川・水路全域で進められている（**写真 7.23**。第 4 章図 4.14～4.16 参照）。

写真7.23　その他の河川の再生（左：再生前、右：再生後）

7.4　その他の興味深い事例

（1）スイス・チューリッヒのシール川

　スイスのチューリッヒ湖から流れ出るリマット川には、その下流 1.5km でシール川が合流している（**写真 7.24**）。

チューリッヒでは、ドイツとオーストリアとを結ぶアウトバーン（高速道路）の建設を行うため、当初はシール川の上にアウトバーンを設け、リマット川に入って 500m のところにインターチェンジを設ける予定であった。そして、そこでドイツとオーストリアから市街地の地下を通ってきたアウトバーンを合流させる予定であった。また、ベルンからジュネーブ方面へのアウトバーンはリマット川の下流近くまで設けられているので、そこまでリマット川の河川空間を利用して高速道路を建設することを計画していた。この計画に基づき、一部区間では川の上空に高速道路が建設されている（**写真 7.25**）。

　しかし、この川の上空に高速道路を設けるという計画は環境上の問題、景観（ランドシャフト）の問題が提起されて中止されることになり、アウトバーンを結び付ける計画は、郊外部でリング状につなぐこととなった。

　川沿いのアウトバーンは、シール川の河川上空ではなく、左岸の地下に設けられることが 1968 年に決定された。日本の首都圏や大阪で河川や運河を埋め立て、あるいはその上空に高速道路を建設した時代に、スイスではこのような経過を経て、河川上空への道路建設の計画が中止となっていることに注目しておきたい。

　一部区間でシール川の上に建設された道路は延長せず、撤去されることが決定されている。この道路は一度も利用されることなく、撤去予算がつき次第撤去されることとなっているが、予算が取れず放置状態にある。

写真7.24　スイス・チューリッヒのリマット川

写真7.25　川の上空に設けられた高速道路（チューリッヒ。1992年撮影）

(2) フランス・パリのセーヌ川

　フランス・パリのセーヌ川の中心部、シテ島付近には、セーヌ川の中に高速道路が建設されている（**写真 7.26、7.27**）。セーヌ川では冬季に洪水が発生するが、この道路が浸水するとパリの交通はさらに渋滞する（**写真 7.28**）。このセーヌ川の中の高速道路については、近年はヴァカンスの季節に道路交通を止め、道路に人工的なビーチを設け、河畔ヴァカンスを楽しむようになっている（**写真 7.29**）。高速道路の車の交通を止めても、社会的な混乱もなく、毎年このようなことが行われている。

　いずれかの時期に、都心に車の交通を引き入れない交通マネジメントとともに、この道路の撤去と川の開放がなされるかもしれない。

写真7.26　パリのシテ島付近のセーヌ川の風景

写真7.27　セーヌ川の中に設けられている高速道路（シテ島付近）

写真7.28　セーヌ川の洪水時の風景（冬）

写真7.29　高速道路の車の交通を止め、河畔（高速道路）をビーチにしてヴァカンスを楽しむ風景

(3) アメリカ・ポートランドのウィラメット川

アメリカのオレゴン州ポートランドでは、ウィラメット川沿いに走っていた6車線の高速道路を1974年に撤去し、そのオープン・スペースを歩行者と自転車用の通路、公園として再生している（**写真7.30**）。川に近い部分には高い建物もなく、河畔には開けた良好な都市空間が再生されている。この都市では、都市計画をしっかり立て、土地利用や交通マネジメント等を行って都市づくりが進められていることが知られる。

写真7.30　ポートランドのウィラメット川の河畔の風景

(4) 岐阜・長良川

日本でも、河畔の幹線道路を撤去して水辺を開放した例がある。

岐阜の長良川に沿って、かつては河畔の狭い部分を幹線道路（国道）が走っていた。その国道にバイパス道路が設けられ、河畔が開放された（**写真7.31**）。この場所は、鵜飼いの船も出て賑わう場所でもある。

写真7.31　幹線道路がバイパスすることで河畔が開放された長良川
(散策路が設けられている。鵜飼いの船も接岸している)

（5）アメリカ・シアトルの湾岸の高速道路

アメリカのワシントン州シアトルでは、アラスカン・ウェイ高架道路（Alaskan Way Viaduct）が中心市街地とピュージェット湾のウォーターフロントとの間を分断している（**写真7.32、7.33**）。この高速道路は1954年に完成したが、老朽化も進み、地震への安全性確保には維持管理費がかさむこともあってその再建が検討されている。この高架道路を地下に入れて中心市街地とウォーターフロントとの連携を強化し、都市を活性化する案、高架の高速道路を撤去して地表に再建する案、ほぼ現在のままの高架で再建する案、現在の道路を補修・維持管理していく案などが検討されている。

写真7.32　海から眺めたシアトルの風景

写真7.33　ウォーターフロントと高架の高速道路

7.5　海外の事例からの考察

　これらの事例のうち、既に地下化あるいは撤去した事例をもとに得られる知見としては、日本での今後の議論を想定すると、以下のことが挙げられる。
- 道路の地下化あるいは撤去には、地元自治体の長がその意思決定をし、リードすることが必要（ドイツの2都市、韓国・ソウル、アメリカ・ボストン）。
- その意思決定、実行までには政治的・制度的な背景がある（ソウル：市長選挙の公約。ボストン：州知事と議会、大統領とのやり取りなど）。
- 道路の地下化のみでなく、それと都市計画が連動して河川周辺の都市再生を進めることの重要性（ドイツのデュッセルドルフの例。ソウルも道路撤去・河川再生を先行させ、それに引き続き沿川の再開発を進めることを意図している）。
- 市民との合意形成（ドイツ、アメリカ、韓国での市長・知事選挙、議会での決定）。
- 日本においても地方公共団体の長のリーダーシップ、関与が重要。
- 意思決定の方法の認識が重要（ドイツ、アメリカ、韓国での首長選挙、議会での決定。日本の行政主導・市民合意という先の見えないシステムについての認識）。

7.6　日本での再生に関する考察

　日本でも、20世紀後半になって道路整備が進むにつれて、都市化とともに汚染されていた河川や運河などの水路が道路用地となって消失していった。その様子は図7.1、第3章図3.4に示したとおりである。
　川や水路が地下の暗渠となりその上が道路となったもの（**写真 7.34、7.35**）、埋め立てられて消失しその上が道路になったもの、運河を締め切って干上がらせてそこに道路を建設したもの（**写真7.36**）がある。このような形の道路占用は膨大な数に上り、都市では多くの河川、運河、水路が消失した。
　また、川や運河は残っているが、その上空や河畔に連続して縦断的に高架の道路を建設したものがある。上空を高架の道路で縦断的に占用された例として、東京では江戸の発祥の川でもある日本橋川（さらにその上流の神田川を含む）、渋谷川の下流の古川があり、大阪では東横堀川がある（**写真 7.37～7.39**）。河畔を縦断的に高架の道路で占用された例としては、東京の隅田川（江戸時代の大川）、大

阪の旧淀川の大川（堂島川）がある（**写真 7. 40、7. 41**）。

　このような川の上空や河畔を高架の高速道路で占用した最初の例は、東京オリンピックに向けて急ピッチで高速道路の建設を進めるために占用された日本橋川であった。都市の貴重な環境インフラである川や運河とその歴史を消失させた最初の事例である。あの江戸・東京の発祥の川である日本橋川ですら道路用地となったのだからということで、その後東京や大阪、横浜などでこのような河川占用を防げなかったという。筆者も、1980年代以降、このような道路による河川の縦断占用を河川管理の立場から防ぐのに大きな労力を費やした経験がある。

　欧米先進国のみならず、発展の著しいアジア等の主要な都市においても、河川や運河の上空に高架の高速道路を設け、その貴重な都市空間を価値のないものにしている例は日本を除いてはないといえる。

写真7.34　消失した河川
（渋谷川上流。この道路の下に暗渠化された河川が埋もれている）

写真7.35　渋谷川の暗渠化された部分から開かれた水路に変化する部分（渋谷駅近傍）

第 7 章　交通施設と都市環境（道路撤去・川からの都市再生）

写真7.36　運河の底を道路に占用
（運河を締め切ってドライとし、道路を設けた部分〈日本橋・築地付近。楓堀〉。左：築地、右：楓川。掘割の下に高速道路があり、さらにその上にも高速道路が走っている区間）

写真7.37　日本橋川の上空を縦断的に占用した首都高速道路
（左：日本橋付近、右：日本橋川上流の神田川）

写真7.38　渋谷川下流の古川の上空を占用した高速道路

写真7.39　大阪の東横堀川の上空を占用した高速道路

写真7.40　隅田川の河畔を縦断的に占用した高速道路

写真7.41　旧淀川の大川（堂島川）を縦断的に占用した高速道路

　そのような代表的事例として、日本橋川の高架の高速道路の撤去が議論されるようになった。その経過は概ね以下のようであった。
- 首都高速道路が日本橋川上空を占用（1963〈昭和38〉年に首都高開通。翌年東京オリンピック開催）。
- 市民団体による「よみがえれ日本橋」宣言（地元市民団体等。1983〈昭和58〉年）。
- 東京都河川部局による検討（高架道路に上空を占用されて暗く、アクセスもできない川→アクセスを可能とし、高架道路も化粧する→高架高速道路を撤去。**写真 7.42、7.43**。1990年代初め。筆者は、この計画づくりの事務局として積極的に参画）[1), 13)]。
- 扇建設大臣の指示により、建設省道路部局による検討（将来のあり方として、地下化案、より上空への再建案、日本橋川の沿川のビルとの合築案を提示。費用などの面で容易でないとした。都心における首都高速道路のあり方検討委員会〈通称「あり方委員会」〉、2001〈平成13〉年設置 [12)]。
- 小泉首相の指示を受けたとして、内閣府が事務局で検討（大手町再開発区間から江戸橋までの区間について浅い地下化案を提示。川の沿川の再開発を先行させ、その開発利益を還元して費用を軽減するとの案。都市の一般的な再

第7章　交通施設と都市環境（道路撤去・川からの都市再生）

開発は極めて困難でかつ長い時間がかかるので現実性が乏しいように思われる。現実に実践につながる動きはない。日本橋川に空を取り戻す会〈通称「空を取り戻す会」〉、2006〈平成18〉年9月提言）。

このような道路撤去についての議論のみではなく、既にある日本橋川を生かすことを検討し、取り組むことが重要である。

いつになるか分からない道路撤去を前提としないで、現時点から、現在の川のアクセス性を高めること（川の中のリバー・ウォークの整備〈大阪の道頓堀川、サンアントニオ川などのイメージ〉、舟運の振興など）、水質浄化などを進めることが重要である[9),14)]。

また、日本橋川の沿川のほぼ一定幅は、江戸時代、船で運ばれた物資を荷揚げする河岸であり、公有地であった。昭和に入って徐々にそれが払い下げられて現在に至っている[15)]。

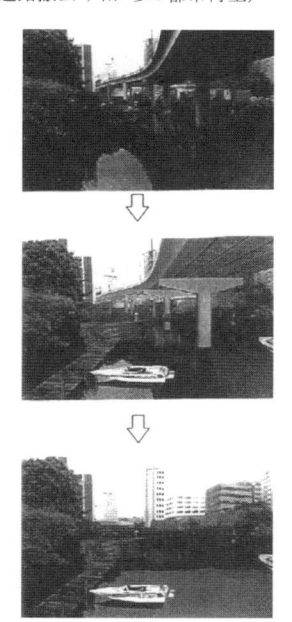

写真7.42　日本橋川の再生への道すじ[13)]

このため、日本橋川の沿川には、払い下げられた幅の狭い土地にいわゆるペンシ

写真7.43　高速道路撤去後の日本橋川とその周辺（右は撤去後のイメージ写真）

ルビルと呼ばれるビル等が建っている。現在は空地となっている部分にも今後そのようなビルが建てられ、また既存のビルでもその更新が行われている。将来に向けた日本橋川とその沿川の都市計画は全く機能しておらず、そのような沿川の開発や更新が自由勝手に行われている。とても上記の小泉首相時代に検討し、提案されたような日本橋川の沿川地区をセットバックして再開発し、それを前提として高速道路を撤去するという状況ではない。

このことは、民間の開発では、常盤橋の防災船着場が設けられている日本橋川の河岸において、日本銀行などのまちとの間を塞ぐ壁のようなビルが2007年に建てられたこと、公共の開発では、千代田区役所等が入っている合同庁舎ビルが川とその建物との間にほとんど空間を取らずに近接して建てられたことなどからも知られる。千代田区役所等が入っているビルがこのような形で建てられたことは、その上流の水道橋近くの旧国鉄貨物場跡地が、河畔にリバー・ウォークと道路、さらにその外側に公開空地を設けて再開発されたことと比較すると、問題が大変多い。その下流の旧建設省関東地方建設局や気象庁が立地していた土地を含む大手町の再開発では、日本橋川に沿って12m幅の歩行者専用道路を設けることを都市計画決定していることも考慮すると、公共開発では河畔に公開空地やリバー・ウォークを設け、緑化することを先導的に行うべきであろう。将来の道路撤去と河畔の都市再生が全くリンクせずに行われているのが実態である。都市計画が、この日本橋川の沿川の都市で全く機能していない。

また、このような道路撤去・河川再生を核として川からの都市再生を行うには、自治体（東京都）が主導し、かつ道路撤去・河川再生の費用は公共が負担して実施することが必要であり、民間が先行して公共の費用を軽減してその事業を実施することなどは、日本の実情を考え、また先に述べた諸外国の事例を参考にしても、全く現実への認識が乏しい議論であるといえよう。

すなわち、諸外国の事例を見ても、道路撤去・河川再生の費用は公共が負担し、公共が先行してそれを行うことが常識である。「空を取り戻す会」の提言は、世界の例を見ても、また日本の都市再生、都市計画の実態を見ても、現実性の乏しい議論であろう。このような大事業には、先進事例に見るように、また日本の実情を考慮しても、地方自治体の積極的リード、公共による費用負担が不可欠である。

なお、川を覆う高架の高速道路の撤去は、日本橋川のみならず、近傍の神田川、そして渋谷川下流の古川（**写真7.44**）においても検討されてよい。

日本橋川や古川を覆う都心環状線の撤去の節目の時期としては2013（平成25）年に完成が予定されている中央環状線の開通の頃、あるいは次の東京オリンピックの開催の頃（前回の東京オリンピックを前にして川を占用する高架の高速道路

が建設された[16]）が考えられる。

写真7.44　古川（渋谷川下流）とその周辺の現状と高速道路撤去後のイメージ

7.7　今後の再生に関する考察

　以上、見てきたように、世界では20世紀以降（日本では20世紀中頃以降）のモータリゼーションの時代（車社会となった時代）には、河川や運河等の水辺が埋め立てられて道路により占用され、都市の景観、環境、歴史・文化を喪失させてきたが、20世紀後半から21世紀にかけては、水辺の道路撤去・川と沿川の都市再生が行われるようになった。欧米のみならず、韓国のソウルや中国の北京といったアジアの国々の都市でもそれが行われるようになっている。水辺の環境と景観、そして都市の環境と景観を破壊した河川上空の高架道路、河畔の高架道路、さらには埋め立てられた河川・水路上の道路を撤去し、河川や水路を再生し、それを核として都市を再生することは、世界的に見ても時代の流れであるように思われる。

　そして、そのような事業の実施には、7.5節で述べたように、いくつかの学ぶべき点がある。今後の日本での実践、すなわち日本橋川や渋谷川下流の古川、大阪の東横堀川や大川（堂島川）の上空を占用する高架の高速道路の撤去は、自治体主体、公共による費用負担、さらには選挙等を通じての意思決定を経て行われるべきものであることが知られる。遠くない将来において、ドイツやアメリカ、韓国や中国のように、それらの高架の高速道路が撤去され、都市の再生が進むことが期待される。

〈参考文献〉

1) 吉川勝秀:『人・川・大地と環境』、技報堂出版、2004
2) 吉川勝秀:『河川流域環境学』、技報堂出版、2005
3) 吉川勝秀:「川からの都市再生－2 つの民主主義　韓国・ソウルと徳島を例に－」、『CEL (Culture, Energy and Life)』(大阪ガス)、Vol.71、pp.36-41、2004.11
4) 吉川勝秀:「川からの都市再生－韓国・ソウルと徳島を例に－」、土木施工、Vol.46、No.2、pp.86-92、2005.2
5) 吉川勝秀:「韓国ソウルの清渓川(チョンゲチョン)再生プロジェクトにみる都市の水辺再生」、EAST TIME (東日本保証広報誌)、No.156、pp.4-6、2006.7
6) リバーフロント整備センター(吉川勝秀編著):『川からの都市再生－世界の先進事例から－』、技報堂出版、2005
7) 土木学会(吉川勝秀他):「1995年ヨーロッパ水害調査第一次調査団報告書(仏、独、オランダ、ベルギー)」、(社)土木学会・(社)関東建設弘済会、1995.3
8) 石川幹子:『都市と緑地』、岩波書店、2001
9) 吉川勝秀編著:『多自然型川づくりを越えて』、学芸出版社、2007
10) Katsuhide Yoshikawa・Yoshiki Motonaga・Masafumi Yamaguchi:On the Progress of Urban River Restoration and the Future View in Japan and Asia, Urban River Rehabilitation Proceedings, International Conference on Urban River Rehabilitation URRC 2005,pp.303-311,2005.9
11) 吉川勝秀:「都市に自然を取り戻す　韓国・清渓川の再生」、『CHIKAI』(東京電力)、SUMMER、294号、pp.18-19、2007.7
12) 吉川勝秀:「川からの都市再生に関する考察－日本の東京首都圏を中心に－」、建設マネジメント論文集、Vol.14、pp.1-11、2007.11
13) 東京都:「東京の川ルネッサンス最終報告書」、東京河川ルネッサンス21検討委員会、1996.5
14) 吉川勝秀他:「日本橋川の空間再生と水環境改善」、土木学会河川技術論文集、Vol.13、pp.309-314、2007.6
15) 鹿内京子・石川幹子:「明治以降の日本橋における三河岸の歴史的変遷に関する研究」、ランドスケープ研究、Vol.67、No.5、pp.375-380、2003.3
16) 越沢明:『東京都市計画物語』、日本経済評論社、1991
17) 西村智弘他:「近代以降の東横堀川と沿川市街地の空間的変容について」、都市計画論文集、日本都市計画学会、No.42-3、2007.10

第8章　都市の水・熱・大気の循環

　本章では、都市における水の循環、熱の循環、そして大気の循環について述べる。この観点からの都市再生、都市づくりは、これからの時代に重要なテーマの1つとなりつつある。

　水の循環と一体となった物質の循環、その下での河川や公共水域の水質については別途考察したので、ここでは主として都市の水の循環、熱の循環、そしてそれらに密接に関係する大気の循環について述べる。

8.1　地球の大気・熱・水の循環

　都市と水の循環、熱の循環、大気の循環の問題について述べるにあたり、都市を取り巻く地域、さらには地球でのそれらの循環について見ておきたい。
　この循環については、気象予報・天気予報という実務の分野はもとより、地球温暖化問題が強く議論されるようになった今日では、それに関する陸域、海域での観測とともに、そのモデリングが重点的に進められている。地球温暖化に関する国家的な研究も進められ、気候変動に関する政府間パネル（IPCC）への貢献もなされている。
　近年は、気象観測等とともに、温暖化に関連する炭素循環の観測が行われている。炭素の循環を概念的に示したものが図 8.1 である。その循環は1年未満の

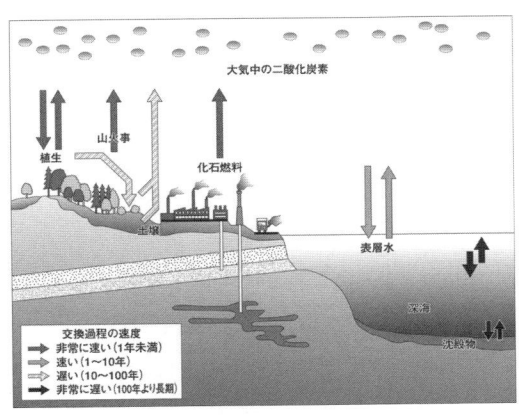

図8.1　炭素循環の概念図
（気候変動に関する政府間パネル〈IPCC〉資料より作成）

短いスケールのものから、100 年以上かかるものまである。

循環に関するモデルとしては、概ね表 8.1 のようなものがある。

気候システムについて概念的に示したものが図 8.2、8.3 である。また、大気大循環モデルの構成を示したものが図 8.4 である。このような大気の循環とともに海洋の水も循環し、それに伴って熱も循環をしている。

地球温暖化に関しては、IPCC の 4 次報告書が出され、温暖化の兆候、温暖化の予測とともにそれを抑制するための温暖化ガス CO_2 等の排出抑制シナリオ等が報告されている。

大気・熱・水の大循環の下で、地域内、そして都市内の循環がある。その地域、都市における循環について、その合理的な地域単位である流域圏で概念的に示したものが図 8.5 である。

表8.1　気候・気象モデルの概要

時間スケール	モデル	応用
1日～1カ月	大気モデル	天気予報
1カ月～1年	大気海洋結合モデル (海洋表層を組み込む)	季節予報
1年～100年	気候モデル (海洋深層、海氷を組み込む)	温暖化予測
100年以上	地球システムモデル	地球変動予測

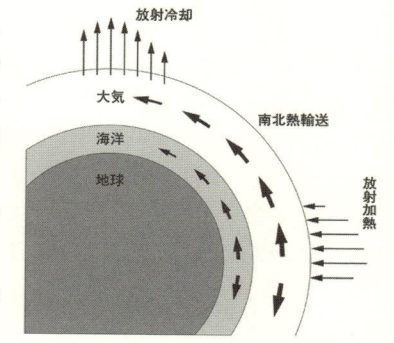

図8.2　気候システムの概念図その1

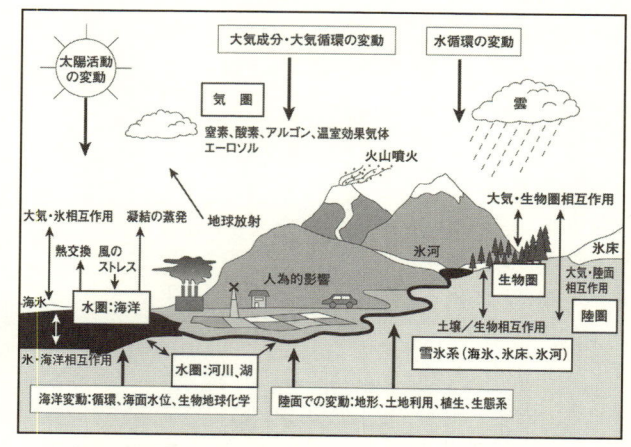

図8.3　気候システムの概念図その2（IPCC資料より作成）

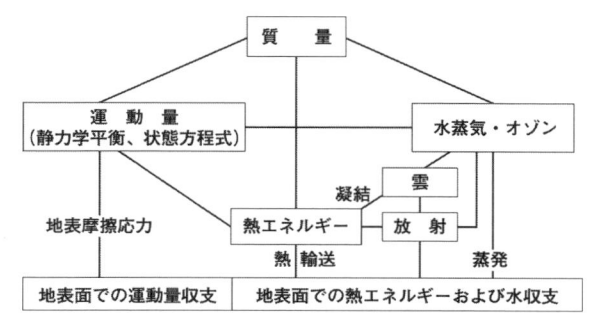

図8.4　大気大循環モデルの構成

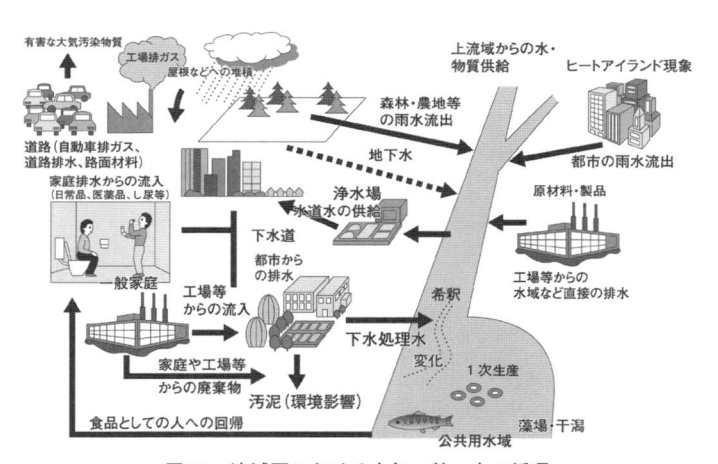

図8.5　流域圏における大気・熱・水の循環

8.2　都市化と水循環の変化

（1）水循環の変化

　都市化に伴う水循環の変化としては、**表8.2**に示すようなものが考えられる。

　都市における水面積の減少は、**図8.6**、第3章**図3.4**に示した河川・水路網の減少に示したように、その面積が都市化とともに大幅に減少している。このように、都市における水面積は減少したものの、現在でも都市計画区域の約1割の面積は河川、水面である（**図8.7**）[1),2)]。

　都市の土地利用を平均的に見ると、水面積約10%、道路面積約16%、緑地面積約3%であり、これらをあわせると都市の面積の約30%は公有地である。

表 8.2　都市化が水環境に及ぼす影響

原因	影響
都市化	水面の減少 水循環系の変化 平常時の流量減少、地下浸透量の減少、地下水位等の変化など 沿岸域の埋め立て 緑地、植生の減少
都市温暖化	都市の人工排熱の増大、水域への影響

○市街地における水辺までの到達距離は約300メートル程度で、身近な所に水辺空間がある。

図8.6　都市化による水面積の減少
(『水辺空間の魅力と創造』、〈松浦茂樹・島谷幸宏〉より作成)

河川は都市の中の貴重なオープン・スペース

○国土面積に占める河川の面積は3％。
○都市地域[*1]の面積に占める河川の面積は約2,436km^{2}で、約10％を占める[*2]。
　*1：都市地域とは市街化区域を指す。
　*2：平成2(1990)年度河川現況調査（建設省調べ：1級水系および主要な2級水系、計173水系、約257,232km^{2}をカバーする調査）

○河川・湖沼と都市公園の1人当たり面積

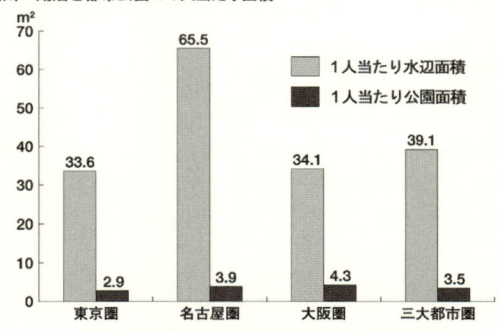

	東京圏	名古屋圏	大阪圏	三大都市圏
1人当たり水辺面積 (m²)	33.6	65.5	34.1	39.1
1人当たり公園面積 (m²)	2.9	3.9	4.3	3.5

図8.7　都市計画区域内の河川・水面積

首都圏で水面の存在がどのようなものであるか、大河川を中心に見たものが**写真8.1**である。首都圏における荒川、隅田川、江戸川、多摩川、中川・綾瀬川といった規模の大きい川とともに、神田川、日本橋川、渋谷川・古川、目黒川等の中小河川、さらには運河等が現在でも残っている。

図8.8は東京都心部の土地利用の変化（江戸時代と現在）を見たものである。都心部は、全国平均に比較すると、道路面積と緑地（皇居、新宿御苑、明治神宮等のまとまった緑地等がある）が多い。また、都心部の河川や水路も**図8.9**、**8.10**に示すように変化した。

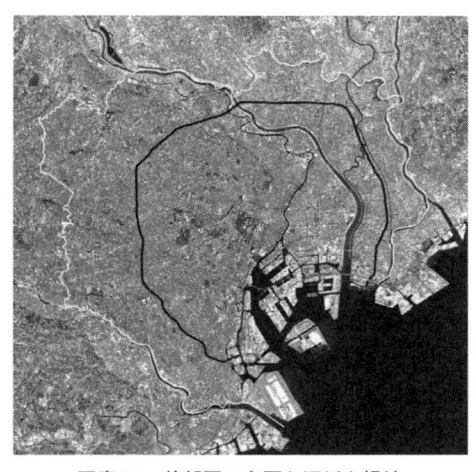

写真8.1　首都圏の主要な河川と緑地
（衛星写真。外の線：東京23区、内の線：環状7号線）

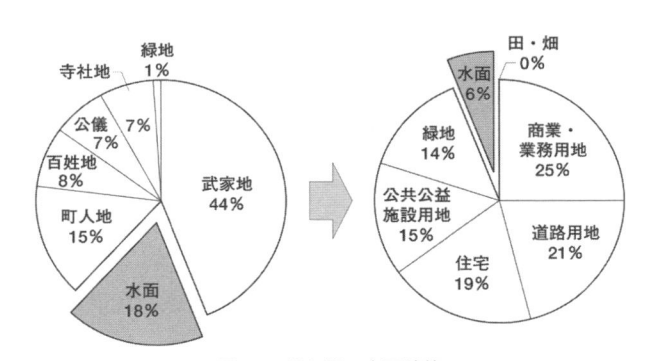

図8.8　都心部の水面積等
（建設経済研究所資料より作図。左：江戸末期〈140年前〉の土地利用、右：現在の東京の土地利用）

沿岸域では遠浅な海浜が埋め立てられ、人工的な土地利用が図られている（**写真8.2〜8.8**）。東京の隅田川河口付近から埋め立てが始まり、川崎等、横浜、千葉に、そして隅田川河口ではさらに沖へと埋め立てが進んできている（第5章**図5.25**参照）。千葉では、千葉港以北では主として住宅や新市街としての埋め立てが進み、以南では工業地帯としての埋め立てが進められた。埋立地のほとんどは（千葉県の千葉港以北を除く）企業用地（私有地）となり、人々の海へのアクセス

が不可能となっている。

　湾岸部の埋め立ての結果、現在では千葉県の小櫃川河口の磐洲干潟、富津岬周辺、そして人工的ではあるが三番瀬周辺にまとまった自然の海浜が残るのみとなっている。

　なお、埋立地でも、東京のお台場海浜公園、そして千葉の稲毛海浜・検見川の浜・幕張海浜へと連続した部分では、人工的な養浜により海浜を造成している。その人工養浜がなされて公園となった海にはアクセスが可能となり、その利用に加えて、そこが生物の生息・生育の場ともなってきている。

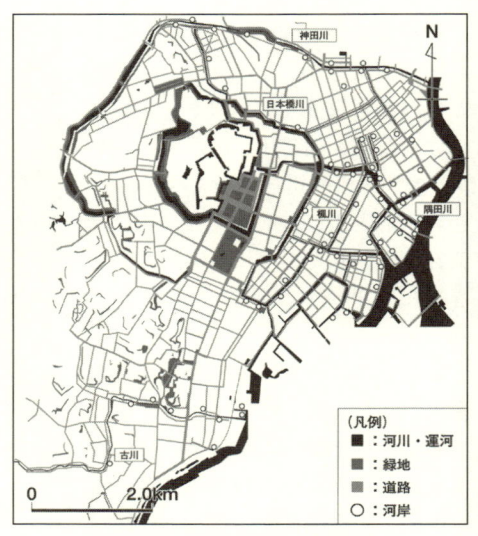

図8.9　都心部のかつての水路等
（明治期の河川と道路、河岸、緑地）

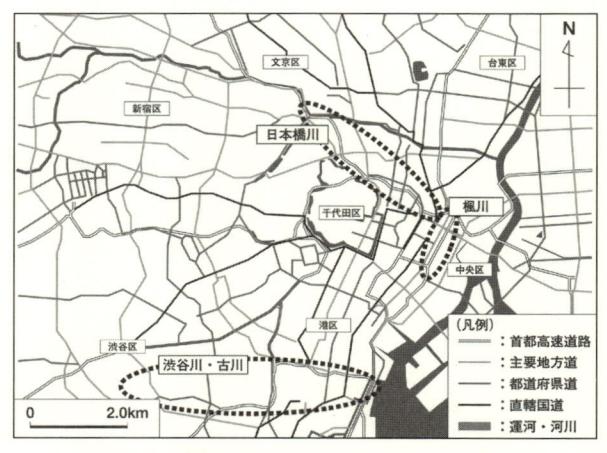

図8.10　道路に覆われた都心部の河川・運河等

　都市化とともに水循環に現れる影響としては、汚濁負荷の排出による水質の悪化、平時の水量の減少（下水道により水が河川に還元せず、バイパスするため）、そして洪水時には流域の都市化による地表面での不浸透面積の増大、下水道・道路側溝などの水路網の整備、河川整備等により、同じ降雨に対する洪水の流出量が増大して水害が深刻化することなどがある。

第 8 章　都市の水・熱・大気の循環　　255

写真8.2　首都圏の東京湾岸の埋め立て

写真8.3　海から見た湾岸の風景その1
　　　　（千葉の工業地帯）

写真8.4　海から見た湾岸の風景その2
　　　　（幕張新都心の付近）

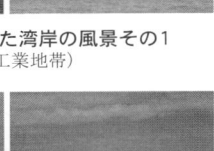

写真8.5　海から見た湾岸の風景その3
　　　　（浦安付近）

写真8.6　海から見た湾岸の風景その4
　　　　（東京都心の付近）

写真8.7　海から見た湾岸の風景その5
　　　　（川崎地区）

写真8.8　海から見た湾岸の風景その6
　　　　（横浜新都心の付近）

（2）水の循環、水循環系の再生への対応

このような都市化に伴う水の循環に関する問題への対応として、以下のようなことが徐々にではあるが試みられている。

（a）洪水（多い水）への対応

伝統的な河川等の構造物対策の実施とともに、降雨を貯留・浸透させて流域内で対応すること、さらには被害を防ぐという観点から、第6章で述べたように、水害の危険性が高い土地での土地利用面での配慮等が、総合治水対策を実施している河川などの一部の流域では行われている[1)〜4)]。流域の都市化は洪水流出（ピーク流量と流出量）を増大させる（図8.11）。それに対応するためには河川を拡幅するとともに河床を掘り下げることが一つの対応策であるが、東京都市部ではその用地を確保することができないため、河川の治水能力を向上させるための放水路を道路の地下に整備したり、洪水を一時的に地下に貯留する施設（地下トンネル）を整備することまで行われている（図8.12、写真8.9、8.10）。

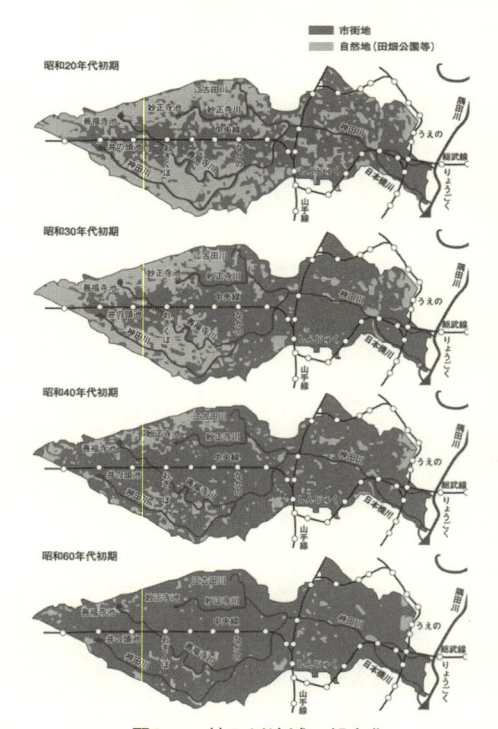

図8.11　神田川流域の都市化

図8.12　東京都心部の地下調節池
（将来は地下調節池をつなげて放水路に
〈東京都資料より作成〉）

第8章　都市の水・熱・大気の循環　257

写真8.9　洪水の氾濫（神田川。左：平常時、右：洪水時）

写真8.10　道路の下に設けられた神田川の地下放水路

(b) 普段の水の減少への対応

　渋谷川・古川などの一部の都市河川、あるいは東京都の江戸川区の小松川・境川、目黒川上流の世田谷区の北沢川等においては、下水処理水を放流することで普段の水の減少を補う対応がなされている（図 8.13）。渋谷川、古川のように下水処理水を河川に放流する場合（写真 8.11）と、江戸川区の小松川・境川、世田谷区の北沢川などのように、暗渠化した河川（都市下水路）を2層化して上部の水路に水を流している場合がある（写真 8.12、8.13）。

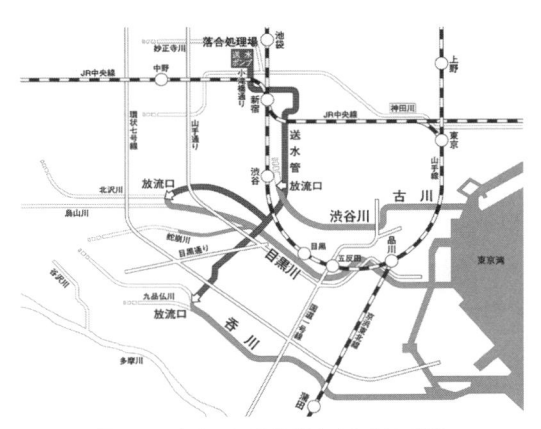

図8.13　東京で下水処理水を河川に放流（東京都資料より作成）

　また、河川を2層化して上部の水路に河川水を流している例として、栃木県宇都宮市の釜川がある（写真 8.14）。

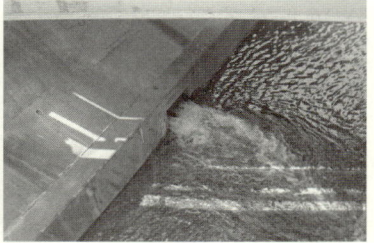

写真8.11　下水処理水を放流している渋谷川（渋谷駅付近。右は放流口付近）

写真8.12　2層化した水路に下水処理水を放流している江戸川区の小松川・境川
（1973〈昭和48〉年完成）

写真8.13　2層化した水路に下水処理水を放流している世田谷区の北沢川（目黒川上流）

写真8.14　河川を2層化し上部の水路に河川水を流している宇都宮の釜川

(c) 渇水（少ない水）への対応

　この問題は、首都圏やその都市が依存している水源（東京都の場合は利根川、荒川、多摩川、さらには相模川）でのダム貯水池の整備、渇水時の取水・利用制

限などによる対応がなされている。節水の努力、あるいは農業用水、工業用水の都市用水（家庭、事業所等の利用のための用水）への転用などの対応もある。また、雨水を貯留し、利用することも墨田区等では行われている。

(d) 水質問題への対応

この問題への対応としては、都市から排出される汚濁負荷量の削減（排水水質規制）、排出された汚濁負荷量の削減（下水処理）などがある。その例として、隅田川では、汚染源であった工場の郊外への転出あるいは操業停止、利根川から荒川を経由しての河川浄化用水の導入、下水道の整備などにより汚染された水質の改善がなされてきている（第2章図2.18参照）。

最近では、全般的に河川の水質は改善されてきているが、下流の東京湾等の閉鎖性の海域や湖沼については悪化していないが改善も進んでいないという状況にある。雨天時の河川等の水質に関しては、古い時代から整備されてきた都心部等の合流式下水道（雨水排水と汚水を同じ管路・水路で流す下水道。雨天時には下水処理場の処理能力を超える水量は河川に越流して流れ込む）からの汚濁負荷の処理が問題となっている。その処理のために、雨天時の雨水と汚水が混合した水を地下に一時貯留し、洪水後に下水処理場に戻して処理することへの取り組みが徐々に進められるようになった。

このような合流式下水道での雨天時の汚水の処理を進めた例としては、アメリカ・ボストンでの取り組み（ボストン湾〈湾と呼んでいるが正確にはチャールズ川の河口域〉の水質浄化のため、雨天時の汚水をボストン湾内の島に集めて下水処理し、その処理水をボストン湾外のマサチューセッツ湾に排水）が挙げられる。東京湾流入流域の都市部でも、雨天時の汚水の問題への対応が始まりつつある。

8.3 熱の循環の問題（ヒートアイランド）への対応

都市のヒートアイランドの問題は、近年特に都市で身近に意識され、注目されるようになっている。そして、この問題への対策も試みられるようになった。

都市におけるヒートアイランドの原因は、**図8.14**に示すようなものである。すなわち、直接的には建物・住宅・工場・自動車などからの排熱の増大がある。それに加えて、水辺・緑地の減少等による蒸発散・冷却能力の減少、都市の建物等の凸凹による日射補足（率）の増加、天空（率）の減少による放射冷却量の減少、大気汚染による地表向きの長波放射の増加、アスファルト・コンクリートでの蓄

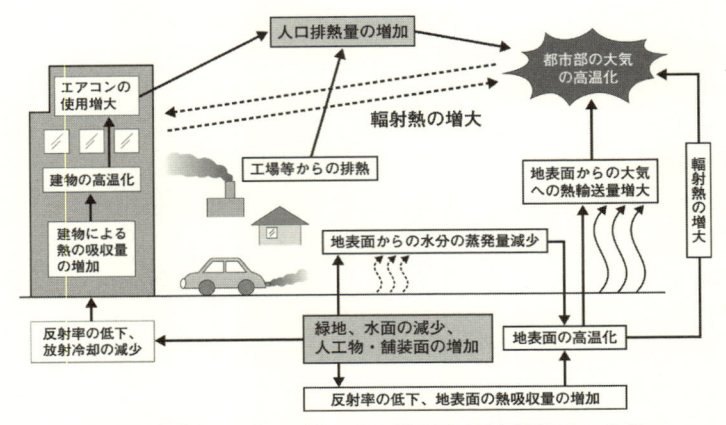

図8.14 都市のヒートアイランドの概念図（環境省資料より作成）

熱、風の流れの遮断による熱のよどみなどの影響が加わる。
　このヒートアイランド現象への対応としては、以下のようなものが挙げられる。
　①　自然環境の保全や復元、都市形態等の改善による対応
　自然環境の保全や復元としては河川などの水面の復元、雨水浸透の復元、樹木等からの蒸発散の復元がある。都市形態等の改善としては、風の道、水の道の積極的利用（建物配置等の改善、風系、水系、地形等の地域特性の考慮）、エコエネルギー都市の実現（エネルギーのカスケード利用、熱輸送ネットワークの構築）、循環型都市の形成（エネルギーの有効利用、物質のリサイクル・有効利用を総合的に実現した循環型都市の形成）などがある。
　②　人工被覆部分での熱特性改善による対応
　保水性舗装、反射性舗装、家屋等の屋根の高反射化などがある。その内容としては、緑化（公園・緑地の整備、建物緑化〈屋上緑化、壁面緑化〉、敷地内の植樹、沿道緑化〈街路空間の緑化〉）、舗装材の改善（反射率の向上、保水性・透水性の改善）、建物の壁面等の改善（建物表面の反射率向上〈淡色化〉、窓ガラスの反射率向上）、水面の確保（河川の開渠化、ビオトープの創造）などがある。
　③　人工排熱量の低減による対応
　家庭・事業所等での排熱の削減（省エネルギー化）、自動車排熱の抑制などがある。その内容としては、設備の省エネルギー化（エネルギー消費機器の高効率化・最適化、空調システムの高効率化・適切な運転）、建物の改良（建物の断熱、庇・保水性建材による熱負荷低減）、自然・未利用エネルギーの利用（太陽熱、自然通風の利用）、地域対策（地域冷暖房システムの構築、交通需要マネジメントの実施、

自転車の活用等による都市交通量の低減）などがある。
　以上のような対応について、いくつかの事例を見ておきたい。

（１）　水面の存在、緑地の存在による効果の例
　川の水面が存在することによる効果は、川の存在する場所としない場所との比較調査により、水面での気温低下（周辺気温との差）、風下側での気温低下が知られている。河川の影響の範囲で見ると、その河川と周辺の都市の建物等の状況にもよるが、川の周辺の 10～150m 程度の範囲にまで、直接的な気温低下の影響がある。荒川下流部の河川の存在の有無を比較した例によると、水面で 1.2℃程度、風下側の市街地で 0.4℃程度の温度差があること、また、荒川内にアシ（ヨシ）を生育させると、その場所で 0.6℃程度、風下側の市街地で 0.4℃程度の温度差が生じることが推定されている（リバーフロント整備センターの推定）。
　また、都市内において広範囲に水面を復元した場合の全域的な効果なども推定されている。それと同様に、東京湾の埋め立ての有無を比較すると、埋め立てにより都心部の気温が上昇することが知られている。しかし、このような水面の復元や埋め立てられた水面の復元は全くといってよいほどなされていない。
　水面積の増大、屋上緑化による効果としては、いずれも都市の面積の 10％程度増大させたとした場合であるが、昼間（12時頃）では水面積増大による効果が大きい傾向にある（水面積増大：0.8℃程度の低下、屋上緑化：0.4℃程度の低下）が、午後（4時頃）で見ると屋上緑化の効果が大きいこと（水面積増大：0.04℃程度の低下、屋上緑化：0.4℃程度の低下）などが推定されている（木内豪の推定）。
　都市での水面積の増大はほとんど行われておらず、その保全がテーマである。一方、屋上緑化、壁面緑化は東京都の施策となり、積極的に対策が講じられるようになっている。

（２）　道路舗装での対応の例
　都市において身近な道路での温度上昇に対して、舗装表面部分に水を蓄えておく保水性舗装あるいは反射性舗装が試みられるようになっている。透水性舗装は地下に雨水が浸透し、表面部分に留まらないので、舗装部分では効果がほとんどないことが知られている[5]が、地下に水を浸透させ、その近傍で樹木等により蒸発散させるようにすることで、システムとして考えると効果が発揮できる可能性がある。雨水を道路下の水路に貯留し、高温時に樹木を通じて蒸発散させることを想定してもよいであろう。舗装部分単独ではなく、そのようなシステムとして検討することも重要であろう。

（3） 道路撤去、河川再生による対応の例

　これは、道路のアスファルト・コンクリート部分の消失、水面、緑地の増大、風の道の形成などによるヒートアイランドへの効果を推定したものである（図8.15〜8.17、写真8.15、8.16）。

　韓国のソウルでは、清渓川の上空を覆っていた高架道路および地表面の平面道路が撤去され、川が再生された（2005年10月）。大気、土壌、地表面、植生、生物気象学のサブモデルを組み込んだ環境モデルでその効果を推定すると、以下のような結果が得られている。すなわち、気温が25℃程度のときに、道路撤去・河川再生の前後で比較すると、撤去場所で約0.3℃から0.5℃程度の温度低下があると推定されている。

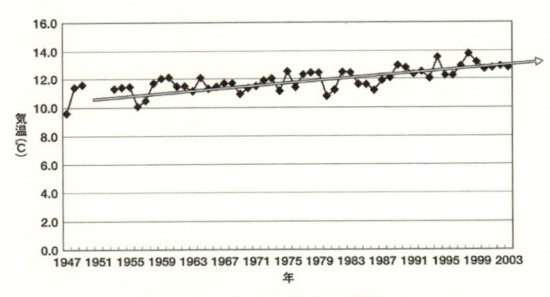

図8.15　ソウルの近年の気温上昇

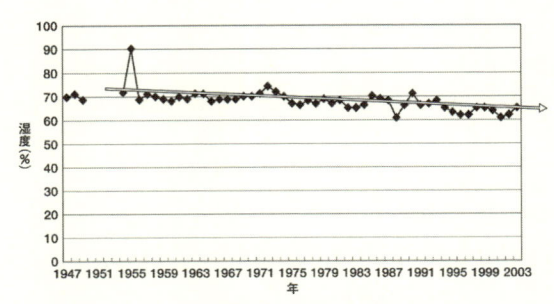

図8.16　ソウルの近年の湿度の変化（減少）

写真8.15　道路撤去前の風景

写真8.16　道路撤去後の風景

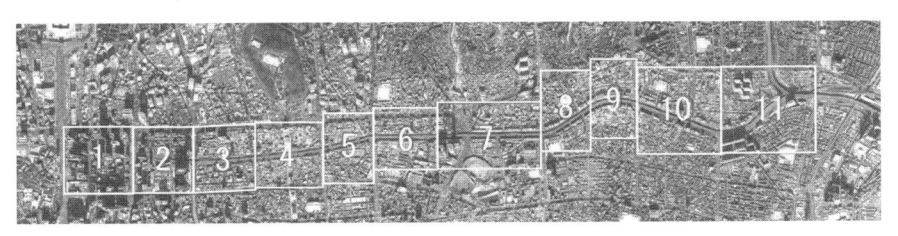

図8.17　道路の撤去区間

（4）打ち水の効果の例

これは、ヒートアイランドへの一時的な対応であるが、風呂の排水などを利用して道路に打ち水を行うものである。直接的な効果もさることながら、ヒートアイランドへの意識の高揚、夏のイベントとして価値などがある。

これは、打ち水を行った場合に、気温低下とともに湿度の上昇が期待できるという推定に基づいている。東京23区の総面積の約半分にあたる280km^{2}に対して、雨量換算で1mm相当の水を撒くと、気温が2℃程度下がるという推定がある（国土交通省土木研究所の推定）。イベント時にはその周辺での気温と湿度も計測され、その効果の程度が確認されている。

(5) 風の道の効果の例

　築地や汐留等の海に近い湾岸での高層ビルの建設により、海からの冷涼な風が遮られ、内陸部の都市でのヒートアイランド現象を助長していると推察されている（**写真 8.17**）。この面を配慮しないで進められる湾岸部での再開発には、問題があることが知られるようになっている。なお、汐留の再開発については、その他にも浜離宮や湾岸の景観、まちの街路・歩行空間などの面でも問題がある。

写真8.17　湾岸の高層ビルによる風の道の遮断（東京の汐留）

　以上、都市からの排熱等によるヒートアイランド（大気）の問題への対応について述べたが、それに加えて都市からの温排水が及ぼす河川やその下流の閉鎖性水域の生態等への影響もあると考えられる。

8.4　都市の大気循環の問題への対応

　都市の大気の問題としては、かつての工業化が進んだ時代には、工場等からの大気汚染が問題となった。その後工場等の大気汚染による問題は軽減されてきたが、道路交通の増大による大気汚染が近年まで問題として残っている。大阪市と神戸市を結ぶ国道43号沿いの西淀川、尼崎、川崎、名古屋南部、東京では国、企業、道路管理者に対して、排ガスの差し止めと損害賠償を求めた訴訟も行われてきた。

　大気の汚染原因としては、1次汚染源として、人為起源の固定発生源（工場、発電所、事業所、粉じん発生施設等）と移動発生源（自動車、飛行機、船舶等）および、自然起源（土壌、海洋、火山活動、森林火災等）のものがある（図8.18）。これらの発生起源別の汚染が関係しているが、その中で、自動車、道路に関係した窒素酸化物 NO_x や、ディーゼル自動車からの微量浮遊粒子状物質 SPM (Suspended Particulate Matter) の濃度が問題となっている（図8.19、8.20）。

第8章 都市の水・熱・大気の循環　265

図8.18　大気汚染物質の発生の概念図

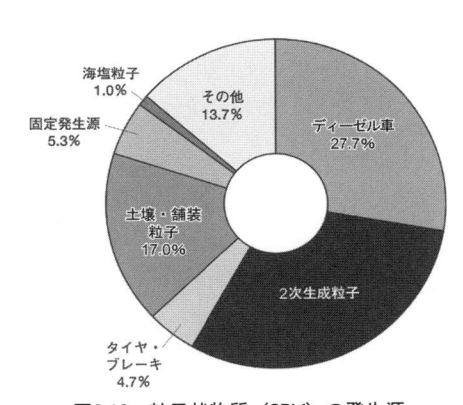

図8.19　粒子状物質（SPM）の発生源

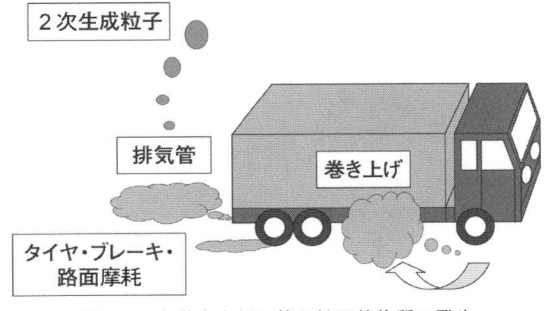

図8.20　自動車走行に伴う粒子状物質の発生

大気汚染の濃度には、風速や大気の安定度（地上での温度分布）などの気象条件も関係する。また、大気汚染は拡散するが、それはフィック（Fick）の拡散理論、プルーム理論、パフ理論等で推定される。

　道路に関わる大気質の汚染の問題への対応としては、その源である車両での対策、道路での対策、そして交通量の途絶・削減といった交通量マネジメントによる抜本的な対策がある（図 8.21）。後者の抜本的な対策の例としては、前述の韓国・ソウルの清渓川での道路撤去がある。これにより、沿道・沿川の大気汚染は大幅に解消した。

　自動車での対応としては、エンジンの改良、排出ガス規制への各種対応が行われている。低公害車、液化石油ガス（LPG）自動車、圧縮天然ガス（CNG）自動車、エタノール自動車、電気自動車、ハイブリッド自動車、燃料電池自動車（水素と酸素を利用）などがある。

　道路（管理者）側での対策としては、光触媒による大気浄化（防音壁、舗装、歩道等に塗布した塗料による汚染物質の分解・浄化と NO_x の改善）、土壌を用いた大気浄化（土壌を通すことで浄化。NO_x 以外にも SPM、CO、SO_2、ベンゼン、トルエン等にも効果）、吸着材を用いた大気浄化、微生物を用いた大気浄化、植樹帯による大気浄化などが試みられている。また、従来の道路整備による渋滞の緩和による改善、さらにはカー・シェアリングによる大気汚染排出量の軽減についての社会実験的な取り組みも行われるようになっている。

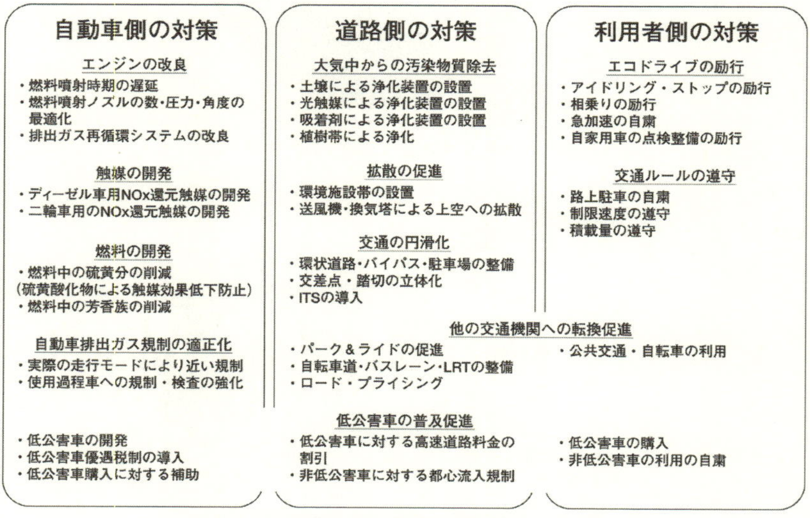

自動車側の対策	道路側の対策	利用者側の対策
エンジンの改良 ・燃料噴射時期の遅延 ・燃料噴射ノズルの数・圧力・角度の最適化 ・排出ガス再循環システムの改良 **触媒の開発** ・ディーゼル車用NOx還元触媒の開発 ・二輪車用のNOx還元触媒の開発 **燃料の開発** ・燃料中の硫黄分の削減 　（硫黄酸化物による触媒効果低下防止） ・燃料中の芳香族の削減 **自動車排出ガス規制の適正化** ・実際の走行モードにより近い規制 ・使用過程車への規制・検査の強化 ・低公害車の開発 ・低公害車優遇税制の導入 ・低公害車購入に対する補助	**大気中からの汚染物質除去** ・土壌による浄化装置の設置 ・光触媒による浄化装置の設置 ・吸着剤による浄化装置の設置 ・植樹帯による浄化 **拡散の促進** ・環境施設帯の設置 ・送風機・換気塔による上空への拡散 **交通の円滑化** ・環状道路・バイパス・駐車場の整備 ・交差点・踏切の立体化 ・ITSの導入 **他の交通機関への転換促進** ・パーク＆ライドの促進 ・自転車道・バスレーン・LRTの整備 ・ロード・プライシング **低公害車の普及促進** ・低公害車に対する高速道路料金の割引 ・非低公害車に対する都心流入規制	**エコドライブの励行** ・アイドリング・ストップの励行 ・相乗りの励行 ・急加速の自粛 ・自家用車の点検整備の励行 **交通ルールの遵守** ・路上駐車の自粛 ・制限速度の遵守 ・積載量の遵守 ・公共交通・自転車の利用 ・低公害車の購入 ・非低公害車の利用の自粛

図8.21　自動車から発生する大気汚染への対応例

8.5 今後の展望

　都市化に伴う水の循環、物質の循環（水質）の変化は、その修復や改善が重要なテーマとなっている。また、都市の気温、大気の汚染も同様である。このような問題に対して、自然と共生する流域圏・都市の再生という視点からの取り組みがなされてよい。これらの問題は、自然共生型流域圏・都市再生を考える上で、身近で重要なテーマであり、再生シナリオの対象として検討し、実践していくことが重要といえる。

〈参考文献〉

1) 吉川勝秀：『人・川・大地と環境』、技報堂出版、2004
2) 吉川勝秀：『河川流域環境学』、技報堂出版、2005
3) 吉川勝秀：「都市化が急激に進む低平地緩流河川流域の治水に関する都市計画論的研究」、都市計画論文集、日本都市計画学会、第19巻第4号、pp.267-279、2007.10
4) 吉川勝秀・本永良樹：「低平地緩流河川流域の治水に関する事後評価的考察」、水文・水資源学会誌（原著論文）、水文・水資源学会誌、第19巻第4号、pp.267-279、2006.7
5) 木内豪・小林裕明：快適な都市熱環境創造のための舗装の高温抑制策に関する検討、土木学会論文集、No.622/Ⅶ、pp.23-33、1999.5

第9章　川、流域圏と福祉・医療・教育

　わが国では、少子高齢化の進展、人口減少時代を迎え、福祉と医療、そして教育についての課題の克服が求められている。以下、そのような時代の福祉・医療と教育の課題に川を利用し、また流域圏という地域の基本的な単位で対応することについて述べる。

9.1　これからの時代

(1)　人口の変化

　わが国では過去約150年の急激な人口増加の時代を経て、今後は人口が減少する（第2章図2.1参照）。その時代を振り返ると、**図**9.1、9.2の人口ピラミッドに示すように、人口構成の裾野が広く子どもの多い時代から、近年のように高齢者が多い形に変化してきた。子どもの数には、女性の数と女性が一生の間に産む子どもの数（合計特殊出生率）が関係する。その合計特殊出生率が2.1以上あると人口は平衡を保つ（増加も減少もしない）が、**図**9.3、**表**9.1に示すように、既に1.3程度にまで低下している。このため、わが国の人口は減少するとともに、子どもの数も少なくなることが確実である。

　一方、高齢者の割合（高齢化率）について見ると、年々その割合は大きくなってきている（**図**9.4）。既に高齢化社会を経て高齢社会となっている。今後も高齢化率は年々上昇する。

　今後のわが国の人口構成は、**図**9.5に示すようになると予測され、全国で人口減少、少子高齢化が進むこととなる。地域別にその人口減少を推定したものが**図**9.6、9.7である。2030（平成42）年頃になると、東京首都圏でも人口が減少することとなる。

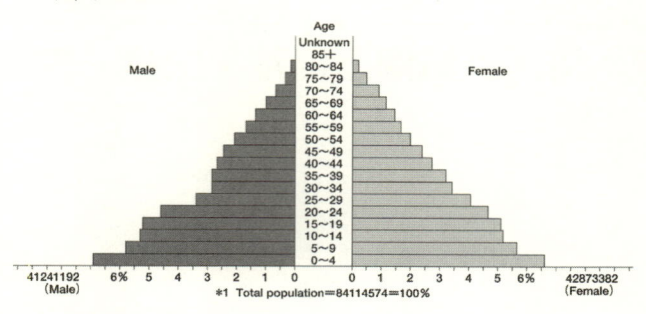

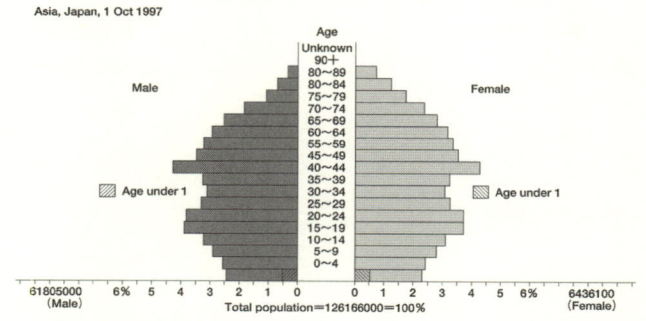

図9.1　日本の人口ピラミッドその1（上：1950年、下：1997年）
（Report of the Census 等より作成）

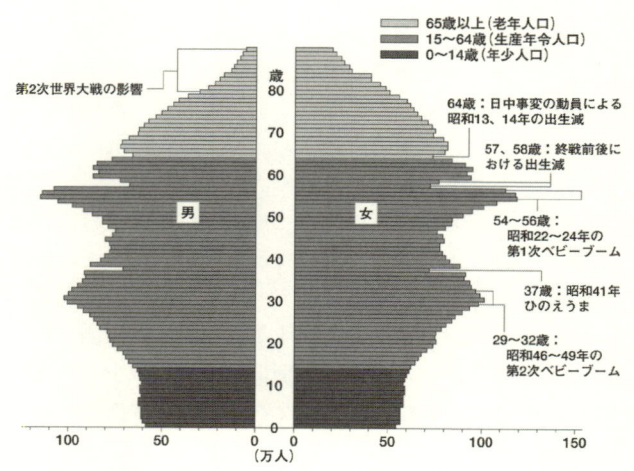

図9.2　日本の人口ピラミッドその2（2003年）
（総務省統計局資料より作成）

第9章 川、流域圏と福祉・医療・教育　271

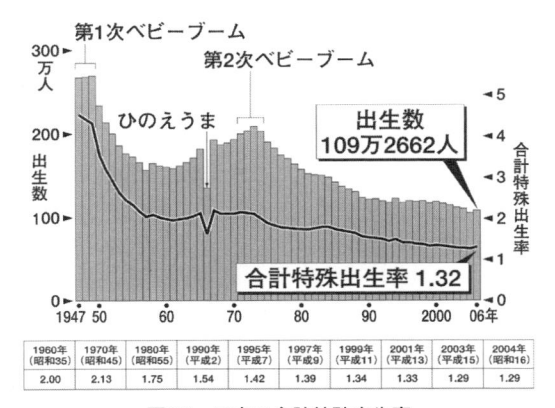

図9.3　日本の合計特殊出生率
（厚生労働省資料等より作成）

表9.1　合計特殊出生率の国際比較
（厚生労働省「人口動態推計」、国連「Demographic Year book」等より作成）

	日本	アメリカ	イギリス	フランス	ドイツ	イタリア	スウェーデン	ノルウェー	デンマーク
1950年	3.65	3.02	2.19	2.92	2.05 (1951)	2.52	2.32	2.53	2.58
1980年	1.75	1.84	1.89	1.99	1.46	1.61	1.68	1.73	1.54
現在	1.43 (1996)	2.02 (1995)	1.69 (1995)	1.70 (1995)	1.24 (1994)	1.26 (1994)	1.74 (1995)	1.87 (1995)	1.81 (1994)
1950年以降の最低合計特殊出生率	1.42 (1995)	1.77 (1976)	1.69 (1995)	1.65 (1994)	1.24 (1994)	1.26 (1994)	1.60 (1978)	1.66 (1983)	1.38 (1983)

（注）イギリスは1984年まではイングランド・ウェールズの数値、ドイツは1991年までは西ドイツの数値

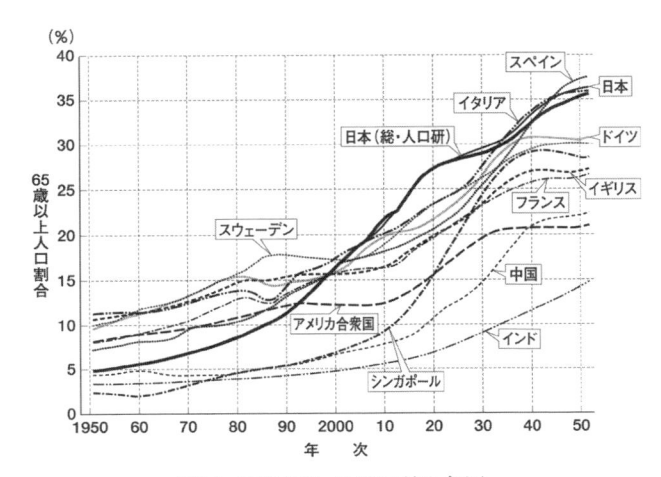

図9.4　高齢化率（国際比較を含む）
（国連「World Population Prospect（2000）」）、総務庁統計局「国税調査報告」、国立社会保障・人口問題研究所「日本の将来推計人口（2002）」より作成。再掲）

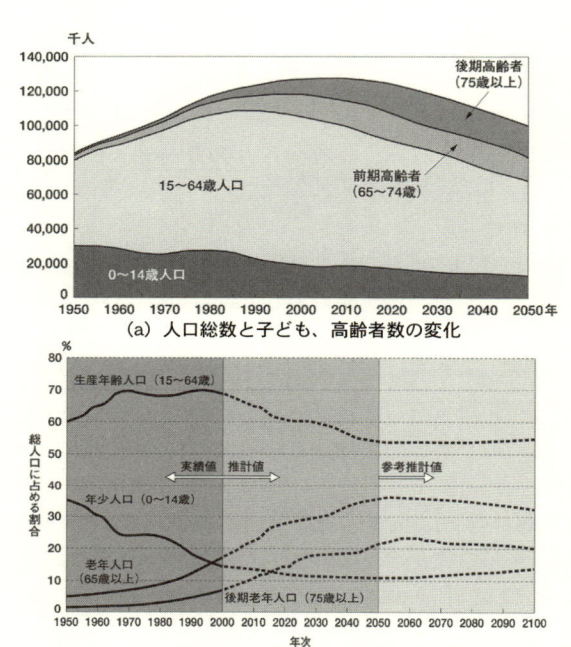

(a) 人口総数と子ども、高齢者数の変化

(b) 生産年齢人口と子ども、高齢者数の変化
図9.5 今後の日本の人口とその構成
(上図：総務庁統計局「国勢調査」国立社会保障・人口問題研究所「日本の将来推計人口〈1997、中位推計〉」より作成。下図：国立社会保障・人口問題研究所「日本の将来推計人口〈2002〉」より作成)

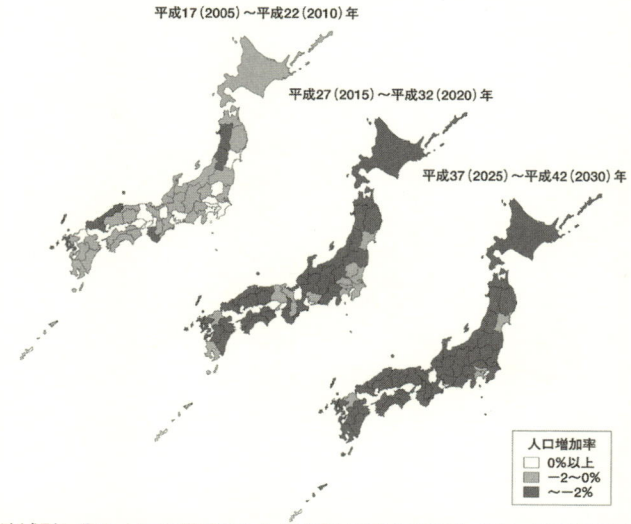

図9.6 地域別に見た人口の増減その1（2005年から2030年）（国土交通省資料より作成）

平成42(2030)年

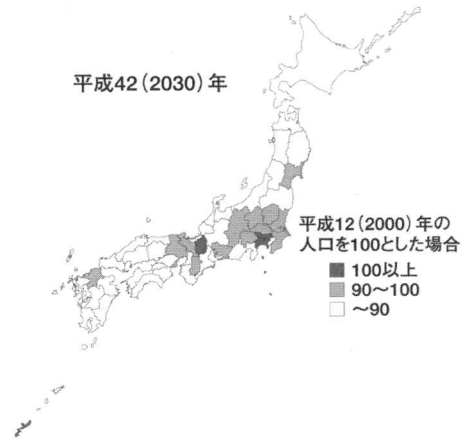

平成12(2000)年の
人口を100とした場合
■ 100以上
▨ 90～100
□ ～90

図9.7　地域別に見た人口の増減その2（2030年。2000年を100とした場合との比較）
(国土交通省資料より作成)

　一方、世界を見ると、先進国では人口の増加率が減少し、停滞する時代であり、発展途上国では人口が急増する時代である。

　先進国であるドイツ、イタリア、スウェーデン、デンマーク、そしてアメリカの人口ピラミッドを図9.8～9.10に示した。アメリカ以外は、子どもの数が安定的となっており、人口増加が停止することが推察される。なお、アメリカでは近年でもヒスパニック系などでの出生率が高く、しばらくの間は人口が増加する。

　発展途上国である中国、インド、アフリカのエジプトとナイジェリア、南米のベネズエラとブラジルの人口ピラミッドを図9.11～9.14に示した。人口ピラミッドで見ると、これらの国々では子どもの数が多く、今後人口が急増することが知られる。中国は一人っ子政策で人口増加の抑制に取り組んでいるが、しばらくの間は人口が増加する。インドはそのような取り組みが十分ではなく、いずれ中国を超えて世界最大の人口を有する国となる。

　その結果として、世界の人口は、今後100年では概ね図9.15に示されるように増加すると予測される。すなわち、中位推計で見て、2000年で約60億人の人口は、2050年には約100億人に、2100年には約110億人程度にまで増加すると推定されている。今後50年間での人口増加は図9.16のように推定されており（この推計では2050年の中位推計人口は約91億人となっている）、地域別に見ると第2章 図2.9に示すように増加し、人口増加の多くは「アジア30億人の爆発」とも言われる中国、インドを含むアジアで生じることが知られる。

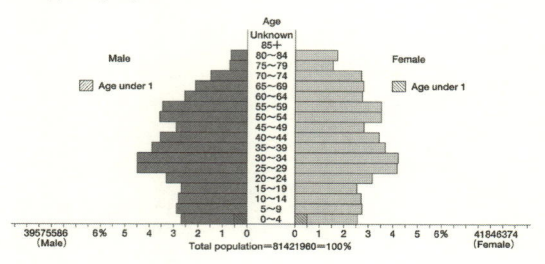

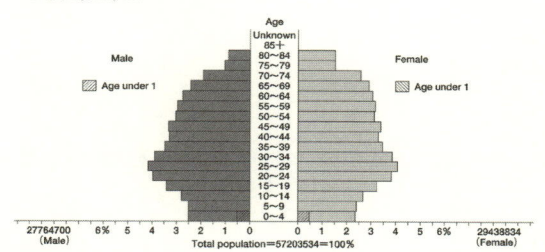

図9.8 ドイツ（上）、イタリア（下）の人口ピラミッド
（国連「Demographic Year Book〈1995〉」より作成）

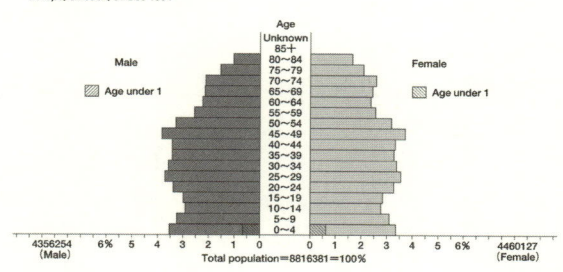

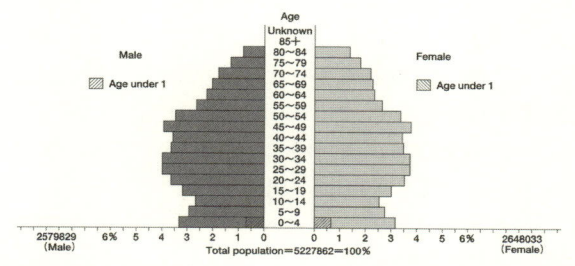

図9.9 スウェーデン（上）、デンマーク（下）の人口ピラミッド
（国連「Demographic Year Book〈1995〉」より作成）

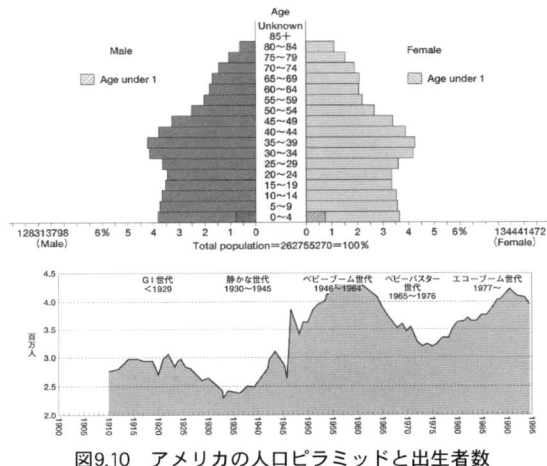

第 9 章　川、流域圏と福祉・医療・教育　275

図9.10　アメリカの人口ピラミッドと出生者数
（国連「Demographic Year Book〈1995〉」等より作成）

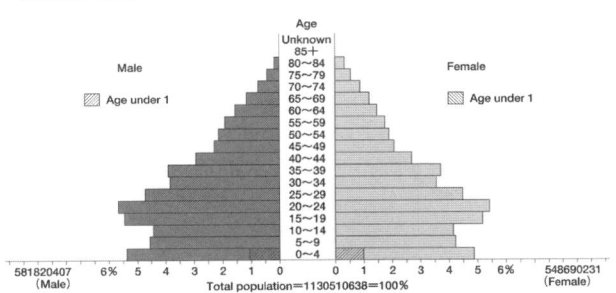

図9.11　中国の人口ピラミッド（国連「Demographic Year Book〈1995〉」より作成）

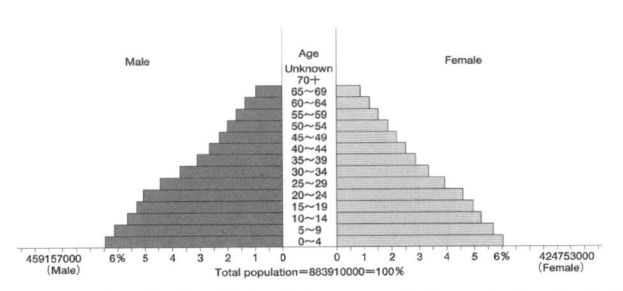

図9.12　インドの人口ピラミッド（国連「Demographic Year Book〈1995〉」より作成）

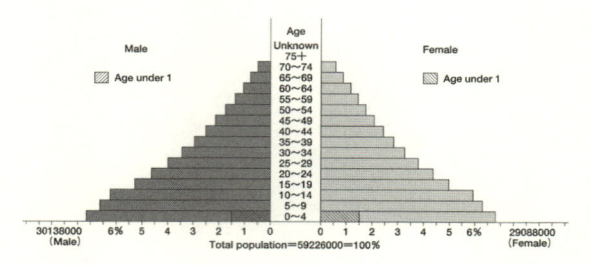

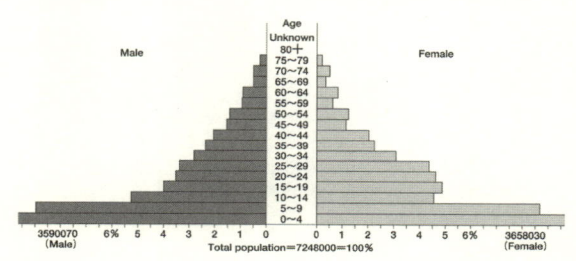

図9.13 エジプト（上）、ナイジェリア（下）の人口ピラミッド
（国連「Demographic Year Book〈1995〉」より作成）

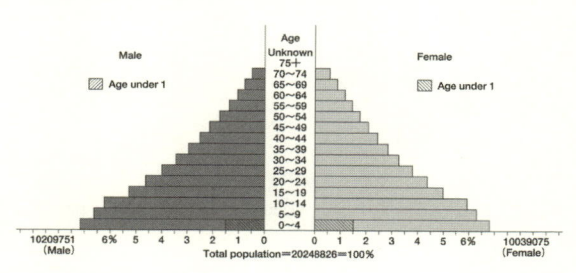

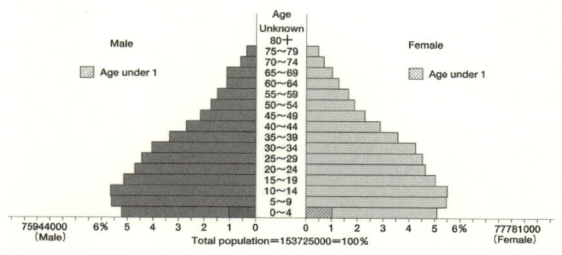

図9.14 ベネズエラ（上）、ブラジル（下）の人口ピラミッド
（国連「Demographic Year Book〈1995〉」より作成）

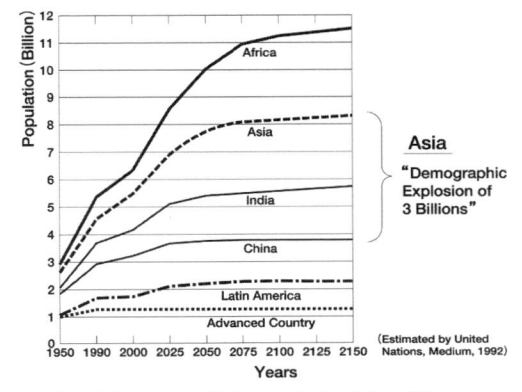

図9.15 今後100年の世界の人口の変化（国連「世界人口推計」、〈1992〉より作成）

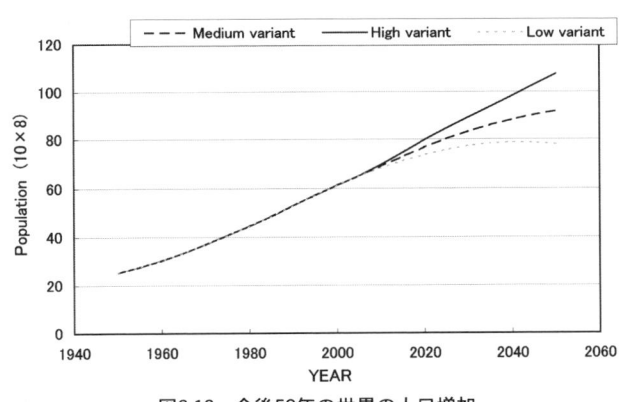

図9.16 今後50年の世界の人口増加
（国連世界人口推計、2002 より作成）

（2） 高齢者、障害者

　日本の65歳以上の高齢者は、現在約2,500万人程度であるが、今後急激に増加すると推定されている。そのうち、要支援・要介護者は約300万人であるが、この数も増加すると予測されている（**図9.17**）。

　障害者の数は、現在約635万人程度であり、身体障害者が約343万人（視覚障害約30万人、聴覚障害約30万人、聴覚・言語障害約35万人、肢体不自由約175万人、内部障害約85万人。厚生労働省「身体障害者・児実態調査」〈2001年〉による）と知的障害者が約34万人、精神障害者が約258万人（厚生労働省社会・援護局精神保健福祉課調べ〈2003年〉による）となっている。

　日本人の総数は約1億2,700万人である。これに外国人数百万人が加わり、日

本の全人口となる。

日本の人口の総数と高齢者、障害者の割合を概ね示したものが図 9.18 である。支援と介護を要する高齢者と障害者は約 900 万人であり、人口の約 7%程度である。

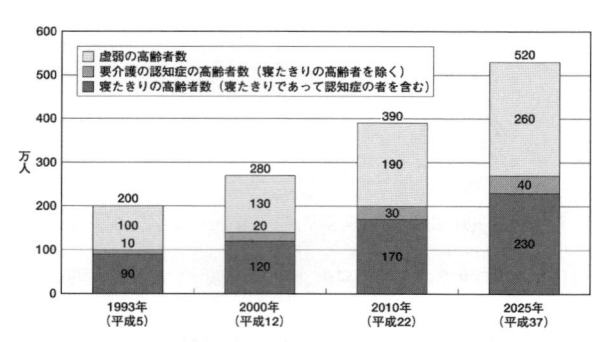

図9.17　要支援・要介護者の数とその増加[1]

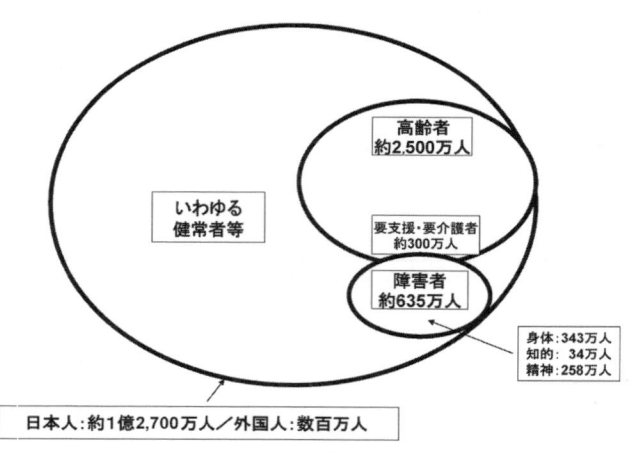

図9.18　日本の人口の総数と高齢者、障害者

9.2　生活の基本

人が社会で生活する基本としては、家庭内での生活があり、地域社会での活動と仕事等の活動がある。それをいわゆる福祉の視点で整理すると、図 9.19 に示すようであり、社会生活の基本として、①食事、排泄、入浴、②起居、移乗、移動、③炊事、洗濯、掃除、買物がある。そしてそれを支える住宅・建築、まち、

社会基盤（移動手段を含む）があり、介護保険・障害者自立支援・医療制度等の社会制度が関係する。また、介護サービスや医療サービス等の生活に関わるサービスの提供がある。

高齢者・障害者の生活支援に関して、2000年には介護を要する高齢者に対する公的な介護保険が施行され（2006〈平成18〉年に改正）、2005（平成17）年には従来の障害者に関わる法制度が障害者自立支援法として統合された（2006〈平成18〉年施行）。

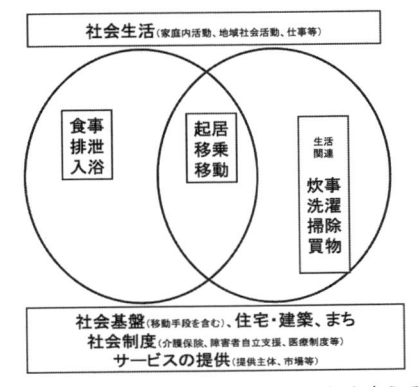

図9.19 生活の基本と社会生活、それを支える諸事項

また、高齢者・障害者の社会生活を社会インフラ的に支えるものとして、1994（平成6）年には建築物のユニバーサルデザインに関わる法制度（通称「ハートビル法」）が、2000（平成12）年には鉄道の通称「交通バリアフリー法」が制定されている。なお、この通称ハートビル法と交通バリアフリー法は2006〈平成18〉年に統合・拡充されて、通称「バリアフリー新法」となっている。

法的な制度とはなっていないが、まちや川、公園等の社会空間のユニバーサルデザインも進められてきている[2]〜[8]。

9.3 バリアフリー、ユニバーサルデザイン、ノーマライゼーション

従来の社会では、いわゆる健常者を想定して住宅や建築、社会基盤等が整備されてきた。このため、健常者には生活できても、高齢者や障害者には障壁（バリア）となっていたものも多い。例えば、移動に関して、障害者には従来の鉄道駅や車両、建物の階段などは障害であった。それに対して、エレベーターやエスカレーターを設けることにより障壁を解消することなどが始められている。

このような障壁（バリア）には、もの（器具・機器、道路等の社会インフラ、住宅・建築、まちなど）、社会制度（以前は要介護の高齢者、障害者に対する社会的な制度がなかった、あるいは不十分であった）、サービス提供（サービス提供がなかった、あるいは不十分であった）、情報、心（精神的な差別等）などがある。国連における障害者権利宣言（1975年）、その趣旨に基づく国際障害者年の活動を経て、そのような障壁（バリア）を取り除くというバリアフリーへの認識と取

り組みが始まったといえる。

　アメリカでは、1970年代から障害者が自ら自立して社会生活を営むことを目指した自立生活運動があった。その流れの延長で、障害者の権利として、障害者が社会で自立して生活するための法制度が整備されてきた。その運動を進めてきた当事者のロン・メイスなどにより、機器や社会インフラ等についてのユニバーサルデザインが提唱され、実行に移されるようになった。ユニバーサルデザインの7つの原則として、①公平な利用、②利用における柔軟性、③単純で直感的な利用、④分かりやすい情報、⑤間違いに対する寛大さ、⑥身体的不安は少なく、⑦接近や利用に際する大きさと広さ、ということが提唱されている[9),10)]。

　デンマークでは、知的障害者に関わったバンク・ミケルセンにより、1950年代に障害を持つ子供と親が一緒に地域で暮らすことを志向したノーマライゼーションの考えが示された。それまでは、障害者を施設に隔離し、支援をしてきていた。この考えは、隣国のスウェーデンでB. ニィリエが1960年代にノーマルな社会生活の条件を整理し、より明確となった。すなわち、①1日のノーマルなリズム、②1週間のノーマルなリズム、③1年間のノーマルなリズム、④ライフスタイル、⑤ノーマルな理解と尊重、⑥ノーマルな相互関係、⑦一般市民と同じ経済条件の適用、⑧ノーマルな住環境の提供というものである。

　バリアフリーは障害者・高齢者を対象としていて健常者と差別的に取り扱う傾向にある[9),10)]。ユニバーサルデザインは障害者・高齢者を同時に対象としているが、あくまでもデザインに関わるものである。ノーマライゼーションは、障害者も高齢者も共に地域で暮らすことを目指しているということで、バリアフリー、ユニバーサルデザインを包含するものであるといえる。バリアフリー、ユニバーサルデザイン、ノーマライゼーションの関係を概念的に図9.20に示した。

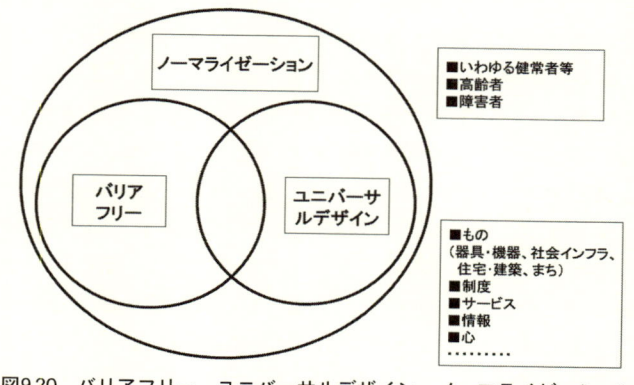

図9.20　バリアフリー、ユニバーサルデザイン、ノーマライゼーション

9.4　住宅・社会基盤等のユニバーサルデザイン（バリアフリー）

　生活の基本である住宅や一般多数の者が利用する建築物、そして鉄道や道路、河川や公園等のユニバーサルデザインへの取り組みが進められるようになっている。

(1)　移動のユニバーサルデザイン（バリアフリー）：恵庭市の事例

　移動に関しては、建築物のユニバーサルデザインに関する通称ハートビル法に数年遅れて、通称交通バリアフリー法により鉄道駅とその周辺の道路について取り組みがなされるようになった。交通バリアフリー法に示される内容は図 9.21 に示すようなものである。

　比較的早い段階でそれに取り組んできた北海道恵庭市の事例を見ておきたい。

　恵庭市では、図 9.22 に示すように、JR の恵庭駅とめぐみ野駅の交通バリアフリー法に基づく計画を策定し、実施している。この交通バリアフリー法に基づく基本構想の下に、施設整備（ハード施策）として、①公共交通特定事業（図 9.23）、②交通安全特定事業（写真 9.1）、③道路特定事業（図 9.24）、その他の事業（図 9.25〜9.28、写真 9.2）が実施された。恵庭市の交通バリアフリーの特徴的なことは、交通バリアフリー法の対象である鉄道駅とその周辺の道路のみでなく、いわゆる交通のバリアフリーを超えて、価値をもたらす空間である市内の河川空間や公園等にも取り組んでいることである。

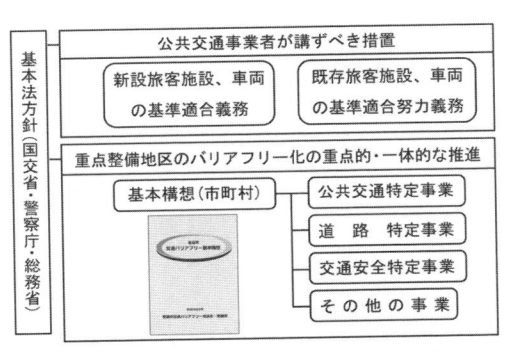

図9.21　従来の交通バリアフリー法の仕組み

```
ハード面
  ○ハートビル法
    ↓
    建築物・敷地の
    バリアフリー化

  ○交通バリアフリー法
    「基本構想」
    ↓
   ・特定事業
    駅・道路・公園・河川
    のバリアフリー化事業
   ・市民の理解と協力
    ↓
   ・心のバリアフリー推進
   ・手助けの実践
   ・住民の理解協力

ソフト面
  ○市の福祉施策
   ・障害者福祉計画
   ・高齢者保健福祉計画
   ・介護保険事業計画
```

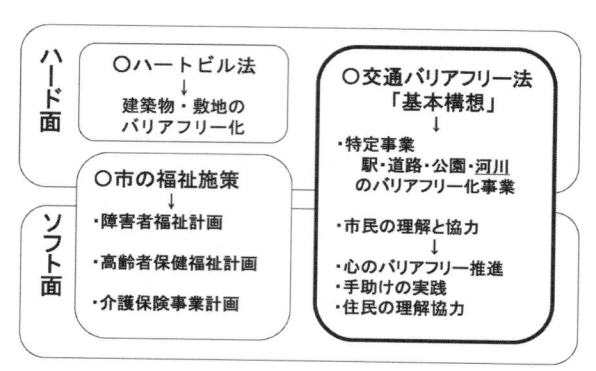

図9.22　恵庭市の交通バリアフリー基本構想での取り組み（全体構想、ハード施策）

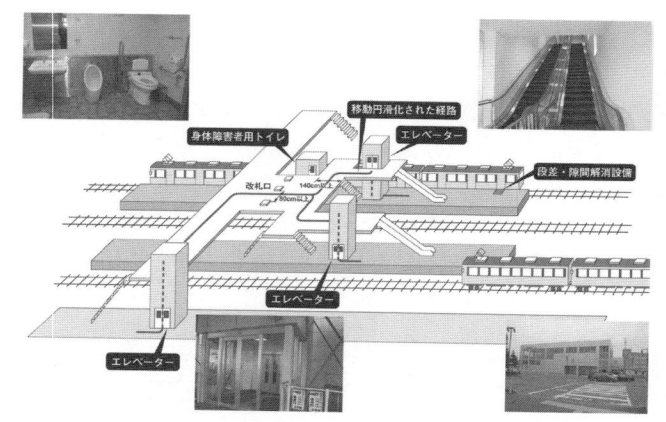

図9.23　恵庭市交通バリアフリーの公共交通特定事業（JR北海道）

写真9.1　恵庭市交通バリアフリーの交通安全特定事業（北海道公安委員会）

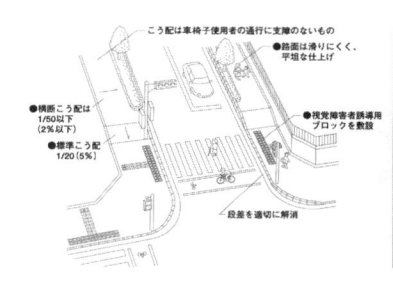

第9章　川、流域圏と福祉・医療・教育　　283

図9.24　恵庭市交通バリアフリーの道路特定事業（北海道・恵庭市）

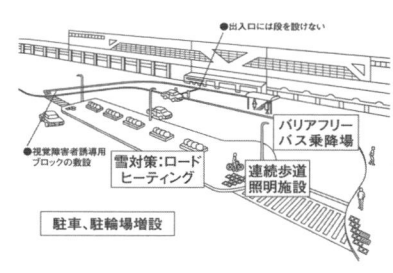

図9.25　恵庭市交通バリアフリーのその他の事業（駅前広場。恵庭市）

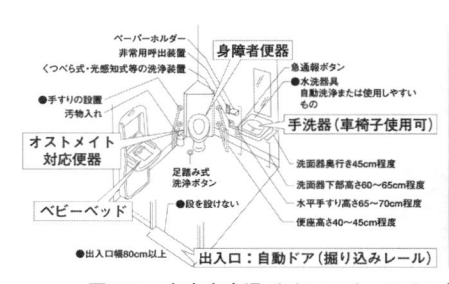

図9.26　恵庭市交通バリアフリーのその他の事業（多目的トイレ。恵庭市）

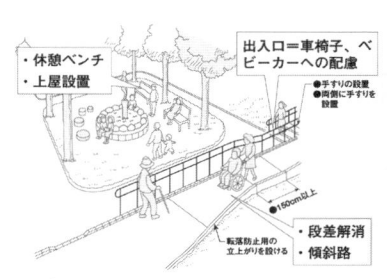

図9.27　恵庭市交通バリアフリーのその他の事業（公園・遊歩道。恵庭市）

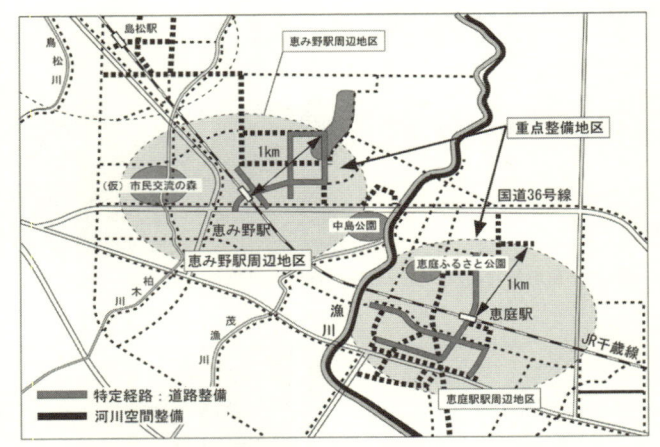

図9.28 恵庭市交通バリアフリー計画の移動空間
(ルート全体。破線はその他の歩行者ルート)

写真9.2 恵庭市交通バリアフリーのその他の事業(河川空間。北海道開発局)

(2) 住宅・建築のユニバーサルデザイン

　不特定多数の人が利用する建築物については、従来のハートビル法に示されるような施設、対象についてのバリアフリー化、ユニバーサルデザインへの取り組みが進められるようになった(図9.29)。

　なお、従来のハートビル法は、交通バリアフリー法と統合され、バリアフリー新法(高齢者、障害者等の移動等の円滑化に関する法律、2006〈平成18〉年6月21日公布、同年12月20日施行)となった。そのバリアフリー新法の概要は図9.30に示すようなものである。

住宅については、介護保険による支援等の対象として、図 9.19 に示した生活の基本に対応したものがある。すなわち、家へのアプローチ、トイレ、浴室、台所、廊下、階段・階段昇降機・エレベーターなどについてのユニバーサルデザイン化がある。

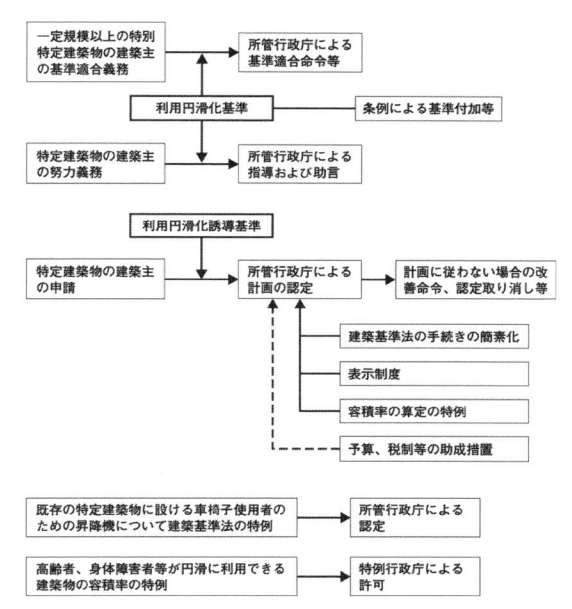

図9.29　従来の通称ハートビル法による建築物での対応

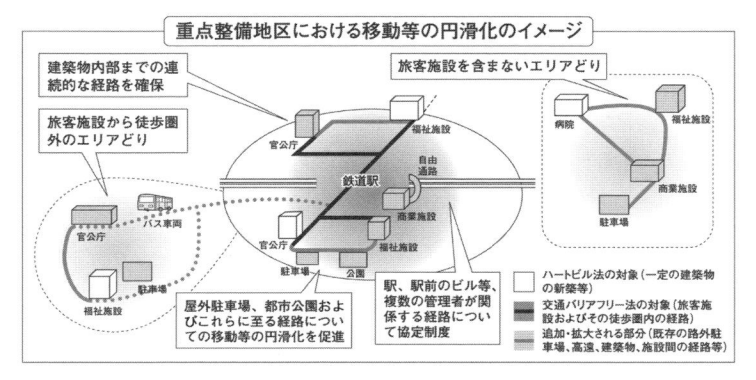

図9.30　通称バリアフリー新法の概要

○市町村は、高齢者、障害者等が生活上利用する施設を含む地区について、基本構想を作成
○公共交通事業者、道路管理者、路外駐車場管理者、公園管理者、建築物の所有者、公安委員会は、基本構想に基づき移動等の円滑化のための特定事業を実施
○重点整備地区内の駅、駅前ビル等、複数管理者が関係する経路についての協定制度　等

9.5 川、流域圏での福祉・医療と教育

　川での福祉・医療面の取り組みは、地域で暮らす大人も子どもも、高齢者も障害者も共に利用できる"価値をもたらす空間"を提供するものであり、癒しや生きる意志、生きがいの高揚などが期待される。川の空間の持つ自然、すなわち開けた空、風の流れ、生き物の賑わい、そして水の流れと親しむことによる効果である。
　また、河川の流域圏ということで見ると、上流には高齢化の進む中山間地があり、下流には都市域があるのが普通である。その中山間地では、地域の真ん中に川があり、それに並行して道が走り、まちがあって、概ね流域の地形に沿って水田や畑地、森林等がある。福祉を考える上でも、その流域圏が基本的な単位となる。福祉・医療と教育も、この流域圏で行うことが基本となる。
　川、流域圏での福祉・医療と教育への取り組みは、障壁を取り除くバリアフリーやユニバーサルデザインといった取り組みを超えたものであるといえる。

(1) 取り組みの事例

　川、流域圏での取り組みの事例として、川と河畔での拠点的な取り組み、長い河川区間にわたる取り組み、そして流域圏での取り組みの順に述べる。

(a) 茨城県取手市(旧藤代町)の小貝川河畔での取り組み(川の三次元プロジェクト)

　この例では、小貝川の河川敷とその河畔の公園を、地上(河川の高水敷地)、水面、そして空の三次元で利用している。大人も子どもも、高齢者も障害者も共に暮らす地域づくりの一環として小貝川を位置づけ、1年365日、川と河畔を常設的・日常的に利用できるようになっている[3]~[7]。
　川と河畔の地表は多数のポニー(背の低い馬)の乗馬、サイクリング等、川の水面はボート、カヌー、安全訓練等に利用している。空は紙飛行機、パラグライダー、気球等に利用している。さらには、土曜学校、川のクリーン作戦(清掃)、焼き芋大会等も行われている。
　また、小貝川の空間は、藤代のまちづくりにおいて、都市計画の中核に位置づけられ、小貝川とその河畔の総合公園の整備、桜づつみ等の整備も進められてきた。
　河畔には小貝川ポニー牧場と介護予防のための施設である生き生きクラブの建物があり、1年365日サービスが提供されており、いつ行っても相手をしてくれる人がいる。ポニー乗馬は、多くの場合は子どもや大人に利用されているが、高齢者にも、そして近傍の福祉施設に入居する高齢者等にも利用されている。
　写真9.3には水面の利用風景を、**写真9.4**には地表(河川敷)の利用風景を、

第9章　川、流域圏と福祉・医療・教育　　287

写真 9.5 には空の利用風景を示した。**写真 9.6** は介助者がサポートしつつ行われている高齢者によるポニー乗馬の風景である。

川と河畔が、福祉と教育に定常的に利用されている事例である。

写真9.3　小貝川の水面の利用風景

写真9.4　小貝川の地表（河川敷）の利用風景

写真9.5　小貝川の空の利用風景

写真9.6　小貝川の高齢者の乗馬風景

(b) 秋田県本荘市の子吉川での取り組み（癒しの川構想）

　この取り組みは、市の中心を貫流する子吉川を、河畔に立地する本荘第一病院を中心として、医療面にも利用している例である[3)〜7)]。

　この例では、市民とともに河川利用を進めつつ、病院の入院患者や退院した糖尿病等の患者が川を利用することにより発揮される川の癒し効果を期待して活動を進めている。そして、その効果の医学的なレベルでの計測も進められている[5)]。

　この川の利用形態としては、イベント方式の利用、散発的な憩い、作業療法等の訓練などでの利用、そして市民生活の中でのフリー・アクセスの利用がある。

　本荘第一病院の周辺の河畔では散策路やトイレが整備されている。また、その下流には川のボート利用等のための拠点施設があり、病院周辺を含めて、子どもも大人も、高齢者も障害者も利用するようになってきている。

　写真 9.7 には本荘第一病院と子吉川の風景を、**写真 9.8** には川と河畔のイベント的な利用の風景（糖尿病患者のリハビリ等のウォークラリー）を、**写真 9.9** には病院の入院患者の散発的な散策、憩いの風景を示した。また、**写真 9.10** には河川敷を利用した作業療法等の訓練の風景を、**写真 9.11** には一般の利用風景を示した。

　川を、医療面を中心に、福祉にも教育にも利用している事例である。

写真9.7　本荘第一病院と子吉川の風景

写真9.8　子吉川の川と河畔の利用の風景

第 9 章　川、流域圏と福祉・医療・教育　289

写真9.9　入院患者の子吉川の利用風景

写真9.10　子吉川河川敷を利用した作業療法等の訓練の風景

写真9.11　子吉川の一般の利用風景

(c) 栃木県真岡市の鬼怒川河畔での取り組み（自然教育センター）

　栃木県真岡市の鬼怒川の河畔では、既に約 20 年にわたり、子どもの自然教育が行われている。河畔には自然教育センターと老人研修センターを併設し、そこがこの取り組みの拠点となっている（**写真 9.12**）[3)〜7)]。

　この川での自然教育は、真岡市の全小中学校の義務教育のカリキュラムに組み込まれており、正規の教育として行われている。小学校 3 年から毎年 1 回、約 1 週間河畔の自然教育センターに泊り込み、子どもたちの考えた自然体験等のメニューで活動する（**写真 9.13〜9.15**）。その支援は、高度な知識・経験を持つ野鳥観察、天体観測、料理等の登録ボランティアが行う。真岡市の子どもたちは、小学 3 年から中学 3 年までの 7 年間で約 7 週間、鬼怒川とその河畔を利用してこの

ような自然学習をしている。鬼怒川の河川敷を利用したこの自然教育を始めた当時の市長（その後長く市長を務めた）の菊地恒三郎さんは、"川にはあらゆる教材がある"という。この自然教育センターでの自然教育は、"自然との触れ合い、合宿での子どもたち同士の生活体験、さらには老人との交流などで生きる力を培う、第3の教育"（菊地恒三郎さん）として位置づけて実施されている。

河畔の自然教育センターは、1年を通して利用されており、平日は毎日、真岡市内のどこかの小中学校が利用している。

併設されている老人研修センターに高齢者も集い、高齢者も各種の研修をしつつ子どもたちと交流している。真岡市の子どもたちは、小学校3年からこのような活動を通して高齢者と接しているため、高齢者を見かけると、にっこり笑って挨拶をする。この河畔の拠点を利用して、子どもと高齢者、そして子どもたちの親との間に交わりがある。

真岡市方式の、川を利用した教育、福祉の堂々たる実践である。

写真9.12　鬼怒川河畔の栃木県真岡市の自然教育センター

写真9.13　鬼怒川河川敷を利用した活動（夏場の暖かい時期の活動例）

第 9 章　川、流域圏と福祉・医療・教育　　291

写真9.14　鬼怒川の河川敷を利用した活動（冬場の活動例）

写真9.15　鬼怒川河畔の自然教育センターでの子どもたちと高齢者の交流の例

(d) 東京の荒川下流での取り組み（福祉の荒川づくり）

　東京の荒川下流区間は、約 80 年前に、荒川・隅田川・中川等による東京の水害を軽減するために、荒川放水路として人工的に建設された水路である。洪水を流すために人工的に設けられたその空間が、今日では人々を癒す空間として利用されている。都心にあり、河川空間も広大であることもあって、毎年、日本で最も多くの人が利用する河川となっている（**写真 9.16**）。

写真9.16　首都圏を流れる荒川の風景

　荒川下流区間では、河川管理を行う行政、地元自治体や障害者団体、医療関係者等が一緒になって「福祉の荒川づくり計画」を 1998（平成 10）年に策定し、取り組んできている。この計画では、高齢者や障害者もこの川を利用できるようにするため、雰囲気づくり、人づくり、仕組みづくり、施設づくりの計画を立て、川へのアクセス路、駐車場、トイレ等の施設整備も進めている。荒川の施設整備全般において、福祉への配慮がなされるようになっている。そして、施設づくりに関して、福祉の荒川づくりの指針も作成されている[3]。

　行政のリードにより進められてきた事例である（**写真 9.17〜9.19**）[2〜7]。

写真9.17　荒川の河川空間を利用する高齢者、障害者

スロープ　　　　　　　　　　障害者用の駐車場

2段式の手摺がついた幅の広い階段　　文字を大きくした案内版

写真9.18　高齢者・障害者に配慮した河川の施設の例

段差がなく、幅の広いトイレ

撤去前　　撤去後

写真9.19　高齢者・障害者に配慮した荒川の河川トイレの例

(e) 北海道恵庭市の茂漁川、漁川での取り組み

　北海道恵庭市には、まちを貫流するように茂漁川、漁川（いずれも石狩川支流千歳川の支流）が流れている。恵庭市では、都市づくりの計画として、「水と緑の安らぎプラン」を策定し、都市づくりを進めてきた。公園とともにこの2つの川が都市づくりの骨格として位置づけられている。

　茂漁川は、公園整備と一体的に多自然型の川づくりを進めたことから、多自然型（近自然）の河川整備の代表的な例としても知られている（**写真 9.20**）[7]。この川は、可能な限り河畔に公園を抱くように一体的に整備され、ウッドチップを用いた散策路の整備、トイレの整備等が行われた。

写真9.20　ふるさとの川づくり（多自然型川づくり）前後の恵庭市の茂漁川
(左:整備前、右:整備後)

　この川は、子どもたちの自然体験の場となるとともに、大人も子どもも、高齢者も障害者も散策等に利用するようになっている（**写真9.21**）。そして、この川の沿川地域は、この川があることにより恵庭市内で最も魅力的な住宅地となっている。

　茂漁川は漁川の支流であるが、その漁川は、前述の恵庭市の交通バリアフリーの計画において、市内の移動経路の1つとしてユニバーサルデザインによる散策路等の河川整備が行われた（**写真 9.22**）。それにより、この川も高齢者・障害者はもとより、大人も子どもも集い、利用する空間となっている。

　このように河川空間を恵庭市のまちづくりに組み込み、教育や福祉面での利用を進めてきた原動力には、恵庭市の志の高い職員の存在、そして多様な人材からなり、長い時間を超えてまちづくり・川づくり・川での活動に取り組んできた市民団体の NPO 水環境北海道の存在がある。この市民団体は、千歳川"川塾"を毎年開催し、子どもたちと川との接触の機会を設け、環境保全を活動の基本としつつ全国に先駆けて川の体験活動を進めてきた（**写真9.23**）。

　この市民団体は、第1回開催地の北海道帯広市の十勝川から、その後毎年開催されている「川での福祉（医療）と教育の全国大会」開催のリード役ともなって

きた。第8回川での福祉（医療）と教育の全国大会は、再び北海道のこの恵庭市の漁川、茂漁川で開催された。

　河川をまちづくり、環境、子どもの教育、福祉も含めて利用してきた深みのある事例である[3),7)]。

写真9.21　恵庭市の茂漁川の利用風景

写真9.22　恵庭市の漁川の利用風景

写真9.23　千歳川"川塾"の風景（NPO水環境北海道資料）

（f）徳島市の新町川での取り組み

　徳島市では、県や市による河岸と河畔の公園整備が進められてきた（**写真9.24**）。さらに、この川を市民の川とし、まちづくり・都市づくりのシンボルにまで高めてきたのは、市民団体NPO新町川を守る会による河川清掃、毎日の遊覧・周遊船の運航、年間ほぼ毎日行っている川での何らかのイベントの開催（365日がイベント。**写真 9.25**）などの活動である。この市民団体の活動なくしては、今日のこの都市での新町川の位置づけはないといえる。この会は、会費ととも

に市民・民間から必要な費用を募り、船着場の設置、清掃や遊覧・周遊のための船の購入、各種河川イベントの開催等の活動を実施してきている。会のリーダーの中村英雄さんは、"市民主体、行政参加"のまちづくり、川づくりでないといけないという。

新町川では、河岸と河畔の整備は県と市が中心となって行ってきたが、市の中心部では、市民（商店会）も河畔のリバー・ウォークを自らの費用で整備している。それにより、そこでは川に顔を向けたレストランやブティック等が河畔に立地し、さらにはパラソルショップや屋台等も出るようになって、河畔の賑わいが出てきている（**写真9.26**）。

また、毎日運行されている無料の遊覧・周遊船には、高齢者や障害者も多数乗船する（**写真9.27**）。このため、徳島市は障害者等の乗船のために、市民団体が管理・運営する船着場にエレベーターを設置している（**写真9.28**）。また、観光的な政策の一環として、市は新たな遊覧・周遊船の費用の一部を負担することも行うようになったという。

この新町川が都市において開けた空間となっている背景には、第4章で述べた戦災復興計画での河畔緑地の確保があり、その空間とともに川を高齢者や障害者等にも生かしている。第10回 川での福祉（医療）と教育の全国大会（2009〈平成21〉年）はこの新町川で開催される予定である。

写真9.24　徳島の新町川の河畔の風景

写真9.25　徳島の新町川でほぼ毎日開催される河川イベントの例

写真9.26 徳島の新町川河畔に市民により設けられたリバー・ウォークと河畔に立地したレストラン等

写真9.27 徳島の新町川での遊覧・周遊船の風景

写真9.28 徳島の新町川の船着場に設けられたエレベーターと障害者の乗船風景

（g）島根県雲南市（旧吉田村ケアポートよしだ）での取り組み

　この取り組みは、川と福祉の取り組み事例であるとともに、流域圏という地域の単位で福祉に取り組んだ事例でもある。

　合併前の島根県吉田村では、介護保険制度が始まる以前から、地域の最も重要な問題として、高齢者問題に正面から取り組んできた。病院と家との間で一時的にリハビリテーション等のために滞在し、日常生活に復帰するための施設、さらには身体等の具合が良くないときに、短期でも、あるいは長期にわたっても滞在できるような高齢福祉施設を設けることを検討した（委員長は日野原重明聖路加病院長。当時）。そして小規模多機能の高齢福祉施設を計画し、日本財団の支援を得てそれを設け、サービスを提供してきた。介護保険制度が実施に移されると、

その適用施設となった。

　この高齢者福祉施設「ケアポートよしだ」は、孤立・隔離された施設ではなく、まちの生活道路を施設内に引き込み、また、隣接する深野川への通路や川を挟んで対岸に位置する保育所との間の通路を施設内に設け、地域に開放された施設としている（図9.31）。この施設ができたことで、これまでは人が集い交流する"まち"のなかった吉田村に、**写真9.29**に示すような暖かみのあるまちができたといわれている。

　ケアポートよしだでは、今日的にいえば、通所、滞在等のほぼすべての福祉サービスを提供してきている。

　この施設の整備・運営に長く関与してきた板垣文雄さんは、この施設が深野川の河畔にあったことが、この施設にとっても、福祉サービスの提供においても大変良かったという。この川は福祉サービス面でも利用され、子どもたちと高齢者との交わり、そしてこの村の子どもも大人も、高齢者も障害者も参加・交流する各種の地域の催しの場ともなっている（**写真 9.30、9.31**）。山に囲まれた中山間地で、その真ん中に川があり、それに並行して道が走り、そこに福祉を中心とした暖かいまちができた事例である。

　この地域では、周辺に比較して高齢化率は高いにもかかわらず、要介護者比率は低くなっている（図9.32）。

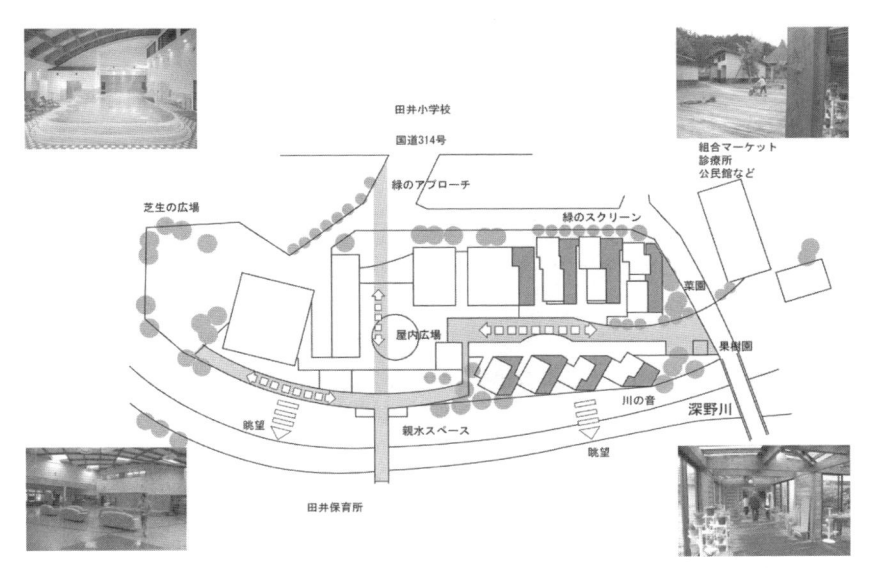

図9.31　まちの生活道を施設内に引き込んで設置されたケアポートよしだ
（この通路、広場、そして温水プール等は、この地域の交流空間として利用されている）

写真9.29 島根県雲南市（旧吉田村）のケアポートよしだの風景
（真ん中を斐伊川の支流深野川が流れ、ケアポートよしだ、保育所、診療所、農協のスーパーマーケット、診療所、田井小学校、雲南市田井出張所などがあり、暖かみのあるまちができたといわれている）

写真9.30 整備直後と最近の深野川の風景（左・中：整備直後、右：最近）

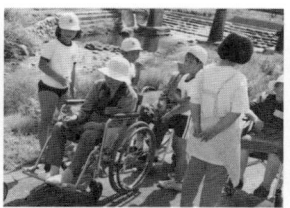

写真9.31 深野川の利用風景

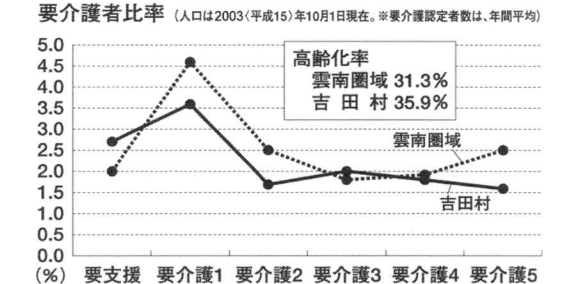

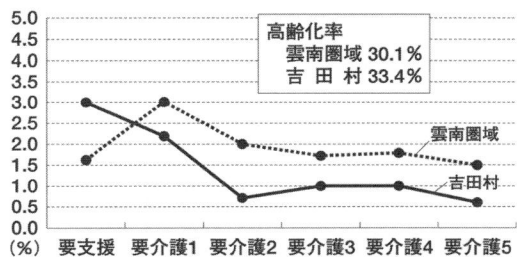

図9.32　旧吉田村の高齢化率と要介護者
（旧吉田村の高齢化率は雲南市平均より高いにもかかわらず、要介護の程度は低い
〈ケアポートよしだ資料より作成〉）

　この事例は、川と福祉のみならず、流域圏と福祉を考える上でも優れた事例である [2]~[6]。この事例は福祉施設を中心にまちをつくったものであるが、このように、流域の真ん中にある川と道路に設けられつつある道の駅、川の駅等の賑わいのある施設等に福祉の機能を付加して複合的に地域の課題に取り組むこと（ステーション・システム福祉構想 [3]~[6]）が今後進められてよいであろう。地域の福祉、医療、教育、観光等の振興などへの対応をそれぞれ個別に進めるのではなく、この事例に見るように、それらを複合させて地域の課題を解決する取り組みが進められてよい。その面で、この事例は、恵庭市の事例とともに示唆に富んでいる。

(h) その他の事例

　以上の他にも、拠点として川での福祉・医療と教育に取り組んでいる事例としては、例えば北海道帯広市の十勝川での河畔施設のユニバーサルデザイン化や子どもの自然体験等への継続的な取り組み（**写真 9.32**）や、北上川での障害者が子ども等と一緒に川と道路を利用するリバー＆ロードアクトという野外活動（**写真**

9.33) がある。北上川での取り組みは 2007（平成 19）年で第 8 回を迎え、川に障害者も近づける施設整備等も進んでいる。また、横浜市の阿久和川での福祉の川づくり、富山日赤病院の神通川を利用したリハビリ等の取り組みなどもある。

写真9.32　北海道帯広市周辺の十勝川での取り組み
（左：福祉施設と川を結ぶ通路、右：河畔の施設とその周辺の通路、そこを利用している風景）

写真9.33　岩手県盛岡市の北上川での取り組み
（左：岩手日赤病院付近の北上川、中：河畔に車椅子でもアクセスできる施設を整備、右：川と水面の利用風景）

　国土交通省の管理する河川でも、多くの河川で福祉の川づくりが進められ、また、群馬県等でもそのような取り組みがなされてきている。ただし、活発に利用されている事例もあるが、川づくり関係者と福祉関係の連携が不十分で、市民支援もなく適切でない事例も多く見られる。

　川は水の流れとともに生きものの賑わいがある空間として、健康等の面からも、広く地域の人々に散策等で利用されており、それを支援する河川整備を行っている例も多い（**写真 9.34～9.36**）。いわゆる河川堤防上や河岸上にある河川管理用通路（この通路は洪水時にも洪水水位より高い所にあって、水防活動を行うことができるものである）に加えて、洪水時には水没して使用できなくとも、普段の日々には川の中にあって散策とともに自然との触れ合い等に利用される河川通路（リバー・ウォーク）が、福祉・医療や教育の面からも、川の必須の装置として求められる時代である。

第9章　川、流域圏と福祉・医療・教育　*301*

写真9.34　散策等に利用されている江戸川の河川通路（千葉県松戸市）
（千葉県松戸市内の江戸川の堤防。この堤防は健康エコロードと名づけられている。左：早朝の散策の風景、右：ところどころに設置された川の一里塚。川の場所的な案内、休息のための椅子、場所によってはトイレなどが設けられている）

写真9.35　散策等に利用されている江戸川の河川通路（東京都葛飾区）

写真9.36　散策等に利用されている高知市の鏡川の風景
（河川堤防上とともに、川の中にも散策路が設けられている）

（2）　川、流域圏の福祉構想

　上述のように、子どもの教育面のみならず、高齢者や障害者の福祉や医療、健康面で川を生かしている事例も数多く見られるようになった。高齢者・障害者が、施設内で、あるいは部屋の中での生活からまちに出るようになって、福祉の世界も変わり、またまちづくりもバリアフリー、ユニバーサルデザイン化などで大きく変わってきた。さらにそれに加えて、空が開け、風が流れ、生きものの賑わいがあり、そして子どもも大人も集う川の空間が高齢者、障害者にも開放されると、福祉の世界も、子どもの教育の世界もより広がってくる。

大人も子どもも、高齢者も障害者も共に暮らし、交わる社会の空間として、川の空間は身近で貴重であるといえる。この面で、川と教育に加えて、川と福祉、医療や健康の面での川の活用があってよい。いわゆる福祉の川づくりと福祉や健康面での川の利用である。これに、医療面での癒しの川づくりと利用が加わってもよいであろう。

　この川と福祉については、上に述べたような先進的な事例が数多くある。全国で、そして特に都市域で、身近な川の空間が、子どもだけでなく、大人にも、高齢者や障害者にも生かされるようになるとよい。都市域においては、川は公有地（国民、市民の土地）であり、都市域の面積の約1割を占め（全国平均）、長くつながった空間であり、そして歩いて行ける距離にある。都市において、川以外にそのような空間はないであろう[2]〜[7]。

　流域圏と福祉については、以下のようなことが想定される。

　中山間地等の流域圏においては、川はその中心を流れ、古くからその地域社会の中心にあった。そして、現在では、地域の生活と経済を支える道がその川に並行して走り、あるいは交わっている。歴史的に地域の中心であった川、そして現在の生活や経済面での要でもある道路が交わる場所、あるいはそれらが近接している所に、近年は道の駅や川の駅が設けられ、地域で賑わいのある空間が誕生してきている。

　また、数は少ないが、前述の島根県のケアポートよしだのように、河畔に小規模多機能の高齢者福祉施設を置き、小学校、幼稚園、診療所、マーケット等を含む新しい地域の中心となるまちをつくっている例もある。

　近年、全国的に数多く見られるようになった道の駅、川の駅、海の駅等に福祉の機能を付加して福祉のサービスを開発し、広域的に福祉サービスを提供するという構想（ステーション・システム福祉構想[3]〜[5]）があってよい。また、ケアポートよしだのように、地域の中心を流れている川の河畔に地域に開かれた形で福祉施設を設け、そこを中心に賑わいのあるまちをつくってもよい。これもまた、より深みのある流域圏と福祉の実践例であり、ステーション・システム福祉構想を拡張したものといってよいであろう。

　このような流域圏と福祉の事例は必ずしも多くないが、ケアポートよしだがその最も進んだ例といえる。

　そして、このステーション・システム福祉構想を念頭に進められてきた新たな例がある。川を軸として、その河畔に道の駅を置き、川と一体化させ、福祉面でも利用することも意図したものが北海道恵庭市の漁川河畔で形になってきた（**図9.33**、**写真 9.37**）。漁川を横断する国道との近接点（漁川の河畔近く）に道の駅

を新設し、漁川と道の駅の間に多目的広場を置き、そこに設けた歩行者通路で川と道の駅との間を行き来できるようにしている。漁川には、ユニバーサルデザインの川のリバー・ウォークが設けられている。そして、道の駅と川との間にある多目的広場は川に向かって徐々に高さが低くなり、掘り込んだ水路で川と結ばれ、水の流れでもつながっている（写真 9.38）。この場所は、漁川の川の駅と道の駅が多目的広場を間にはさんで一体化するように計画されている。

　この道の駅と川の駅が一体整備された場所の周辺には、漁川との間に境界がなく一体的に設けられている大規模な公園があり、さらには福祉センターや病院も近接している。

　この道と川の駅には、既に高齢者も出向くようになっている（写真 9.39）。川との一体化の工事が 2007（平成 19）年秋に完成し、道の駅をアクセスポイントとして高齢者や障害者も川に出られるようになった。その川の空間では、高齢者や障害者、子どもとその親、散策する大人等との出会いもある。この道と川の駅の施設とその周辺を含む空間は、前述のステーション・システム福祉構想をイメージしつつ、荒関岩雄さん（恵庭市役所職員〈当時〉。NPO 水環境北海道・NPO 川での福祉・医療・教育研究所設立者）などにより実現されてきたものである。そこに、道路、河川の各管理者と基礎自治体とを結び付けて構想を立て、それを実践にまでもってくるという幅広い視野と実践力のある行政担当者の力を見ることができる。

　ケアポートよしだや恵庭の道と川の駅のようなものが全国的にできてくると、流域圏や川と地域の福祉とが結び付き、福祉の世界を施設から地域に広げ、また、川づくり・川の利用、流域圏と福祉という面でもその世界が広がってくるであろう。

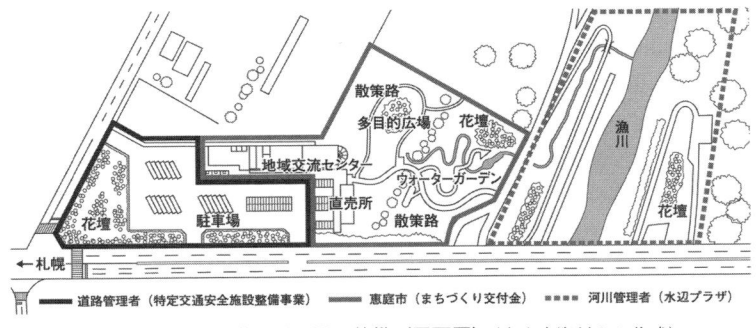

図9.33　恵庭市の道と川の駅の整備（平面図）（恵庭市資料より作成）

写真9.37　道の駅（花ロードえにわ）の風景（車椅子の高齢者等も訪れる）

写真9.38　道の駅と川とをつなぐ部分の風景
（左：漁川の中のリバー・ウォークとスロープ、中：川と道の駅との間をつなぐトンネル、右：川と道の駅との間の多目的広場〈工事中の風景〉）

写真9.39　道の駅に出かけてきた高齢者（介助者のサポートを受けている）

9.6　今後の展望

　以上に見たように、川の空間は、川の流れとともに、開けた連続した空間であり、生きものの賑わいもあり、様々な価値を持つ空間である。その空間を、福祉・医療と教育の面で利用することで、いわゆる福祉サービスや医療サービスを超えた、精神神経免疫的な面での効果がもたらされる。健康面でも利用勝手のよい身近な空間でもある。そして、この川という地域の共有財産である空間は、福祉・医療

と教育を融合させ、地域の課題に複合的に取り組むのにふさわしい空間でもあるといえる。流域圏は、地域の福祉・医療や教育、さらには環境、観光等の課題に取り組む上での地域の基本的な単位である。

　本章で示した先進的な事例も参考に、地域の福祉・医療と教育の課題について、それぞれの分野での個別の取り組みのみでなく、それらを河川空間や流域圏という単位で融合させ、連携して取り組み、課題を解消あるいは軽減することが進められてよいであろう。それは、社会的にも、そして経済・財政的にも必要とされることへのブレークスルーの可能性を秘めた取り組みの1つでもある。

〈参考文献〉
1) 福祉士養成講座編集委員会編集：『新版介護福祉士養成講座1〜15』、中央法規、2006
2) 吉川勝秀編著：『市民工学としてのユニバーサルデザイン』、理工図書、2001
3) 吉川勝秀編著：『川のユニバーサルデザイン』、山海堂、2005
4) 吉川勝秀他編著：『水辺の元気づくり－川で福祉・教育活動を実践する－』、理工図書、2002
5) 吉川勝秀他編著：『川で実践する福祉・医療・教育』、学芸出版社、2004
6) 吉川勝秀：『人・川・大地と環境』、技報堂出版、2004
7) 吉川勝秀編著：『多自然型川づくりを越えて』、学芸出版社、2007
8) 浅野房世・亀山始・三宅祥三：『人にやさしい公園づくり』、鹿島出版会、1996
9) 川内美彦：『バリアフルニッポン』、現代書館、1996
10) 川内美彦：『ユニバーサル・デザイン』、学芸出版社、2001
11) テクノエイド協会：『福祉用具支援論』、テクノエイド協会、2006
12) 福祉士養成講座編集委員会編集：『新版社会福祉士養成講座1〜16』、中央法規、2006

第10章　生態系とエコロジカル・ネットワーク

　本章では、生態系、生物多様性、そして自然と共生する流域圏・都市再生（形成）の重要な要素である水と緑のネットワーク、生態系とエコロジカル・ネットワークについて述べる。

　この問題は、都市化の進展とともに生態系の存する場所が消失し、あるいは生態系のネットワークが分断されるなど、特に都市域、都市化した流域圏において生じている。都市化と関連してこの課題について述べる。

10.1　縄文時代の人と自然

　縄文の時代には、自然に対応して縄文人の暮らしがあった。第1章で述べたように、最後の氷河期が終わり、気温が徐々に上昇したが、6,000年程度前の時代

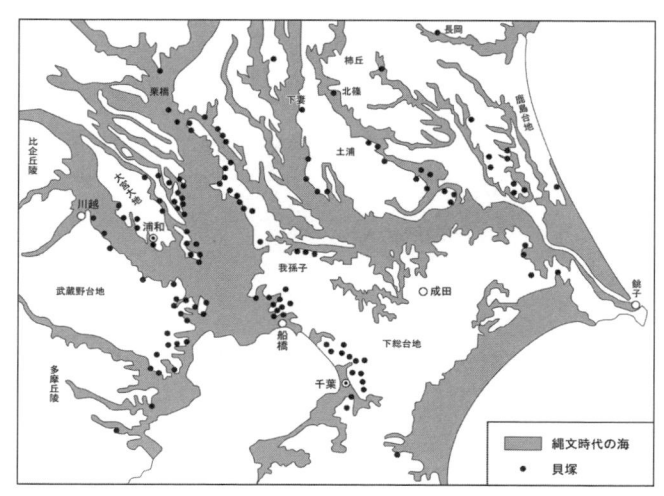

図10.1　約6000年前、縄文時代の海と貝塚の分布（関東地方）[1]

には最も温暖な時代があった（現在より気温が2℃程度高かったといわれている）。その時代には、海面が現在より高く、海が内陸深く入っていた。その時代の縄文人は、水害の危険のある場所には住まず、陸域や海と陸域の接点付近の陸地で暮らしていた。縄文人が採取して食した貝殻を捨てた貝塚の場所は、その当時の陸地と海との接点付近と見事に一致している（図10.1）[1]～[3]。

縄文人は生態系に応じて、また生態系の一部となって暮らしていたといえる。

10.2 稲作伝来以降、都市化の時代まで

紀元前3世紀頃、稲作が伝来して以降、最初は小河川の氾濫原（今日的には谷津田のような場所の湿地）が水田として開発された。その延長上で、古代国家群ができ、大和朝廷につながる経過をたどった。

大河川の氾濫原、例えば熊本等のまとまった平野、そして関東平野、濃尾平野、大阪平野、新潟平野といった大平野が開発されるのはそのずっと後で、戦国時代以降のことである。それまでは、大河川は洪水のたびに乱流し、氾濫平野を形成していた。戦国大名やその後の徳川幕府は、それらの川の流路を固定して氾濫を少なくして湿地の排水をし、新田の開発を行った。そして、河川からの農業用水の取水施設、農業用水路を整備した（第1章図1.9参照）[3]。

江戸時代はもとより、その後第2次世界大戦後もしばらくの間は、このような河川や農業用水の取水・排水路と水田の下で、人工的ではあるが見事な水系社会ができあがっていた。水の循環に対応した豊かな自然、生きものの賑わいのある生態系が存していた。例えば、農耕期にはフナ、ナマズ、ドジョウ、コイ、メダカといった身近な魚は農業用水路と水田との間で行き来して繁殖し、カエルなども多く、それを餌とする蛇等といった生態系ピラミッドが成立しており、生きものの賑わいがあった（図10.2）[4],[5]。

少なくとも、東京オリンピック（1964〈昭和39〉年）が開催される頃までは、大

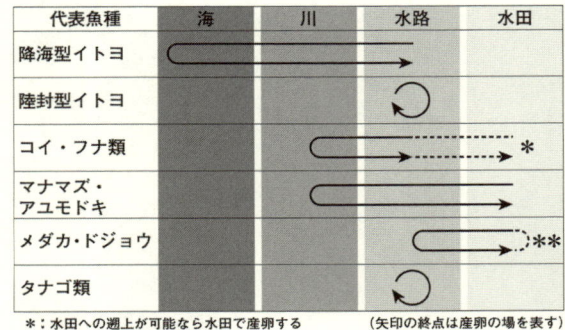

代表魚種	海	川	水路	水田
降海型イトヨ				
陸封型イトヨ				
コイ・フナ類				＊
マナマズ・アユモドキ				
メダカ・ドジョウ				＊＊
タナゴ類				

＊：水田への遡上が可能なら水田で産卵する　　（矢印の終点は産卵の場を表す）
＊＊：水田でそのまま生活する

図10.2　川・農業用水路・水田で暮らす魚（端[5]）

都市東京近郊においてさえ、豊かな自然があった。地方部では、さらにそれ以降、都市化が顕著となるまで、そのような自然豊かな水系社会があった。それが、経済の高度成長、都市化の進展とともに失われ、今日に至っている。

このような日本の国土の開発の経過は第1章図1.9、1.13に示したとおりである。

10.3 自然の喪失と現状

稲作が始まって以降、そして江戸時代以降の人工的ではあるが自然豊かな水系社会は、経済の高度成長、都市化とともに変貌してきた。その経過を以下に概観する。

(1) 自然の変化

日本列島全体を見ると、江戸時代と比較しても、現在の森林面積はほぼ不変であり、むしろ若干増加している（**図10.3**）。ただし、1960年代以降の拡大造林によるスギ、ヒノキなどの人工林化により林層は大きく変化している。

江戸時代以降約4倍に、100年前に比較して約3倍に増えた人口は、山と海の間の平野部、とりわけ江戸時代以降に開発されて水田となった川の氾濫原に住んだ。このため、かつて水田や畑地であった地域が都市化し、土地利用が大きく変貌した。それとともに、自然が失われ、人工的な土地利用となった。

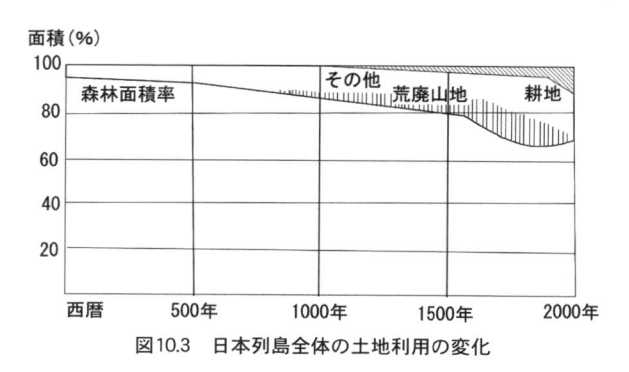

図10.3 日本列島全体の土地利用の変化

流域の都市化の様子は、既に首都圏の中川・綾瀬川流域（第6章図6.2、6.6、表6.3参照）、鶴見川流域（第6章図6.6、表6.3参照）、神田川流域（第8章図8.11参照）について示したようなものであり、ほぼ全流域が、あるいはその半分程度が都市化している。この間に、生物の賑わいのあった土地が家屋や道路等の人工的工作物に覆われて消失した。それに加えて、河川や水路網の消失

(第3章図3.4参照)も広範囲に生じた。さらに、身近な生きものの消失は、農地で圃場整備に伴って生じた用水・排水の分離により、農業用水路と水田との間で生きものの行き来が分断されたことにより生じた。すなわち、農業用水は地下管路からバルブを通って給水され、農業用水路は洪水時の雨水排水路となり、普段は水がない(あっても極めて少ない)状態となった。そして、深く掘り込まれた水路と水田との間には大きな段差ができ、生きものの行き来ができなくなった(**写真10.1**)。

写真10.1 用水・排水の分離により生きものが水路と水田との間を行き来できなくなった

都市の河川も人工化し、生きものの生息・生育環境としては適切でないものになった。都市化とともに、都市の河川は増大した洪水流量と安全度の向上に対応するため、限られた河川用地幅内で深く掘り込まれた川となった(**写真10.2、10.3**。第2章図2.4参照)。また、既に述べたように、都市化とともに河川や農業用水路が暗渠化あるいは埋め立てられて地上から消失した(第7章図7.1〈消失図〉、**写真7.1**〈上が道路となった川等〉参照)。

写真10.2 人工化した都市河川の例その1:渋谷川下流の古川
(左:江戸時代、右:現在)

写真10.3　人工化した都市河川の例その2：神田川（左：江戸時代、右：現在）

さらに、首都圏の東京湾等では海岸の埋め立てが行われ、都市周辺の生きものの賑わいがあった砂浜や干潟、藻場等が消失するとともに、人々の海へのアクセスが大幅に制限されることとなった（第8章写真8.2～8.8参照）。埋め立てられた土地の海側は船を接岸する場所である岸壁あるいは海岸護岸となっているが、前者は一般の人々の海へのアクセスが全くできない場所であり、後者においても公共護岸以外の民間所有護岸の部分では海へのアクセスができない場所となっている。

（2）　現状

現在の首都圏について見ておきたい。

衛星写真で首都圏を見ると、図10.4のようである。東京では、江戸川、荒川、隅田川（旧荒川）、多摩川、さらには中川・綾瀬川、鶴見川、目黒川、渋谷川・古川などが東京湾に流入している。かつてはそれら河川の氾濫原は水田であり、またローム台地部は雑木林と畑地であったが、そこが都市的な土地利用に転換している。都心部について見ると、骨格となる川が流れ、皇居等のまとまった緑地は

図10.4　東京首都圏の鳥瞰写真（衛星写真）

あるものの、ほぼ全域が人工物で覆われた都市となった（第8章**写真8.1**参照）。

流域の例として荒川流域を見ると、流域の約1/3程度の都心に近い部分は市街化し、その上流に農地が残り、さらに上流には森林に覆われた山地がある（**図10.5**）。

大阪を中心とした近畿圏について見ると**写真10.4**のようである。淀川の中下流域はほぼ都市化していることが分かる。

図10.5　荒川流域の現状（2000年）

写真10.4　淀川流域等の近畿圏の現状（大阪湾周辺）（衛星写真）

10.4 生態系、生物多様性、エコロジカル・ネットワーク

　沿岸域を含む流域圏の生態系とそのベースとなる川や水路網、流域のランドスケープについて整理しておきたい。便宜的に、水域生態系と陸域生態系に分けた生態系の概念を示すと図 10.6 のようである。また、エコロジカル・ネットワークは、広く見ると世界的につながりがあるものであるが（図 10.7）、ここでは日本国内の国土を形成する基本的な単位である流域圏（水系）で見ることとする。

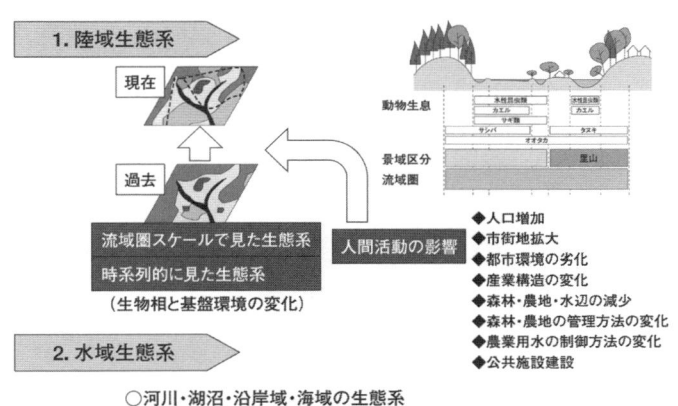

図10.6　生態系の概念図

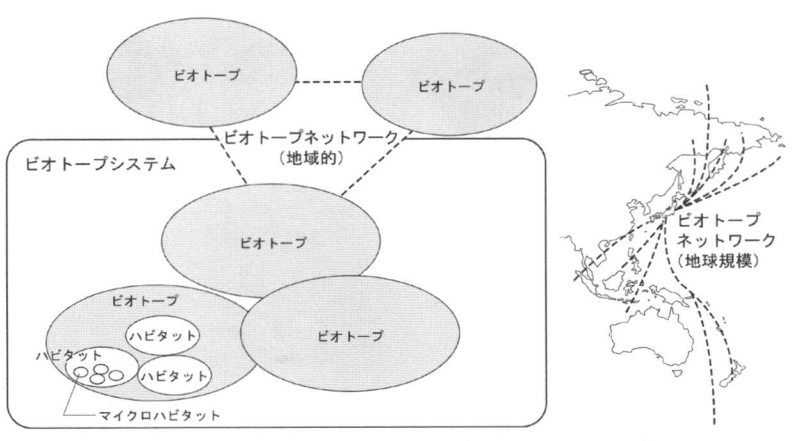

図10.7　グローバルなエコロジカル・ネットワーク（桜井[6]）

(1) 水域生態系

川を骨格として、海から川、農業用水路、水田、渓流へとつながるエコロジカル・ネットワークを概念的に示すと**図10.8**のようになる。この生態系は川を骨格として水系でつながるものである。そして、かつては濃厚な生態系の賑わいがあった身近な農業用水路と水田、そして川との間のネットワークがあった（**図10.9**）。また、近年注目されるようになった山と水田地域の間のため池や谷津田等からなる生きものの住み場（ビオトープ）もあった。**図10.8**はその関係流域の視点から総合的に示したものである。

水域生態系の基盤である河川や水路の整備、さらには自然再生において、生物の生息・生育空間としての川づくりが進められるようになっている[4]。

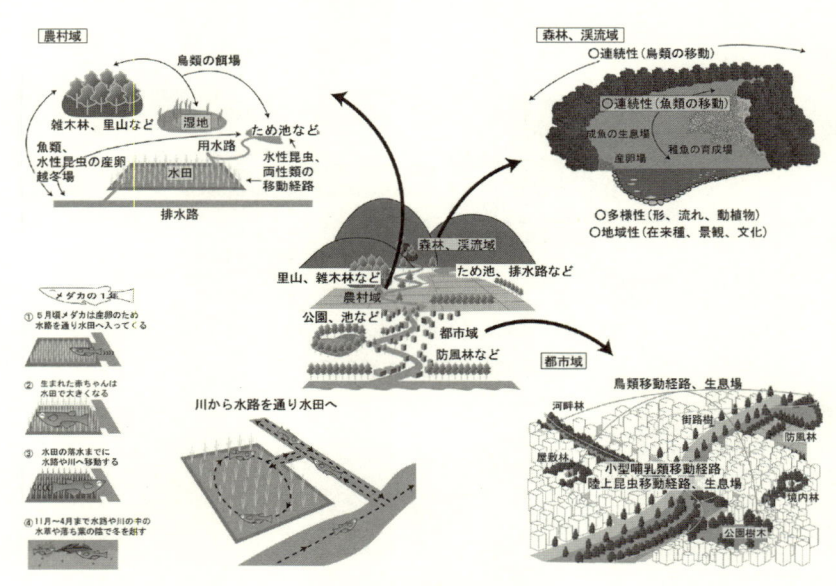

図10.8 水域生態系の全体図

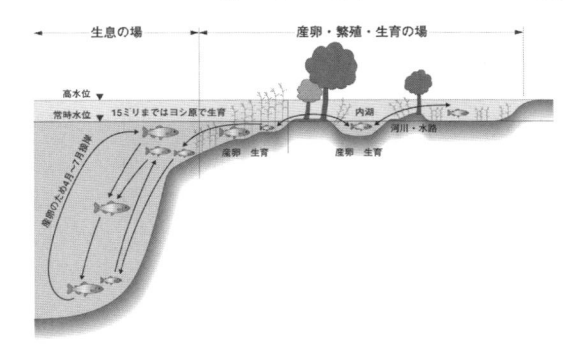

図10.9 農業用水路、水田を中心とした水域生態系の例
（下流が湖の例。滋賀県資料より作成）

（2）陸域生態系－流域のランドスケープの骨格に対応したエコロジカル・ネットワーク－

　陸域の生態系は、山、奥山、里山、丘陵地、畑地、水田、そして都市を経て海につながる陸域に存している。それは、流域のランドスケープに対応したものとして捉えることが合理的といえる[7]。岸由二や石川幹子は、それぞれ独立にこの流域圏アプローチにより生態系、生物多様性を把握することを実践している。鶴見川において、この流域のランドスケープに対応して生物多様性の保全と増進を計画したものが図10.10である。

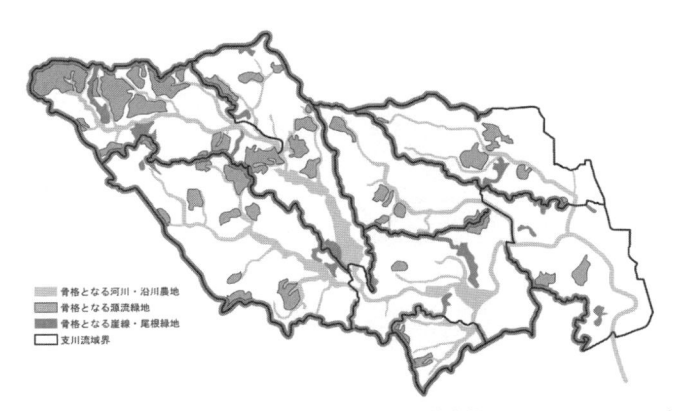

図10.10 鶴見川流域（陸域と水域を含む）での生物多様性、エコロジカル・ネットワーク保全・増進の計画（再掲）[8]

（3）エコロジカル・ネットワークの分断、喪失

　エコロジカル・ネットワークの分断、喪失の最大の原因としては、都市化に伴

う地表面の人工工作物化（建物、家屋、道路舗装等の被覆による）がある。

　水域生態系、エコロジカル・ネットワークを分断、喪失させるものとしては、既に述べた農業用水路の人工化（用水・排水の分離）、河川における取水堰や床止めといった魚等の遡上に困難をもたらす河川横断工作物がある。また、河川敷内の護岸等による人工工作物化は、生きものの生息・生育環境を悪化させている。山間地では、土砂の流下を遮断して下流の水系全域にその影響をもたらし、ほぼ完全に生きものの遡上を不可能にするダムがある。また、上流域に多数設けられた砂防ダムによる影響もある。

　陸域では、近年国土の至るところに設けられた道路による生態系の分断の問題もある。道路の建設は、陸域の生態系（植生、生物）を分断することが多く、切土・盛土で道路を設ける場合の斜面の生態系への影響の問題[9]、あるいは以前から道路の部分を通って行き来していたタヌキ等の動物のロード・キルの問題などを生じさせる。

　このような問題への対応として、河川における多自然工法（近自然工法）の導入（**写真10.5**）、魚の上りやすい川づくり（河川横断構造物の魚道等による改善）、再自然化（**写真10.6**）がある[4]。道路では、道路緑化、エコ・ロードへの取り組み（**写真10.7**）がある。公園では、100年の森づくり等の緑化がある。さらに、建物においても屋上緑化や壁面緑化への取り組み（**写真10.8**）も行われている。

写真10.5　河川における多自然工法の導入
（上：横浜のいたち川〈左：一次改修後、右：再生後の現在〉、下：一の坂川〈左：改修直後、右：現在〉）

一般に、都市域でのエコロジカル・ネットワークの再生は、自然的な地域で行うよりは費用・効果の面では有利ではないが、日本では都市域においてもエコロジカル・ネットワークの再生まで議論され、一部実行されている（図10.11）。

写真10.6　河川における再自然化（荒川。左：再生前、中：再生工事中、右：再生後）

写真10.7　道路の緑化、エコ・ロード

写真10.8　建物の緑化

都市流域での生態系の再生等への取り組み事例として、北九州の洞海湾の再生およびその海域（内湾）に流入する紫川の再生と流域圏での取り組みへの展開の例がある（第2章**写真2.51～2.54**参照）。最も汚染されていた時代には、大腸菌も棲めず、船のスクリューも溶けたといわれる洞海湾は、排水（水質）規制、企業の努力、下水道整備等により水質が改善され、生物の賑わいも戻ってきている。そして、大気の汚染も解消されている。

　都心を流れて湾に流入している紫川について見ると、汚染された川は排水規制や下水道整備等で浄化され、河川空間は賑わいのある空間となり、沿川の都市再生も大規模に進められた（第4章**写真4.39、4.40**参照）。そしていま、沿岸域を含む流域圏の生態系保全にまで議論が広がりつつある（**図10.12**）。

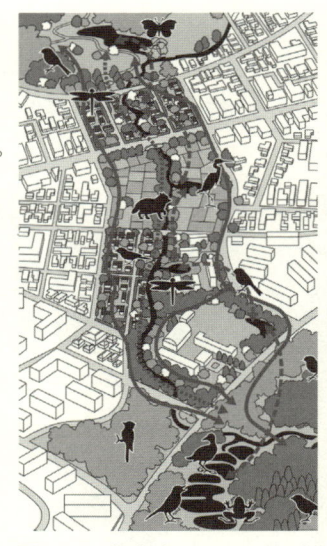

図10.11　都市内でのエコロジカル・ネットワーク概念図
（文献[10]より作成）

　欧米では、近年になって数多く進められるようになった地方部の農地の再生（農地整備で失われた自然の再生）に類する日本の例としては、北海道の釧路湿原の自然再生（**図10.13**）、兵庫県円山川でのコウノトリの野生復帰のための自然再生への取り組みなどがある。自然再生法の施行により、自然再生への取り組みが各地で始まってきている。

図10.12　紫川流域と紫川、洞海湾の土地利用

第10章　生態系とエコロジカル・ネットワーク　　319

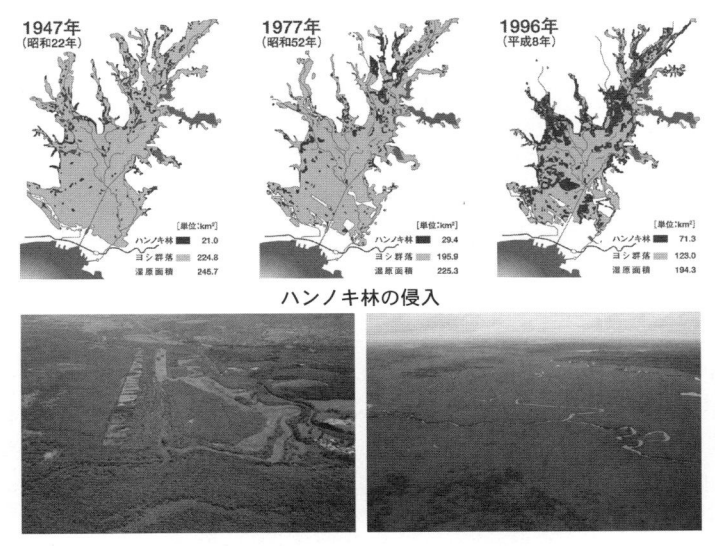

ハンノキ林の侵入

図10.13　北海道釧路湿原の変化（国土交通省資料より作成）

10.5　生物多様性、エコロジカル・ネットワークの再生

　生物多様性、エコロジカル・ネットワークの再生については、いくつかの事例を上に述べたが、典型的、代表的なものを以下に述べておきたい。

（1）　水域生態系

　水田、農業用水路での生態系の再生については、滋賀県での取り組みがある。そこでは、農業用水路に複数の堰を設け、魚が水路と水田との間を行き来できるようにし、魚類生態系の再生を進めている。水田を「魚のゆりかご」と位置づけ、そこで生産されるコメを"魚のゆりかご米"として販売すること、子どもの自然体験との連携などを行っている（**写真10.9、10.10**）。

　魚の上りやすい川づくりは、国土交通省の管理する直轄河川で数多くの取り組みがあり、その手引きも出され、その実践も進んでいる[11]。

　回遊魚であるサケの自然産卵と回帰への取り組みが、太平洋側のサケの自然遡上の南限である鬼怒川（利根川）で行われている。天然のアユの自然回帰などの取り組みも神田川、多摩川などで望まれていたが、近年はそれが現実となった。これには、江戸川を通じて東京湾に入ったアユが、人工養浜されたお台場海浜公園の砂浜で育ち、川に回帰したものであるという。川のみでなく、東京湾で行わ

写真10.9 水路に堰を設けたことで水位が確保され、降雨で水量の多い時に遡上する魚（滋賀県資料）

写真10.10 水田で湧くように育った魚の稚魚（滋賀県資料）

れた人工養浜も貢献しているといわれている。

海外の事例としては、イギリスのマージ川流域の事例（水系内のどこでも魚が棲めるようにする）、ライン川での取り組み（カムバック・サーモンを指標）などがある。

（2） 陸域生態系

流域単位での陸域生態系の保全、生物多様性の保全や改善については、既に示した鶴見川流域での取り組みがある（図10.11参照）。同様に、後述の印旛沼流域においても、今後その取り組みが水循環健全化の次のステップとして検討されてよい。

海外の事例としては、アメリカのボストンでのパークシステムによるマディ川流域での川の再生と公園等の整備、さらにはボストン広域計画での水源地の緑等の保全がある[12]。

（3） 水と緑のネットワークの再生

水と緑のネットワークの再生に類する計画として、首都圏の広域については、既に述べたように、かつての東京緑地計画（1939〈昭和14〉年）、防空計画、戦

第10章　生態系とエコロジカル・ネットワーク

災復興計画（1948〈昭和23〉年）、さらには首都圏整備計画（1961〈昭和36〉年）にまで至ったグリーンベルトの計画があった（第3章図3.8〜3.10参照）[12),13)]。この構想は、ロンドンのグリーンベルトとほぼ同じサイズものを東京首都圏に当てはめたものであったといえる。それらの構想は、都市化が大きく進んだこと、地権者の反対などで実現することがなかった。その結果として都市計画法の市街化区域、市街化調整区域の線引き制度が生まれ、農業の振興に関する法律が制定された。これらは、かつての構想とその顛末として知られてよい。

　近年では、首都圏の都市環境インフラのグランドデザインとして、まとまった緑と水（河川）についての保全・増進の構想・計画が示された（図10.14）[14)]。ほぼ同じ時期には、東京湾の再生計画が示されている（図10.15）[15)]。

　この東京ベイ・エリアとさらには陸域（東京湾流入流域）を含む水と緑のネットワークのグランドデザインを描き、実践することが重要となっている。東京湾ベイ・エリアと流入河川、そしてそのうちの千葉県側の東京湾について見たものが図10.16、10.17である。千葉県側は、千葉港以北は住宅地または商業地域として、また以南は重化学工業地域として埋め立てが行われている。千葉港以南には東京湾内で最も豊かな自然（干潟）が残っている盤洲干潟、富津岬があり、千葉港以北には稲毛海浜、検見川の浜、幕張海浜などの人工海浜がある。そして、埋立地であっても、主要な河川とともに多数の中小河川・水路が流入し、そして埋め立て前の海岸線に沿って横水路がそれら河川を結んでおり、海と河川、陸地の緑と生態系につながっている。

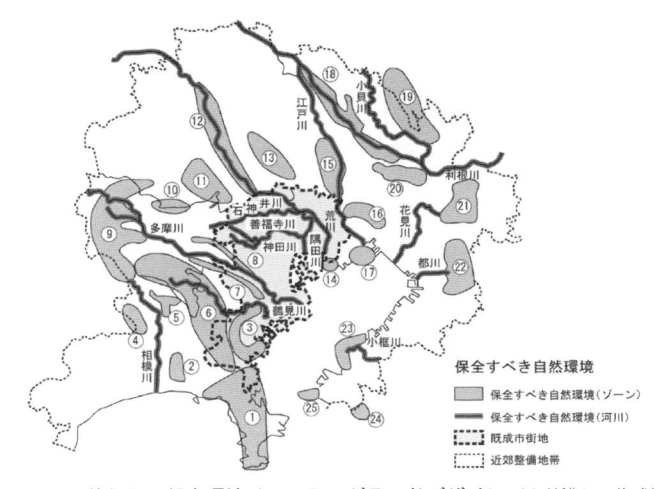

図10.14　首都圏の都市環境インフラのグランドデザイン（文献[14)]より作成）

■目標
　快適に水遊びができ、多くの生物が生息する、親しみやすく美しい海を取り戻し、首都圏にふさわしい東京湾を創出（年間を通じて底生生物が生息できる限度）
■重点エリアおよびアピールポイントの設定（7エリア）
■計画期間　2003〈平成15〉年度から10年間
■目標達成のための施策の推進
　○陸域負荷削減の推進
　○海域における環境改善策の推進
　○東京湾のモニタリング
■その他（実験的取り組み、フォローアップ等）

Tokyo Bay True Color
Landsat-7/ETM, 30m/pixel, 2000.3.29
Tokyo Univ. of Science, Obayashi Lab

図10.15　東京湾の再生計画（文献[15]等より作成。再掲）

図10.16　東京ベイ・エリアと流入河川

第 10 章　生態系とエコロジカル・ネットワーク　　*323*

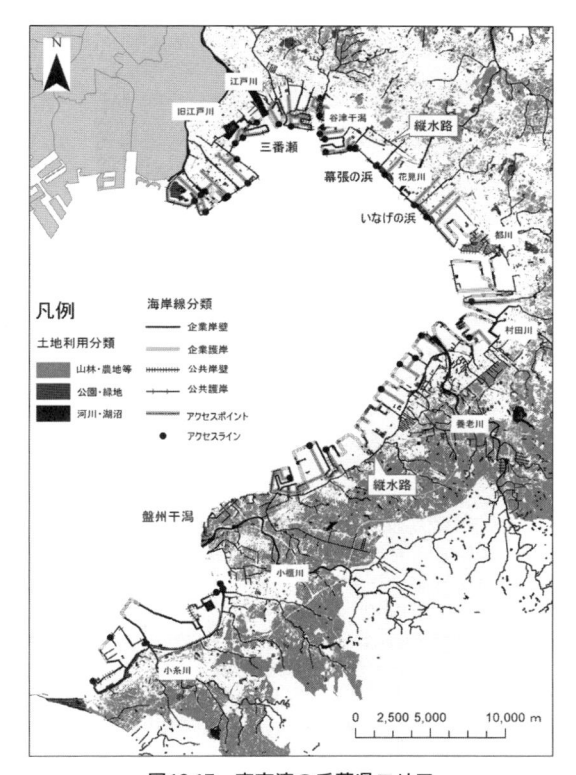

図10.17　東京湾の千葉県エリア
（土地利用と干潟、水際の現状〈護岸と岸壁、アクセスポイント〉）

10.6　今後の展開

　以上のように、流域圏をベースとして生態系、生物多様性、エコロジカル・ネットワークを捉えることが重要であり、かつ適切であるといえる。そして、それによる生態系の保全と再生、生物多様性、水と緑およびエコロジカル・ネットワークの保全・再生が重要である。
　今後取り組みたいこととして、以下に列挙するようなものがある。
① 　川と水路を回廊とした地域、首都圏の水と緑の環境インフラの再生
② 　流域のランドスケープ、骨格に対応した生物多様性の保全
③ 　東京湾ベイ・エリアの水と緑のネットワークのグランドデザインの提示と実践

④ 首都圏および国土全体での自然と共生する流域圏・都市づくりにおける生態系の視点からの再生シナリオの提示
⑤ アジア等人口急増地域の流域圏・都市での水と緑のネットワークのグランドデザインの展開

〈参考文献〉
1) 吉川勝秀：『人・川・大地と環境』、技報堂出版、2004
2) 吉川勝秀：『河川流域環境学』、技報堂出版、2005
3) 吉川勝秀編著：『河川堤防学』、山海堂、2007
4) 吉川勝秀編著：『多自然型川づくりを越えて』、学芸出版社、2007
5) 端憲仁：「農水省関係の取り組み」、『自然と共生した流域圏・都市の再生』、p.140、山海堂、2005
6) 桜井善雄：『川づくりとすみ場の保全』、信山サイテック、2003
7) 石川幹子・岸由二・吉川勝秀編著：『流域圏プランニングの時代』、技報堂出版、2005
8) 鶴見川流域水協議会：「鶴見川流域水マスタープラン」、2004
9) 吉川勝秀編著：『生態学的な斜面・のり面工法』、山海堂、2006
10) 都市緑化技術開発機構編集：『都市のエコロジカルネットワーク』、ぎょうせい、2000
11) 国土交通省河川局：「魚がのぼりやすい川づくりの手引き」、2005
12) 石川幹子：『都市と緑地』、岩波書店、2001
13) 越沢明：『東京都市計画物語』、日本経済評論社、1991
14) 自然環境の総点検等に関する協議会：「首都圏の都市環境インフラのグランドデザイン」、2004
15) 国土交通省（東京湾再生推進会議事務局）：「「東京湾再生のための行動計画」について（平成15年3月26日）」、2003
16) 陣内秀信編：『水の東京』、ビジュアルブック江戸東京5、岩波書店、1993

第11章　川からの都市再生シナリオの設計・提示

　本章では、自然と共生する流域圏・都市の再生に関して、最もそれが分かりやすい川からの都市再生シナリオの設計・提示を行う。既に述べた先進的な事例等を踏まえたものであるとともに、具体的な事例として東京首都圏を想定しつつ設計・提示を行う。

　すなわち、日本の東京首都圏を具体的な対象として想定しつつ、世界の先進的な事例も参考に、川からの都市再生について考察し、川からの都市再生モデルを設計・提示する。そして、東京首都圏の典型的な課題を抱える河川を取り上げ、都市の貴重な空間として、川の空間を人々に開放する具体的な手段としてのリバー・ウォークや、川の上空を覆う高速道路の撤去と川および河畔市街地の再生等について考察し、提案を行う。

11.1　東京首都圏の都市化と自然環境の変化

　日本の東京首都圏を対象に、その都市化と自然環境の変化、川の変貌、川と道路との関わりについて概観すると以下のようである。

(1)　流域の都市化と自然環境の変化

　この100年の間の東京首都圏の人口の増加は第3章図3.1に示したようであり、約700万人から約5倍の3,400万人にまで増加した。この人口増加とともに、東京の首都圏の市街地は図11.1に示すように拡大した。100年前の市街地は都心の隅田川周辺であったが、現在はその後建設された荒川放水路を越えて江戸川周辺はもとより千葉まで広がっている。また、南西方向には多摩川を越えて横浜まで拡がっている。内陸方向にも市街地は拡大した。特に、1970(昭和45)年代以降の経済の高度成長期以降、1990(平成2)年にかけての経済のバブル期までの市街化の進展は著しく、図11.2に示すようであった。

現在の首都圏の都心部周辺の水と緑の空間は**図 11.3** に示すようである。図からは、都市の骨格となっている隅田川、荒川（放水路）、江戸川、多摩川、鶴見川等の河川の水空間と、皇居、新宿御苑、明治神宮、上野等の緑地（色の濃い部分）があることが分かる。

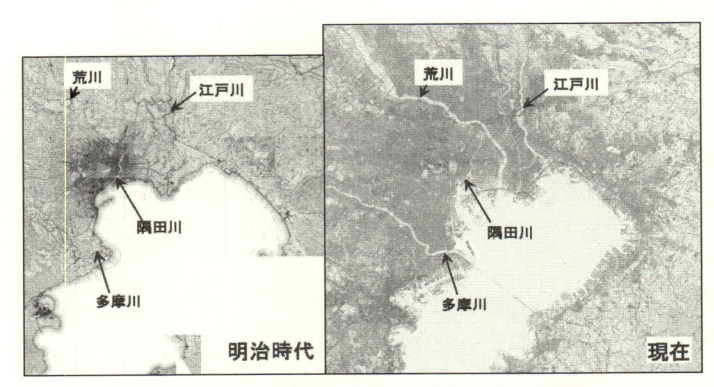

図11.1　この100年の東京首都圏の市街地の拡大と主要河川

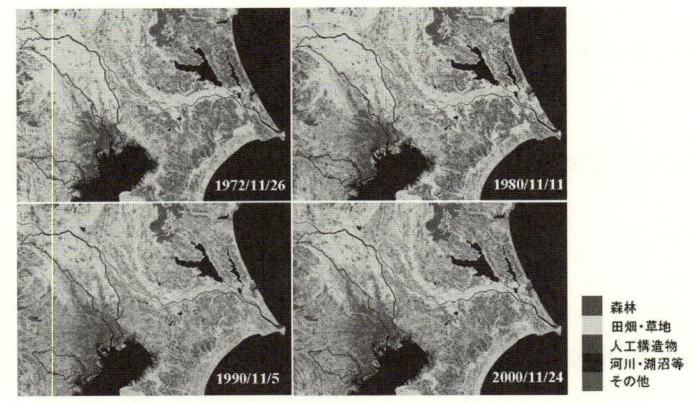

図11.2　1970年代以降の急激な市街地の拡大（都心を含む色の濃い部分が市街地）

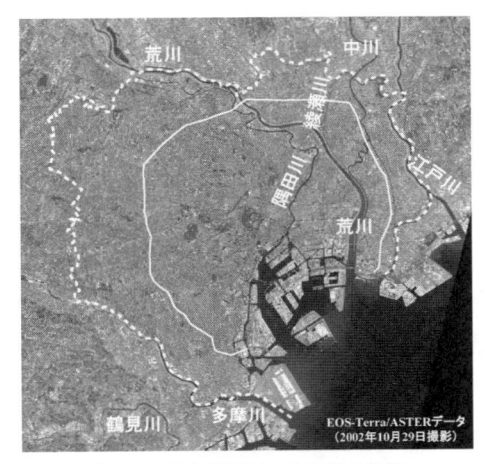

図11.3 都心部周辺の水と緑の空間
(都心に残るまとまった緑地、都市の骨格としての河川、隅田川河口周辺等の埋め立て地。衛星写真)

(2) 都市の川や水辺の変貌

　この東京首都圏の人口増加と市街地の拡大とともに、極めて多くの河川や農業用水路、運河等が地表から消失した。その様子は、第3章図3.4および第7章図7.1に示したとおりである。都市化とともにほぼ全域で川の支流や農業用水路などが消失しているが、東京東部の荒川と江戸川の下流部に挟まれた中川・綾瀬川流域の下流部では、膨大な数の水路が消失している。

　また、この時代には遠浅の東京湾の内湾沿岸のほぼ全域が埋め立てられ、海浜や干潟、藻場等が消失して水際は直立の護岸や岸壁となった。埋め立てられた湾岸の土地の多くは企業用地であるため、市民の海へのアクセスも不可能となった。

(3) 都市の中の川と道路

　都市化の進展とともに河川環境が悪化した時代には、多くの川や水路、運河が蓋をされて暗渠化した。地下の下水路となった川や水路の上は、都市の機能として必要な道路を建設する用地となった。埋め立てられ、あるいは元の川のままで締め切られて川底の部分に道路が設けられた川や運河もある（**写真 11.1**）。東京の日本橋川や古川（渋谷川下流部）のように、川の上空に高架の高速道路を設けられた川もある（**写真 11.2**）。東京の隅田川のように、河畔が高架の高速道路に占用された川もある（**写真 11.3**）。

　人口が減少するとともに、少子高齢化社会となる時代（第9章図9.5参照）を展望して、自然と共生する流域圏・都市の再生がテーマとなっている。これから

の時代には、20世紀型の都市建設ではなく、20世紀の負の遺産も解消しつつ、自然と共生する都市・流域圏への再生、そして川の再生を核とした都市再生、都市内における川と道路との関係の再構築などが求められるようになっている。

写真11.1 川底の部分に道路が設けられた川（東京の楓川）

写真11.2 上空を高速道路に占用された日本橋川（左）、古川（渋谷川下流、中）、東横掘川（右）

写真11.3 河畔を高速道路に占用された隅田川

11.2 川からの都市再生

川からの都市再生について、第4章、第5章、第7章で述べたが、その要点を概観しておきたい。

世界の大都市における川からの都市再生についてみると、19世紀半ばにロンドンのテームズ川、パリのセーヌ川で、さらには19世紀後半にはボストンのチャールズ川やマディ川とその沿川などで行われている。それから100年以上を経て、日本では戦後の経済の高度成長と都市化により急激に環境が悪化した川とその沿

川の市街地の再生が、1980（昭和55）年代より隅田川や北九州の紫川、徳島の新町川、名古屋の堀川で進められてきた。そして最近では、大阪の道頓堀川や京都の堀川などでも進められている。

近年、人口増加と都市化、経済成長が著しいアジアの都市では、都市や河川環境の悪化が著しい。そのアジアの都市でも、注目すべきスピードと規模で、川の再生とそれを核とした都市再生が進められている。

以下にその概要を示す。

（1）　日本の代表的な事例

川の水質が悪化し、高潮災害防止のために設けられた堤防によりまちと川とが分断されていた隅田川（東京）の再生と河畔の再開発、汚染された紫川（北九州）の再生と河畔の再開発など、以下のような川と河畔都市の再生が挙げられる。

- 東京の隅田川とその沿川の都市再生（**写真 11.4**）
- 北九州の洞海湾の再生、紫川とその沿川の都市再生（**写真 11.5**）
- 徳島の新町川とその沿川の都市再生（**写真 11.6**）
- 大阪の道頓堀川の再生（**写真 11.7**）
- 名古屋の堀川の再生（**写真 11.8**）
- 横浜のいたち川の再生（**写真 11.9**）

写真11.4　東京の隅田川とその沿川の都市再生（左：再生前、中・右：再生後）

写真11.5　北九州の紫川とその沿川の都市再生（左：再生前、中・右：再生後）

写真11.6　徳島の新町川とその沿川の都市再生（再生後）

写真11.7　大阪の道頓堀川の再生（再生後）

写真11.8　名古屋の堀川の再生（再生後）

写真11.9　横浜のいたち川の再生（左から右に経年的に変化）

（2）　世界の事例

　比較的近年の事例として、産業革命の発祥の地であるイギリスのマージ川流域の再生が挙げられる（**写真11.10**）。産業革命以降ヨーロッパで最も汚染され続けてきたマージ川流域では、この約30年間にわたり、行政、市民・市民団体、企業が連携して水系の再生と経済の再興に取り組んできている。水系と水辺の都市再生の事例として知られてよい。

第 11 章 川からの都市再生シナリオの設計・提示 *331*

写真11.10 マージ川流域の再生 (左:再生前、中・右:再生後)

　アジアでは、近年急ピッチで行われている川からの都市再生の事例として、以下のようなものが挙げられる。
　・シンガポールのシンガポール川とその沿川の都市再生（**写真 11.11**）
　・韓国・ソウルの清渓川での道路撤去・川の再生（**写真 11.12**）
　・中国・上海の黄浦江の沿川再生（**写真 11.13**）
　・中国・上海の蘇州河とその沿川の都市再生（**写真 11.14**）
　・中国・北京の転河（高梁河）とその沿川の都市再生（**写真 11.15**）

写真11.11 シンガポールのシンガポール川とその沿川の都市再生
(左:再生中、中・右:再生後)

写真11.12 韓国・ソウルの清渓川での道路撤去・河の再生
(左:再生中、中・右:再生後)

写真11.13　中国・上海の黄浦江の沿川再生（再生後）

写真11.14　中国・上海の蘇州河とその沿川の都市再生（左：再生前、中・右：再生後）

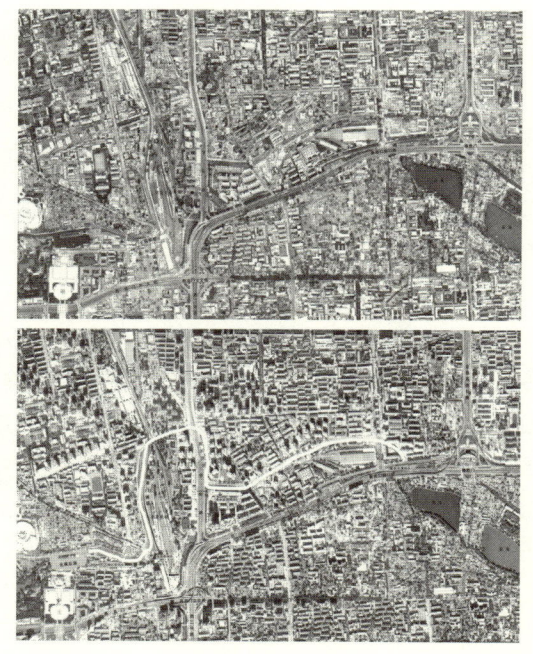

写真11.15　中国・北京の転河（高梁河）とその沿川の都市再生
（上：再生前、下：再生後。かつて埋め立てられていた川を復元・再生）

（3） 川と道路の関係の再構築

　産業革命以降の都市化の進展とともに、その後モータリゼーションが急激に進んだ時代には、都市で必要となった道路建設のために、環境が悪化していた河川や水辺が使われることとなった。このことは、東京首都圏を例に 11.1 節の (2)、(3) で述べたとおりである。

　都市開発、社会資本の建設の時代であった 20 世紀の終わりに近い頃からは、都市における川と道路との関係の再構築、すなわち河畔や川の上の道路を撤去し、川や水辺、そして沿川を都市再生することも行われるようになってきている。その代表的な例として、下記のものが挙げられる。

- ライン川河畔のドイツ・ケルンにおける高速道路の地下化、水辺再生（約 25 年前に完成。道路を地下化、地上は河畔公園。写真 11.16）
- ライン川河畔のドイツ・デュッセルドルフにおける高速道路の地下化、河畔の都市再生（約 10 年前に完成。道路を地下化、地上は市街地再生・河畔公園。写真 11.17）
- 韓国・ソウルにおける清渓川での道路撤去・川の再生、河畔の都市再生への展開（2005 年秋に道路撤去、川の再生が完成。写真 11.18。写真 11.12 参照）
- アメリカ・ボストンにおける都心と水辺（ボストン湾岸のウォーターフロント）とを分断していた高架高速道路の地下化（2003 年地下化が完成。地上は

写真11.16　ライン川河畔のドイツ・ケルンにおける高速道路の地下化、水辺再生
（約 25 年前に完成）

写真11.17　ライン川河畔のドイツ・デュッセルドルフにおける高速道路の地下化、河畔の都市再生（約10年前に道路の地下化、市街地再生が完成）

公園と公共施設。**写真11.19**)
- フランス・パリにおける川の中の高速道路を一定期間閉鎖し、河畔ビーチとして利用(一定期間交通止め、イベント的利用。**写真11.20**)

写真11.18　韓国・ソウルにおける清渓川での道路撤去、川の再生、河畔の都市再生
（2005年秋に道路撤去、川の再生が完成）

写真11.19　アメリカ・ボストンにおける都心と水辺を分断する高架高速道路の地下化
（2003年地下化が完成。右上はイメージ写真）

写真11.20　フランス・パリにおける川の中の高速道路を夏季の一定期間閉鎖し、河畔ビーチとして利用

（4） 川の再生と都市整備（都市計画）との連携

　上述した 11.2 節.(1)～(3)の事例のうちで、川の再生が中心となっているもの、あるいは川の再生と道路の撤去・地下化というインフラ整備主体のものとしては、日本では道頓堀川の事例が、海外では韓国・ソウルの清渓川、ドイツ・ケルンのライン川、アメリカ・ボストンの高速道路地下化の事例が挙げられる。

　川の再生のみならずその沿川の市街地再生を同時に行っているもの、川の再生と都市計画が連携したものとしては、日本では隅田川、紫川、新町川の事例が、海外ではドイツ・デュッセルドルフのライン川、シンガポールのシンガポール川、中国・上海の蘇州河、北京の転河（高梁河）の再生事例が挙げられる。

11.3　川からの都市再生のモデルの提示

　以上のような先進的な事例も参考にして、川から都市再生について以下のようなモデルを設計・提示することができる[1),2)]。

　① 　川の再生型モデル

　　このモデルは、もっぱら川の再生を行うもので、上述の事例の中では日本の道頓堀川の再生が典型的であるが、日本のみならず世界でも数多く行われている。近年は近自然河川工法による河川整備、河川再生なども行われるようになり、「川の再生型モデル」での取り組みが各所で行われる時代となっている。

　② 　川と河畔再生型モデル

　　このモデルは、川の再生のみならず、河畔の都市再生を目指すもので、日本では隅田川や紫川などが、海外ではシンガポール川、ドイツ・デュッセルドルフのライン川、中国・上海の蘇州河、北京の転河（高梁河）の事例が挙げられる。

　　今後は、自然と共生する都市再生として、このような都市計画と川の再生が連携した「川と河畔再生型モデル」での取り組みが望まれる。

　③ 　道路撤去・川の再生型モデル

　　このモデルは、川の上空を占用してきた、あるいはウォーターフロントと都心を分断してきた道路の撤去（再建しない場合と地下に再建する場合とがある）と川の再生という都市インフラの再生が中心となるものである。韓国・ソウルの清渓川（**写真 11.21**）、ドイツ・ケルンのライン川の 2 つの事例、アメリカ・ボストンの高速道路の地下化の事例がこれに相当する。

　　韓国・ソウルやアメリカ・ボストンの事業は、都心に通過交通を含む車を引き込み、利便性を追求した 20 世紀型の都市経営から、環境や人に優しい都

市に転換するという、パラダイム・シフトを端的に示すものとして注目されてよい。

このモデルに②「川と河畔再生型モデル」を組み合わせた再生モデルも、より積極的に考えられてよい。

写真11.21　韓国・ソウルの事例のその後の風景
（工事完成後約1年を経た2006年5月）

11.4　都市空間における川の空間構造としての川の通路（リバー・ウォーク）に関する考察

　川の空間を都市の空間として生かすには、人々が川の空間にアクセスし、川の空間を移動できる通路（リバー・ウォーク、フット・パス）が重要である。

（1）　川の通路の類型

　都市空間で川が生かされている場合に、舟運が川や運河の水辺に近づく手段となっている場合がある[3]。よく知られているヨーロッパのベネチア（イタリア）の運河や、かつての日本の江戸（東京）の日本橋川などである。この場合には、建物は水際まで迫って建てられており、川に沿った通路はないことが多いが、船着場（日本では河岸）が各所にあり、人々は舟運により川や水辺、そして都市内を巡ることもできるようになっていた。この場合の通路は川や運河の水面そのものであり、船という手段で人々は川や水辺を移動する。その事例として、ブルージュ（ベルギー）の運河（**写真11.22**）、プラハ（チェコ）のブルタヴァ川（**写真11.23**）の例を示した。

　都市化の時代になると、川は都市の骨格であるとともに、水と緑の空間として位置づけられ、河畔には街路が設けられるようになった。その後、馬車が主体の時代を経て自動車が通行するようになると、川沿いの道路は人々が川に接することをむしろ妨げるものとなった。

第 11 章　川からの都市再生シナリオの設計・提示

写真11.22　ブルージュ（ベルギー）の運河の風景

写真11.23　プラハ（チェコ）のブルタヴァ川の風景

　ここでいう川の通路（リバー・ウォーク、フット・パス）は、人々が川にアクセスし、川に沿って川の空間を楽しむことができる通路のことである。このような川の通路は、世界の多くの川で見られ、その例として日本の鴨川（京都。写真11.24）、太田川（広島。写真11.25）、紫川（北九州。写真11.5参照）、新町川（徳島。写真11.6参照）、イタリアのテヴェレ川（ローマ。写真11.26）、ドイツのマイン川（フランクフルト。写真11.27）などが挙げられる。

写真11.24　京都の鴨川のリバー・ウォーク

写真11.25　広島の太田川のリバー・ウォーク

写真11.26 ローマのテヴェレ川のリバー・ウォーク

写真11.27 フランクフルトのマイン川のリバー・ウォーク

　現在において、舟運とリバー・ウォークが併用されている川もある。その例としては、日本の隅田川（東京。**写真11.28**）、フランスのセーヌ川（パリ。**写真11.29**）、イギリスのテームズ川（ロンドン。**写真11.30**）、アメリカのサンアントニオ川（**写真11.31**）などが挙げられる。

写真11.28 隅田川のリバー・ウォークと舟運

写真11.29 セーヌ川のリバー・ウォークと舟運

写真11.30　テームズ川のリバー・ウォークと舟運

写真11.31　サンアントニオ川のリバー・ウォークと舟運

(2)　東京首都圏の中小河川の通路に関する経過と現状

　東京首都圏の中小河川については、関東大震災（1923〈大正12〉年）後の帝都復興計画以降の都市計画で川に保健道路を設け、都市の重要な空間とすることが構想された時代があった。その構想（帝都復興計画、1923〈大正12〉年。東京緑地計画、1939〈昭和14〉年）の石神井川（東京）の例を図11.4に示した。しかし、東京首都圏の圧倒的な都市化の圧力、その下で深刻化した都市水害問題に、限られた河川用地内で対応するために川を深く掘り込む、あるいは堤防を設けて都市を守る必要が生じたことなどから、川の用地に広い余裕を必要とするこの構想は実現することがなかった。この時代には、川の空間を都市の貴重な空間として整備するという思考と意思が欠如していた。

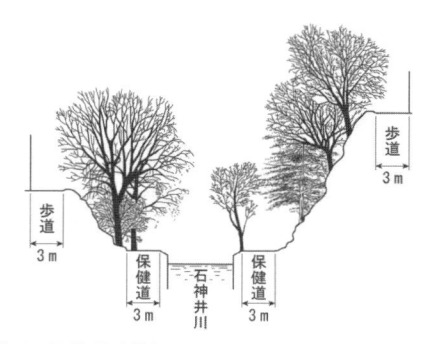

図11.4　石神井川の保健道路構想（東京緑地計画、1939〈昭和14〉年より作成）

深く掘り込まれた川の例として神田川、渋谷川、呑川（いずれも東京。**写真11.32**）を例に示した。高い堤防が設けられた川としては、隅田川（東京。**写真11.33**）が挙げられる。

写真11.32　深く掘り込まれた川（左：渋谷川、中：神田川、右：呑川）

写真11.33　高いコンクリート堤防で分断された隅田川

　首都圏の深く掘り込まれた川では、ビルや家屋が川際まで建てられていることが多く、人々の川へのアクセスがほとんど不可能な区間が多い。多くの川では、河畔の通路はもとより、川の中には全く通路がないのが現状である。

（3）　川の中のリバー・ウォーク

　東京首都圏の川と同様に深く掘り込まれた川となっている神戸の中小河川（都賀川、住吉川、新湊川）を見ると、**写真11.34**に示すように、川の中に通路（リバー・ウォーク）が設けられている。このため、深く掘り込まれた川であっても、人々に利用されている。

写真11.34　川の中にリバー・ウォークが設けられている神戸の中小河川
（左：都賀川、中：住吉川、右：新湊川）

東京首都圏の川と神戸の川とを比較してみると、その構造（川幅と深さ）にはそれほど大きな違いがない。構造的には、神戸の新湊川が狭くて深く掘り込まれており条件が最も悪い[4]。新湊川には、阪神・淡路大震災後の復旧工事で、川の中へのアクセスと川の中のリバー・ウォークが設けられ、川の中も利用できるようになっている。

関東大震災後の帝都復興計画では、防災の観点も含めて隅田川河畔に河川公園が設けられたが、阪神・淡路大震災の後に、ささやかではあるがこのような整備が行われたことは記憶にとどめておきたい。

また、日本の川は河川勾配が急で、降雨強度も強く、いわゆるフラッシュ・フラッドで、洪水の出水が速い（洪水到達時間が短い。洪水到達時間は河川勾配と降雨強度から定まる[4]～[6]）。

洪水時の避難に関係する洪水の出水の速さについて見ると、緩やかな丘陵地（ローム台地）上を流れて河川勾配が緩い東京の川よりも、六甲山地から短い区間で海に至る河川勾配が急な神戸の川の方が出水の時間が速い。洪水時の避難という面では、むしろ神戸の川のほうが危険性は高い[4]。したがって、首都圏の都市河川は、川の構造および洪水時の危険性という面から見ると、リバー・ウォークを設けることに特段の問題はないと考えられる。

神戸の川以外でも、比較的よく利用されている川の中のリバー・ウォークとしては、日本では京都の鴨川、高知の鏡川などや、海外ではパリのセーヌ川、ローマのテヴェレ川などに見ることができる。

リバー・ウォークは、河川空間を都市・地域に生かす上での必須の装置であり、社会インフラである。

(4) 消失した川の上のリバー・ウォーク

11.1 節の(2)で述べたように、首都圏ではこの 100 年の間に多くの川（特に支流）や水路が消失した。地表から消失し、地下に埋められ暗渠化した川や運河、農業用水路の上を、道路ではなくせせらぎ水路と緑道とすることも、一部の川や水路で行われるようになっている。いわゆる 2 層化の川や水路（洪水や下水を流す川あるいは水路を地下に暗渠として設け、その上にせせらぎ水路を設けた川や水路。川や水路への蓋かけを行っていることには変わりはないが、その上にせせらぎ水路やリバー・ウォークを設けることで、再生の一例となっている）である。その例を**写真 11.35** に示した。せせらぎ水路に流す水の水源としては、下水処理水を利用している。**写真 11.36** には、2 層化した河川の例を示した。上の水路の水は河川の自流である。

既に暗渠化された川を、せせらぎ水路とリバー・ウォーク（緑道）として再生することも進められてよいであろう。

なお、暗渠化あるいは埋められた川を大規模に再生した例は、韓国ソウルの清渓川（**写真11.12、11.18参照**）、中国北京の転河（高梁河。**写真11.15参照**）がある。

写真11.35　暗渠化した川・水路の上をせせらぎと緑道とした例
（左・中：目黒川上流の北沢川緑道、右：中川・綾瀬川流域下流の小松川・境川緑道）

写真11.36　2層化河川となっている栃木県宇都宮市を流れる釜川
（洪水を流す水路は、2層化した水路の下の暗渠および2層化区間の直上流の地下トンネル放水路となっている。1980年代初期のもので、箱庭的であり、リバー・ウォークと水面との距離がある。川の中の通路、河畔通路との取り付け路にバリアも多い）

11.5　東京首都圏の川からの都市再生

以上のような国内外の川の再生事例とリバー・ウォークの検討を踏まえつつ、首都圏の典型的な課題を抱える川の再生について考察する。

（1）　東京首都圏の普通の中小河川の再生

東京首都圏の神田川、渋谷川、呑川などの再生については、既にある程度の河川改修が行われており、多くの区間で川際まで建物が立地している。このため、河畔の建物も含めて都市再生を行うことは短時間では難しい（中・長期的に見て

も通常は困難に近い）。

　川の治水計画上、洪水の流下能力は現状でも足りないが、その能力向上は、当面は地下に設けるトンネルの貯水池（貯水槽）で、長期的にはその貯水槽をつなげて海まで導き放水路とする計画であり、川の拡幅などは予定されていない。したがって、現在の川の構造で、その空間を都市に生かすことを考える必要がある。その場合、現在の河川空間内の改善（水質の浄化、水量の復活、多自然〈近自然〉の川とすることなど）とともに、人々が川にアクセスできるようにするためのリバー・ウォークを設けることを検討する必要がある。

　これまでの河川管理では、川の通路は「河川管理施設等構造令」[7]に示されるように、洪水時に水防活動をすることができる通路とされてきた。すなわち、その河川管理用通路の高さは洪水時の川の水位（計画洪水位。H.W.L.）以上の高さのものである。この河川管理用通路は、いわゆる河畔のリバー・ウォークである。このタイプのリバー・ウォークの整備は、東京首都圏の中小河川では建物が川際まで立地しているため、大きな水害を被った後に、災害復旧・改良事業として周辺用地の買収まで行って進められる河川改修事業のような機会を除いて、ほぼ困難である。

　そこで、人々の川へのアクセスが不可能な東京首都圏の中小河川において、川の中にリバー・ウォークを設け、川の空間を都市に開放することを提案する。そのイメージを、神田川、渋谷川、呑川、日本橋川について**写真 11.37** に示した。これにより、首都圏でいわば死んだ空間となっている川、すなわち、水の流れがあり、空気が流れ、開けた空がある、そして将来的には多自然の川づくりなどの河川再生により生きものの賑わいもある空間が、都市の空間として開放されることとなる。

写真11.37　首都圏の川での川の中のリバー・ウォーク
（イメージ写真。左上：神田川、右上：渋谷川、左下：呑川、右下：日本橋川）

(2) 川を覆う道路撤去・川の再生から都市再生へ

　東京首都圏には、東京オリンピック（1964〈昭和39〉年）の直前に建設された都心の高速道路により上空を占用された日本橋川や神田川がある。このような高速道路による川の上空の占用は、その後渋谷川下流の古川（東京）や横浜の大岡川、大阪の大川（堂島川）や東横堀川などでも行われている。

　その日本橋川については、道路管理者、都市計画部局、学識経験者等の関係者での検討とともに、当時の小泉首相の発言などもあり、20世紀の負の遺産解消ということで、その撤去が政治的な議論にもなった。既に、東京都の都市計画においても、将来の道路計画においても、いつになるか分からないが、日本橋川を覆う高速道路は撤去されることとなっている。

　撤去後の道路に関しては、地下に再建する、周辺の建物の中に再建（合築）する、あるいは高い上空に再建するなどいくつかの案が出されている。これに加えて、韓国の清渓川の場合のように、都心には通過交通は入れないという新しい都市経営へのパラダイムでは、昨今議論されている大手町〜江戸橋という一部の区間のみでなく、日本橋川〜神田川そして、古川の全区間において撤去後再建しないという選択肢もあり得るであろう。

　この日本橋川の再生について基本的な論点としては、以下のことが考えられてよいであろう。

① 道路撤去後、どのような川と河畔の都市とするかの検討・実施

　現在は主として道路の撤去と再建の議論がなされている。撤去後の日本橋川の姿（水質改善、撤去後の川の構造、リバー・ウォーク、河畔の都市再生〈川の外の市街地再生〉など）を検討する必要がある。また、高速道路の撤去の区間も日本橋の近傍のみならず、より長い区間についても検討すべきであろう。むしろこれらの面が重要であり、かつ、道路撤去の前から、社会実験的な取り組みを含めて、川と河畔の整備を先行的に進めていく必要がある。

　道路の撤去の議論だけではなく、川の水質のさらなる再生も早急に取り組むべき課題である。また、リバー・ウォークについては、川の中に連続して、あるいは部分的に、または仮設構造物として設けることも早急に取り組むべき課題であろう。これらにより、人々の日本橋川についての意識を高めるとともに、現在の状態の川であってもその空間を開放することが進められてよい。この面で河川舟運の再興も重要である[3]。

　河畔の都市整備はさらに重要である。この面では、既に建物をセットバックし、リバー・ウォークと樹木、街路、公開空地を川際に設けた日本橋川分派点付近のアイガーデン・エア地区（JR水道橋駅近傍、旧貨物駅跡地の再開発地

区）がある。また、近く再開発が行われる大手町の合同庁舎等の跡地を含む地区では、日本橋川に沿って12m幅の歩行者専用道が設けられることが都市計画上決定している。このように、日本橋川の河畔にリバー・ウォークを設けるとともに公開空地を提供する河畔の再生を、公共施設の整備や区画整理・再開発地区を中心に進め、民間の開発においてもそれを誘導していくことが極めて重要である。

　この観点で見ると、PFI（Private Finance Initiative）事業として河畔に建設された千代田区役所が入った合同庁舎の建物は、川側に公開空地はなく、十分なリバー・ウォークもない。建物の1階部分に狭い通路を設けているのみである（**写真 11.38**）。この河畔の再開発は、上述の公共が民間の再開発を誘導していくという面でも問題であろう。

写真11.38　河畔に通路、公開空地等を設けることなく建てられた千代田区役所等が入る合同庁舎
（河畔に開かれた空間、十分な広さの通路がない。川を遮るように樹木が植えられている。河畔の再生への配慮がない）

　日本橋川の再生は、単に高速道路を撤去するという次元ではなく、「道路撤去・川の再生型モデル」に「川と河畔再生型モデル」を組み合わせたモデル（11.3節の②、③参照）として進めることが重要である。その際、ソウルの清渓川の再生で示されたように、歴史をもつ日本橋川を再生することを象徴的な事業として、東京を人と環境に優しい都市、人間志向の都市、21世紀の文化・環境都市とし、国際的な商業・金融・観光等の面での競争力を高めるといったより大きなスケールでの展望の下で進めることが望まれる。

② 道路撤去の区間と時期

　現在は日本橋周辺の高速道路の撤去が議論されているが、その区間に限定するのではなく、基本的には、高速道路が川の上空や河畔を占用する日本橋川の全区間および神田川の区間全体で道路撤去を行う必要がある。また、同様に川を覆う渋谷川下流の古川についても撤去が求められる。

　撤去の時期としては、前回の東京オリンピック（1964〈昭和39〉年）の直前に川の上に建設された高速道路を、次回の東京オリンピック（2016〈平成28

年開催に立候補。あるいはその次の 2020〈平成 32〉年開催の議論もある)までに撤去するという、象徴的な期間設定の議論がある。あと 1 つは、都心の高速道路(都心環状線)の外側には、3 つの環状道路(首都高中央環状線、外郭環状道路、圏央道)が整備中であり、その完成のタイミングを見て設定するというものである。3 つの環状道路のうち、直接的に関係がある都心のすぐ外の首都高中央環状線(新宿線、品川線は山手通りの地下に建設中)の完成が 2013 年に予定されている。この完成後の早い時期が、日本橋川や渋谷川下流に設けられた川を覆う高速道路を撤去する時期であると見てよいであろう。

　そして、撤去する区間の道路の再建についてであるが、その選択肢としては、ソウルの場合のように、通過交通は都心に入れず、人と環境に優しい都市とする、歴史的な日本橋川という空間を再生する等の新しい都市経営のパラダイムから、撤去して再建しない(撤去後の交通は交通需要マネジメントや公共交通機関の利用、都市内の既存道路の整備などで対応)という選択も考えてよいであろう。現在の都心高速道路の交通量の約 6 割は通過交通である。

　川からの都市再生について、東京首都圏を具体的な対象としつつ、世界の事例も参考に、3 つの再生モデルを提示した。そして、都市の川を、都市の貴重な空間として人々に開放する具体的な手段(インフラ)として、リバー・ウォークを取り上げて考察した。
　東京首都圏の川を例として、一般の中小河川(渋谷川、神田川等)と道路に上空を占用された日本橋川とを取り上げ、その再生についての考察と提案を行った。
　これらの研究成果と提案が、日本における川からの都市再生のみならず、急激に取り組みが進むアジアの都市等でも参考になればと考える。

〈参考文献〉
1)　吉川勝秀編著:『多自然型川づくりを越えて』、学芸出版社、2007
2)　吉川勝秀:「川からの都市再生に関する考察－日本の東京首都圏を中心に－」、建設マネジメント研究論文集、Vol.14、pp.1-11、2007.11
3)　三波裕二・陣内秀信・吉川勝秀編著:『舟運都市』、鹿島出版会、2008
4)　冨田顕嗣・吉川勝秀:「都市の河川における水辺空間の利用に関する一考察」、第 61 回土木学会年次講演会概要集 pp.41-42、2006.9
5)　吉川勝秀編著:『河川堤防学』、山海堂、2007
6)　吉川勝秀:『河川流域環境学』、技報堂出版、2005
7)　国土開発技術研究センター編(編集関係者代表:吉川勝秀):『改訂　解説・河川管理施設等構造令』、山海堂、2000
8)　吉川勝秀:「自然と共生する流域圏・都市再生シナリオに関する流域圏的研究」、建設マネジ

メント研究論文集、Vol.13、pp.213-227、2006.12
9) 吉川勝秀・本永良樹:「都市化に伴う首都圏の水と緑の環境インフラの変化に関する流域圏的考察」、建設マネジメント研究論文集、Vol.13、pp.371-376、2006.12
10) 吉川勝秀編著:『川のユニバーサルデザイン－社会を癒す川づくり－』、山海堂、2005
11) リバーフロント整備センター編（吉川勝秀編著）:『川からの都市再生－世界の先進事例から－』、技報堂出版、2005
12) Katsuhide Yoshikawa: Watershed/Urban Regeneration in Accord with Nature, Civil Engineering, JSCE, Vol.40, pp.8-11, Japan Society of Civil Engineers, 2003.3
13) Katsuhide Yoshikawa: On the Progress of River Restoration and the Future View in Japan and Asia, EUROPEAN CENTER for RIVER RESTORATION,
14) 北京市水利規則設計研究院編著:「当記憶被開放―転河設計画冊―」、中国水利水電出版社、2006

第12章　流域圏(国土)再生シナリオの設計・提示

　本章では自然と共生する流域圏・都市再生シナリオの設計・提示を行う。

　わが国では、稲作が伝播して以来、長い間、河川流域（水系）を基盤として社会が発展してきた。この100年の人口の増加、経済発展とともに流域圏の都市化が進み、都市の存立基盤である流域圏の環境に大きな負荷をかけてきた。特に20世紀の後半の都市化は急激で、環境への負荷は大きく、21世紀には負の遺産を解消し、自然と共生する流域圏・都市の再生が求められている。

　本章では、流域圏についての概念の整理を行うとともに、20世紀の人口増加、経済発展と都市化が流域圏・都市に与えた環境負荷を流域論的な視点から明らかにした。そして、自然と共生する流域圏・都市の再生について、その先進的・実践的な事例を取り上げて分析するとともに、再生シナリオを設計・提示する。

12.1　基本的な視点

　人口増加、経済発展と都市化が流域圏の環境に与えた影響の把握と流域圏・都市の再生シナリオについての系統的な研究は、総合科学技術会議が第2期科学技術基本計画の中で重点研究に設定した「自然共生型流域圏・都市再生イニシアティブ報告書」に見ることができる[1]。そこでは、流域圏の環境（①水・物質循環、②生態系）のモニタリング、流域圏の環境のモデリング、個々の環境再生技術の研究がなされている。

　そして、自然と共生する流域圏・都市への再生シナリオについては、開発したモデルを用いた解析のために設定したプリミティブなものが報告されている。すなわち、国立環境研究所の研究では、地球温暖化研究における代替シナリオ（SERESシナリオ）[2]に類似した極めて単純化したシナリオを設定しており、問題の定性的な分析を行っている。

国土技術政策総合研究所の研究では、湖沼の水質改善についての代替的な対応案を設定し、いわゆる個々の施策の感度分析を行っている。また、同時期に行われた再生シナリオに関連した研究としては盛岡らによるものがあり、シナリオ設計システムに関するものや、それを支援する地理情報システムに関する研究が行われている[3),4)]。

　これらの研究における流域圏・都市再生シナリオは、作成したモデルを用いた検討のためのシナリオ、あるいはシナリオ設定の支援に関わるものであり、現実の問題を解決していくための実践的な再生シナリオとはなっていない。

　社会問題への対応施策や再生シナリオの研究について振り返ってみると、現代社会を延長した場合の資源制約や環境問題を明示するために、社会の因果システムを内在させてシステム・ダイナミックスという手法で評価したローマ・クラブの分析[5)]があった。その後、アメリカで始まった方法であるが、環境政策の決定に際して施策の代替案を設定してその効果等を比較・検討することが行われるようになった。この代替案を設定して問題を分析しつつ施策や再生シナリオを検討する方法は、20世紀後半を通じて現在まで多くの研究者により用いられる手法となってきた[6)]。しかし、この代替案を並べて比較する手法は、研究面や問題点の分析の局面では数多く用いられてきたが、実践的な施策や再生シナリオの設計・提示という面ではあまり用いられていない。

　具体的な行動につながる実践的な対応施策や再生シナリオについての研究としては、内外の萌芽的・先進的な実践事例を分析し、それを踏まえた提案を行っているものとして、筆者によるものがある[7),8)]。そこでは、基本的な施策の方向を定めつつ、個々の施策についてそれを取り巻く制約条件と可能性を分析し、少し高めの目標を設定することにより、流域圏・都市の再生シナリオ（再生や健全化に向けての具体的な対応・行動計画）の設計、設定を行っていることが知られている。

　本章では、自然と共生する都市・流域圏の再生シナリオについて、近年の都市化等が流域圏・都市に与えた影響を把握するとともに、具体的な実践につながるシナリオを設計・提示することを目指し、具体的な事例を分析しつつ、これからの時代の再生シナリオの提案を行った。流域および流域圏の視点を明確にするとともに具体的な実践につながる再生シナリオを設計・提示したことが特徴である。

12.2 流域、流域圏のとらえ方

　自然と共生する流域圏・都市の再生を議論するため、この節では、その前提となる流域、そして流域圏について整理しておきたい。

　日本では、稲作の伝来以来、当初は小河川の氾濫原での農耕から始まり、戦国時代から江戸時代初期に大河川の氾濫原を新田として開発し、水系に依存して社会が発展してきた。この時代は、ほぼ農耕面積に比例して人口が増加した時代であった[7]（図 12.1）。

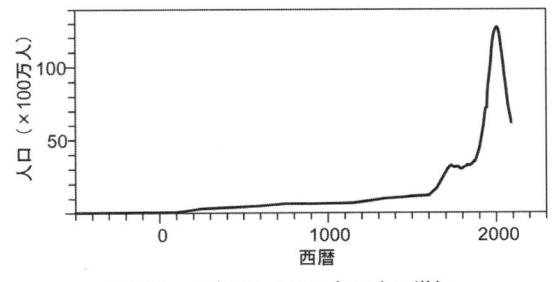

図12.1　日本のこの2000年の人口増加

　江戸時代はもとより、戦後も 1960 年代頃までは、水田での稲作、さらには里山や奥山の森林と密接に関連する水の流れや、木材や肥料としての草木の物質移動、薪炭林によるエネルギーの流れ等、流域・水系との関わりが濃厚に感じられる、いわゆる流域圏といえる地域社会が成立していた。その後、エネルギーの転換（薪炭から水力、石炭、石油等）、鉄道から始まり道路、航空という交通・移動手段の発展等により、水系や流域圏を越えた社会経済活動が行われるようになった。そして、経済と国土、都市化と国土が議論される時代が長く続いてきた。

　しかし、人口が安定し、減少するこれからの時代の地域社会や国土の計画・経営、人々の暮らしや地域社会の経営や再生は、自然と共生する社会の再生といった視点から、再び流域圏に立脚することが求められる時代となった。

　これらのことを踏まえて、以下では本章で議論する際の流域圏とは何かについて明確にしておきたい。

（1）　流域、流域圏の捉え方

　流域、あるいは流域圏の捉え方としては、以下のようなものが挙げられる。

(a) 水や水を媒介とした物質の移動（水・物質循環）から見た場合

流域の基本的なイメージを図12.2に示した。流域は川の支流からなるいくつかの支流域（あるいは亜流域）を包含するものである。その支流域の中で、さらにその支流に対応した支流域を持ち、流域はいわゆる入れ子構造となっている[8]～[10]。

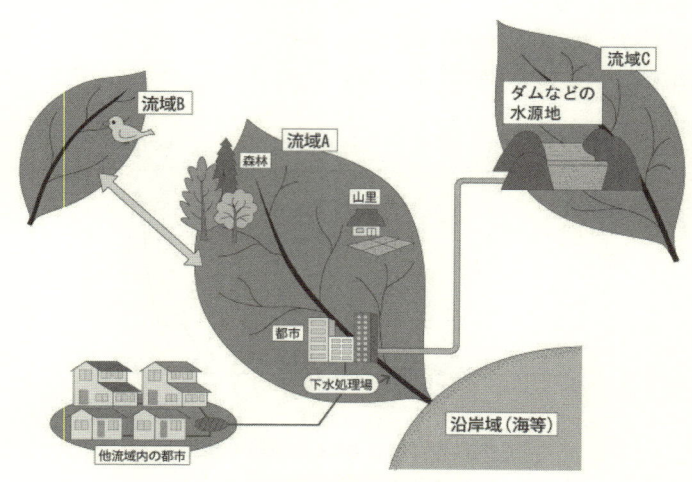

図12.2 一般的な流域と流域圏のイメージ

① 流域に関わる圏域

水・物質循環の視点からは、流域に関わるものとして、表12.1に示すようないくつかの圏域がある。

② その実例

上記の圏域について、そのいくつかの実例を見ておきたい。

まずは流域、すなわち集水域である。日本最大の流域である利根川流域を図12.3に示す。もともとは東京湾に流入していた利根川は、江戸時代に大きな改変が行われ、東を流れていた鬼怒川の下流域に流入するように付け替えられた。利根川は、鬼怒川と一体となって千葉県の銚子で太平洋に流入する河川となった。すなわち、もともとは独立していた2つの大きな流域が人工的に一つとなった[7]。図12.3より、大きな流域やその支流域がイメージされよう。

第12章　流域圏（国土）再生シナリオの設計・提示

表12.1　流域圏の圏域についての多角的な視点

観点	圏域	領域、内容
水・物質循環系の観点	集水域＝流域	表面流が集まる領域（集水域）をいう。
	氾濫域	洪水の際に氾濫水が及ぶ領域または反乱ぶと想定される領域をいう。
	利水域	利用する水を他の流域から運んでくる場合は、その水の利用に関わる領域も含めて、そこも含まれる。
	灌漑域	かんがいのために水を運んでいる領域をいう。
	排水域	利用した水・利用後処理した水を排水する領域をいう。排水する先が他流域などの場合、そこも含まれる。
	給岸域	利用後の水を排水する領域、あるいは土砂が流されにより移動し堆積する領域をいう。
	下水道域	下水道で水が流れる領域をいう。
	地下水域	地下水の流れる領域をいう。
	総合的な水循環からみた流域圏	上述した水が移動する領域のすべて、あるいはいくつかの領域を含んだ領域をいう。
生態系の観点	生態系の空間的な広がりは、しばしば恣意的に設定される必要がある。表面流流域が集まる集水域（流域）は地形的に分かりやすく、河川を軸とした物質循環の構造を持つため、生態系の諸要素を総合的に把握しやすい。	
	が集まる集水域（流域）	
	地図の基本単位としての表流水が集まる集水域	流域を入れ子状に分割していくことで行政的な区分に代わり国土を分割できる。この流域を地図の基本単位とする支える方式流域住民との共生を促す感覚をもたらす。
	舟運等を通じて人間活動の反ぶ領域	舟運等により人間が移動する領域・文化圏を経済圏とする。
経済圏・文化圏・生活圏の観点	第三次全国総合開発計画（三全総）でいう流域圏	「三全総」は生活構想圏を提唱し、その実現のために定住圏を想定していた。定住圏は地域開発の基礎的な圏域であり、流域圏、通勤通学圏、広域生活圏としても生活の基本的圏域であるとした（「三全総」が流域圏について言及したのは、江戸時代の幕藩体制下の藩の領域、つまり当時の人々の生活圏域が、山から始まり里山・川・木田・都市を含む領域にほぼ対応（大きな流域の場合は亜流域に対応）していたことが背景にある と言われる）。この流域圏はほぼその適切な運営を図ることにより、住民一人ひとりの創造的な活動によって、安定した国土の上に総合的居住環境を形成することが可能となるとした。
総合的な流域圏	鶴見川水マスタープランでいう流域圏	水循環と人間との関わりを考えた場合、流域および関連する分水界を越えた水利用域や排水域の空間的な広がりなどをも含む領域を流域圏と捉える。

353

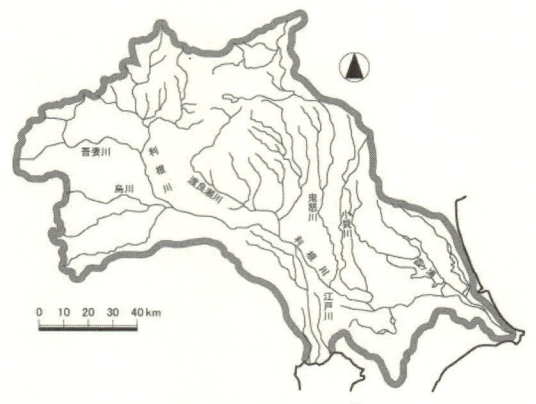

図12.3 利根川流域[11]

図12.4 は、首都圏という巨大都市にある都市化流域として、丘陵地を流れる鶴見川流域と低平地を流れる中川・綾瀬川流域（かつての利根川、渡良瀬川、荒川の氾濫原を中心とした流域）を示したものである [12),13)]。枠で囲った中がそれぞれの河川流域である。この図より、丘陵地や低平地を流れる中規模の河川流域がイメージできよう。図 12.5 は首都圏を構成する主要な大規模、中規模河川の流域を示したものである。

図 12.6 は、東京という大都市の利水域を示したものである。東京は、東京を流れる多摩川と荒川から取水した水に加えて、図の上方の利根川、左の方の相模川から導水して利用している。東京は、流域外に依存して利水を行っていることが知られる。

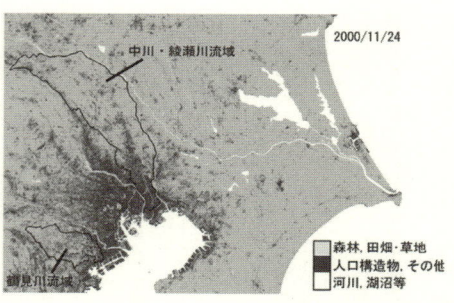

図12.4 関東平野における中川・綾瀬川流域、鶴見川流域
（衛星写真のデータから作成）

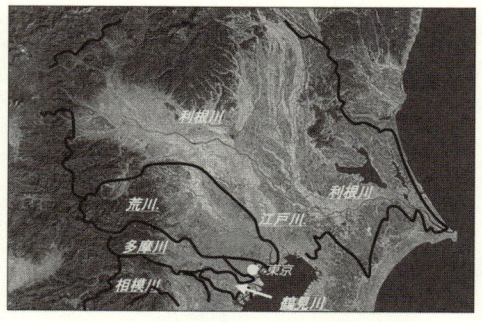

図12.5 首都圏を流れる大河川の流域
（衛星写真のデータから作成）

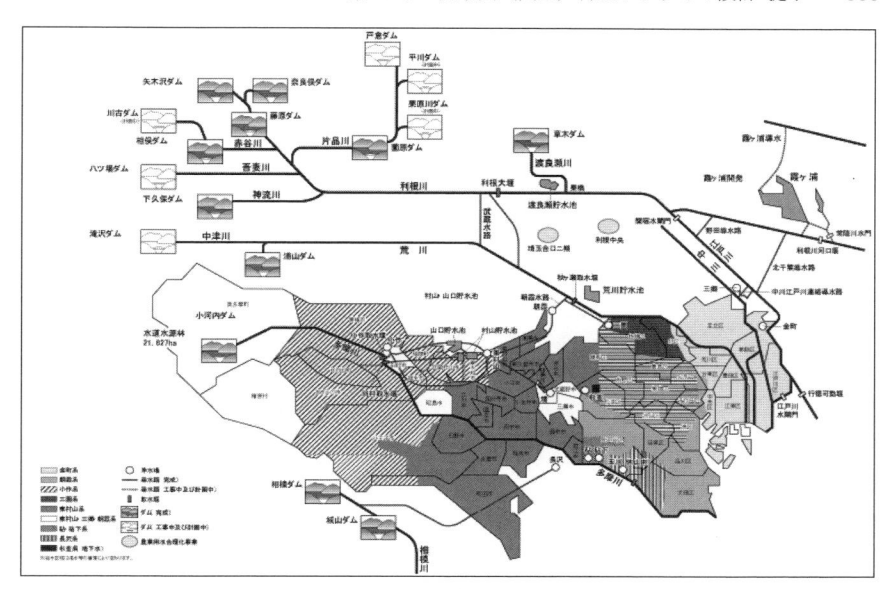

第 12 章　流域圏（国土）再生シナリオの設計・提示　355

図12.6　利水域のイメージ
（東京都上水道域。東京都資料を参考に作成）

　利用された水の排水域（その一部は下水道域）を東京について見たものが、**図12.7** である。図中の下は、都心で比較的早くから下水道の整備が行われ、その延長上で現在の下水道の排水域（公共下水道域）ができている区域のものである。図中の上は東京の郊外における下水道の排水区域を示しており、広域をカバーする流域下水道域を示している。いずれの下水道域も、多くの場合は重力による汚水の流下が行われており、河川の流域あるいはその支流域にほぼ対応している。

　図12.8 は、河川の氾濫域（氾濫原）について、関東の場合を見たものである。関東の主要な河川の氾濫原が示されている。この氾濫域は、河川の氾濫により浸水する可能性がある地域である。前述の中川・綾瀬川流域（**図12.4** 参照）の大半は、利根川および荒川の氾濫原であることが知られる。

　図12.9 は、地下水（浅層地下水）の流れのイメージ図である[11]。丘陵や山地等での雨水の地下浸透、水田や河川などからの地下浸透、そして河川への地下水の流出など、地表面や河川との水のやり取りがある浅い層の地下水の流れを示している。また、地下水としては、深い層（地下水盆）があり、都市での地下水の汲み上げにより、深い層の地下水の層が圧密沈下して地盤沈下が生じる。地盤沈下は、深層地下水層の存在を示している。

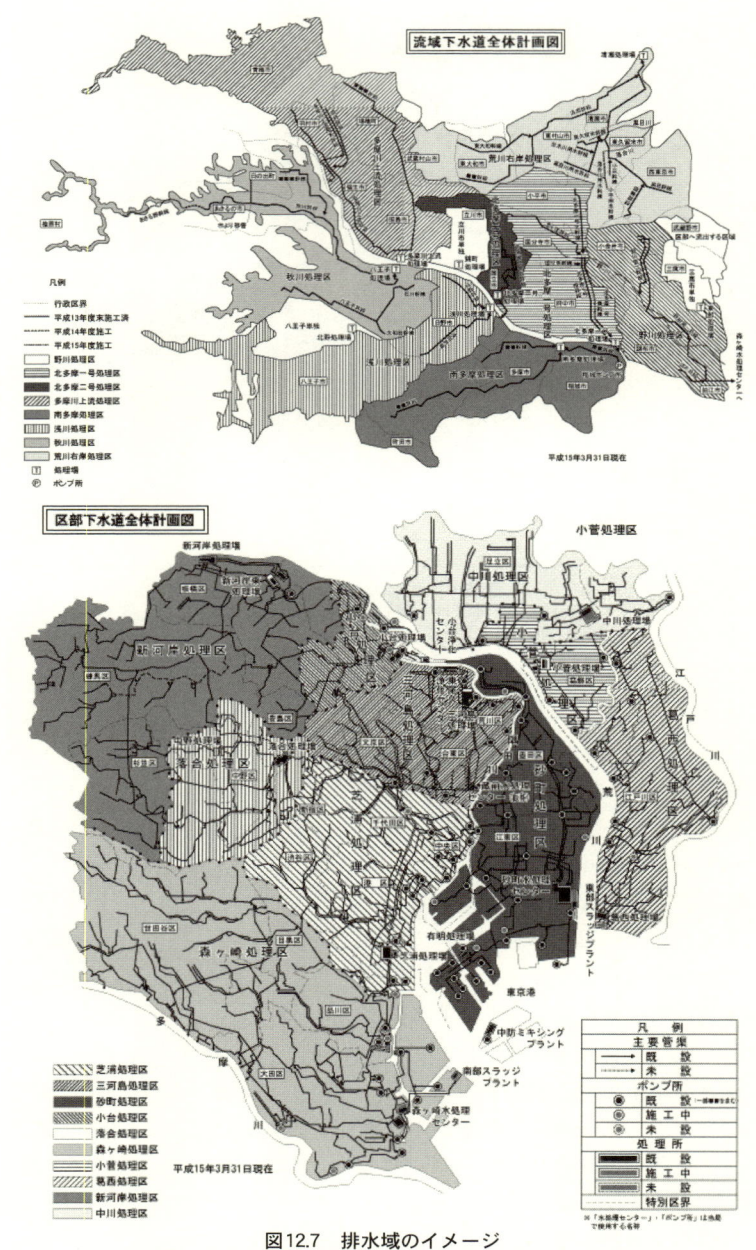

図12.7 排水域のイメージ
(東京都区部、流域下水道全体計画図。東京都資料を参考に作成)

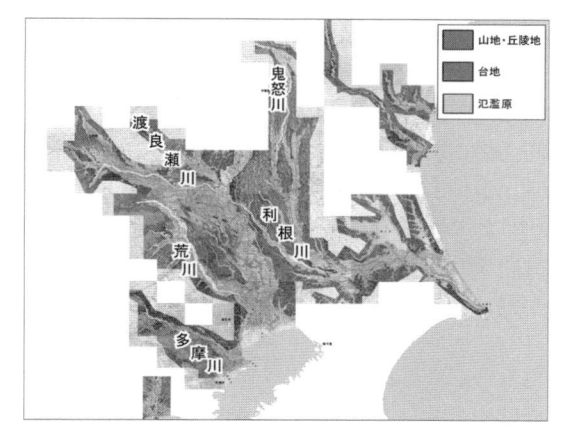

図12.8　氾濫域
（関東。国土地理院地形分類図をもとに作成）

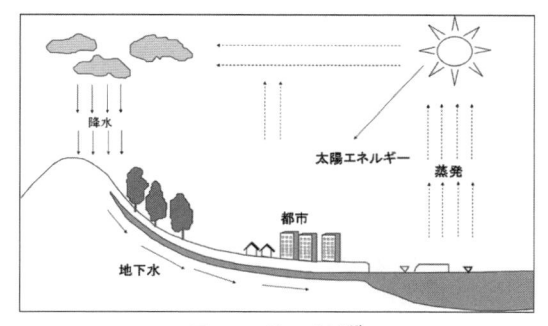

図12.9　地下水域[11]

(b) 生態系から見た場合

　生態系の広がりを把握する視点として、岸由二は、生態系を総合的に把握するためには、表流水が集まる集水域が地形的に分かりやすく、河川を軸とした物質流動の構造をもつため、生態系の諸要素を把握する上でも適当であるとしている（**表 12.1 参照**）[10]。水生あるいは水際の生態系は水系に密接に関係し、陸域の生態系も奥山、里山、水田、畑地、沿岸域などの河川流域の地形や地質に密接に関係していることから、流域、すなわち集水域が生態系の諸要素を把握する上での重要な広域生態複合の基盤（ランドスケープ）である。

　鶴見川流域では、生物多様性の保持や水と緑のネットワーク形成の視点から、流域（支流域）に対応したものとして、第 5 章**図 5.21** のようなものを示している[9]。

(c) 経済圏・文化圏・生活圏から見た場合

　この観点からの圏域としては、表12.1（前出）に示したようなものがある。それらの中で、第三次全国総合開発計画（三全総、1977〈昭和52〉年）で提唱された、いわゆる流域圏構想が注目されてよい[14]。そこでは、明確な流域圏の定義は行われていないが、その構想は概ね以下のようなものであり、ある程度まとまりのある流域（大河川では支流域）がその圏域として想定されていた。

　第三次全国総合開発計画（三全総）では、その基本理念として定住圏構想を提示した。そこでは、人間居住の総合的環境の形成を図るという方式（定住構想）を選択するとし、人間居住の総合的環境としては自然環境、生活環境、生産環境が調和したものでなければならないとしている。そして、定住圏は地域開発の基礎的な圏域であり、流域圏、通勤通学圏、広域生活圏として生活の基本圏域であり、その適切な運営を図ることで、住民の一人ひとりの創造的な活動によって、安定した国土の上に総合的居住環境を形成することができるとしていた。

　三全総における水系の総合的管理の項では、水系の森林、水田、ため池等の土地利用の転換による水害の問題、自然環境の容量の低下、水循環系の短絡化による河川流量の減少や河道の単調な人工水路化等による陸水環境の悪化、瀬と淵等の川のもつ独特の自然環境が消滅し、多様な陸水生態系が貧困化したこと等、今日を見通した指摘をし、水系ごとに、その流域特性に基づいて流域の土地利用の可能性と限界を求めつつ、流域の適正な開発と保全の誘導を図るとしている。この他にも、その後の総合的な治水や多自然の川づくり、瀬と淵からなる多様な陸水生態系の維持、流域全体での水循環システムのあり方等の将来を見通した提言がなされている。

　すなわち、大都市圏流域については、災害の観点からの土地利用・構造物の誘導・規制といった総合的な治水対策や悪化した陸水環境のための水質対策を、流域を系として総合的に実施すること、そのために都市的開発等について、抑制の観点からその適正を図ること等を示している。小流域では、自然の容量が小さいことから国土の保全と利用に特に細かい配慮が必要であること、さらに土地利用の要請から画一的、単調な断面の水路になりやすく、瀬と淵を有する陸水環境が損なわれ、貴重な都市域の自然環境・生活環境空間が喪失されることから、それらに十分配慮する必要があるとしている。湖沼等の閉鎖性水域を有する流域では、排水規制、下水道整備と併せて、湖沼の集水流域内の適正な土地利用、人口・産業の配置に努めるとしている。

　この計画（三全総）が策定されたのは経済の高度成長の真っ只中であったが、

その時代を背景としつつも、今日でも通用する思想や構想が示されている。

この構想の際に、全国は200～300の定住圏、流域圏としては約230流域の圏域が想定されていたという。この圏域数は幕藩体制下での藩の数（270程度）に近いものである。しかし、この構想は、矢作川流域や五ヶ瀬川上流での一部の活動を除き、ほとんど実現することがなかった[15]。

そして、時代を経て、21世紀の国土のグランドデザイン（五全総）で下河辺淳らにより再び新しい時代の流域圏の議論がなされた[16]。人の移動が激しくなった現在では、都市と自然、暮らしと自然を考えるにあたって、住むということ（定住）の概念も、その地で一生住むというのではなく、同一の土地で住む時間は短くなっていることも認識して定住圏・流域圏を考えていく必要がある[8]。

(d) 総合的な視点から見た場合

水・物質循環の視点に加えて、流域内での生物多様性の保全、水と緑のネットワークづくり等を総合的に考慮した場合の流域のイメージについて、鶴見川流域を例に第5章図5.20に示した。そこでは、表12.1に示した総合的な流域圏という視点がとられている。人々の生活や経済活動との関わりから流域圏を捉える場合、都市域では、このような総合的な流域圏ということになる。

同様に、水循環系を中心とした再生が議論されている印旛沼とその流域では、第5章図5.23に示したような流域圏の捉え方が行われている[17]。

（2）本章での取り扱い

上述した流域、流域圏に関わることを考慮しつつ、本章で議論する自然と共生する流域圏・都市再生シナリオの考察では、流域圏を以下のように定義をする。

地表面の水が流れて集まる区域を流域といい、水文学では集水域ともいう。既に述べたように、水・物質循環の観点からは、表流水の集まる流域というエリアに加えて、洪水の氾濫する可能性のある区域を示す氾濫域、水利用の形態から見て他の流域から水を導水している場合にはその水が集められる流域も含めた利水域、利用した後の水の排水に着目したときのその元の水利用区域を含めた排水域、さらには地下水の流れに着目した地下水域がある。このような水循環の観点からは、それらのすべて、またはそのいくつかを含めた範囲を流域圏と見ることもできるが、それはあくまでも水・物質循環的な見方である。

流域は、表流水の流れとともに、その地域のランドスケープ（広域生態複合の基盤）を形づくっている。そして、奥山、里山、水田、都市、海に至る区域を包含した流域では、自然の状態ではそのランドスケープに対応した生態系があり、

人々の暮らしと経済活動があった。現在では人間活動の影響を大きく受けているが、その人工的な作用の下でも、表流水の流域ランドスケープに対応した水の流れと生態系が残されている。

三全総で提唱された流域圏といった場合は、かつて自然の流域のランドスケープに対応した人々の暮らしと活動があり、それに対応した見事な水系社会が成立していた歴史から、この場合には、表流水の流域を流域圏と見ているといってよい。

水・物質循環や生態系、基礎的な人々の暮らしや生産活動と比較的よく対応し、自然と共生する流域圏・都市の再生計画づくりや実践の単位として分かりやすいことから、本章では、流域圏を表流水の流域（氾濫域を含む）に対応させて議論を進める。

自然と共生する流域圏・都市再生シナリオ検討の対象として、例えば首都圏や東京湾とそこへの流入河川流域といった広域を扱う場合には、複数の流域圏を束ねたものとなる。その例として、東京湾に直接流入する複数の河川流域を図12.10に、首都圏を包含する流域圏（主要河川流域）を図12.11に示した。

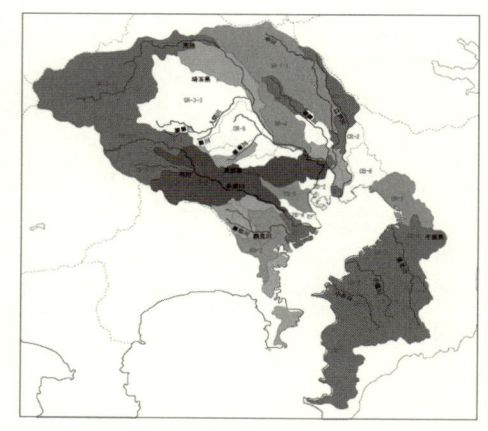

図12.10　東京湾と東京湾流入河川流域
（国土交通省流域下水道資料より作成）

図12.11　首都圏を包含する流域
（主要河川。衛星写真のデータより作成）

12.3 人口増加と都市化が流域圏に与えた影響

　人口増加と都市化が流域圏に与えた影響が最も大きかったといえる日本の首都圏を例に取り上げる[18), 19)]。

　この首都圏について見ると、この100年の人口の増加は前記の第3章図3.1に示したようであった。このような人口増加に伴った都市化の進展の様子を示したものが第11章図11.2である。そして、このような人口増加、都市化の進展とともに、この地域にあった河川や農業用水路等は第7章図7.1に示したように消失した。また、第5章図5.25に示したように、東京湾においては埋め立てが進み、干潟や藻場などが消失し、海岸線には直立の企業岸壁が出現し、市民の海へのパブリックアクセスが不可能な場所が大半となった。

　河川や湾域等の閉鎖性水域の水質は、図12.12に示すように推移した。河川について見ると、現在は多くの河川で水質基準を満たすまで水質は改善されてきている。河川の水量については、下水道で水が川をバイパスする都市河川や、農業や都市用水の取水が行われる堰の下流では大幅に水量が減少した。

　さらに、都市域における典型的な河川空間の問題として、高速道路に上空を覆われた日本橋川や渋谷川といった問題がある（第7章写真7.37、7.38）。この問題は、日本橋川が江戸・東京の発祥の地でもあり、政治的にも20世紀に形成された負の遺産解消の対象とされる典型的な事例でもあることから、近年さらに注目されるようになった。この他にも、丘陵地の多くの都市河川は深く掘り込まれた川となり、川へのパブリックアクセスも困難な川が多くなった（第11章写真11.32参照）。また、低平地の川では川岸に堤防が設けられ、川とまちとが分断された（第11章写真11.33参照）。

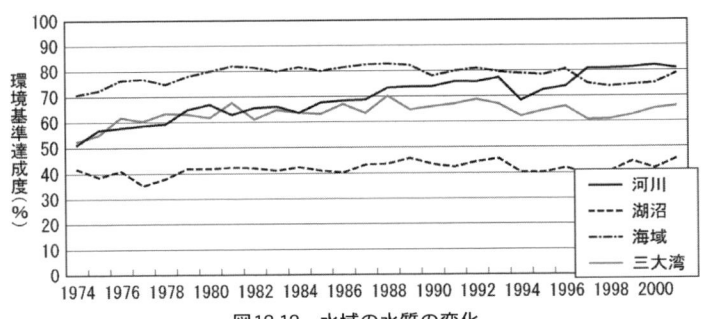

図12.12　水域の水質の変化
（環境省公共用水域水質測定結果より作成）

このような水域への環境の負荷に加えて、市街化とともに水域と等価ともいえる都市の緑の喪失により、都市の環境は大幅に悪化したといえる（第11章図11.2参照）。

以上のように、流域の都市化の急激な進展により、水域、陸域の生態系も大きく消失あるいは貧弱化した。さらに重要な問題として、都市に住む人々と自然との関わりの機会の消失と、それに伴った自然への意識の喪失が生じた[8]～[10]。

12.4　先進的な実践事例と流域圏・都市再生シナリオの比較分析

ここでは、自然と共生する流域圏・都市再生シナリオの設計・提示に資するため、その萌芽的、先進的な取り組みがなされている国内外の事例を取り上げて分析した。対象とした実践事例の主要なものを**表12.2**に示した。

これらの事例は、流域スケールで既にある程度長期にわたって取り組みが行われてその実績があるもの、あるいは当初の事業が遂行され、社会的な側面から注目に値するものなどである。都市化の急激な進展に対して、自然との共生を目指した実践事例としては、表には記載していないが、洪水という厳しい自然との共生（人間には都合が悪い洪水という自然との共生の問題。水循環に関わる問題）があり、日本やタイ国の首都圏域において実践された総合的治水の実践事例もある[12],[13]。

これらの取り組みのほとんどでは、総合的な取り組みが志向されているが、流域圏・都市再生の対象などから、以下の3つの視点から分類できる（その再生活動の内容から、一部は重複）。各分類について、その内容と実際の代表的な事例との関わりを含めて記すと以下のようである。

（1）　再生の対象からの分類

流域圏・都市再生の対象としては、水・物質循環、生態系・生物多様性、都市空間、経済、歴史や文化の再興などがあり、それらと人々の暮らしや経済活動との関わりにまで及ぶものがある。これらのうちの主要なものとして以下の4つのものがある。

第 12 章　流域圏（国土）再生シナリオの設計・提示　363

表 12.2　自然と共生する流域圏・都市再生に関わる実践事例とその概要

事例	概要	主な再生活動	その他
マージ川流域キャンペーン（英国）	◇産業革命発祥の地を流れるマージ川流域の再生。（産業革命以降ヨーロッパで最も汚染された水系） ◇公共セクター、民間セクター、ボランタリーセクターの連携。3つの NPO、600以上の NGO、民間企業のパートナーシップ。 ◇水系の再生、経済の再興。	◇魚が棲める川、水路、運河への水質改善、下水道の改善等。 ◇人々が水辺の環境価値を認識する支援、水辺の体験・環境学習、各種イベント、清掃等、支流の流域単位の活動（イニシアティブ）も活発。 ◇ビジネス、住宅・建築、観光、歴史的資産、レクリエーション、野生生物等のための水辺環境の再生。再開発、水辺整備等。	◇既に約20年が経過した、世界の先進事例。 ◇3つの NPO、行政、600以上の NGO、民間関係・銀行・石油等の民間企業が参画したパートナーシップが特徴。 ◇立ち上げ段階での環境担当大臣、副首相等の政治的リーダーシップ。 ◇25年間継続する活動計画（この活動に参画した子どもが地域を支える人材になるまでの期間）。 ◇下水道改善は5か年ごとのアセットマネジメント計画で実施。 ◇150年ぶりにサケが回帰、水床・トライアスロン大会の開催できるまでに水質が回復。 ◇明確な目標、強力なパートナーシップ、投資額の展開等が成功のポイントとのこと。
チェサピーク湾流域再生（米国）	◇湾の環境復元のための関係各州、連邦等の連携。 ◇6主体（3州、ワシントン DC、連邦、協議会）の合意。水質については接しない上流3州も参画。 ◇市民、NGO・NPO、大学等の広範な参画。	◇生物資源（カキ等）の保護と回復、生物生息地の保護と回復、水質保全と土地利用、健全なコミュニティシップ（市民や地域の積極的な参画）。 ◇上記に係わる約 300 のゴールについての合意。具体的数値目標を設定。	◇複数の州（連邦側の下での国）、自治体、大学、市民団体の広域活動、チェサピーク湾財団（ロビー活動等）と非チェサピーク湾同盟（市民理解等の活動）。 ◇当初の関係6州でのパートナーシップ上げ。 ◇1983年、1987年合意（1992年に改訂）、そして 2000年の合意。2010年までの7年間の行動計画。必要経費から収入を除いた資金ギャップが大きな課題。 ◇湾の健康度調査では 27 のレベル（将来的には70〜80）を展望。
カリフォルニア・ベイデルタ流域再生（米国）	◇ベイデルタを含む流域全体の管理計画。 ◇州、連邦で構成する共同体の回復性を推進。 ◇州知事、大統領から任命された諮問委員会が長期的な解決に向けて中心的な役割。 ◇再生計画策定に向けた各種調整、市民参画。	◇主要テーマ：水の安定供給、水質の確保、デルタの生態系の回復、デルタ内の堤防強化等。 ◇11 のプログラム：水管理：水管理、貯水、導水、効率的な利用、水交換、環境用水の確保、飲料水の水質保護、流域管理、堤防整備・改修、環境の回復、科学的調査。 ◇生態系の健全性の回復と有効な水利用・管理の目的。	◇州と連邦の共同体（カルフェッド・エージェンシー）と政策担当の諮問委員会。 ◇ベイデルタおよびサンホアキン川全体の水管理計画。 フェーズ I：事業目標、指針となる原則策定等、 フェーズ II：各計画の検討と環境影響評価、 フェーズ III：各プログラムを実施。 ◇2030年を展望し、2000年から2008年までの計画を策定。伝統的関係者、新しい関係者、関係者などとともに向かい、科学コンソーシアムの基盤、バランスの取れた投資を実施（87億ドル）。

事例	概要	主な再生活動	その他
ボストン湾(港)流域再生(米国)	◇連邦法裁判で湾(港)の水質改善命令。 ◇下水道改善による湾の浄化。市民は下水料金の大幅な値上げに合意。 ◇先立つ長い歴史のマディ川、チャールズ川、両岸の水辺再生。さらには、水辺と歴史ある商業の高速道路の地下化。 ◇流域単位の活動(流域イニシアティブ(27流域))。	◇合流式下水道の水を集めて水処理をし、ボストン湾の外のマサチューセッツ湾に排出。 ◇湾の水辺の再開発、水辺トレイル(ハーバー・ウォーク)の整備。	◇マサチューセッツ州水資源公社が事業主体でコンストラクション・マネジメント(CM)会社と契約。CM会社は建設会社およびパブリック・インボルブメント(PI)チームと契約。施設計画に対する市民諮問委員会。 ◇投資の80%は下水道料金で回収。料金の大幅な値上げ(100~800ドル/4人家族)。 これに至るまでの川や水辺の再生・再開発の歴史があり、高架の高速道路の地下化とも連動していることにも注目。 ◇下水処理場関係は2000年に完成。高架高速道路関係は2003年3月には完成、地上部にオープンスペースを緑地等に整備中。
鶴見川流域再生	◇行政の連携による総合治水対策実施の経験。その後の市民団体の活動の活性化。 ◇市民参加の活動下でのマスタープランの策定。 ◇鶴見川流域ネットワーキングが方流再生に参画、リード。	◇河川・流域の洪水時の水、平常時の水、自然環境、震災・火災時、水辺のふれあいに関わるマネジメントの計画づくり(水マスタープランと呼んでいる計画)。 ◇マスタープラン策定(20~30年を展望したプランづくり)。	◇総合治水対策の経験、強力な市民団体の活動が重なった、流域団体では数少ない流域。 ◇市民団体の連携した鶴見川流域ネットワーキングの活動がベース。
印旛沼流域再生	◇水循環の健全化を目指す千葉県・自治体の緊急行動計画。 ◇流域の水循環の健全化、沼の再生を目指す行政中心の計画、市民参加を支援。	◇流入河川や沼の水質を改善するための多数の対策メニューを設定。 ◇当面および長期間の達成目標の設定。	◇千葉県関係部署、流域市町村の合意の計画。 ◇見直し(アダプティブマネジメント)を前提とした当面の行政計画。 ◇沼の水を上水道として飲んでいる県民の参加の検討。
涸沼再生	◇死の海と化していた海を民間企業の協力で再生。	◇工場からの排水の規制、下水道整備、底泥の波深。 ◇最近は生物多様化。	◇日本の養殖業興業、重厚長大産業の発祥の地。最も早くから汚染された水域の再生事例。 ◇大企業の工場等の特定汚染源、企業の協力・参加。
東京湾流域再生	◇流域内の工業、家庭、農地からの汚染負荷量の削減。 ◇水辺空間や水域生態系も議論に。	◇排水規制、汚染負荷量の総量規制。 ◇モニタリングと国・都県・市町の関係行政の連携、合流式下水道の雨天時の水処理などいくつかのリーディング・プロジェクト。	◇東京湾再生プロジェクトとして関係行政機関が連携。

(a) 水・物質循環の改善への取り組み

これまでの取り組みの中では、河川や湾域の水質改善を目指した、水・物質循環の改善に関するものが最も多く、また実績がある。すなわち、河川や湾域、湖沼の普段の水質改善（物質循環）に関わるものとしては東京湾流入河川および湾の水質改善（水質規制・総量規制）、マージ川流域再生[15),19)〜23)]、チェサピーク湾再生、ボストン湾の水質改善などが、流域の水循環（普段の水量と洪水時の水量）と水質に関わるものとしては印旛沼流域再生（水循環健全化）[17)]が、洪水時の水循環に関わるものとしては中川・綾瀬川流域（総合治水）[12),13)]などが挙げられる。この他にも、国際河川であるライン川での水質改善への取り組み[21)]などがある。

(b) 生態系再生への取り組み

生態系の保全と再生に関するものは、比較的近年になってから取り組みが多くなった。この事例としては、マージ川流域再生（どこでも魚が棲める川に）、チェサピーク湾再生（天然種のカキの保全・再生）、ライン川の再生（カムバック・サーモン）などが挙げられる。

(c) 緑の保全と再生

都市における緑の保全・再生とそれを基にした都市の成長管理に関しては、都市計画の分野では19世紀後半から20世紀を通じての長い取り組みの経過がある。すなわち、20世紀初頭から緑の計画（パークシステム、グリーンベルトなど）がなされ、ある範囲でそれが現在にも引き継がれている（第3章3.2参照）[24),25)]。そして、近年の日本の事例としては、首都圏の環境インフラ（水と緑）の保全・再生計画（第10章図10.16参照）があり、その取り組みが進められつつある[26)]。

(d) 河川空間の再生

都市における河川空間の再生とそれを核とした都市再生への取り組みもなされるようになっている。この事例としては、第11章に示したように、国内における東京・隅田川、北九州・紫川、徳島・新町川での取り組みなどがあり、海外では韓国の清渓川（平面道路・高架道路の撤去と河川再生、清流の創出）、シンガポールのシンガポール川（河川の水質改善、川沿いの地域の再開発）、中国・上海の黄浦江の河岸再生（堤防上での幅広い遊歩道の整備）、中国・上海の蘇州河の再生（埋められた川の再生、河畔の再開発、舟運の再生）など、世界的にも急激に進められるようになり、注目されている[20),27)]。

(2) 流域圏・都市のスケールからの分類

上記の流域圏・都市再生の対象とともに、対象とする流域圏のスケールも重要である。

(a) 大きな流域圏

マージ川流域再生、チェサピーク湾再生（同湾とその流域）、東京湾再生（同湾とその流域）[28]、ライン川再生（国際河川での水質、生態系、水循環の再生）などでの取り組みが挙げられる。

(b) 中規模、小規模な流域圏

鶴見川流域再生、印旛沼とその流域の水循環の健全化、シンガポールのシンガポール川流域の再生、上海の蘇州河の再生、中川・綾瀬川流域やバンコク首都圏での総合治水対策などが挙げられる。

(c) 河川とその周辺の再生

ソウルの清渓川の再生、シンガポール川とその周辺の都市再生（川と河畔再生）、上海の蘇州河および黄浦江とその河畔の都市再生、北九州の紫川とその河畔の都市再生、さらには名古屋の堀川、徳島の新町川、東京の隅田川などでの取り組みが挙げられる[20],[27]。これらは、都市における空間としての河川の再生とともに、それを生かした都市の再生を目指したものである。

(3) 再生シナリオの設定方法による分類

再生シナリオの設定方法については、大別して以下のように分類される。

(a) 概念シナリオ

地球温暖化への対応に関して想定された社会シナリオ（SERES シナリオ）、あるいはローマクラブの「成長の限界」で設定された社会シナリオなどのように、現状の延長社会とそれを変更しようとする社会を示すいくつかのシナリオを設定し、問題点や利点等を分析し、明確に示すためのものである[2],[5]。いわゆる科学的、技術的な検討で多く用いられている概念シナリオである。

このような再生シナリオは問題点等を分析し、あるいは問題点を基本的な面で分かりやすく示す場合などには用いられるが、実践に直結する再生シナリオとはなりづらい。上述の実践事例には、このような概念シナリオを設定している事例はない。

(b) 実践的シナリオ

　これは、問題点や課題を分析して因果関係を明らかにし、それを解決あるいは再生する上での制約や課題を認識しつつ、現状を改善する高めの目標を設定して、その目標に近づけるための対応すべき目標（ゴール、対応）とするものである。

　このタイプの流域圏・都市再生シナリオでは、多数のゴールあるいは対応を設定するもの（チェサピーク湾・流域再生、印旛沼流域再生など）と、集約した目標あるいは行動規範を設定しているもの（鶴見川流域再生、マージ川流域再生、清渓川再生など）がある。前者のチェサピーク湾・流域の再生では約300の目標（ゴール）を設定し、印旛沼とその流域の再生では、約60の対応策を設定している。後者のマージ川流域再生では、固定的な目標は社会の状況の変化とともに問題が生じること、あるいは新たな参加を制約すること等から、いくつかの行動基準と包括的な目標（どこでも魚が生息できるようにする、水辺の価値を高める等）を設定して行動を行うこととしている。このため、同流域では、計画ではなく流域キャンペーンとして活動を継続している [15),20)〜23)]。

　また、鶴見川流域再生では、水循環の再生、流域の生態系の保全・再生、自然との関わりの再生など、集約した5つの目標（マネジメントの対象）を設定している。清渓川再生では、自然と人に優しい社会とする、歴史を踏まえた再生などを大きな目標として設定している [27)]。

　このような取り組みを経て、近年では、生態系、生物多様性の保全・再生が目標に加えられるようになってきた。そしてさらに、都市における河川空間や湾岸域等の水辺空間の再生とそれを核とした都市・地域の再生、活性化が進められるようになってきた [20)]。

　このように、自然と共生する流域圏・都市の再生についての実践事例では、そのいずれにおいてもこの実践的シナリオを設定している。

　以上のことを、対象と流域スケールで分類して例示したものが**表12.3**である。

表 12.3 再生シナリオの分類（対象、流域スケールによる分類）

	小流域（サブ流域）	中流域	大流域	複数流域
水物質循環	◇雨水貯留・浸透、湧水の復元	◇印旛沼流域再生行動計画 ◇中川・綾瀬川/鶴見川流域総合治水		◇東京湾流入河川および湾の水質改善 ◇チェサピーク湾流域再生
生態系（水域・陸域）・緑	◇（韓国・清渓川再生）			
都市空間	◇2020年の東京区部パークシステム（石川幹子） ◇韓国・清渓川再生	◇（中川・綾瀬川/鶴見川流域総合治水）		◇首都圏の都市環境インフラの将来像
複合、総合		◇鶴見川流域水マスタープラン	◇マージ川流域キャンペーン	

12.5 流域圏・都市再生シナリオの設計・提示

　自然と共生する流域圏・都市再生シナリオとして、先進的な事例の分析・考察等から、以下の4つのモデル・シナリオを設計・提示したい。各モデル・シナリオの内容と実際の代表的な事例との関わりについて記すと以下のようである。

（1）　単一流域モデル　その1：複合目的シナリオ
　これは、マージ川流域キャンペーンや鶴見川流域水マスタープランに見られるように、①水・物質循環（普段の水循環、洪水時の水循環、そして水質）の再生、②生態系・生物多様性の保全・再生、③河川とその流域空間の再生、④その他（鶴見川における水と緑とのふれあいの再生、マージ川における水辺の価値の向上、人々の意識の向上など）を複合的に目標とした再生活動である。鶴見川流域での再生シナリオの対象と内容を示したものが第5章図5.19である。また、マージ川流域再生における行動原則と活動への参加組織等を示したものが図12.13である。国際河川であるライン川流域再生では、水質の改善、生態系の回復、そして洪水を主として対象とした水循環の再生（中流域での洪水を貯留、遊水機能の回復）が目標として順次追加され、取り組まれてきている。

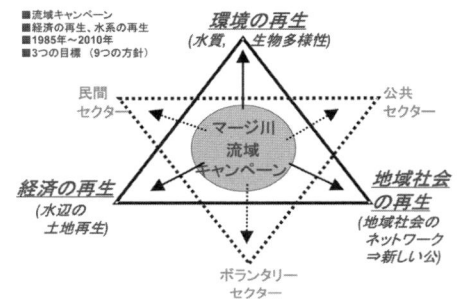

図12.13　マージ川流域キャンペーンの行動原則と参加組織等[20]~[23]
（マージ川流域キャンペーン事務局資料により作成）

（2）　単一流域モデル　その2：単一目的シナリオ

　これは、日本における鶴見川流域や中川・綾瀬川における総合治水対策という洪水時の水循環系の保全と健全化[12),13)]、印旛沼流域の水循環健全化[17)]、洞海湾（北九州）の再生など、またアメリカのボストン湾の水質改善などに見られるように、単一流域で主として水・物質循環の再生を目標としたものが想定される。アメリカの水質保全や、日本における湖沼水質保全、流域下水道総合整備などは、単一の目標を設定して広く行われてきた再生シナリオでの行動である。
　今後は、単一流域の取り組みでは、このような単一目的に加えて、河川やその流域内、さらには下流に位置する湖沼の生態系の保全と再生を目標として加えたものも多くなると推察される。

（3）　複数流域モデル：複合目的シナリオ、単一目的シナリオ

　これは、複数の流域の下流域に位置する湾の再生を目指すようなもので、複合目的シナリオとしてはアメリカのチェサピーク湾の再生（天然種のカキの保全・再生をシンボルとしつつ、①水・物質循環改善、②生態系の保全・復元）のようなものが想定される。また、東京湾再生計画のように、湾の水質改善（水・物質循環）というほぼ単一の目標を目指したものも想定される。
　東京首都圏を対象とした、自然と共生した流域圏・都市再生のシナリオは、この複数流域モデル（複合目的シナリオ）となる。

（4）　河川区間モデル：河川からの都市再生シナリオ

　この河川区間モデルは、第11章と一部重複するが、流域圏・都市再生のモデルとしてここに述べておきたい。
　これは、日本では1980年代から、そしてアジアでは近年急激に取り組みが進

められるようになった河川の再生と、それを核とした周辺の都市再生への取り組みシナリオである。日本の隅田川（東京）、紫川（北九州）、新町川（徳島）、道頓堀川（大阪）での川と河畔の都市再生、韓国・ソウルの清渓川とその周辺の再生、中国・上海の蘇州河や黄浦江とその周辺再生、中国・北京の転河（高梁河）とその周辺の再生、シンガポールのシンガポール川とその周辺の都市再生に見られるようなものが想定される。都市河川の空間とその周辺を含む沿川空間に着目した再生シナリオである（第11章参照）。

　都市の中での河川空間の位置づけとしては、日本では帝都復興計画、東京緑地計画、防空計画、戦災復興計画、そして第1次首都圏整備計画へと引き継がれた都市計画がある（第3章参照）[7),24),25)]。そこでは、河川空間は都市の重要な空間として構想・計画されていた。その現代的な再生を、上述の韓国・ソウルでの清渓川と都市の再生の実践事例に見ることができる。

　これからの時代は、かつてのように道路や街路を設けて都市を形成、あるいは再生する時代ではなく、むしろ都市内への通過交通を入れない都市の経営、計画が求められる。この面で都市内の現存する河川・水辺、さらには一度埋め立てられ、あるいは上空を道路で覆われた河川等を再生し、それを生かした都市再生が重要となる。

　自然と共生した流域圏・都市再生シナリオとして、いくつかのバリエーションや複合タイプのものはあり得るが、基本的な実践シナリオとしてはこれら4つのものが想定される。

12.6　結論と今後の展開

　本章では、自然と共生する流域圏・都市再生シナリオに関して以下のことを明らかにした。
① 従来の研究を概観するとともに、実践的な流域圏・都市再生に関する研究の必要性を述べた。
② 日本の近年の人口の増加と都市化が環境に与えた影響を、水・物質循環と生態系（水と緑）の観点から概観した。
③ 自然と共生する流域圏・都市の再生、形成を議論する上で、流域圏の形態を分析するとともに、本章で取り扱いを明確にした。
④ 日本を含む世界の流域圏・都市の再生に関わる実践事例について、流域圏

の形態・スケールとの関わり、再生・形成目標（①水・物質循環、②生態系・生物多様性、③河川空間など）から分析するとともに、それらを考慮して自然と共生する流域圏・都市再生シナリオのモデルを提示した。
⑤　以上の成果は、今後の自然と共生する流域圏・都市再生について検討する上で参考とされ、実践につなげられてよいと考える。
⑥　また、現在人口が急増し、都市化が急激に進展しているアジア等の国々において、自然と共生する流域圏・都市の形成の検討においても、本章で述べたことが貢献し得ると考えられる。

　なお、自然と共生した流域圏・都市再生シナリオの研究に関しては、先述した総合科学技術会議が重点研究課題として設定し、その推進を支援してきた研究にも注目したい。第2期の科学技術基本計画に引き続き、第3期の科学技術基本計画でも、自然と共生する流域圏・都市の形成、再生に関するシナリオの設計が重点テーマとなっている。第3期の科学技術基本計画においては、第2期計画では自然共生型流域圏・都市再生の基本的要素の1つであった生態系・生物多様性に関する研究が重点研究として独立したが、自然と共生する流域圏・都市の再生、形成シナリオの設計では、①水・物質循環とともに、②生態系・生物多様性が基本コンポーネントであることには変わりがない。本章で述べた各再生シナリオのモデルにおいても、水・物質循環および生態系・生物多様性が基本的なコンポーネントとして含まれる。

　また、わが国の国土の大半の面積を占める地方部の流域での再生シナリオについて、今後それを示したい。

　アジア等の人口が急増する流域圏での自然と共生する流域圏・都市の形成計画については、次章において述べることとしたい。

〈参考文献〉

1) 内閣府総合科学技術会議：『自然共生型流域圏・都市再生イニシアティブ報告書』、内閣府総合科学技術会議、2005
2) 内閣府総合科学技術会議：『地球温暖化研究最前線』、内閣府総合科学技術会議、2002
3) 加藤文昭・丹治三則・盛岡通：「流域圏におけるシナリオ設計システムの構築に関する研究」、環境システム研究論文集、Vol.32、pp.391-402、2004
4) 丹治三則・盛岡通・藤田壮：流域圏でのシナリオ誘導型の施策立案と評価を支援する地理情報システムに関する研究、環境システム研究論文集、Vol.31、pp.367-377、2003
5) ドネラ H. メドウズ：『成長の限界—ローマ・クラブ　人類の危機レポート』、ダイヤモンド社、1972
6) カール・スタイニッツ（矢野桂司訳）：『地理情報システムによる生物多様性と景観プランニング』、地人書房、1999

7) 吉川勝秀：『河川流域環境学』、技報堂出版、2005
8) 石川幹子・岸由二・吉川勝秀編著：『流域圏プランニングの時代』、技報堂出版、2005
9) 鶴見川流域水協議会：『鶴見川流域水マスタープラン』、国土交通省京浜河川事務所、2004
10) 岸由二：流域とはなにか、『流域環境の保全』、pp.70-77、朝倉書店、2002
11) 丹保憲仁・円山俊朗編：『水文循環と地域水代謝』、技報堂出版、2003
12) 吉川勝秀・本永良樹：「低平地緩流河川流域の治水に関する事後評価的研究」、水文・水資源学会論文集、第19巻4号、pp.267−pp.279, 2006.7
13) 吉川勝秀：「都市化が急激に進む低平地緩流河川における治水に関する都市計画論的研究」、都市計画論文集（日本都市計画学会）、Vol.42-2、pp.62-71、2007.10
14) 国土庁：『第三次全国総合開発計画（三全総、閣議決定）』、1977
15) 吉川勝秀：『人・川・大地と環境』、技報堂出版、2004
16) 国土庁：『21世紀の国土のグランドデザイン−地域の自立の促進と美しい国土の創造−（五全総）』、1998
17) 千葉県：「印旛沼流域水循環健全化緊急行動計画」、2004
18) 吉川勝秀・本永良樹：「都市化に伴う首都圏の水と緑の環境インフラの変化に関する流域論的研究」、建設マネジメント研究論文集、Vol.13、pp.371-376、2006.12
19) 吉川勝秀：「自然と共生する流域圏・都市再生シナリオに関する流域論的研究」、建設マネジメント研究論文集、Vol.13、pp.213-227、2006.12
20) 吉川勝秀編著：『多自然型川づくりを越えて』、学芸出版社、2007
21) 吉川勝秀：「世界の河川流域での国際連携の事例」、『地域連携がまち・くにを変える』（田中栄治・谷口博昭編著）、pp.132-141、小学館、1998
22) 吉川勝秀：「イギリスの「マージ川流域キャンペーン」について」、河川、No.612、pp.60-63、1997.7
23) マーク・タナー（吉川勝秀訳）：「流域連携によるマージ川流域を例とした流域再生」、RIVER FRONT（リバーフロント整備センター）、第53号、2005.5
24) 石川幹子：『都市と緑地―新しい都市環境の創造に向けて―』、岩波書店、2001
25) 越沢明：『東京都市計画物語』、日本経済評論社、1991
26) 自然環境の総点検等に関する協議会：「首都圏の都市環境インフラのグランドデザイン」、2004
27) リバーフロント整備センター（吉川勝秀編著）：『川からの都市再生−世界の先進事例から−』、技報堂出版、2005
28) 国土交通省（東京湾再生推進事務局）：「「東京湾再生のための行動計画」について（平成15年3月26日）」、2003

第 13 章　地球温暖化時代の流域圏・都市

　本章では、地球温暖化時代の流域圏・都市について考察する。これからの時代は、先進国では人口の増加が止まり、人口減少、少子高齢化社会となる一方で、アジア等の国々では人口の爆発が継続的に生じ、都市化が急激に進む。そして、長期的には地球温暖化を抑制するための対応が求められると同時に、その影響が徐々に生じる。地球温暖化に関して、流域圏はその影響を受ける単位であるとともに、地球温暖化抑制への対応の基本単位である。

13.1　人口の増加、社会発展

　これからの時代を長期的に見ると、日本では人口が急激に減少し、先進国でも人口は増加しない時代となる。その一方で、中国、インドを含むアジアやアフリカ等では人口が急激に増加し、かつ経済も飛躍的に発展すると推定される時代となる。
　世界の人口は、既に見たようにアジアを中心に急増する。その人口変動を見てみると、2100 年までの長期の推計は図 13.1 のようである。そこには人口の高位推計、低位推計も示されているが、中位推計で地域別の人口を見たものが図 13.2 である。中国、インドを含むアジアで最も人口が増加し、アフリカでもその増加が著しい。
　さらに超長期の人口を見たものが第 5 章図 5.2 である。
　図 13.1 の中位推計で見ると、21 世紀は人口増加の世紀であり、今後約 100 年で人口はほぼ倍増する。
　世界全体では、日本の急激な人口減少に対し、世界では図 13.1 に示したように人口が引き続き急激に増加し、中位推計でみると、2000 年の約 60 億人が 2050 年には約 90 億人程度になると予測される。
　アジアについて見ると、図 13.2 に示すように、インド、ASEAN 諸国では引き続き人口が増加するが、中国や韓国、日本では人口が減少に転ずる。
　図 13.3 に示すアジアの代表的な河川流域のうち、国際河川流域での今後 50 年

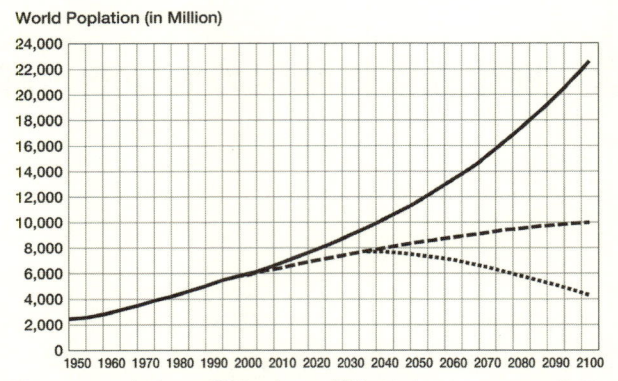

World Poplation (in Million)

図13.1　2100年までの世界の人口の推計（高位、中位、低位の推計）

間の人口の変化を見ると**図13.2**に示したようであり、以下のように人口が増加すると予測される（**表13.1**）。

これからの時代には、現在の発展途上国を中心に、経済も大きく発展すると推定される。経済の発展には多くの要素が関係し、その推計は容易ではないが、参考推計を**図13.4、13.5**に示した。2050年には、中国やインドのGDPは日本のGDPを上回るかあるいは同等程度となると予測されている。人口が今後とも増加するアメリカのGDPは、それらをはるかに上回る。また、1人当たりの人口で見ると、日本やアメリカと中国、インドとの差は相当あるという状態が続く。

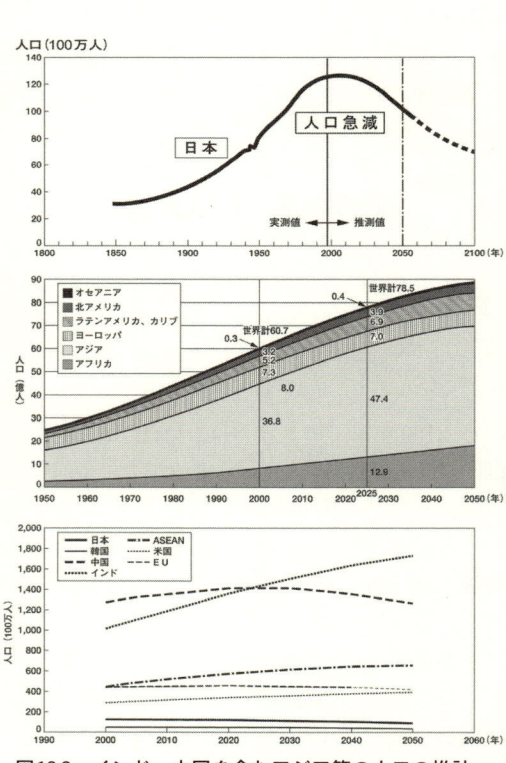

図13.2　インド、中国を含むアジア等の人口の推計
（3つの推計の比較）

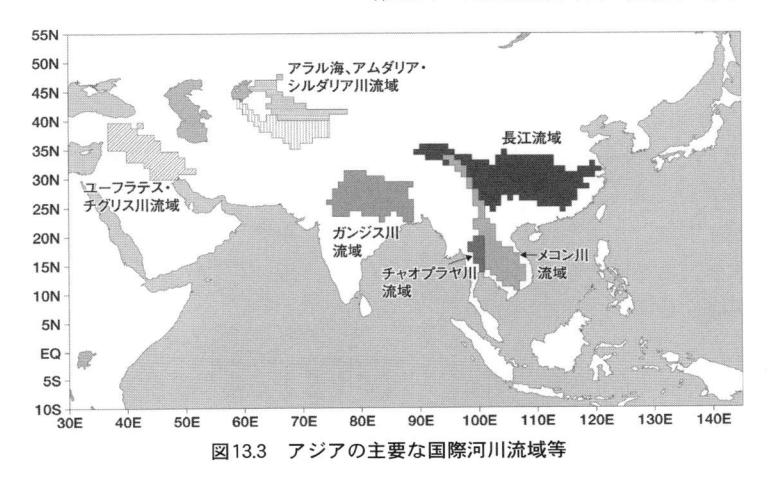

図13.3 アジアの主要な国際河川流域等

表13.1 国際河川流域での人口の変化

国際河川流域	人口増加比率（2050の人口/2000の人口）
メコン川流域	1.50
ガンジス川流域	1.64
アラル海流域 （アムダリア・シルダリア川流域）	1.79
ユーフラテス川流域	1.86
ヨルダン川流域	2.40

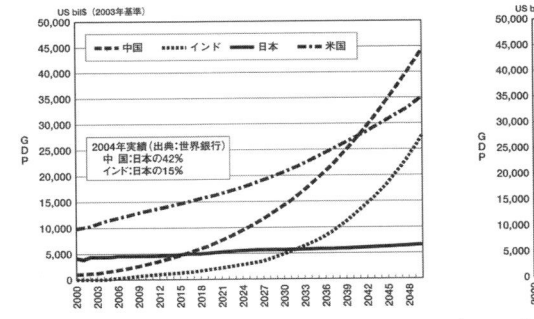

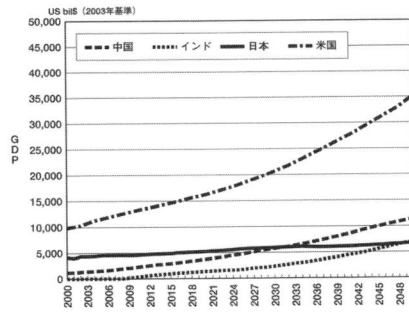

図13.4 中国、インド、日本、アメリカのGNPの予測
（右は左図より為替要因を排除した場合の試算〈Goldman Sachs「Dreaming with BRICs:The Path to 2050」、世界銀行「World Development Indicators 2005」より作成〉）

このように、2050年までで見てみると、日本では人口減少の時代が続き、中国も人口減少の時代に入るが、インドやASEAN諸国では引き続き人口が増加する。経済の規模は引き続き増大し、特に中国やインド等では急激な増大が予想される。

このような人口の増加、社会・経済発展は、水に関して見ると水害の被害ポテンシャル（被害を受ける対象物）の増加、水需要の増大による水不足、河川や閉鎖性水域、さらには海域の水質汚染、水を介した疫病の発生の可能性を増大させる要因となる。人口増加や社会・経済発展が著しい国または河川流域においては、それらの問題が既に顕在化しており、ますます深刻な問題となる可能性が高い。

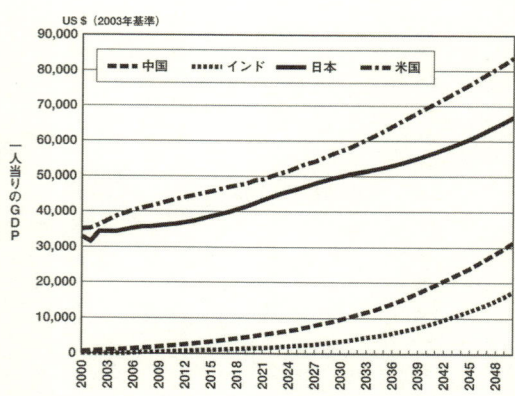

図13.5 中国、インド、日本、アメリカの一人当たりのGDPの予測（Goldman Sachs「Dreaming with BRICs:The Path to 2050」より作成）

また、徐々にではあるが、それに地球温暖化のインパクトが加わることとなる。したがって、そのような問題を回避・軽減するための直接的な対策や、土地利用の誘導・規制等を含む適応が必要となる。

13.2　人口急増地域での持続可能な流域水政策シナリオ

今後数十年は、日本を除くと、中国、インドを含む多くのアジア地域では人口が急激に増加する。そのような地域での自然と共生する流域圏・都市の形成、特に持続可能な流域水政策シナリオについて検討することが重要となっている。

(1)　中東からアジアにかけての人口が急増する流域圏での検討概要

対象とした流域の概要を表13.2に示した。また、それぞれの流域圏での水問題と持続可能な水政策シナリオの検討内容を表13.3に示した。もちろん、水を巡る問題は多方面に発生するが、ここでは特に重要と思われる分野の水問題を取り上げている[1)~3)]。ここに示された以外の水に関わる問題は当然あるが、ここでは科学技術振興機構の研究資金による研究で取り上げたテーマを示している。

表13.4には、研究で現在検討されている水政策シナリオの対象分野を示した。

図13.6～13.8には、対象とした河川流域を例示した。

第 13 章　地球温暖化時代の流域圏・都市　377

表 13.2　中東からアジアの検討対象流域の概要

河川流域名	グループ長	流域面積・km²	流域人口・万人（調査年）	流域国（上流から下流の順）	年間平均降水量（分かっている場合は記入）	備考（その他参考事項）
中川・綾瀬川	吉川	987	約250（1980），325（2000）	日本	155mm程度	
バンコク首都圏	吉川	500	160（1900），250（2000）	タイ	1,458mm	
チャオプラヤ川	吉川	163,000	2,300	タイ	1,163mm	
ブランタス川	綱木	11,800		インドネシア		
長江	吉谷	1,808,500		中国		
ユーフラテス川	中山			トルコ，シリア，イラク		
チグリス川	中山			トルコ，シリア，イラク，イラン		
メコン川	砂田	795,000	7,180（2003）	中国，ミャンマー，タイ，ラオス，カンボジア，ベトナム	1,672mm	年降水量について，多いところはラオスおよび中央高地帯で4,000mm/yr程度　少ないところは東北タイ地域で1,000mm/yr程度である．
ヨルダン川	村上	42,800	520（2000），1,250（2050）	レバノン，シリア，イスラエル，パレスチナ，ヨルダン，エジプト	300mm程度	年間河川総流出量：16億m³，アジアで最も人口増加率が高い(2000年=2050年)流域になる可能性が高い（資料：UNFPA,2001）
シルダリア川	北村	402,800	1,950（2000年?）	キルギス，ウズベキスタン，タジキスタン，カザフスタン	320mm	タジキスタンから再度ウズベキスタンを流下し，その後カザフスタンに入る
ガンジス川	南山	1,086,000	（インドガンジス流域，調査年不明）:35,680（ネパール全人口，2001）:2,315（バングラデシュ全人口，2001）:12,315 合計:50310	中国，ネパール，インド，バングラデシュ	上流域:780mm 中流域:1,040mm 下流域:1,820mm	①ブラマプトラ川は含まない ②中国流域の人口不明，上流の山岳地帯のため人数，人口に含めない ③バングラデシュは国土の1/3程度がガンジス川流域，流域人口がほぼガンジス川に続する． ④ガンジス川は，現在下流のバングラデシュでブラマプトラ川が合流するが，過去，合流点が西のカルカッタ付近にあったため，現在も違う流域とし，含めない（インド政府は違う流域として整理している）ことが多いため，今回も同様に含めないものとする．
サイゴン・ドンナイ川	滝沢	40,683	約1,600	ベトナム		人口増加率は年2%以上．1980年代終わりの200万人程度から現在は600万人に．

表 13.3　対象流域での水政策シナリオの検討内容

	河川・流域	特徴的な問題	主な対策シナリオ	シナリオ実現のためのプロセス検討	人口に関する考察
洪水被害	中川・綾瀬川流域	・都市化による洪水被害ポテンシャルの増大	・水源および排水施設の整備 ・遊水地・浸透施設の市街化誘導・規制	・行政機関による中小川・綾瀬川流域総合治水対策協議会の設置 ・遊水地構想、予−地区域設定の実施	将来の人口急増・都市化を想定しての対策
	バンコク首都圏域	・都市化による洪水被害ポテンシャルの増大 ・地盤沈下、上流からの農業用水の流入	・河川および排水施設の整備 ・洪水緩衝地域（グリーンベルト）の設定、市街化の誘導・規制 ・洪水コントロールセンターの整備	・バンコク首都圏から日本の技術協力を持って作成 ・ハード対策計画、都市計画でも準備 ・水文観測網、洪水情報センター設備・規則	将来の人口・都市化を想定しての対策、人口・資産は地区周辺を中心に開発を誘導・規制
	チャオプラヤ川流域	・チャオプラヤ川本川の減下能力不足 ・中流域電源開発による下流側の洪水危険性増大 ・下流域の洪水被害ポテンシャルの増大	3つの代替策を提示 ・下流での河川対策（築堤、堤防嵩上げ等） ・農地湛水時間の、下流での部分的な治水負担増強 ・バンコクをバイパスする放水路整備	・計画立案は日本の技術協力を持って主に流域局で実施 ・堤防整備、堤防嵩上げ実施 ・土地利用の誘導・規制、他の代替案の実現性は低い	将来人口急増・都市化を想定した対策（中流域の治水整備、都市化、が下流に及ぼす影響等に注目）
	ブラマプトラ川流域	・火山灰等の土砂の流出、ダムの地形 ・下流の河川床低下	・流域現野での土砂管理政策 ・ダムへの流入土砂政策 ・砂利採取の管理と誘導		
	長江流域	・1998年大洪水被害、遊水地からの撤退による遊水能力の回復 ・三峡ダム以外に、遊水地力の回復、流域の再樹林化を実施	・遊水地からの撤退による遊水機能の回復 ・撤退者への補償等の政策	・国家主導の対策を着実に実施 ・地元住等の協力	
	メコン川	・ダム建設の影響 ・河床変動とそれに伴う舟運障害	・土砂管理、護岸工法の検討 ・低水流量の維持 ・水質汚濁負の排出規制と下水処理施設の整備	・流域国間の協議（メコン委員会） ・水文資料の収集利用、施設の効率的配置、灌漑効率の向上に技術の普及	
水不足	ユーフラテス川	・トルコ、シリア、イラクによる水利用を巡る問題 ・流域国間で協議利用は確保されていない	・複数の流域国に中小がまたがる国際河川を示す ・流域国間の水利用に関する、常等と緊急時に関する相互組織の軌道化 ・セカンド・トラックでの調整 ・合理的な水利用モデルの開発	・専門家による検討会（第3者国である日本で開催） ・米国ケント州立大学等とも連携	下流の流域国における水需要の増加増加を予測して流域国間の協調の場を整備
	ヨルダン川	・イスラエルによる水利用機を超えた水利用と伴う死海の水位低下	・ダム建設、運河水利用（25年後以降） ・海水の淡水化（25年後以降）		
	アラル・シルダリア川流域	・用水大量の不適切な運用による農地塩類化 ・上下流国に主る水資源・エネルギー・ウォーター取り引により下流域の冬季乾湿、夏季の灌漑用水不足 ・アラル海（大アラル、小アラル）の縮小、消滅	・かんがい灌水の改善 ・流域国間での国際水利協定に基づくバーター取引の行（現実には不足のでは各国が自国で対策を計画実施）		
水質悪化	ガンジス川	・都市化による水質悪化 ・上流での取水による水量減少と水質悪化	・都市域では下水道整備（2段階方式での対策）を提案 ・河岸の水質整備（ガート）の改良		将来の人口の爆発的とも云える人口増加を考慮した対策
	サイゴン川・ドンナイ川	・都市化に起因する水不足と水質悪化	・住民の生活、経済活動を考慮しての水資源管理、塩水湖・土壌塩上問題等への対応策		流域人口は約1600万人（年率2%以上増加、ホーチミン市の人口は約600万人（年率6%増加））
気象	各流域	・気候研究所の世界の気象研究機関の19モデルより予測時に選ぶ地球温暖化モデルでは100、メコン川で約100、長江で80～10月に少しずつ増加が20世紀末までの流量は減少 ・ユーフラテス川やシルダリア川では冬から夏にかけて降雪が増えで降雨が減る傾向 ・21世紀半ば（2060年頃）についてのシルダリア川解温度変化をモデルで予測すると、長江は+8.7%、メコン川+6.8%		将来の人口増加をふいえる人口増加を考慮した対策を設定 気候変動研究所の世界の気象研究機関の19モデルより予測中間シナリオ（SRES A1B「高成長社会 バランス型」）を設定	

表 13.4 水政策シナリオの検討対象分野

河川流域	治水	水不足	水質	土地利用	生態系
1. チャオプラヤ川流域（タイ）					
①全流域	◎				
②バンコク首都圏	◎			○	
③比較対象：中川・綾瀬川流域	◎			○	
2. ブランタス川流域（インドネシア）	◎			△	
3. 長江流域（中国）	◎			△	
4. メコン川流域 （中国、ミャンマー、タイ、ラオス、カンボジア、ベトナム）		○	△		
5. ユーフラテス川流域 （トルコ、イラン、シリア、イラク）		◎			
6. ヨルダン川流域 （レバノン、シリア、イスラエル、パレスチナ）		◎			
7. アラル・シルダリア川流域 （キルギスタン、ウズベキスタン、タジキスタン、カザフスタン）		◎			△
8. ガンジス川流域 （インド、中国、ネパール、バングラデシュ）			◎		
9. サイゴン・ドンナイ川流域 （ベトナム）	△		◎		
10. 人口圧力／温暖化の影響評価	◎	◎			

人口急増地域における流域水政策シナリオ研究（科学技術振興機構CREST研究。研究代表砂田憲吾）の研究対象から作成。◎主たるテーマとして検討、○検討、△考慮。

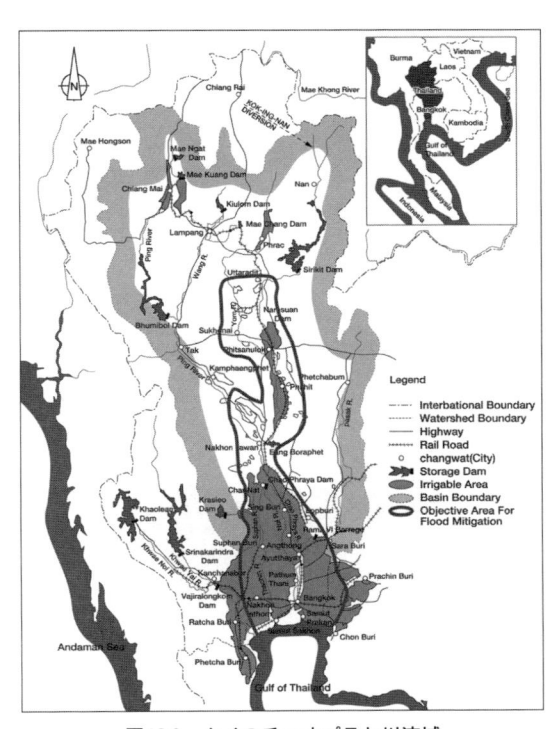

図13.6 タイのチャオプラヤ川流域

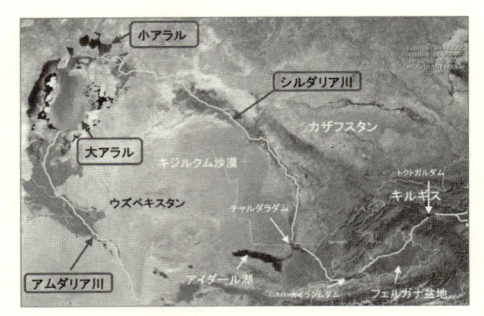

図13.7 アラル海に流入するシルダリア川、アムダリア川流域

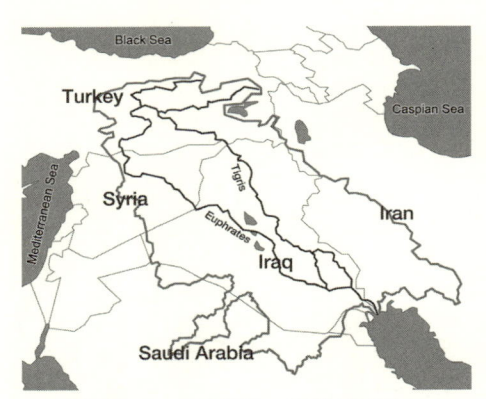

図13.8 ユーフラテス・チグリス川流域

(2) チャオプラヤ川流域での検討

対象とした流域の中から、その一例としてタイのチャオプラヤ川を取り上げて詳しく述べると以下のようである。

(a) 流域全体の状況

チャオプラヤ川流域は、タイの中央部に位置し、その流域面積は16.3万 km^2 と広大である（図13.6参照）。その下流域には大都市であるタイ国の首都、バンコク首都圏も位置しており、その流域は国の経済や文化等の中心地域である（図13.9）。

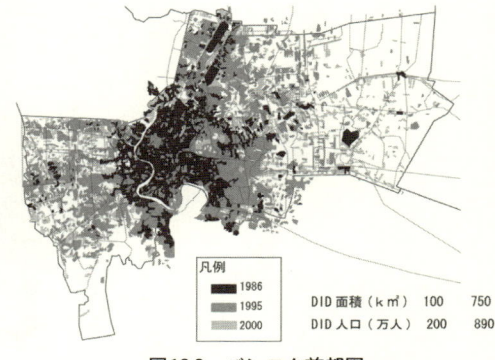

図13.9 バンコク首都圏
（チャオプラヤ川下流デルタに位置する。色の濃い部分が市街地）

この流域は、現在もそうであるが、世界でも有数の稲の穀倉地帯を有している。かつては、自然の降雨と川の氾濫の下での浮稲（洪水氾濫の水位が上昇するにつれて成長していく稲。フローティング・ライス）を含む稲の耕作が行われていたが、その地域に安定した農業用水を供給し、また、降雨や洪水を排水するかんがい用排水路の整備がなされた（図 13.10）。

　したがって、この流域では、稲作農業での水の供給と渇水時の水不足への対応が重要であり、王立かんがい局（Royal Irrigation Department）がその中心となり、流域の水の管理が行われてきた。しかし近年は、バンコク首都圏周辺での稲の耕作はなされなくなり、1980 年代には一帯が優良な水田地帯であった首都圏近郊のランジットなどの地域では、稲作から果樹や都市近郊農業への転換が起こっている。

　また、中流域では、稲の背丈が低く生産性の高い品種の栽培に転換している。この稲は長期間の洪水浸水に耐えられないため、農地の洪水防止のための対策が講じられている[4]が、かつては洪水を貯留・調節する機能を持っていたこの地域でその機能が失われ、下流域に流下する洪水流量が増大するという問題も起こっている。

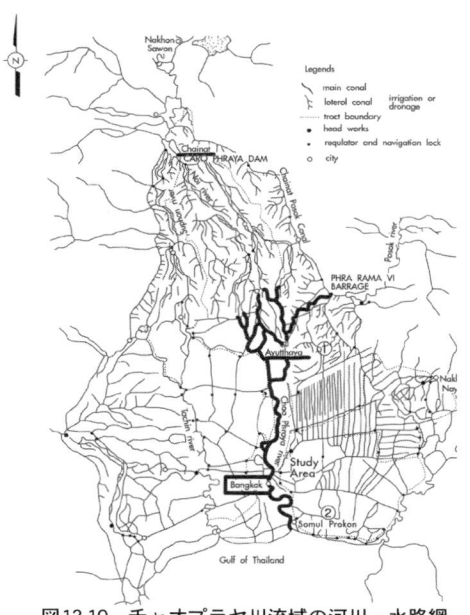

図13.10　チャオプラヤ川流域の河川・水路網
（中流域の東部に南北方向に整然と整備された農業用水路が見える）

　人口の増加と経済成長の著しいタイ国では、バンコク首都圏を中心に、急激な都市化の進展や流域内での道路の整備、住宅の開発等が行われてきた。かつては、洪水期にはチャオプラヤ川の氾濫原やデルタでは水路周辺で氾濫するのが普通であり、それを前提として暮らしが営まれていた。高床の住居や舟を移動と生産・生活手段としていたので、水害はあまり問題ではなかった（**写真 13.1、13.2**）。

　その後、都市化の進展とともに、もともと浸水する場所の市街化、地下水の汲み上げによる急激な地盤沈下の進行（図 13.11）等もあり、水害が深刻な問題となった（**写真 13.3**）。1983 年の洪水では、バンコク首都圏の中心部、東郊外部等

の広範囲が浸水した（**図 13.12**）。最も地盤沈下が進行した中心部近郊（南東部）では、洪水の浸水が 3 カ月も継続し、交通が途絶し、あるいは渋滞するなど、都市機能を麻痺させ、重大な問題となった。

写真13.1　高床式の住居（近年のもの）

写真13.2　洪水で浸水しても特段大きな問題となっていなかった水害
（1942年洪水での王宮周辺の浸水の風景）

写真13.3　1983年洪水での都市等の浸水光景

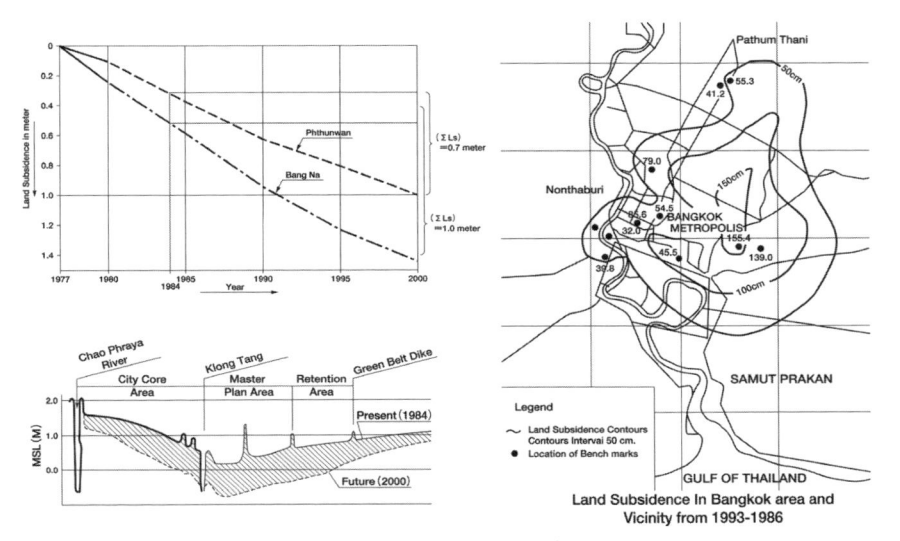

第13章　地球温暖化時代の流域圏・都市　　383

図13.11　バンコク首都圏の地盤沈下
（左：2000年の予測図、右：1993～1986年の累積沈下コンター図）

図13.12　1983年洪水でのバンコクの浸水区域

バンコクの都市化とともに、処理されることなく排水された家庭や工場、事業所等からの汚水排水により、市内の水路（クロンと呼ばれる水路）の水はどす黒く、汚臭を放つようになった（1980年代）。このことにより、水の都バンコクの魅力が大きく低下し、水面の利用なども後退した。洪水時には、その汚染された水が氾濫し、不衛生な状態が生じるとともに、その水を介した皮膚病の蔓延といった問題が生じた。また、チャオプラヤ川本川についても、河川の流量が減少する乾季には下流域の水質の悪化が問題となった。

この他にも、都市化の進展による都市用水（家庭、事業所への給水）や工業用水の需要が増大し、その供給が必要となった。これらの用水として地下水の汲み上げが行われ、当時は世界で最も急激に地盤沈下が進行していた。その後、この地盤沈下を抑えるために、上水道や工業用水のための取水を地下水から河川の表流水に転換することが行われたため、その用水の供給も追加的に必要となった。また、水質汚濁の改善のための下水道の整備や、既存の水路（クロン）や都市下水路の維持管理もなされるようになった。洪水時には不法に投棄されたゴミや大量の水草が流下するので、洪水対策と同時にゴミの処理が行われるようになった。

(b) チャオプラヤ川流域での検討事項とその理由

この流域では、人口の増加と都市化の進展、さらには流域内での道路整備等の開発により、治水（多すぎる水の問題）や水資源（少なすぎる水の問題）、水質、生態系、さらには都市の水辺景観の問題など、広い意味での水資源の問題のほぼすべてが、程度に差はあっても発生してきた。それぞれの問題のいずれも重要であるが、もともと洪水の氾濫が生じる低平地の緩流河川流域（氾濫原、デルタ）において、かつては自然に溶け込んで洪水と共生しつつ成り立っていた稲作農耕社会において、その自然の基盤の上に、その後の人口増加と経済発展、都市化の急激な進展により生じることとなった水害の問題は、人口急増地域の水問題として典型的なものであり、かつ深刻な問題となった。

このような状況下で発生した1983年の水害は、バンコク首都圏を中心にタイ国の経済を麻痺させるような大水害となり、バンコク首都圏の社会基盤の大きな問題と課題を浮き彫りにした（**写真13.3**参照）。すなわち、水害への対策（治水整備）なくしてはバンコク首都圏の発展があり得ないことを示したものであった。このため、水害を軽減するための治水という基本的な社会基盤づくり（インフラ整備と土地利用面での対応）への取り組みが重点的に行われるようになった。その取り組みは、当初は行政的にも未経験の問題への手さぐり的なものであったが、日本やオランダ等の国々の技術協力もあって、徐々に本格的で適切なものとなっていった。そ

の対策が、バンコク首都圏では大きな効果を発揮することとなった。
　その後も、1983年洪水から約10年後の1995年には、チャオプラヤ川流域の中・下流域や上流の都市など、広範囲に水害が発生した。また、翌年の1996年、2002年などにも流域全体で水害が発生している。
　このようなことから、モンスーン・アジアのかつては洪水と共存していた地域で、人口の急増と社会発展に伴って発生している典型的な水問題として、チャオプラヤ川流域およびその流域内にある大都市バンコク首都圏の治水の問題に焦点を当てて検討することは、人口急増地域における水政策シナリオの検討において重要と考えられる。以下ではこの問題を取り上げ、述べることとしたい。

(c) バンコク首都圏、およびチャオプラヤ川流域の水害と対策

　ここでは、バンコク首都圏という大都市およびそれを含むチャオプラヤ川流域全体の水害とその原因などについて見ておきたい。
　① バンコク首都圏の水害と対応
　・バンコク首都圏の水害の状況
　バンコク首都圏は、チャオプラヤ川下流のデルタに発展してきた。この地域は、もともと雨季が終わった頃、上流からの洪水の流下により浸水し、そこで稲作農耕をしつつ発展してきた地域である。そして、都市はチャオプラヤ川の運んだ土砂が氾濫とともに積もった微高地（自然堤防）上や、運河を掘り、その土で盛土をしたところを利用して形成されてきた。1980年代に入っても、都心を一歩離れると、洪水による浸水を前提とした高床式の家屋で生活が営まれてきていた。
　そのような低平地の緩流河川のデルタ地域で、急激な人口増加、経済発展、都市化の進展、さらにはモータリゼーションの進展等が急激に進んだ。このことによる水害問題は、毎年の洪水でも程度は小さくても現れてきていたが、1983年の洪水により都市が広範囲に浸水し、数カ月にも及ぶ社会活動の麻痺が生じたことで、さらに明確にかつ深刻さをもって示されることとなった。このため、バンコク首都圏庁のみならず、国のほぼすべての関係機関、さらには国王までも乗りだし、この問題に対応する事態となった。
　1983年の水害の状況について、その浸水区域は**図13.12**に、洪水による浸水時の風景は**写真13.3**に示したとおりである。この風景を、かつて水害に対応して暮らしていた頃の浸水時の風景（**写真13.1**参照）と比較すると、都市化とともに水害を許容し得ない暮らし方に転換したことが、水害の本質的な原因であることが知られる。この1983年洪水の頃は、都市用水（家庭、事業所の用水）、工業用水として地下水が大量に汲み上げられたため、軟弱地盤であるこのデルタ地域で地盤沈下が世界的

に見ても最も急激に進行していた（**図 13.11 参照**）。このため、チャオプラヤ川本川の水位より低い地域が出現し、都市域に北東の上流域から流入する水とそこに降る雨水を本川に自然に排水することが困難となっていた。バンコク首都圏の地盤沈下は、その後沈下のスピードは減少したが、現在もなお続いている。

また、バンコク首都圏東郊外部流域では、1983年洪水当時には、**図 13.10** の水路網図に示した北東部の農業用水路から大量の水が、バンコクが浸水している間も継続的に流入していたことも、水害を激化させ、長期間にわたって浸水を継続させた大きな原因であった。この洪水期間中に筆者が測定した上流からの流入量を示したものが、第6章**図 6.10**（筆者が JICA 団員の協力を得て測定）である。毎秒約 75m^3 を超える大量の水が継続的に流入していたことが知られた。

バンコク市街地では地盤沈下が大きく進み、北東上流部から大量の水が流入し、チャオプラヤ川に自然に排水することができず、そして洪水を強制的に排水する排水ポンプの能力も不足していたことから、最も地盤沈下が進んでいたランカムヘンの周辺の低地では浸水が3カ月間にも及んだ。

1983年の洪水では、浸水による家屋や資産等の直接被害に加え、交通の途絶・渋滞による被害、汚染された氾濫水を介した皮膚病の蔓延等による被害などが社会的、経済的にも膨大なものとなった。

・バンコク首都圏の水害の主たる要因（1983年と現在）

バンコク首都圏（特に東郊外部の流域。流域面積約 500km^2）の水害の原因を見てみると、以下のようなものが挙げられる。

まず、その原因を大局的に捉えると、もともと浸水の危険がある低平地で人口が急増し、水害に備えることなく都市化が進展したことにある。この問題は、日本を含めてモンスーン・アジアの都市では共通したものである。

次に、1983年当時の浸水の原因（その多くは現在も浸水の原因）をさらに詳しく見ると、以下のものが挙げられる。

（水文・水理学的な原因）
- チャオプラヤ川の洪水による水位の上昇、チャオプラヤ川本川からの氾濫
- 潮位の影響（プラスとマイナスの影響）
- 上流域から農業用水路を通じて上流に降った雨水と農業用水が大量に流入（東郊外部では、後述のように、現在はこの水の流入は遮断されている）
- バンコク首都圏に降る豪雨

（社会的な原因）
- 地下水の汲み上げによる地盤沈下の進行（スピードは減少したが、現在も継続）

－もともと浸水する地域での浸水を許容しない都市化・土地利用の進展（被害を受ける対象物〈被害ポテンシャル〉の増加）
－洪水防御、排水施設の不十分な整備
－洪水に関する情報の収集、提供体制の不備
－バンコク首都圏の浸水を考慮しない上流域での農業用水の供給と排水
－バンコク首都圏を含む下流域の浸水を考慮しないダムの操作（発電等。1983年当時）
－バンコク首都圏庁の対応部局の体制の不整備、経験の不足
－土地利用の誘導・規制の欠如、不備
－浸水の危険性に対応しないで建設された建築物、公共施設など

これらの原因には、水文・水理学的な原因として挙げた多くの原因のように、自然現象によるものが多く、これらに起因するものについては、必要に応じて治水整備により克服あるいは軽減すべきものである。一方、社会的な原因に挙げたもの、および水文・水理学的な原因に挙げたもののうち、上流域からの水の流入に関するものについては、人為的な理由によるものである。これらの人為的な原因は水害の本質に関わるものであり、その解消・軽減には社会的な対応を要する課題である。

この問題に対する対策については、第6章の都合の悪い自然との共生において、総合的な治水対策の提示、実践とその結果について詳細に述べたので参照されたい。

② チャオプラヤ川流域の水害と対応
・チャオプラヤ川流域の水害の状況

チャオプラヤ川流域の1980年代以降の水害の浸水区域を**図13.13**と第6章**図6.11**に、浸水時の風景を**写真13.4**に示した。

この流域（流域面積は16.3万 km^2）はタイ国の中央に位置（**図13.6参照**）し、流域の平均降水量は年間約1,160mmであり、その降水量は多くは雨季（5～10月）に集中して降る。バンコク首都圏を含む下流域の洪水は、雨季が終わりかけた9月から乾季に入った11月頃である。この時期に、チャオプラヤ川の水位が洪水で上昇した頃にこの地域の豪雨が重なると、バンコク首都圏の水害は深刻となる。

チャオプラヤ川流域にはタイ国全体の人口の約38％、約2,300万人が住み、国の経済（国内総生産 GDP）の58％がこの流域で生産されている。この流域内のGDPのうちの約78％は、穀倉地帯とバンコク首都圏を含む中・下流域の氾濫原とデルタでの生産が占めている。

この流域では、前述のように、かつては自然に氾濫する洪水を前提として

暮らしや稲作を中心とした農業等の社会活動が営まれていたが、近年は長期間の浸水には耐えられない背の低い多生産品種の稲作への転換により農地での水害が増加し、また、流域内の都市化の進展や水害を考慮していない道路等のインフラ整備、建築物の立地等により水害が増加して、深刻な問題となっている。

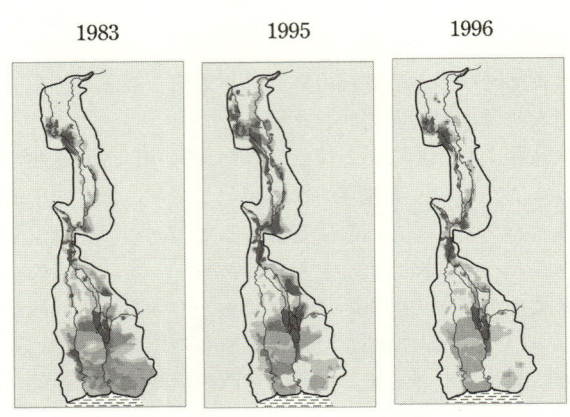

図13.13　近年のチャオプラヤ川流域の水害
(流域の浸水区域。左：1983年、中：1995年、右：1996年)

写真13.4　近年のチャオプラヤ川流域の水害の風景
(左：農業地域の浸水、右：バンコク首都圏の浸水)

・チャオプラヤ川流域の水害の主たる要因

　チャオプラヤ川流域の水害の原因を見てみると、以下のようなものが挙げられる。

　（水文・水理学的な原因）
　　　－流域に降る雨季の降雨
　　　－自然に氾濫する流域の特性（中流部の氾濫原、下流部のデルタ。タイ国第

2 の都市チェンマイ等の位置する上流部での河畔の氾濫原はもともと洪水
が氾濫し、遊水する土地である）
— 低平地の緩流河川の洪水の流下能力（自然に氾濫する流域の特性から、自
然の河川が洪水を流下させる能力は低いのが普通である）
— 下流域での潮位の影響（プラスとマイナスの影響）
（社会的な原因）
— もともと浸水する地域（中流部の氾濫原、下流部のデルタ、上流部の河畔
の氾濫原）での都市化の進展、道路等のインフラ整備、住宅等の開発の進
行（被害ポテンシャルの増加）
— 都市計画、流域の開発計画の面での不備、不十分な対応
— 中流域の農地での稲作の転換（従来の浮き稲から背丈の低い多生産性の稲
への転換）により浸水を許容できなくなり、その地域で氾濫防止、排水対策
を実施[4]。これに伴って、その土地がもっていた自然に洪水を遊水させて下
流の洪水流量を調節していた機能が失われ、その下流の洪水流量が増加
— チャオプラヤ川の洪水氾濫から都市を防御するために設けられた氾濫を防
止する堤防の整備、チャオプラヤ川本川への堤内地側（人の住む側）から
の洪水排水（内水排除という）による本川の水位の上昇
— ダムや堰等の施設の洪水対応という面での不適切な操作
— 水害についての情報の提供不足など

バンコク首都圏の場合と同様に、水文・水理学的な原因として挙げた原因は自然のものであり、必要に応じて治水整備により克服あるいは軽減する必要がある。社会的な原因、すなわち人為的な原因に対しては、その解消・軽減が社会的な対応を要する本質的な課題となる。

・治水対策の代替案と実施

上述のような治水上の課題に対して、3 つの代替的な治水対策を提示した（日本の技術協力の下にタイ国王立かんがい局で計画を策定。**図 13.14**）。

第 1 案は、極力中流域の自然の洪水の遊水機能を保全し、下流のチャオプラヤ川のループ・カット等による洪水の流下能力向上に照らして行い、その限度内で、中流の氾濫原（水田地域）の農地防御は規模を抑制して、下流部では部分的な地先防御を行うというものである。水害の防御のレベルはあまり引き上げないで洪水と共存する案である。

第 2 案は、主として堤防の整備、嵩上げを行い、最も直接的に水害を防ぐというもので、被害地域の状況に対応させながら地先防御的に対応するというものである。この対策は、かつてから川や水路と密接に関係してきた水の都バンコクの

景観を変える可能性があり、その面からはあまり推奨されないものである。

第3案は、上流での農地の洪水防御等による下流への洪水流量の増加分も含めて、放水路を設けて下流の洪水軽減を行うというものである。この対策は、併せてバンコク東部に設定されているグリーンベルト地帯等の水害の軽減も図ることとしたものである。下流から順次長い距離の放水路を整備することが必要で、新規の土地の取得と多額の費用がかかる対策である。

これらの代替的な対策について、タイ国内の諸情勢を考慮し、国情に応じた対策を実施するとした。その結果、代替案2の堤防により氾濫を防ぐことがバンコク首都圏域等で実施された（**写真13.5**）。

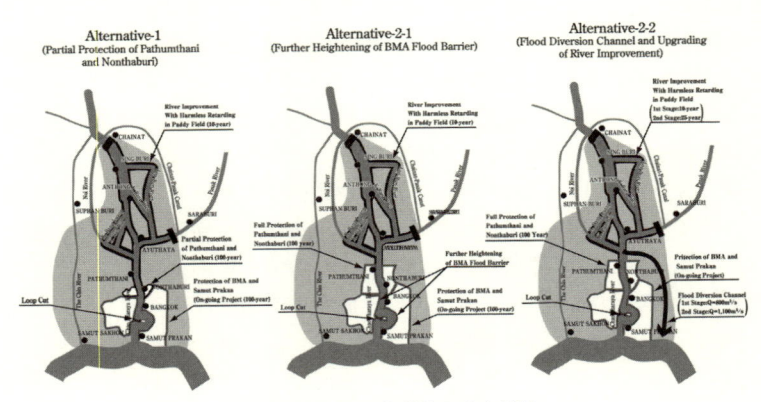

図13.14　3つの代替的な治水対策

写真13.5　実施された対策
（堤防の整備。平常時〈左〉と洪水時〈右〉の写真）

③　比較対照としての日本の河川流域

バンコク首都圏およびチャオプラヤ川流域の治水の問題を検討する上で、比較対照として日本の類似した河川流域を取り上げ、参照した。

バンコク首都圏東郊外部の流域に対しては、類似した条件下にある東京首都圏の北東部に位置し、東京のベッドタウンとして都市化が急激に進行した中川・綾瀬川流域を取り上げた。この流域は東京都心に近く、かつ流域はかつて利根川、荒川、渡瀬川が氾濫して形成された氾濫原であり、低平地の緩流河川流域としての特性も類似している。ほぼ同時期（1985年頃）に、バンコク首都圏東郊外部流域での治水対策とほぼ同様の内容で、流域内での土地利用の誘導・規制なども含む総合的な治水対策が実施された流域である。筆者は両方の流域の総合的な治水対策の立案を、前者については国際協力事業団（JICA。当時）の技術協力を通じて、後者については建設省（当時。現国土交通省）の現地事務所等の業務として主体的に進めた。

　また、チャオプラヤ川流域に関しては、その規模も大きく、類似した河川流域を日本において設定することは容易ではないが、タイの場合と同様に首都圏の東郊外部を含む河川流域であることや、日本では最大の河川流域であることから、利根川流域を取り上げた。筆者は、利根川については建設省の業務として、流域全体や現在はその支流となっている鬼怒川・小貝川での治水に深く従事し[4]、チャオプラヤ川の治水計画については国際協力事業団（当時。現国際協力機構）の技術協力を通じて主体的に関与してきた。

　これらの2つの河川流域の水害の原因とそれに対する対応を比較対照しつつ、バンコク首都圏およびチャオプラヤ川流域の治水の理解と対応、さらにはその対策の普遍性等の検討を進めてきた。その結果、総合的な治水対策の有効性、普遍性が示された[3),5),6)]。

（3）展望

　かつて日本が人口増加と経済の高度成長の時代に経験した問題、さらには近年特に問題意識が高揚した生態系等の環境問題が、人口が急増し、発展するこれらの流域圏でも発生してきている。それは、中国等では規模が極めて大きくかつ極端に、そして急激なスピードで発生してきている。そのような問題に対して、本節および第6章で示した治水対策シナリオを含む持続可能な水政策シナリオを設計・提示し、実践することが求められる。水に関した環境というこの分野での日本の貢献が求められる。

13.3 地球温暖化とその影響

世界では、人口増加による課題とともに、長期的には地球温暖化の影響が不可避となってきている。地球温暖化について概観するとともに、その影響と対応について考察すると以下のようである。

(1) 気候変動に関する政府間パネル (IPCC) が示すこと

気候変動に関する政府間パネル（IPCC）の第4次報告書では、以下のことが述べられている[7]。第3次報告書から一歩踏み込んだ報告となっている部分がいくつかある。なお、この影響には、人口の増加・社会経済の発展に起因して増加する分と温暖化の影響による分が含まれていることに注意する必要がある。あたかも地球温暖化によってそのすべてが生じているかのように受け取られかねない部分があることに注意を要する（その大半が人口増加・社会経済発展に起因するものが多くある）。

(a) 気候システム・気候変化の自然科学的根拠の評価（第1作業部会。政策決定者向け）

以下のようなことが示されている。
- 過去10,000年の氷床コア観測と現代観測による温室効果ガスの変化（図13.15）
- 過去約150年間の世界平均気温の変化（図13.16）
- 古気候的な情報から、過去半世紀の温暖な状態は、少なくとも近年1,300年間において普通でないとの考察が裏づけられている。陸域が長期間にわたり現在よりもかなり温暖であった最後の時期（約12万5,000年前）には、陸域の氷の減少により4〜6m海面水位が高かった。
- 過去100年間の世界規模の気温変化（図13.17）
- 今後100年間の世界平均地上気温の上昇量（図13.18）
- 温室ガス排出シナリオ（SRES排出シナリオ）の想定する社会
  - A1：高成長社会シナリオ
    <u>経済成長が続き世界人口が21世紀半ばにピークに達した後に減少。</u>
    新技術や高効率化技術が急速に導入される未来社会。
    A1シナリオは技術的な重点の置き方により次の3つのグループに分かれる。
    　　A1F1：化石エネルギー源重視

　　　　A1T：非化石エネルギー源重視
　　　　A1B：各エネルギー源のバランスを重視
　－A2：多元化社会シナリオ
　　　　非常に多元的な世界。独立独行と地域の独自性を保持するシナリオ。
　　　　<u>出生率の低下が非常に穏やかであるため人口は増加を続ける。</u>
　　　　世界経済や政治はブロック化され、貿易や人・技術の移動が制限される。
　　　　経済成長は低く、環境への関心も相対的に低い。
　－B1：持続的発展型社会シナリオ
　　　　地域間格差が縮小した世界。
　　　　<u>A1 シナリオ同様に 21 世紀半ばに世界人口がピークに達した後に減少。</u>
　　　　経済構造はサービスおよび情報経済に向かって急速に変化し、物質志向が減少。
　　　　クリーンで省資源の技術が導入される。
　　　　環境の保全と経済の発展を地球規模で両立する。
　　C1：地域共存型社会シナリオ
　　　　経済、社会および環境の持続可能性を確保するために地域的対策に重点をおく世界。
　　　　<u>世界人口は A2 よりも穏やかな速度で増加を続ける。</u>
　　　　経済発展は中間的なレベルにとどまり、B1 と A1 の筋書きよりも緩慢であるが広範な技術変化が起こる。
　　　　環境問題等は各地で解決が図られる。

・様々なモデルケースに対する 21 世紀末における世界平均地上気温の上昇予測および海面水位上昇量予測（**表 13.5**）
・1980 年から 1999 年に比べ、21 世紀末（2090 年から 2099 年）の平均気温上昇量は、環境保全と経済発展が地球規模で両立する社会では約 1.8℃（1.1℃〜2.9℃）と予測。化石エネルギーを重視しつつ高い経済成長を実現する社会では約 4.0℃（2.4℃〜6.4℃）と予測。
・1980 年から 1999 年に比べ、21 世紀末（2090 年から 2099 年）の平均海水面水位上昇量は、環境保全と経済発展が地球規模で両立する社会で 13cm から 38cm と予測。化石エネルギーを重視しつつ高い経済成長を実現する社会では 26cm から 59cm と予測。
・降水分布の変化として、降水量は高緯度地域では増加する可能性がかなり高い。一方、ほとんどの亜熱帯陸域においては減少する可能性が高い。
・大雨の強度は増加。熱帯低気圧の強度には増加傾向が見られる。

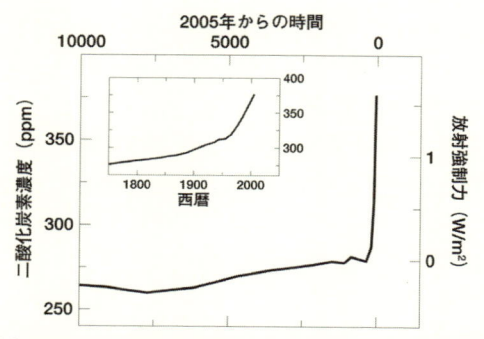

図13.15　過去10,000年の氷床コア観測と現代観測による温室効果ガスの変化
（IPCC4次報告書より作成）

図13.16　過去約150年間の世界平均気温の変化
（IPCC4次報告書より作成）

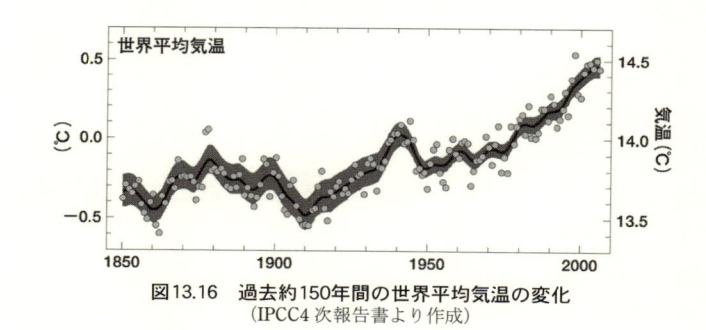

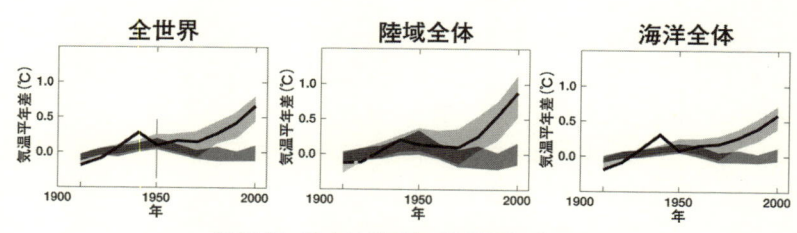

図13.17　過去100年間の世界規模の気温変化
（IPCC4次報告書より作成）

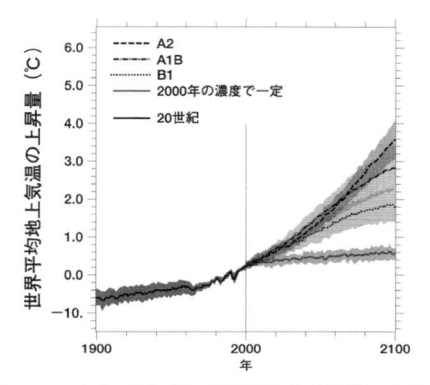

図13.18 今後100年間の世界平均地上気温の上昇量
(IPCC4次報告書より作成)

表13.5 21世紀末における世界平均地上気温の上昇予測および海面水位上昇量予測
(IPCC4次報告書より作成)

シナリオ	気温変化 (1980〜1999を基準とした 2090〜2099の差〈℃〉)		海面水位上昇 (1980−1999と 2090−2099の差〈m〉)
	最良の見積もり	可能性が高い予測幅	モデルによる予測幅 (急速な氷の流れの力学的な変化を除く)
2000年の濃度で一定	0.6	0.3-0.9	資料なし
B1シナリオ	1.8	1.1−2.9	0.18−0.38
A1Tシナリオ	2.4	1.4−3.8	0.20−0.45
B2シナリオ	2.4	1.4−3.8	0.20−0.43
A1Bシナリオ	2.8	1.7−4.4	0.21−0.48
A2シナリオ	3.4	2.0−5.4	0.23−0.51
A1FIシナリオ	4.0	2.4−6.4	0.26−0.59

(b) 温暖化の影響、適応、脆弱性の評価（第2作業部会。政策決定者向け）
  ・地球の自然環境（全大陸とほとんどの海洋）は、今まさに温暖化の影響を受けている。その主要な影響として下記のものが挙げられている。
   −氷河湖の増加と拡大
   −永久凍土地域における地盤の不安定化
   −山岳における岩なだれの増加
   −春季現象（発芽、鳥の渡り、産卵行動など）の早期化
   −植物の生息域の高緯度、高地方向への移動
   −北極、南極の生態系および植物連鎖上位捕食者における変化
   −多くの地方の湖沼や河川における水温上昇

―熱波による死亡、媒介生物による感染症リスク
- 淡水資源については、今世紀半ばまでに年間河川流出量と水の利用可能性は、高緯度およびいくつかの湿潤熱帯地域において10～40％増加し、多くの中緯度および熱帯地帯において10～30％減少すると予測されている。
- 生態系については、多くの生態系の復元力が、気候変化とそれに伴う撹乱およびその他の全球的変動要因のかつてない併発によって、今世紀中に追いつかなくなる可能性が高い。
- 約1～3℃の海面温度上昇により、サンゴの温度への適応や気候訓化がなければ、サンゴの白化や広範囲での死滅が頻発すると予測されている。
- 植物については、世界的に見ると、潜在的な食料生産量は地域の平均気温1～3℃までの上昇幅では増加すると予測されているが、それを超えて上昇すれば減少に転ずると予測される。
- 2080年代までに、海面上昇により、毎年の洪水被害人口が追加的に数百万人増えると予測されている。洪水の影響を受ける人口はアジア・アフリカのメガデルタ地帯が最も多いが、小島嶼は特に脆弱である。
- 将来の気候変動に対応するためには、現在実施されている適応は不十分であり、一層の強化が必要である。適応策と緩和策を組み合わせることにより、気候変化に伴うリスクをさらに低減することができる。
- 気候変化の影響は地域的に異なるが、その影響は、合算し現在に割り引いた場合、毎年の正味のコストは、全球温度が上昇するにつれて増加する可能性が高い。

(c) **温室効果ガスの排出削減など気候変化の緩和オプションの評価（第3作業部会。政策決定者向け）**
- 温室効果ガスの排出量は1970年から2004年の間に約70％増加。現状のままではその排出量は今後数十年間増え続ける。
- 二酸化炭素1トン当たり20ドル（約2,400円）の経済支出をかけた場合は年90～170億トン（二酸化炭素換算）、100ドル（約1万2,000円）をかけた場合は年160～310億トン（二酸化炭素換算）の温室化ガス排出量を、2030年までに削減することが可能。
- 産業革命の頃からの気温上昇を＋2.4～2.8℃に抑えるためには、2050年における二酸化炭素排出量を2000年比で30～60％減少させなければならない（**表13.6、図13.19、13.20**）。
- 適切な投資、技術開発などへの適切なインセンティブが提供されれば、現在

実用化されている技術、または今後 10 年で実用化される技術の組み合わせにより、この削減目標は達成可能。

表 13.6 安定化シナリオの特徴（IPCC4 次報告書より作成）

カテゴリー	放射強制力	二酸化炭素濃度	温室効果ガス濃度（二酸化炭素換算）	気候感度の最良の推定値を用いた産業革命からの全球平均気温上昇	二酸化炭素排出がピークを迎える年	2050 年における二酸化炭素排出量（2000年比）	開発されたシナリオの数
	W/m^2	ppm	ppm	℃	西暦	%	
I	2.5-3.0	350-400	445-490	2.0-2.4	2000-2015	-85〜-50	6
II	3.0-3.5	400-440	490-535	2.4-2.8	2000-2020	-60〜-30	18
III	3.5-4.0	440-485	535-590	2.8-3.2	2010-2030	-30〜+5	21
IV	4.0-5.0	485-570	590-710	3.2-4.0	2020-2060	+10〜+60	118
V	5.0-6.0	570-660	710-855	4.0-4.9	2050-2080	+25〜+85	9
VI	6.0-7.5	660-790	855-1130	4.9-6.1	2060-2090	+90〜+140	5
総計							177

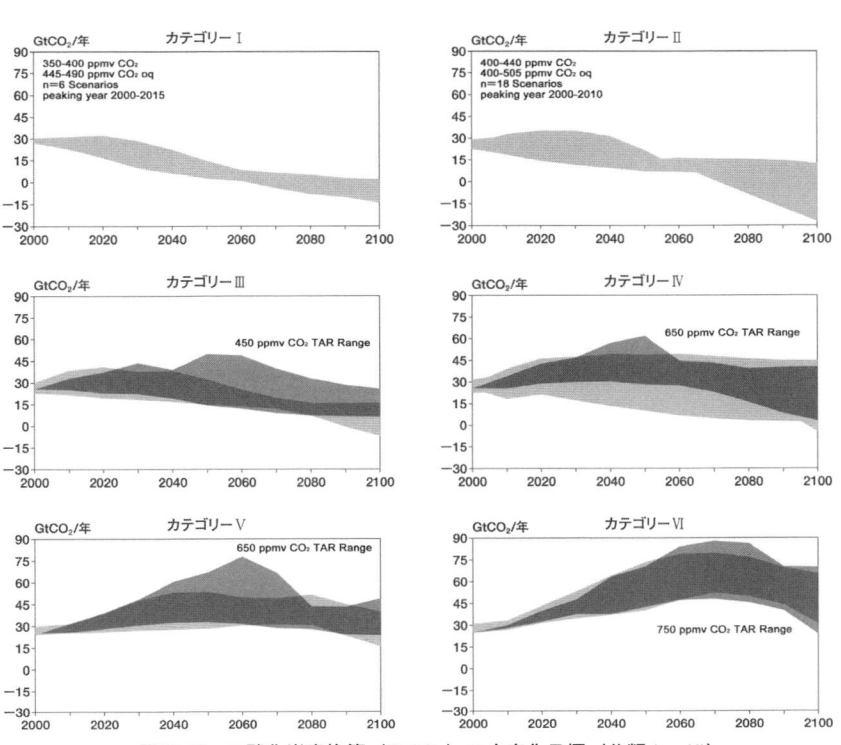

図13.19 二酸化炭素換算（$GtCO_2$）の安定化目標（分類 I〜VI）
（IPCC4 次報告書より作成）

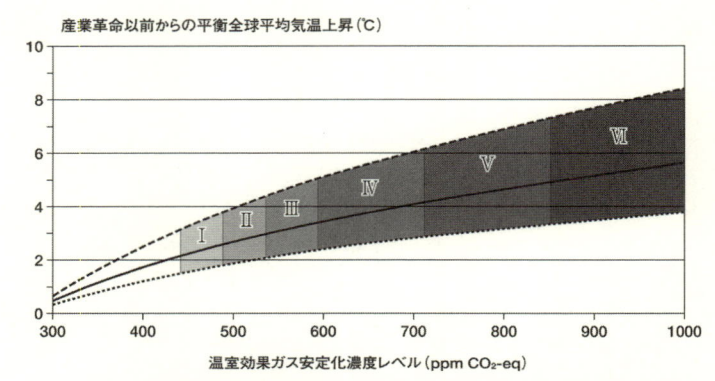

図13.20 温室効果ガス安定化濃度レベルと地球平均気温上昇量
(IPCC4次報告書より作成)

(2) 中東からアジアにおける温暖化の影響予測

　気象研究所・鬼頭他は、気候モデル（IPCCの19の大気海洋結合モデル）により21世紀末の各流域における気候変動（降水量から蒸発散量を引いた河川流出量）を予測している[8]。予測で使用したSRESシナリオは、中間的シナリオ（SRES A1B〈高度成長型社会。バランス型〉）を設定しての予測である。気象研究所のモデルを含む世界の気候研究機関の19モデルによる予測結果をアンサンブル平均化したものである。

　また、気象研究所の60kmメッシュ全球モデルで20世紀末（1999年頃、現在）と21世紀半ば（2050年頃、将来）を予測している（積分期間は各30年）。

　その結果は以下のようである（図13.21、13.22）。

- 21世紀末で、年間の河川流量の将来変化について見ると、長江＋約8％、メコン川＋約10％、チャオプラヤ川＋約15％、ガンジス川＋18％、シルダリア川－約10％、ユーフラテス川－約38％と予測している。
- 長江では7～10月にかけて流量が増加し、洪水が増える可能性を示唆。
- ユーフラテス川やアムダリア川では冬から夏にかけて降水が増える一方、夏から冬にかけては減少する傾向にある。
- 21世紀半ば（2050年頃）について高解像度モデル（気象研究所、60km全球モデル）で予測すると、長江＋8.7％、メコン川＋6.8％、チャオプラヤ川＋4.2％、ガンジス川＋6.6％、シルダリア川＋3.3％（19の大気海洋結合モデルの100年後の予測結果とは逆に増加）、ユーフラテス川－3.9％となっている。

　図13.23はIPCC19モデルのマルチアンサンブル平均と気象研究所全球60km

モデルの予測結果がほぼ対応していることを示すものであるが、この図より、インド洋からヒマラヤの東を通り、長江流域から韓国、日本にかけての降水量の多い地域での降水量がさらに増加することが読み取れる。また、**図 13.24** は 21 世紀半ばの河川流量の変化を示したものである。

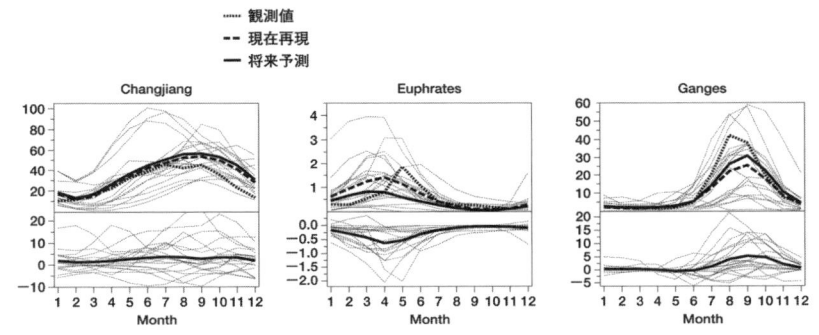

図13.21　長江（左）、ユーフラテス川（中）、ガンジス川（右）についての19モデルによる予測結果（縦軸の上は降水量mm、下は増減の％。気象研究所資料より作成）

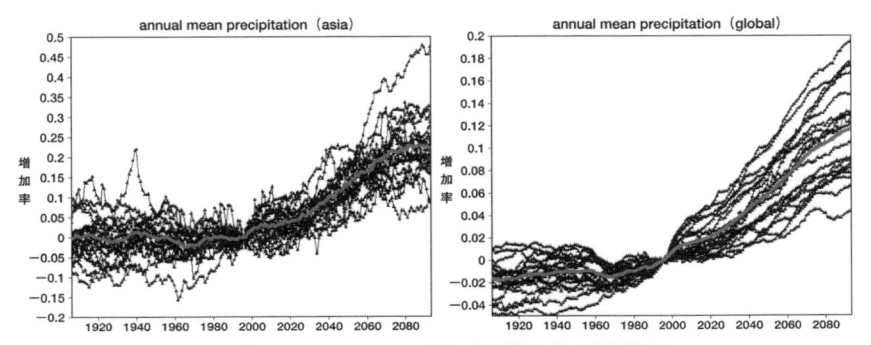

図13.22　IPCC19モデルによる降水量の予測結果
（アジア〈左〉と全球平均〈右〉。縦軸は増加倍率。気象研究所資料より作成）

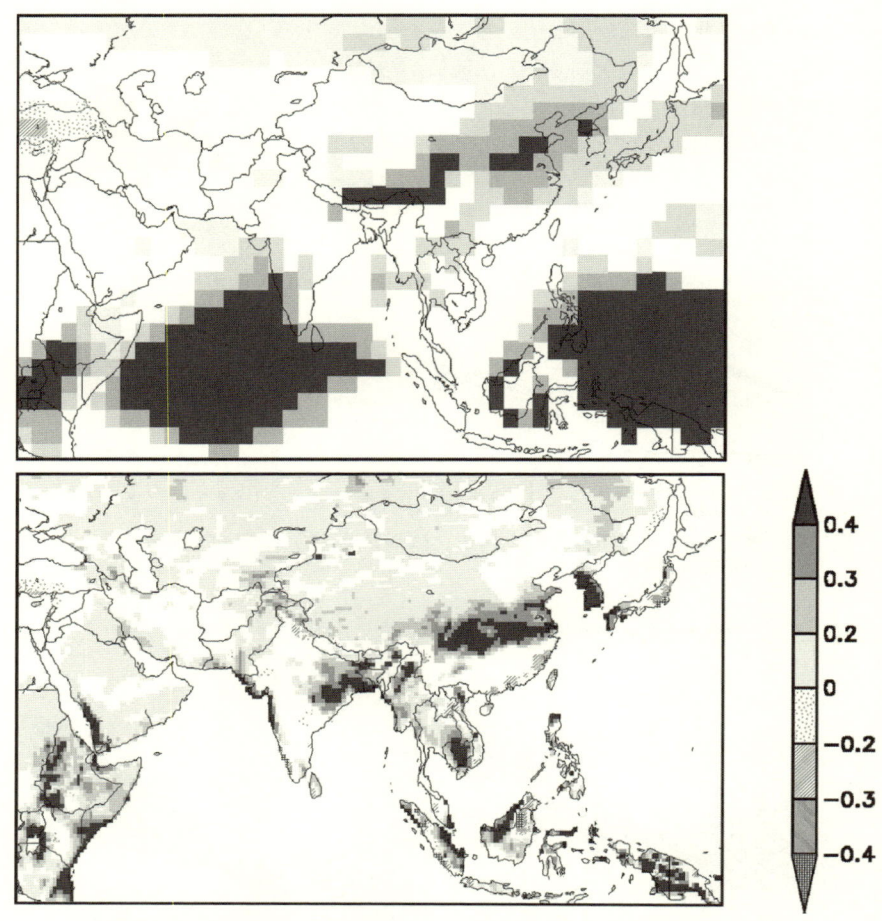

図13.23　IPCC19モデルのマルチアンサンブル平均(上)と気象研究所全球60kmモデルの予測結果(下)との比較（気象研究所資料より作成）

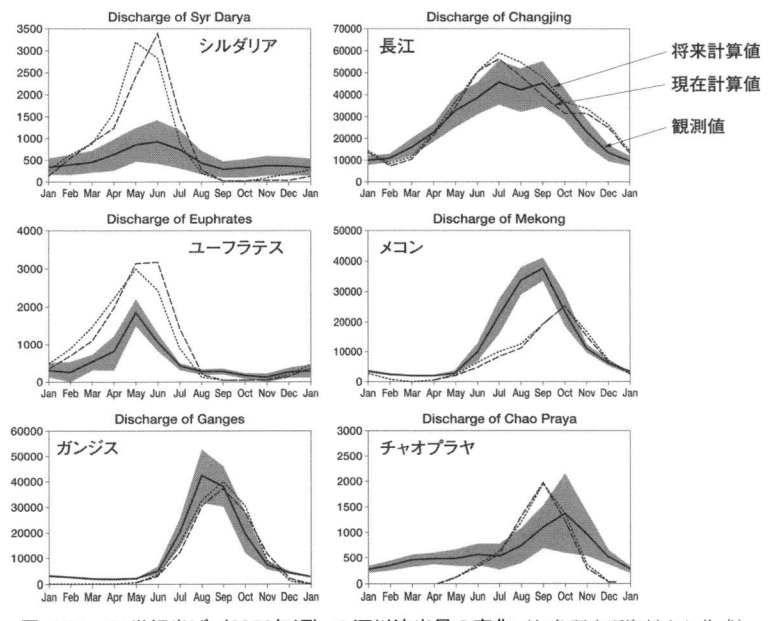

図13.24　21世紀半ば（2050年頃）の河川流出量の変化（気象研究所資料より作成）

13.4　人口増加・社会発展と地球温暖化の影響、それらへの対応

　中東から中国、インドを含むモンスーン・アジア等での人口増加・社会発展の影響は既に述べたとおりである。

　世界の人口増加は2000年の約60億人から2050年には約90億人に、2100年には約100億人へと約倍増する（国連人口推計、中位推計）。本章で示した対象流域では、それ以上の人口増加が予測され、社会・経済発展も著しい。この人口増加と社会・経済発展は、既に水環境や緑を含む生態系・生物多様性にも大きな影響を与えており、今後ともその影響は増大する。

　地球温暖化の影響としては、降水量の増加あるいは減少、蒸発散量の増加に現れ、その結果として利用可能な水量、あるいは洪水量を示す河川流量の変化として人間社会に影響を与える。

　見通せる将来において確実に現れるこれらの人口増加に伴う環境問題と、徐々に影響を与える温暖化への対応は、地球上に暮らす人々が流域圏・都市において実践する必要がある。

そのような流域圏・都市における流域水政策シナリオの要素としては、水循環（水不足と洪水）、物質循環（水質）、生態系（生物多様性）、そして土地利用（流域圏の土地利用。水辺の土地利用も含む）が挙げられる。どの流域においても、少し長い時間スケールで見るとこれらすべての要素が関わるが、流域圏の自然的、社会・経済的状況に応じて、当面あるいは見通せる将来において特に重要となる要素を主体とした水政策シナリオの検討が求められる。

〈参考文献〉
1) 吉川勝秀：「水循環と自然共生－自然と共生する流域圏・都市再生－」、学術の動向、日本学術会議、pp.30-33、2007.7
2) 人口急増地域に持続可能な流域水政策シナリオ研究チーム：「人口急増地域の持続可能な流域水政策シナリオ　2005年研究成果概要集」、(独)科学技術振興機構・戦略的創造研究推進事業（CREST）、平成15年度採択課題、2005.11
3) 砂田憲吾編（吉川勝秀共著）：『アジアの流域水問題』、技報堂出版、2008
4) 吉川勝秀編著：『河川堤防学』、山海堂、2007
5) 吉川勝秀・本永良樹：「低平地緩流河川流域の治水に関する事後評価的考察」、水文・水資源学会誌（原著論文）、水文・水資源学会、第19巻第4号、pp.267-279、2006.7
6) 吉川勝秀：「都市化が急激に進む低平地緩流河川流域における治水に関する都市計画論的研究」、都市計画論文集、日本都市計画学会、Vol.42-2、pp.62-71、2007.10
7) 気候変動に関する政府間パネル（IPCC）第4次評価報告書、2007
8) Daisuke Nohara, Akio Kito, Masahiro Hosaka, Taikan Oki: Impact of Climate Change on River Discharge Projected by Multimodel Ensemble, Journal of Hydrometeorology, American Meteorological Society, Vol.7, pp.1076-1089, 2006.10

第14章　自然と共生する流域圏・都市の再生（形成）への展望

本章では、既に考察した自然と共生する流域圏・都市の再生（形成）について、その展望について述べる。

14.1　都市計画、国土計画、環境計画等を貫くテーマ

わが国は、稲作が伝来して以来、稲作農耕社会として長い時代を経てきた。そして、流域圏の水の循環に適応した稲作農耕社会から徐々に都市化が進み、河川流域を単位とした自然基盤で都市が成立、発展してきた。今日の社会も、大きく見ると水の循環と水の浸食・堆積作用でできた流域のランドスケープに対応して土地利用がなされている。また、水域、陸域の生態系（生物多様性）もこの流域のランドスケープ（河川等の水系を含む）に対応している。

しかし、20世紀、特にその後半の人口・経済の都市への集中で、都市の存立基盤である流域圏の環境に大きな環境負荷を与え、流域圏の自然基盤が崩壊している。今後はその負の遺産を解消、軽減して、都市を含む流域圏全体の自然環境の保全・修復が求められている。それと同時に、流域圏における都市のスプロール化の抑制と自立化を図りながら、自然共生型の都市を実現することが求められる。

この自然と共生する都市を実現することは、わが国においても、そして世界の国々においても今後ますます重要である。

自然と共生する流域圏・都市の再生（形成）は、人口減少、少子高齢社会となった21世紀のわが国のテーマであるとともに、人口が激増し、経済発展が著しいアジア等の地域でも重要であり、世界的・地球的なテーマである。

14.2 基本的な事項とテーマ

(1) 都市の計画面からの考察

　本書で考察してきたように、人口の増加と都市化の進展に対して、都市計画上の対応がなされてきた。すなわち、膨張する都市に対して、パークシステムとして河川等の水辺や緑地・公園と樹木のある広い幅員の道路を整備する方法、あるいは都市の周りにグリーンベルトを整備し、都市のスプロール的な膨張を誘導する方法などは、わが国でもその考えに基づくともいえる帝都復興計画や東京緑地計画から、防空計画、戦災復興計画、第1次首都圏整備計画へと引き継がれた計画があったが、それらの計画はほとんどといってよいほど実現していない。このような都市の膨張を誘導・規制するという計画は、いくつかの都市を除き、世界的にもそのとおりには実現していない。特に東京首都圏のように人口が急増し、都市化が著しい都市では、難しかったといえる。

　しかし、それらの計画で意図したこと、すなわち自然と共生した都市の発展の誘導・規制、今日的には自然と共生する都市の再生は、今後とも重要なテーマとなっている。この自然と共生した都市の再生においては、水と緑のネットワーク、それをベースとした水域生態系、そして流域のランドスケープに基づく陸域生態系の保全・再生が重要なテーマである。最近では、従来の水循環・物質循環の健全化に加えて、河川や水路等の水・物質循環をつかさどる水系、さらには流域のランドスケープを保全・再生することで、生態系、すなわち生物多様性を保全・再生することが重要なテーマとなってきている。

　例えば、身近な例では、都市化とともに人工的となった都市の河川や、農地整備（圃場整備）により人工水路化した農業用水路の再生がある。川や農業用水路は、本来は水域生態系の基幹的な生息・生育空間である。その川や水路を、自然の多い川や水路に再生、修復等を行うとともに、河畔には湿地や緑地等を配置し、さらに人々のアクセスを可能とする河畔のリバー・ウォークの整備を地域の景観等も考慮して進めることで、水と緑、生態系のネットワークを再生することが考えられてよい。そして、単に河川や農業用水路の形態だけではなく、そこを通じての水の循環の健全化（雨天時には水が多すぎて洪水となり、普段は水が流れないかあるいは少ない水量でしかないという水が少なすぎる問題の改善）や、河川や水路、そしてその下流の湖沼や沿岸域の水質を規定する流域からの汚濁負荷量の問題（物質の循環）の健全化も、都市域内での対応はもとより、流域圏としての土地利用を含む対応をすべき課題である。

　この水と緑、生態系のネットワークの保全・再生や水の循環、物質の循環の健

全化は、かつて膨張する都市においてパークシステム等で意図し、都市の健全な発展を誘導することを試みたことと相通じるものであるといえる。

20世紀が道路・街路を都市内に造り、都市を形成してきた時代とすれば、これからの時代は水と緑（リバー・ウォーク、緑道を含む）、生態系ネットワークの保全・再生、水と物質循環（系）の健全化とそのための土地利用上の対応により都市と流域圏を再生する時代といえる。

（2） 流域圏の水循環・物質循環の健全化、生態系の保全と復元

この問題は、水が多すぎる問題に対する治水対策や、少なすぎる渇水の問題への対応、さらには河川や湖沼、閉鎖性水域の水質悪化の問題に対して取り組まれてきたテーマである。根本的には、流域圏の洪水流出、あるいは水の利用、都市や農地より排出される汚濁負荷量に起因したものであり、基本的には流域圏の土地利用、すなわち都市のあり方や農地の利用等、流域圏内の土地利用とそこでの経済等の諸活動と密接に関係するものである。したがって、洪水の問題であれば、単に河川整備（堤防の整備等）やダム、遊水地等を整備するだけではなく、より本質的には洪水を受ける対象、すなわち川の氾濫により浸水する地域の土地利用が重要な問題となる。

水質汚濁の問題についても、単に負荷を削減する下水道整備を整備するだけではなく、雨天時も含む都市から排出される汚濁負荷量の削減や農地からの排出負荷量の削減という、流域圏内の土地利用等での対応が必要となる。

かつてわが国で都市化が著しい時代に実践された、治水施設の整備とともに流域内での土地利用の誘導・規制などの諸対策を含む総合的な治水対策などが実践を伴った事例である。今日でも、多すぎる水の問題（洪水）への対応において、そのような流域圏内の土地利用面での対応が求められる。そして、人口減少時代、都市が縮小する逆都市化の時代、さらには地球温暖化の時代においては、洪水の危険性が高く、河川や高潮氾濫等が生じた場合の被害が激甚な地域からの撤退も考慮されてよいであろう。

河川や内湾・湖沼などの閉鎖性水域の水質の改善、あるいは東京湾等の閉鎖性水域の水質、底質の改善、それに対応した生態系の再生においても、本質的にはその陸域、すなわち流域圏（例えば東京湾であれば多摩川、荒川、利根川、中川・綾瀬川、千葉の花見川、都川等の複数の流域圏からなる）の中での土地利用や経済活動との関わりを含めた対応が必要となる。

近年、その重要性が議論されるようになった生態系の保全と再生、さらには生物多様性の確保などでは、水域や陸域を含めた生態系の保全と再生が重要である。

水域生態系については、その基幹となる河川や水路網、湖沼や閉鎖性水域の沿岸域等の保全と再生、そして流域圏内の水田や樹林帯等との連続性の確保が重要となる。この例としては、滋賀県における、用水と排水が分離され、深く掘り込まれた農業用水路において、かつては身近であった魚類の再生を目指した農業用水路と水田、河川とつながる水系の今日的な再生や、現在と将来を見越した営農形態での取り組みなどがある。それは単に河川や水路をより自然の多いものに復元するのみではなく、川と水田等を含む再生を流域圏内での経済活動と連携したものとして行う必要がある。

陸域生態系は、広い意味での流域のランドスケープ（川や水路を幹とし、奥山・里山、畑地、水田地帯、都市、海へとつながる陸域に刻まれた地形・地質と水の循環。さらにはそこで営まれている人間社会の活動）に対応しているといえる。つまり、流域圏の地形・地質、水の存在等に対応したものである。この流域のランドスケープは、流域圏内での土地利用や人間活動との関係も含め、広域生態複合とも呼ぶべきものとして、その保全と再生が考えられてよい。

（3） 身近な空間としての水空間

自然と共生する流域圏・都市の再生においては、そのプランニングとともに、そのマネジメントや実践が重要である。プランニングとともに、その具体的な整備や管理を現実に行い、継続して実践していくことが求められる。それは、身近に意識できる範囲で、また、直接的に関係できる対象での行動に落とし込む必要がある。

その例として、例えば多自然（近自然）の川づくり、さらにはそれを越えて都市等の空間としての河川の整備や河畔の都市再生といったことがある。それは、欧米先進国や日本のみならず、韓国のソウル、中国の北京等、シンガポールなどでも急速に行われるようになったものである。

モンスーン・アジアに位置し、稲作文明から発展してきた日本では、都市域の約10％は河川・水路の空間である。それに道路約16％、公園約3％を加えると、都市の面積の約30％は公共空間である。自然があり、公共空間である川を再生することから、環境のみならず歴史や景観等の面から都市の再生が進められてよいであろう。都市に血管のように張り巡らされている川や水路という水辺からの都市再生が進められてよい。多くの都市で地下化され、埋め立てられた川や水路の復元も考えられてよい。また、川や運河の埋め立て、地下化と密接に関係してきた道路との関係も再構築されてよい。道路の撤去、川の再生から河畔の都市再生につながる再構築である。このインパクトのある事例も、ドイツや韓国・ソウル、

中国・北京などで現実に見られるようになっている。

　ある限られた区画単位で、その区画の周りの環境、空間等を考慮しないで行われる都市の再開発（例えば六本木での大手デベロッパーの開発、地域として取り組みがなく、区画単位で個々個別に最大限の建物を建てた汐留の再開発等）ではなく、より広い範囲を対象とした都市の再生においては、川や運河、湾岸域の水辺等からの再生は、日本の隅田川や柴川、韓国・ソウルの清渓川やボストン等の世界の事例から見ても、ほぼ唯一ともいえる風格のある都市再生の牽引力となる可能性がある。

　川からの都市再生が、例えば日本橋川や渋谷川・古川といった都市河川はもとより、皇居周辺の外堀や神田川、運河等でも行われてよいであろう。水の都大阪においても同様である。川や運河の水質改善と連動し、その空間を市民に開く社会インフラとしてのリバー・ウォークの整備、舟運の今日的な再興などもあってよい。水の循環の問題（少ない水、多すぎる水）や物質の循環（汚染された水）の改善や健全化をそれと連動して進め、河畔の都市再生にまでつなげることである。

（4）　複合した流域圏・都市再生

　上に述べた3つのテーマについては、単一目的で対象を限定した取り組みがこれまでは多い。それらをほぼすべて内包したものとしては、水質の改善と生態系の復元、水辺の都市の再生、そしてそれらを市民、市民団体、企業、行政が連携して行うとして20数年継続して実践し、その成果が目に見える形となってきたイギリスのマージ川流域圏・都市の再生があるが、そのようなものは限られている。

　今後は、もちろんその地域と都市、すなわち流域圏の課題に対して、流域圏でのプランニングの下に、行政、民間（企業）、市民が現実に実行できる対象、範囲での流域圏・都市再生が行われてよい。なお、行動目標について、時代的な流れを見ると、生態系・生物多様性、さらには地球温暖化を含む地球環境への認識が高まり、単一目的から、水・物質循環、生態系、土地利用を含むより複合したものが多くなりつつあるといえる。

　目標が複合したものとなると、その達成を確認しつつ支援する体制づくりが重要となる。

（5）　人口動向との関わり

　日本では人口減少の時代に入り、欧米先進国でもアメリカを除くとその人口はほぼ増加が止まり、将来的には減少の時代が展望される。これらの国々では、こ

れまでの人口増加や都市化の時代に生じた環境等の負の遺産を解消し、活力を持ちつつ自然と共生する都市、流域圏への再生がテーマとなる。期間的には、一時代、人間のライフサイクルの区切りからは25年程度の将来を見通した対応が考えられる。50年、100年といった長期的な視点からは、地球温暖化の時代も展望したものであってよいであろう。

　日本では、人口減少時代の都市、そして都市再生が、従来の枠を超えて図られてよい。膨張の時代の都市づくりから、縮小の時代の都市、逆都市化時代の都市が考えられてよい。そこには、都市活動や人々の暮らしとともに、自然と共生する都市に向けての取り組みが不可欠である。

　人口減少時代の影響は、地方部、地方の流域圏で顕著である。人口減少、少ない子ども、高齢者の急増は、地方の流域圏の大きな課題となってきている。高齢者の福祉・医療の問題、集落の存続の限界として高齢者の割合で示される限界集落の問題、さらには限界集落の消滅と地方部からの都市への撤退といった問題がある。地域での暮らしを立てていくこと、そして水田や河川・農業用水路の維持管理、森林の手入れや管理等の課題がある。

　このような課題に対して、例えば島根県旧吉田村（現雲南市）の例では、病院から退院した高齢者が体調を整えてから自宅に帰るための場を設けることから検討を進め、高齢者の福祉に開かれた小規模多機能の施設を設けることにより、集落を新たに形成し、流域圏で取り組んでいる。国土の大半を占める中山間地では、地域社会はまさに流域圏に対応しており、都市ともその流域圏を流れる川の上下流としてつながっており、地域経営はもとより、福祉・医療、少ない子ども環境等の課題も流域圏で取り組むテーマである。これら地域での人口減少社会を展望して、流域圏再生の勇気の湧くモデルを提示することが求められる。

　一方、日本や欧米先進国と違って、中国・インドを含むアジア、アフリカ等では人口が急増する時代にあり、今後とも人口増加と都市化が進む。これらの国々でも、都市化とともに都市域に暮らす人々の比率が現在の先進国並みとなると予想される。まさに都市化、都市の時代である。そのスピードと規模は、わが国を含む先進国以上のものとなる。そのような時代にあって、かつて先進国でも生じた都市問題や環境問題等を克服していくことが求められる。

　これらの国々では、再生というよりも形成が現実の問題であり、自然と共生する流域圏・都市の形成がテーマとなる。これらの国々においても、上述の事項について、自然と共生する流域圏・都市の形成が進められてよい。かつて日本の国土計画、特に三全総で見られたように、経済発展と国土、歴史、環境を考慮すべきとしたような時代を経ると予想される。そのような国々で、水・物質循環や生

態系、そしてその変貌の原因でもあり、かつ問題の影響を受ける都市や流域圏内での土地利用、経済活動と自然、環境との関わりのあり方が問われ、その問題に対応するため、実践的な流域圏・都市の形成シナリオが検討されてよい。

(6) 再生(形成)シナリオの実践

自然と共生する流域圏・都市再生は、その再生(形成)シナリオとともに、その実践が重要である。

例えば、具体的に計画、再生(形成)シナリオが実践され、ある程度のまとまった成果があった例として、かつての中川・綾瀬川流域や鶴見川流域等での総合的な治水対策がある。洪水氾濫への対応という視点で都合の悪い自然(洪水)と共生することを目指したその計画は、流域圏内の基礎自治体と都道府県、国の関係機関の合意による計画であり、都道府県と国の河川・治水部局と基礎自治体の都市計画部局が連携して実施してきた。治水部局は集中的な投資を行って河川等の整備を行い、基礎自治体はそれに追随する形で土地利用の誘導・規制等を行いながら連携して対応した(第6章参照)。

また、自然の再生、都市の再生を目指して実践が行われている例としては、マージ川流域キャンペーンとしての流域圏・都市の再生の事例がある。そこでは25年間継続して実践する行動(キャンペーン)として、国の重要閣僚が音頭をとり、地域の行政部局の責任のある対応と、企業(特に民営化した上水・下水道会社や水辺に土地を有する企業、流域圏内の有力企業等)および市民とボランタリー・セクターが積極的に参画して行動し、それらが連携して目的達成に向けて対応している。そして、その活動を継続して具体的に推進・支援するための組織(キャンペーン事務局)があり、国の支援を得つつ活動している。

一方、例えば日本の帝都復興計画から第一次首都圏整備計画の例のように、その明確なビジョン(水と緑、グリーンベルト等を構想して都市の誘導・制御を試みた都市の形成シナリオ)はありつつも、帝都復興計画を除き、その実践がほとんどできなかったものも多い。

これらのことから、再生(形成)シナリオとともに、先進的、萌芽的な実践事例等に見るように、その国の制度・仕組み、地域性、政治的なリーダーシップ等の状況を考慮し、その都市・流域圏再生(形成)を実践する体制の構築が重要であることが知られる。

再生(形成)シナリオとその実践について、マージ川流域キャンペーン等を参考に、図14.1に概念的に示した。明確なビジョン(再生〈形成〉シナリオ)とともに、それを着実かつ継続的に推進する体制、そして参加者(ステーク・ホルダ

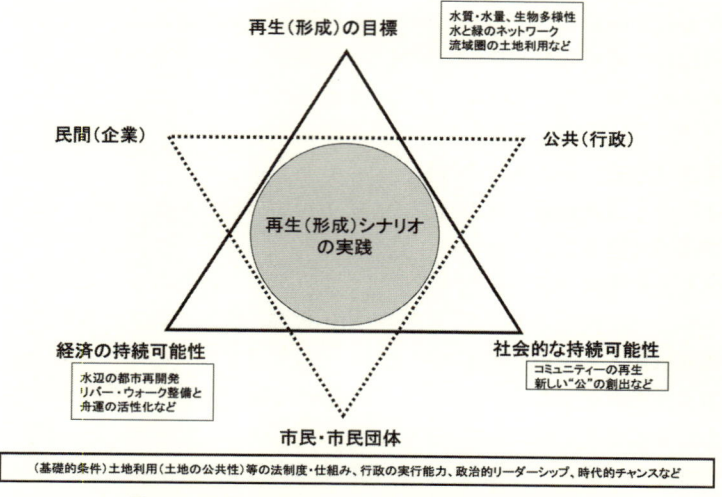

図14.1 再生（形成）シナリオと実践体制の概念図

一）とその連携が重要である。

　実践体制としては、対象範囲が狭く、1つの基礎自治体で完結するものはその基礎自治体の体制が重要となる。流域圏やいくつかの都市を含む広域の計画では、多くの基礎自治体のみならず、国や都道府県を含む体制づくりが必要となる。さらに、企業や市民、市民組織が関係する場合には、それらの行政や企業、市民、市民団体の参画と連携が重要となる。必ずしもこれらすべてが関係するものではなく、行政主体の場合も多いが、近年は多くの場合に市民、市民組織の参画が求められるようになっている。

　日本では、これまでは企業の参画はあまり多くないが、例えばイギリスのマージ川流域キャンペーンのように、今後はそれを求めることが望まれる。企業参画は、日本ではこれからの重要なテーマである。イベントではあるが、2009年に予定されている水都大阪2009の活動は、府、市と経済団体が共同で行うものであり、その一例といえる（事務局長は民間企業人。費用は等分に負担）。

　日本では、近年は市町村合併が進み、大きな市はかつての都市部のみならず、水田や森林地域も含む広域自治体となり、あたかもかつての藩の単位の流域圏がその行政区域となっている場合も多い。その場合には、広義の都市計画を論じ、都市の整備・運営（マネジメント）を行う際には、従来の都市域のみといった範囲ではなく、そのような広域を含むものとなりつつある。そして、いわゆる従来の狭義の都市計画のみではなく、農業、森林（営林）の計画と経営、治水や水質

等の水・物質循環や生態系（生物多様性）等を同時に扱う必要があり、それだけ多くの行政分野の参画と連携が必要となる。この面での対応は、従来そのような先進的な事例もほとんどなく、これからのテーマである。

　いくつかの都市域等を含む広域の地域計画、さらには流域圏の計画は、同様に国、都道府県、基礎自治体を含み、かつ多くの行政分野が関係する。そして、民間企業や市民、市民組織の参画と連携が必要となる場合も多い。そのような計画をそれぞれの地域で実践していくためには、それぞれの行政体、企業、市民、市民組織が自らの対象分野で具体的に活動を実践し、広域の計画（再生〈形成〉シナリオ）をそれぞれの活動体のテーマに落とし込むことが必要である。それができないために、例えば古くは東京緑地計画と以後第一次首都圏整備計画にまで長く続いた後継の計画、あるいは近年では首都圏の環境インフラの保全・整備の計画など、多くの広域計画は実践につながっていない。この課題をブレーク・スルーする実践体制づくりが特に重要なテーマとなる。

　一つの基礎自治体内での都市計画等の実践についても、例えば北海道恵庭市の道の駅と川の駅が融合した計画や川のリバー・ウォークを移動経路に取り込んだ交通バリアフリー計画とそれらの実践に見られるように、北海道、国の部局、民間企業、そして基礎自治体内においても多くの部局が関係する。それらの計画を実行するには、首長のリーダーシップの下での行動か、あるいは信念と実行力、そしてリーダーシップのある職員の行動が必要である（恵庭市の場合は後者によるものである）。韓国・ソウルの道路撤去および清渓川の再生や、シンガポール川と河畔の再生は、首長の強力なリーダーシップによるものである。一つの基礎自治体内（シンガポールは国内）の問題であっても、このような実行のための人、体制、リーダーシップが重要である。

　計画を立て、あるいは再生（形成）シナリオを設計・提示し、それを実践していく行政、企業、市民・市民団体からなる"新しい公"が生まれてよい。

14.3　自然と共生する流域圏・都市の再生（形成）のシナリオ

　自然と共生する流域圏・都市の再生（形成）は、具体的には、流域圏の視点から、水の循環、物質の循環、そして広い意味での川の流域というランドスケープに対応した生態系を考慮して、土地利用の誘導・規制を含めて進めることで達成される。それは、都市計画、地域計画、国土計画、国土環境計画、国土農業計画等を貫くテーマである。

(1) 再生（形成）シナリオ

　上記の観点から、本書では川からの都市再生および流域圏・都市の再生について、それらの先進的な事例を示すとともに、再生（形成）シナリオの設計・提示を行った。それらを参考としつつ、具体的な流域圏、あるいは都市・地域の特性、状況に応じて、自然と共生する流域圏・都市の再生（形成）が、身近な川からの視点、そして広域的な流域圏の視点から進められてよい（**表 14.1**）。

表 14.1　自然と共生する流域圏・都市の再生シナリオの概要

シナリオ	シナリオの対象（要素）					実践へのプロセス（参加組織、体制）	先進的・萌芽的実践事例
	河川(水)空間（開放）	水・物質循環（洪水、水不足、水質）	生態系（生物多様性）	水辺の都市空間	流域空間の土地利用		
Ⅰ．川(水辺)からの自然と共生する都市の再生（形成）							
●川の再生型の都市再生（形成）	○	○	○			○	日本などに多数
●川と河畔再生型の都市再生（形成）	○	○	○	◎		○	隅田川、シンガポール川など
●道路撤去・川からの都市再生（形成）	◎	○	○	○		○	韓国・ソウルなど
Ⅱ．自然と共生する流域圏・都市の再生（形成）							
●単一流域圏：単一目的の流域圏・都市の再生（形成）		○	○		○	○	鶴見川（治水）、隅田川（水質）など多数
●単一流域圏：複合目的の流域圏・都市の再生（形成）		○	○	○	○	○	マージ川流域、鶴見川流域等など少数
●複合流域：複合目的、あるいは単一目的の流域圏・都市の再生（形成）		○	○		○	○	チェサピーク湾流域、ボストン湾など少数
重要配慮事項	近未来（20〜30年）：人口増加（減少）、都市化の進展（都市の縮小・逆都市化）。超長期（50〜100年）：人口増加（減少）、地球温暖化の影響						

注）　◎特に関係ある、○関係が深い。

　身近なものとしては、第 4 章および第 11 章を中心に述べた川からの自然と共生する都市の再生（形成）がある。

(a) 川からの自然と共生する都市の再生（形成）シナリオ

　川の再生、川からの都市再生ということで、川の空間を生かした都市の再生（形成）である。既に述べたように、以下のようなものがある。

　① 　川の再生型の都市再生（形成）
　② 　川と河畔再生型の都市再生（形成）
　③ 　道路撤去・川の再生型の都市再生（形成）

　自然と共生する流域圏・都市再生の視点からの川づくりや水と緑（リバー・ウォーク、緑道を含む）のネットワークの保全・再生も重要である。

そして、さらに流域圏まで視野を広めると、第5章および第12章を中心に述べた自然と共生する流域圏・都市の再生（形成）がある。

(b) 自然と共生する流域圏・都市の再生（形成）シナリオ

水循環、物質循環、生態系、そして土地利用を念頭においた再生である。以下のようなものがある。
① 単一流域圏：単一目的の流域圏・都市の再生（形成）
② 単一流域圏：複合目的の流域圏・都市の再生（形成）
③ 複合流域：複合目的、あるいは単一目的の流域圏・都市の再生（形成）

これらのテーマは、国土計画（国土形成計画）はもとより、都市という単位、あるいは既成市街地等を含むある程度の広がりをもつ都市地域の単位でのまちづくり・都市計画の重要なテーマである。そしてそれらの計画は、単に経済活力を高める、あるいは暮らしを支えることに加えて、自然と共生する視点でのものであることが望まれる。従来の都市計画では、河川といった長いもの（自然公物。共通的社会資本）や流域圏という広域的な視点が乏しい。また、農業計画や環境計画との連携が乏しかったといえる。それらをつなぐテーマが、水や物質の循環、広い意味での川の流域のランドスケープに対応した生態系や土地利用（山岳地、奥山・里山、畑地、水田、都市、海にいたる流域のランドスケープに対応した土地の利用）であり、さらには身近な川や水辺での土地利用を含めた自然と共生する流域圏・都市の再生（形成）であるといえる。

自然と共生する流域圏・都市の再生は、人口がほぼ安定し、あるいは減少する社会では重要なテーマである。それは、経済を再興し、経済の活力を維持しつつも、目指すべき方向であるといえる。特に、日本の大半の地域（山地、中山間地）では、急激な少子高齢化・人口減少の時代にそれを目指すことになる。それを、自然と共生する流域圏・都市の再生に関わる計画づくりのみでなく、公共による基盤整備や企業、住民参加、あるいは住民主導、行政参加による実践が重要である。

一方、急激に人口が増加し、社会が発展するモンスーン・アジア等の社会では、わが国が20世紀に経験してきたように、そして欧米社会が産業革命以降、わが国よりは数十年〜百年程度前の時代に経験してきたように、多くの水や物質の循環、生態系等に関わる環境の課題を抱えることはほぼ間違いない。それらの課題をより短期間で、そしてはるかに多い人口の下で経験するため、問題の程度もより大きく、より急激に発生する。そのような社会でも、急激に増える人口を

支え、経済発展を支えるのみでなく、自然と共生する流域圏・都市の形成が重要であるといえる。

（2） 先進国での展望

先進国の都市では、本書で示した先進的な事例や設計・提示したシナリオが有効であると考える。既に実践を伴った先進事例（マージ川流域の事例など）があり、また、実践はこれからといえるが、その計画を作った事例（鶴見川流域の事例など）がある。財政制約がより厳しくなるこれからの時代に、それをいかに実践していくかが重要である。

20世紀後半に先進国に仲間入りしたわが国ではあるが、山間地や中山間地では、世界に先駆けて、人口減少、少子高齢化がこれから本格的に進む。その社会で活力を維持しつつ、あるいは適切に撤退しつつ自然と共生する流域圏の水・物質循環や生態系の保全・再生をしていくという、より困難な課題を克服していくことが求められる。このいわゆる地方部の流域圏の再生については、地域の課題を、その流域という広域の単位で連携して克服していくこと、都市との交流により克服していくことが模索されなくてはならない。このモデルは、いくつかの萌芽的な取り組みはあるものの、確たるモデルがないといえる。この面での勇気の湧くモデルをつくり上げていくことが求められる。

（3） 人口が急増する流域圏、国々での展望

第13章を中心に述べたように、中国、インドを含むアジアやアフリカ等の国々では、人口の急増とともに社会の発展により、水の循環に関わる問題（多すぎる水による洪水の問題、不足する水量の問題）、物質循環に関わる問題（水質に関わる問題）、生態系に関わる問題、そして、流域の土地利用に関わる問題を抱えることになる。これらの問題を、国内の問題として、あるいは国際河川流域では国際間での問題として克服、軽減していく必要がある。

問題の本質は、増えた人口が、そして社会発展が流域内でいかに進められるかという、農業を含む流域圏の土地利用と密接に関係する。そして、その対応も、伝統的な構造物を整備することで対応するという手段に加えて、土地利用の誘導・規制を含む社会的な対応という非構造物的な対応がある。これらをいかに実施していくかが重要である。

先進国での近年の対応も、これらの国々での対応において参考とされてよい。既に、川からの都市再生などについては、韓国や中国の都市では、道路撤去・川からの都市再生、自然復元などで先進国に類する、あるいはそれ以上の対応もな

されている。

（4） 地球温暖化に関わる展望

　地球温暖化を抑制するための対応とともに、その影響を受けるのも流域圏・都市での人間活動である。水に関わる問題で見ると、現在でも水の多い地域（例えばインドからヒマラヤの東側、中国長江流域から韓国、日本にかけての地域。洪水問題を抱える地域）では降水量、河川流量（降水量から蒸発散量を差し引いた量）がさらに増加し、現在でも水が少ない地域（例えば中東からアラル海流域にかけての地域など。水不足の問題を抱える地域）ではますます降水量、河川流量が減少する。その影響の程度としては、第13章で示したように、100年後に前者では約10%程度増加し、後者は多いところでは約30〜40%程度減少すると予測される。

　この時代に、世界の人口は2000年には約60億人であったものが、50年後には約50%増加の90億人に、100年後には約100%増加の約100億人程度まで増加すると予測される。この人口増加と同時に進む社会・経済の開発・発展の影響は極めて大きい。20世紀に人口が爆発的に増加した日本（100年間に4,000万人から1億2,700万人に増加。約3倍増）が経験したように、この影響は既に現実の問題になっており、今後ますます深刻なものとなる可能性がある。地球温暖化の影響がなくとも、この人口増加に伴う影響のみでも大きな問題が生じる。地球温暖化の影響は、それが生じたとしても当面は緩やかな100年オーダーでの問題である。その程度も前述のように100年後に河川流出量で見て、10〜40%程度の増減であると予測される。

　日本では、人口減少社会において地球温暖化の抑制と影響に対応することとなる。水害などについては、かつてよりは余裕の出る土地利用の状況を考慮して、水害の危険性の高い河川の氾濫原や沿岸域からの撤退による対応も検討されてよいであろう。

　そのような土地利用面での対応は、災害に対する本質的な対応であり、人口が増加する地域においても同様に考慮されてよい。

14.4　展望

　以上のように、先進国における自然と共生する流域圏・都市の再生、あるいは人口が急増する国々における自然と共生する流域圏・都市の形成は、日本のみで

なく、世界的・地球的なテーマでもある。そして、国土計画や環境計画、農業計画、そして都市計画の重要なテーマである。

日本はもとより、アジアの国々等でも自然と共生する流域圏・都市を計画・構想し、それを実践する時代である。

なお、自然と共生した流域圏・都市再生シナリオに関しては、研究面での検討にも注目しておきたい。すなわち、総合科学技術会議が重点研究課題として設定し、その推進を支援してきた研究である[1]～[3]。

この研究に関しては、筆者はその立ち上げと研究の実施に直接的に関与し、その後も直接・間接に関与してきている[4]～[6]。それは、自然と共生する流域圏・都市再生がこの国の国土の計画や都市計画において基本的な課題であり、継続した検討と研究面からの対応も重要であると考えているためである。

この自然と共生する流域圏・都市の再生（形成）という課題への幅広い関係者の参画を期待している。

〈参考文献〉

1) 内閣府総合科学技術会議：『自然共生型流域圏・都市再生イニシアティブ報告書』、内閣府総合科学技術会議、2005
2) 内閣府総合科学技術会議：『第3期科学技術基本計画』、2005
3) 「自然と共生した流域圏・都市再生」ワークショップ実行委員会編著：『自然と共生した流域圏・都市の再生』、山海堂、2005
4) 吉川勝秀：『人・川・大地と環境』、技報堂出版、2003
5) 石川幹子・岸由二・吉川勝秀編著：『流域圏プランニングの時代』、技報堂出版、2005
6) 吉川勝秀編著：『多自然型川づくりを越えて』、学芸出版社、2007
7) 吉川勝秀：『河川流域環境学』、技報堂出版、2005
8) リバーフロント整備センター編（吉川勝秀編著）：『川からの都市再生』、技報堂出版、2005
9) 吉川勝秀編著：『河川堤防学』、山海堂、2007
10) 吉川勝秀編著：『川のユニバーサルデザイン』、山海堂、2006
11) 吉川勝秀他編著：『川で実践する福祉・医療・教育』、学芸出版社、2005
12) 吉川勝秀他編著：『舟運都市』、鹿島出版会、2008
13) 砂田憲吾編著（吉川勝秀共著）：『アジアの流域水問題』、技報堂出版、2008
14) 関正和：『大地の川―蘇れ、日本のふるさとの川―』、草思社、1994
15) 石川幹子：『都市と緑地―新しい都市環境の創造に向けて―』、岩波書店、2001

おわりに

　本書は、自然と共生する流域圏・都市の再生（形成）に関する本として、世界の先進事例やそれを踏まえた再生（形成）シナリオの設計・提示など、研究の成果等についてとりまとめたものである。

　そして本書は、わが国では土地の私有制と土地に対する公共性への認識、制度の欠如、さらには都市計画の専門家の取り扱う領域が限定されていることなどから、ほとんど機能してこなかった都市計画を、社会的共通資本であり、公共空間である連続した河川空間を取り込み、さらにスポット単位ともいえる狭い範囲で進められてきた都市整備、都市再生ではなく、既存市街地も含む広域的なものとして、環境にも配慮した都市形成にまで広げて論じたものである、と考えている。

　本書はまた、河川の管理を河川空間内のみならず、河畔の都市まで視野を広げて論じたものである。さらには、水や川に関わる分野では世界的に流行した理念となり、議論はあるものの、ほとんどその実践につながっていない総合流域管理あるいは総合水管理について、その概念を生態系や土地利用にまで広げ、実践につながるものとして具体化したものであるとも考えている。

　これらに加えて、さらに視野を広め、国土の利用の歴史観、国の存立基盤や地球環境を含む環境問題を背景に、これからの時代の自然との共生を論じたものでもある。そして、筆者が取り組んでいる自然と共生する流域圏・都市の再生（形成）という国内のテーマであり、かつ世界的・地球的なテーマについての研究について、現時点での整理を行ったものでもある。

　本書が、都市や川、流域圏の諸問題を取り扱い、自然と共生する流域圏・都市の再生（形成）の実践に、筆者の『人・川・大地と環境』『河川流域環境学』『流域圏プランニングの時代（共編著）』『川からの都市再生（編著）』『アジアの流域水問題（共著）』（いずれも技報堂出版）、『川のユニバーサルデザイン（編著）』『生態学的な斜面・のり面工法』『自然と共生する流域圏・都市の再生（共著）』（いずれも山海堂）、『多自然型川づくりを越えて』『川で実践する　福祉・医療・教育』（学芸出版社）、『舟運都市－川からの都市再生－（共編著）』（鹿島出版会）等とと

もに資することを期待したい。
　最後に、本書で述べた自然と共生する流域圏・都市についての調査・研究などを進める上では、多くの方々のご支援をいただいた。特に、慶應義塾大学石川幹子教授（現東京大学大学院教授）、日本大学三浦裕二名誉教授、京都大学小尻利治教授にはその直接的な機会と支援をいただいた。記して感謝の意を表したい。
　2007年10月

吉川　勝秀

索　引

あ
愛河　119
アウトバーン　237
阿久和川　300
アジア30億人の爆発　20, 273
新しいパラダイム　109
アナコスティア川　39
荒川下流　291
荒川放水路　86, 326
荒川流域　312
荒川流域圏　165
アラスカン・ウェイ高架道路　240
あり方委員会　244
アルノ川　30
暗渠化　257

い
漁川　293
石狩川・千歳川流域圏　163
伊勢湾台風　41, 86
いたち川　330
移動発生源　265
稲作農耕社会　403
稲作の伝来　12
イ・ミョンバク　106, 232
癒しの川構想　288
インダス文明　5
インハウス・エンジニア　169, 188

う
ウィメラット川　239
ウィーン　37, 85
ウィーン運河　37
ウィーン川　37, 85
ウォーターフロント　32, 80, 105, 140, 229, 240
宇都宮　99
海へのアクセス　311
海へのパブリックアクセス　361
運河　26, 53
運河網　75
ヴェッキオの橋　30

え
衛星都市　77
栄養塩除去　136
疫病　71, 376
エコロジカル・ネットワーク　166, 307, 313, 316, 319
エコシステムの生産性の回復　140
SPM　264
エジプト文明　5
越水なき漏水による堤防決壊　216
越水による堤防決壊　212, 215
江連用水　9
エメラルド・ネックレス　32, 80, 229
エルベ川　85

お

大岡川　344
大川　86, 89
多すぎる水の問題　405
奥山　61
汚染源の除去　103
汚濁負荷量　259
汚濁負荷量の削減対策　157
温室ガス排出シナリオ　392
温室効果ガス　396
温暖化の影響、適応、脆弱性の評価　395

か

貝塚　4
海面　1
海面温度上昇　396
海面上昇　396
海面水位上昇　393
拡大造林　309
カキの再生　137
河口堰　104
化石エネルギー　392
風の道　264
河川からの都市再生シナリオ　369
河川管理施設等の構造令　213, 343
河川空間の再生　365
河川区間モデル　369
河川勾配　341
河川再生　246
河川舟運の再興　344
河川、水路の消失　221
河川・水路網　58
河川堤防システム　207
河川の直線化　35
河川法　66
河川や水路網の消失　309
渇水　258
加藤清正　7
河畔公園　62, 79, 162
河畔の空間　88
河畔の公園整備　73
河畔の土地の再生　26
河畔緑地　95
釜川　99
カムバック・サーモン　320
鴨川　45
川からの都市再生　95, 103, 325
川からの都市再生モデル　325
川塾　293
川での福祉（医療）と教育の全国大会　293, 295
川と河畔再生型の都市再生　412
川と河畔再生型モデル　336, 345
川に部屋（room）　147
川の一理塚　162
川の再生　232, 235, 344
川の再生型の都市再生　412
川の浄化　104
川の再生型モデル　335
川の通路　336
川へのパブリックアクセス　361
環境インフラ　55, 166
環境影響評価（EIS）　230
観光舟運　87
観光船　83
神田川　14, 344
外郭環状道路　346
概念シナリオ　366
ガーデン・アイランズ　48, 100

き

気温の上昇　395
企業の参画　410
気候変動に関する政府間パネル（IPCC）

索引　421

249, 392
気候モデル　398
気象研究所　398
北上川　299
北上川流域圏　165
北九州　42, 88
北沢川緑道　59
鬼怒川　289, 319
鬼怒川・小貝川博覧会　161
鬼怒川・小貝川流域圏　161
鬼怒川と小貝川の分離　9
旧河川敷地　83
球磨川流域圏　165
旧約聖書　5
丘陵地　60
京都　45, 99
緊急行動計画　153
岐阜　239
逆都市化　405
行政参加　95, 413
行政主導　241
行政評価（プログラム評価）　189
ギルガメッシュ　5

く

空間としての川　167
グランドデザイン　321
グリーンベルト　63, 66, 154, 179, 181, 196, 321
グリーンベルト地帯　198

け

ケアポートよしだ　296
計画洪水位　343
経済特別区　115
ケルン　224, 335
圏央道　346

下水処理水　257
下水道　23, 28, 72, 76, 111

こ

広域生態複合　359
公開空地　99, 246
高架道路　105
高架道路の撤去　223
黄河文明　5
公共投資総額　67
洪水危険度予測図　185
洪水対応センター　181
洪水対策　110
洪水到達時間　341
洪水の流下能力　343
洪水被害額　181, 182
洪水保険　173
洪水防御　14
降水量　393
高成長社会　392
高速道路　28, 41, 46, 77, 80
高速道路の地下化　230
高速道路の撤去　229, 244
構造物対策　173, 179, 187, 204
構造物周りの越水なき堤防決壊　216
交通システム　110
交通バリアフリー　279
交通バリアフリー法　281
広幅員街路　22
広幅員道路　62
黄浦江　52, 331
高齢化　18
高齢化社会　269
高齢者　277
小貝川　286
国際的な連携　142
国土計画　55, 413

国土形成計画　　62
国土形成計画法　　67
国土総合開発計画法　　66
国土のグランドデザイン　　67
固定発生源　　264
小松川・境川緑道　　59
コミュニティの形成　　131
子吉川　　288
コンクリートの堤防　　86, 115
合意形成　　241
合計特殊出生率　　17, 269
合流式下水道　　33, 94, 139, 259

さ

再生（形成）シナリオ　　411, 413
再生シナリオ　　325, 348
魚の上りやすい川づくり　　316, 319
魚のゆりかご　　319
サチン　　120
里山　　61
サンアントニオ　　35, 82
産業革命　　22, 42, 71, 88, 124, 159
三全総　　358, 360
３地域区分　　175
サンフランシスコ湾　　138, 140

し

シアトル　　240
市街化区域　　63, 192, 321
市街化調整区域　　63, 192, 321
システム・ダイナミックス　　350
自然環境の容量　　358
自然教育　　289
自然教育センター　　289
自然再生法　　318
自然と共生する流域圏・都市再生　　307, 413

自然と共生する流域圏・都市の再生　　325, 406
シナリオの設計・提示　　325
柴川　　42, 88
渋谷川　　14, 344
四万十川流域圏　　160
市民合意　　241
市民団体　　94
社会的共通資本　　108
社会的な原因　　386, 389
斜面林　　60
上海　　52, 115
舟運　　73, 111
集水域　　359
首都圏　　56
首都圏整備計画　　321, 404
首都高中央環状線　　346
シュプレー川　　85
小河川の氾濫原　　308, 351
障害者　　277
障害者自立支援法　　279
消極的な効果　　170
少子高齢化　　269
少子化　　17
ショートカット　　82
シール川　　236
シンガポール　　48, 100
シンガポール川　　48, 103, 331
シンガポール・モデル　　53
新交通システム　　53
浸水予想区域図　　200
新町川　　44, 94, 294, 330
新町川を守る会　　294
森林面積　　309
持続的発展型社会シナリオ　　393
実践的シナリオ　　367
地盤沈下　　14, 86, 115, 384

索　引　423

住民参加　*413*
住民主導　*95, 413*
浄化用水　*86, 94*
上水道　*72*
縄文時代　*1, 6, 307*
縄文の海進　*1, 6*
人口減少　*19*
人口減少の時代　*123, 408*
人口構成　*18*
人工水路化　*358*
人工的工作物　*309*
人口爆発　*13*
人工養浜　*320*
神通川　*300*

す

水域生態　*313, 314, 319*
水源森　*60*
スイス　*236*
水質の改善　*117*
水質の再生　*145*
水面　*261*
水文・水理学的な原因　*386, 388*
水文・水理学的な特性　*187*
水路（クロン）　*384*
ステーション・システム福祉構想　*302*
スーパー堤防　*41, 87*
隅田川　*39, 86, 241, 329*

せ

清渓川　*49, 105, 331, 334*
清水法（Clean Water Act）　*139*
生態系　*167, 307, 313, 396*
生態系再生　*116, 145, 365*
生態系の回復　*119*
生態系の保全　*405*
生態系ピラミッド　*308*

生態系保全　*318*
生物多様性　*307, 313, 315, 319*
生物多様性の保全　*151, 323*
セーヌ川　*238*
世界の人口　*123, 273*
せせらぎ水路　*342*
積極的な効果　*170*
セットバック　*246*
SERES シナリオ　*349*
SERES 排出シナリオ　*392*
洗掘による堤防決壊　*218*
戦災復興計画　*62, 95, 97, 154, 321, 404*
全国総合開発計画　*55, 66, 358*

そ

総合開発計画　*67*
総合治水計画　*179*
総合治水対策　*159, 192, 256*
総合治水対策特定河川　*173*
総合的な治水対策　*173, 187*
蘇州河　*52, 116, 331*
空を取り戻す会　*245*

た

大気海洋結合モデル　*250*
大気質の汚染　*266*
大気の圏域（エアシェド）　*134*
タイ国王立かんがい局　*182*
タイ国王立灌漑局　*381*
大陸棚　*1*
台湾　*119*
高雄　*119*
高さ制限　*48, 104*
高潮災害　*14*
高潮堤防　*41*
高梁河　*50, 111, 331*
多元化社会　*393*

多自然工法　316
タッシリ・ナジェール　5
建物の高さ制限　227
棚田　160
単一目的　413
単一目的シナリオ　369
単一流域圏　413
単一流域モデル　368
淡水資源　396
第一次首都圏整備計画　154
大河川の氾濫原　308, 351
代替的な治水対策　389
第二寝屋川　170

ち
地域共存型社会シナリオ　393
チェサピーク湾　133
地球温度　1
地球温暖化　1, 373, 415
筑後川流域圏　165
治水安全度　14
治水計画　201
治水工事　83
治水施設の能力　172
治水地形分類図　60, 175
治水の基礎理論　169, 171, 189
治水レベル　206
チャオプラヤ川　119
チャオプラヤ川流域　169, 380, 385
チャールズ川　32, 66, 79, 139, 228
中小河川　339, 343
チューリッヒ　236
超過洪水　206
長期的な治水計画　205

つ
通過交通　109, 346

都合の悪い自然　169
鶴見川　61, 149
鶴見川流域　177, 354

て
定住構想　67
定住圏　359
定住圏構想　358
低地地域　175
帝都復興計画　62, 404
低平地河川　58
低平地緩流河川流域　171
堤防一般部での越水なき堤防決壊　216
堤防決壊　209
堤防決壊の原因　213
堤防システムの安全管理　169
堤防の安全管理　218
堤防の嵩上げ　186
堤防の緩傾斜化　87
堤防の機能限界・管理限界　207
堤防の整備　201, 390
テヴェレ川　29
撤退による対応　415
鉄道網　75
テームズ川　22, 71
テームズ・バリアー　23
転河　50, 111, 235, 331
天然ガスの採取　86
デザインされた都市　81
デュカキス　230
デュッセルドルフ　226, 335
デルタ　381
田園都市国家構想　67

と
東京オリンピック　51, 111, 242, 344
東京防空計画　62

索引 425

東京緑地計画　　55, 62, 154, 320, 404
東京湾の再生計画　　321
十勝川　　299
徳川家康　　8
徳島　　44, 94
土佐堀川　　89
都市化　　20
都市環境インフラ　　321
都市経営　　109, 344
都市計画　　55, 62, 239, 411
都市計画図　　197
都市計画法　　55, 154, 192, 197
都市計画マスタープラン　　66
都市計画論的な研究　　200
都市再生　　43, 48, 71
都市の河川空間　　108
都市の再開発　　407
都市の水害　　88
都市の肺　　66
都市への集中　　403
都市緑地保全法　　66
都市用水　　71
都心環状線　　346
土地の私有制　　55
土地利用　　189
土地利用の誘導・規制　　204
利根川　　201, 354
利根川の東遷事業　　8
洞海湾　　159, 318, 329
堂島川　　89, 242
道頓堀川　　47, 91, 329
道路交通を規制　　227
道路撤去　　33, 108, 232, 235, 246, 344
道路撤去・川の再生型の都市再生　　412
道路撤去・川の再生型モデル　　335, 345
道路の撤去　　49, 406
道路の撤去・地下化　　335

道路舗装　　261
道路面積　　251
ドック　　74, 75
ドックランド　　23
ドナウ運河　　85
ドナウ（ダニューブ）川　　36, 85
ドレスデン　　86

な
中川・綾瀬川流域　　58, 169, 174, 191, 192, 355, 391
長良川　　239
名古屋　　43, 97

に
二酸化炭素　　396
二酸化炭素排出量　　396
西横堀川　　91
2層化　　257, 341
日本の人口　　13
日本橋川　　99, 241, 325
日本列島　　1
日本列島の改造　　67
人間志向型の都市　　108

ね
熱帯低気圧　　393
寝屋川　　89
年間の河川流量　　398
年平均想定被害額　　172

の
農業振興地域の整備に関する法律　　195
農業の振興に関する法律　　63, 154
ノーマライゼーション　　279
呑川　　342

は

ハートビル法　279, 284
排出ガス規制　266
排水域　356
ハザードマップ　200
ハーバー・ウォーク　33, 139
氾濫原管理　173
氾濫原の湿地　7
氾濫平野　4
パークウェイ　22
パークシステム　22, 32, 66, 71, 80, 139, 320
パセオ・デル・リオ　35
パートナーシップ　131, 133
パリ　76, 238, 334
パリの改造　66
パリの大改造　27
バックベイ　32, 66, 79, 229
バックベイ地区　138
バリアフリー　279
バリアフリー新法　279, 284
バンコク　53, 119
バンコク首都圏　169, 178, 383, 387, 391
バンコク首都圏庁（BMA）　179, 197
盤州干潟　321

ひ

斐伊川流域圏　165
東横堀川　91, 241, 346
被害額　171
被害ポテンシャル　172, 174, 177, 180, 185, 187, 389
非構造物対策　173, 179
ヒートアイランド　259
樋管周りの堤防決壊　211
被覆植物の再生　137
ヒプシ・サーマル（高温期）　1

氷河期　1, 307
費用便益分析（B/C）　231
PFI（Private Finance Initiative）　345
ビオトープ　314
ビッグ・ディッグ（Big Dig）　33, 140, 230

ふ

フィレンツェ　30
フェンウェイ　80
深野川　297
覆蓋道路　105
複合目的　413
複合目的シナリオ　369
複合流域　413
福祉の荒川づくり　291
福祉の川づくり　300, 302
富津岬　321
フットパス　74, 336
浦東新区　115
負の遺産　328, 349, 403
不法占用　42, 49
浮遊粒子状物質　264
フラッシュ・フラッド　341
古川　14, 241, 327
古東京川　2
フローティング・ライス　182, 381
プラハ　38
ブダペスト　36, 85
物質循環　167, 405
ブールヴァール　22
ブルタヴァ川　38
ブルーバナナ地帯　142

へ

閉鎖性水域　158, 358
北京　50, 235
北京オリンピック　111

索　引

ペンシルビル　245
ベルリン　85

ほ

放水路　35, 186
保健道路　339
保健道路構想　339
歩行者専用道　345
圃場整備　310
保水機能　177
保水地　181
保水地域　175
堀川　43, 89, 97, 99, 329
香港　120
香港モデル　53
ポケット・パーク　97
ポトマック川　39
ポートランド　239
防空計画　154, 320, 404
防潮水門　87
母子島遊水地　161
ボストン　32, 66, 79, 138, 228, 335
ボストン湾　33, 79, 138
ボード・ウォーク　95

ま

マージ川　25, 74
マージ川流域　320, 407
マージ川流域キャンペーン　26, 124, 409
マディ川　32, 66, 79, 228
マルチアンサンブル平均　398
マンチャスター　25, 74, 126
Man Made Lowland　7

み

ミシシッピ川　173

水環境改善　97
水閘門　91
水資源局　186
水循環　167, 251, 405
水循環の健全化　152
水循環（水文サイクル）の再生　145
水政策シナリオ　376
水と緑　61
水と緑の環境インフラ　155, 323
水と緑のネットワーク　151, 166, 307, 320, 323, 357, 404
水・物質循環　352, 365
水辺空間の再生　167
水マスタープラン　150
水面積　251
道と川の駅　303
道の駅　160
緑川流域圏　165
緑の基本計画　66
緑の保全と再生　365

む

紫川　318, 329

め

メソポタミア　5
メリーランド州　135

も

茂漁川　293
モータリゼーション　221, 333

や

大和川　89

ゆ

遊水機能　177

遊水機能の保全　176
遊水地　182
遊水地域　175
遊覧船　95
ユニバーサルデザイン　279, 281

よ

用水・排水の分離　160, 310, 316
溶存酸素濃度（DO）　118
横水路　321
淀川　89
淀川放水路　89
ヨーロッパの下水路　144

ら

ライン川　142, 224, 226
ライン・マイン・ドナウ運河　142, 149
ランドスケープ　315, 359

り

リー・クアン・ユー　100
陸域生態系　313, 316, 320
利水域　354
リーダーシップ　241, 411
リバー・ウォーク　29, 35, 41, 44, 45, 51, 52, 74, 79, 82, 87, 91, 97, 101, 111, 115, 117, 245, 246, 336, 340, 404
リバプール　25, 74, 126
流域　351
流域圏　134, 351, 359
流域圏アプローチ　315
流域圏構想　67, 68
流域圏・都市再生シナリオ　349, 362
流域圏都市の再生　349
流域対策　176
流域の美化　104
流域のランドスケープ　404

流域水政策シナリオ　402
流下能力　185
流路の付け替え　9
緑地　261
緑地帯　119
緑地面積　251
緑道　341

れ

レオナルド・ダ・ヴィンチ　30
レーガン　230
列島改造　7
連続する堤防　218
連邦道路（アウトバーン）　224, 226

ろ

ロード・キル　316
ローマ　29
ローマ・クラブ　350
ローム台地　4

MEMO

MEMO

■ 著者略歴

吉川　勝秀（よしかわ　かつひで）

　日本大学　教授（理工学部　社会交通工学科）。
　慶應義塾大学大学院　教授（政策・メディア研究科）。
　京都大学　客員教授（防災研究所・水資源環境研究センター）。

　1951年高知県生。東京工業大学大学院修士課程修了（土木工学専攻）。
　工学博士。技術士。

　建設省：土木研究所研究員、河川局治水課長補佐・河川計画課建設専門官・流域治水調整官、関東地方建設局下館工事事務所長、大臣官房政策課長補佐・環境安全技術調整官、大臣官房政策企画官、国土交通省：政策評価企画官、国土技術政策総合研究所環境研究部長等を経て退職。慶應義塾大学大学院政策・メディア研究科教授、リバーフロント整備センター部長を経て現職。
　中央大学大学院理工学研究科・東京工業大学理工学部の各講師。
　NPO川での福祉・医療・教育研究所　代表（理事長）。

　著書に『河川流域環境学（単著）』『人・川・大地と環境（単著）』『流域圏プランニングの時代（編著）』『川からの都市再生（編著）』『アジアの流域水問題（共著）』（いずれも技報堂出版）、『川で実践する福祉・医療・教育（編著）』『多自然型川づくりを越えて（編著）』（いずれも学芸出版社）、『水辺の元気づくり（編著）』『市民工学としてのユニバーサルデザイン（編著）』（いずれも理工図書）、『川のユニバーサルデザイン（編著）』『建設工事の安全管理（監訳）』『生態学的な斜面・のり面工法（編著）』『自然と共生する流域圏・都市の再生（共著）』（いずれも山海堂）、『地域連携がまち・くにを変える（共著）』（小学館）、『東南・東アジアの水（共著）』（日本建築学会）、『舟運都市（編著）』（鹿島出版会）など。
　論文は多数。

流域都市論　自然と共生する流域圏・都市の再生

2008年3月20日　発行ⓒ

著　者　　吉　川　勝　秀
発行者　　鹿　島　光　一

発行所　　鹿　島　出　版　会
　　　　　107-0052　東京都港区赤坂6丁目2番8号
　　　　　Tel. 03(5574)8600　Fax. 03(5574)8604
　　　　　無断転載を禁じます。
　　　　　落丁・乱丁本はお取替えいたします。

DTP：エムツークリエイト　印刷：壮光舎印刷　製本：牧製本
ISBN 978-4-306-07264-0 C3052　Printed in Japan

本書の内容に関するご意見・ご感想は下記までお寄せください。
　URL:http://www.kajima-publishing.co.jp
　E-mail:info@kajima-publishing.co.jp